인간은 N잡러거나
N잡러 준비생이거나
둘 중에 하나다.

머리말

건설과 기계, 토목 등의 산업 규모가 커지면서 건설기계가 널리 활용되고 있습니다. 특히 굴착기는 주로 도로, 주택, 댐, 간척, 항만, 농지정리, 준설 등의 각종 건설공사나 광산 작업 등에 쓰이며, 건설기계 중 가장 많이 활용됩니다. 이처럼 다양한 산업에 굴착기 조종 인력이 필요하므로 굴착기운전기능사 자격증의 효용 가치는 높게 평가 받고 있습니다.

굴착기운전기능사 자격증의 CBT 필기시험은 한국산업인력공단에서 '상시'로 시행합니다. 따라서 시험 응시 기회가 많을뿐더러, 기능사의 CBT 필기시험은 문제은행 방식으로 기출문제가 반복 출제되므로 최대한 집중한다면 단기간에 자격증 취득이 가능할 수 있습니다. 엄선된 핵심이론을 효과적으로 학습하고, 반복되는 기출문제를 분석하여 푸는 것이 굴착기운전기능사 자격증 취득에 핵심입니다.

본 교재는 굴착기 운전, 장비 조종과 관련된 NCS 학습 모듈로 개정된 출제기준에 맞추어 내용을 구성하였습니다. 또한, 굴착기라는 개념을 처음 접하는 수험생들이 쉽게 학습하고, 시험에 효과적으로 대비할 수 있도록 교재를 구성하였습니다.

이 책의 특징

❶ NCS(국가직무능력표준) 학습 모듈을 반영하여 최신 출제기준에 맞추어 핵심이론을 구성하였습니다.
❷ 수험생 스스로 실력을 테스트할 수 있도록 이론별 단원문제를 수록하였습니다.
❸ CBT 모의고사로 실력을 최종 점검할 수 있도록 반복되는 기출문제를 CBT 시험과 유사하게 구성하여 수록하였습니다.

수험생 여러분들의 합격을 진심으로 기원합니다.
그리고, 합격으로 가는 길에 이 책이 가장 도움이 되었기를 희망합니다.

산업안전표지

금지표지	출입금지	보행금지	차량통행금지	사용금지	탑승금지	금연	화기금지	물체이동금지
경고표지	인화성물질 경고	산화성물질 경고	폭발성물질 경고	급성독성물질 경고	부식성물질 경고	방사성물질 경고	고압전기 경고	매달린 물체 경고
	낙하물 경고	고온 경고	저온 경고	상실 경고	몸균형상실 경고	발암성·변이원성·생식독성·전신독성·호흡기 과민성 물질 경고		위험장소 경고
지시표지	보안경 착용	방독마스크 착용	방진마스크 착용	보안면 착용	안전모 착용	귀마개 착용	안전화 착용	안전장갑 착용	안전복 착용
안내표지	녹십자표지	응급구호표지	들것	세안장치	비상용기구	비상구	좌측비상구	우측비상구
					비상용 기구			

교통안전표지

◆ 주의표지

+자형교차로	T자형교차로	Y자형교차로	ㅏ자형교차로	ㅓ자형교차로	우선도로	우합류도로	좌합류도로	회전형교차로
철목건널목	우로굽은도로	좌로굽은도로	우좌로굽은도로	도로폭이좁아짐	우측차로없어짐	좌측차로없어짐	우측방통행	양측방통행
중앙분리대시작	중앙분리대끝남	신호기	미끄러운도로	강변도로	노면고르지못함	과속방지턱	낙석도로	횡단도로
어린이보호	자전거	도로공사중	비행기	횡풍	터널	교량	야생동물보호	위험
상습정체구간								

◆ 규제표지

통행금지	자동차 통행금지	화물자동차 통행금지	승합자동차 통행금지	이륜자동차 및 원동기 장치 자전거통행금지	자동차·이륜 자동차 및 원동기장치 자전거 통행금지	경운기·트랙터 및 손수레 통행금지	자전거 통행금지	진입금지
직진금지	우회전금지	좌회전금지	유턴금지	앞지르기금지	주정차금지	주차금지	차중량제한	차높이제한
차폭제한	차간거리확보	최고속도제한	최저속도제한	서행	일시정지	양보	보행자 보행금지	위험물적재차량 통행금지

◆ 지시표지

자동차 전용도로	자전거 전용도로	자전거 및 보행자 겸용도로	회전교차로	직진	우회전	좌회전	직진 및 우회전	직진 및 좌회전
전 용	자전거 전용							
좌회전 및 유턴	좌우회전	유턴	양측방통행	자전거 및 보행자 통행구분	자전거 전용차로	주차장	자전거 주차장	보행자 전용도로
					자전거 전용	주 차 P	P 자전거주차	보행자전용도로
횡단보도	노인보호	어린이보호	장애인보호	자전거횡단도	일방통행	일방통행	일방통행	비보호좌회전
횡단보도	노인보호	어린이보호	장애인보호	자전거횡단	일방통행	일방통행	일방통행	비보호
버스전용차로	다인승차량 전용차로	통행우선	자전거나란히 통행허용					
전용	다인승 전용							

출제기준표

1 시험 기본 정보

- 시행처: 한국산업인력공단
- 자격종목: 굴착기운전기능사
- 필기검정방법/문항 수: 전과목 혼합/객관식 60문항
- 시험시간: 1시간
- 합격기준: 100점 만점 중 60점 이상
- 응시료: 필기 14,500원/실기 27,800원

2 필기시험 출제기준

주요 항목	세부 항목	내용 바로 찾아가기
1. 점검	1. 운전 전·후 점검	Ch.02 굴착기 주행, 작업 및 점검
	2. 장비 시운전	
	3. 작업상황 파악	
2. 주행 및 작업	1. 주행	Ch.02 굴착기 주행, 작업 및 점검
	2. 작업	
	3. 전·후진 주행장치	Ch.07 전·후진 주행장치
3. 구조 및 기능	1. 일반사항	Ch.01 굴착기 구조와 기능
	2. 작업장치	
	3. 작업용 연결장치	
	4. 상부회전체	
	5. 하부회전체	
4. 안전관리	1. 안전보호구 착용 및 안전장치 확인	Ch.03 안전관리
	2. 위험요소 확인	
	3. 안전운반 작업	
	4. 장비 안전관리	
	5. 가스 및 전기 안전관리	
5. 건설기계관리법 및 도로교통법	1. 건설기계관리법	Ch.04 도로주행
	2. 도로교통법	
6. 장비구조	1. 엔진구조	Ch.05 엔진구조
	2. 전기장치	Ch.06 전기장치
	3. 유압일반	Ch.08 유압일반

필기응시절차

1 원서접수

❶ 한국산업인력공단 홈페이지 큐넷(www.q-net.or.kr)에 접속하여 아이디와 비밀번호를 입력한 후 로그인을 진행합니다.
 ※ 아이디가 없는 경우 '회원가입하기'를 눌러 회원가입을 합니다.

❷ 메인 화면에서 '원서접수'를 클릭하여 최근 시험 일정을 확인합니다. 시험 일정을 확인한 다음 '접수하기' 버튼을 클릭합니다.

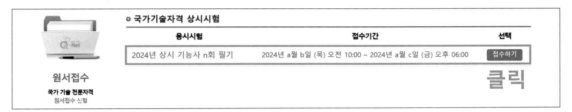

❸ 응시종목을 선택하고, 페이지 하단의 안내사항을 숙지한 뒤 체크 표시하고, '다음' 버튼을 누릅니다.

❹ 이후 순서에 따라 응시자의 정보를 선택하거나 입력합니다.

2 시험 유의 사항

❶ 시험 당일에는 반드시 신분증과 필기구를 지참합니다.
❷ 고사장은 시험 시작 20분 전부터 입실할 수 있습니다.
❸ 시험은 CBT 방식(컴퓨터 시험, 마우스로 정답 체크)으로 진행합니다.
❹ 답안을 제출하면 합격 여부가 바로 표시됩니다.
 ※ 시험 응시절차 및 세부사항은 변경될 수 있으며, 자세한 사항은 한국산업인력공단 홈페이지 큐넷(www.q-net.or.kr)에서 확인할 수 있습니다.

CBT 수검 요령

1 CBT 시험 웹체험 서비스 접속하기

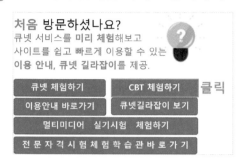

처음 방문하셨나요?
큐넷 서비스를 미리 체험해보고
사이트를 쉽고 빠르게 이용할 수 있는
이용 안내, 큐넷 길라잡이를 제공.

큐넷 체험하기	CBT 체험하기	클릭
이용안내 바로가기	큐넷길라잡이 보기	
멀티미디어 실기시험 체험하기		
전 문 자 격 시 험 체 험 학 습 관 바 로 가 기		

❶ 한국산업인력공단 홈페이지 큐넷(www.q-net.or.kr)에 접속하여 로그인한 후, 하단 CBT 체험하기 클릭합니다.

※ q-net에 가입되지 않았으면 회원가입을 진행해야 합니다. 회원가입 시, 반명함판 크기의 사진 파일(200kb 미만)이 필요합니다.

❷ 튜토리얼을 따라서 안내사항과 유의사항 등을 확인합니다.

※ 튜토리얼 내용 확인을 하지 않으려면 '튜토리얼 나가기'를 클릭한 다음 '시험 바로가기'를 클릭하여 시험을 시작할 수 있습니다.

2 CBT 시험 웹체험 문제풀이 실시하기

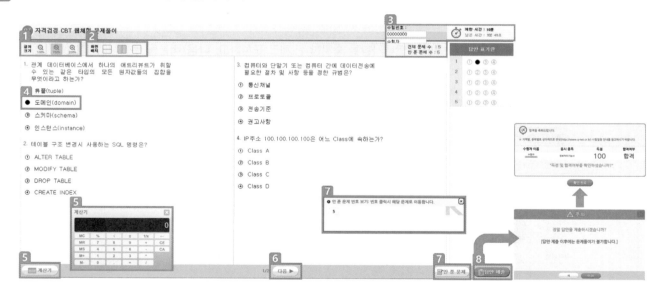

❶ 글자크기 조정: 화면의 글자 크기를 변경할 수 있습니다.

❷ 화면배치 변경: 한 화면에 문제 배열을 2문제/2단/1문제로 조정할 수 있습니다.

❸ 시험 정보 확인: 본인의 [수험번호]와 [수험자명]을 확인할 수 있으며, 문제를 푸는 도중에 [안 푼 문제 수]와 [남은 시간]을 확인하며 시간을 적절하게 분배할 수 있습니다.

❹ 정답 체크: 문제 번호에 정답을 체크하거나 [답안 표기란]의 각 문제 번호에 정답을 체크합니다.

❺ 계산기: 계산이 필요한 문제가 나올 때 사용할 수 있습니다.

❻ 다음▶ : 다음 화면의 문제로 넘어갈 때 사용합니다.

❼ 안 푼 문제: ❸의 [안 푼 문제 수]를 확인하여 해당 버튼을 클릭하고, 풀지 않은 문제 번호를 누르면 해당 문제로 이동합니다.

❽ 답안제출: 문제를 모두 푼 다음 '답안제출' 버튼을 눌러 답안을 제출하고, 합격 여부를 바로 확인합니다.

굴착기 및 운전석 구조

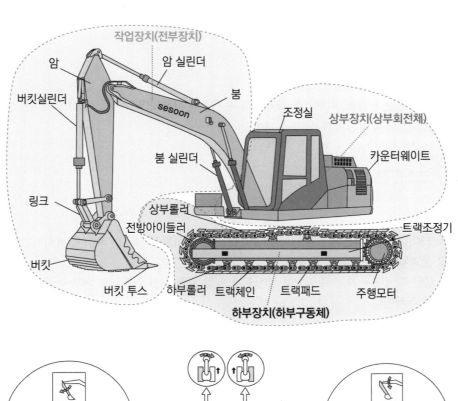

작업장치(전부장치)

암
암 실린더
붐
버킷실린더
조정실
상부장치(상부회전체)
카운터웨이트
붐 실린더
링크
상부롤러
전방아이들러
트랙조정기
버킷
하부롤러 트랙체인 트랙패드 주행모터
버킷 투스
하부장치(하부구동체)

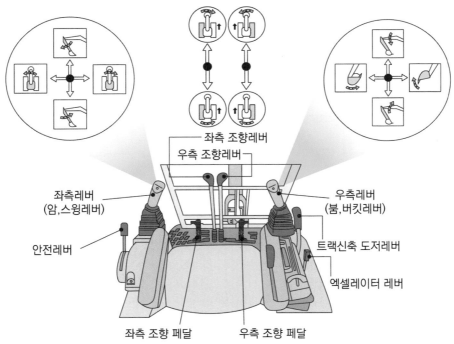

좌측 조향레버
우측 조향레버
좌측레버
(암,스윙레버)
우측레버
(붐,버킷레버)
안전레버
트랙신축 도저레버
엑셀레이터 레버
좌측 조향 페달
우측 조향 페달

※ 위 그림은 실제와 다를 수 있습니다.

실기코스·작업요령

1 실기 시험 준비

※ 실기 시험 개요

- 시험시간: 6분(코스운전 2분, 굴착작업 4분)
- 준비복장: 안전화 또는 운동화, 피부가 노출되지 않는 긴소매 상하의(팔토시도 가능) ⇨ 미수행 시 감점
- 준비물: 신분증 ⇨ 미지참 시 응시 불가능

2 실기 시험 ❶ - 코스운전

- 시험시간: 2분
- 코스운전 개요

① 주어진 장비(타이어식)를 운전하여 운전석쪽 앞바퀴가 중간 지점의 정지선 사이에 위치하면 일시 정지한 후, 뒷바퀴가 도착선을 통과할 때까지 전진주행한다.

② 전진주행이 끝난 지점에서 후진 주행으로 앞바퀴가 출발선(종료선)을 통과할 때까지 중간 정지 없이 운전하여 출발 전 장비 위치에 주차한다.

코스운전 도면

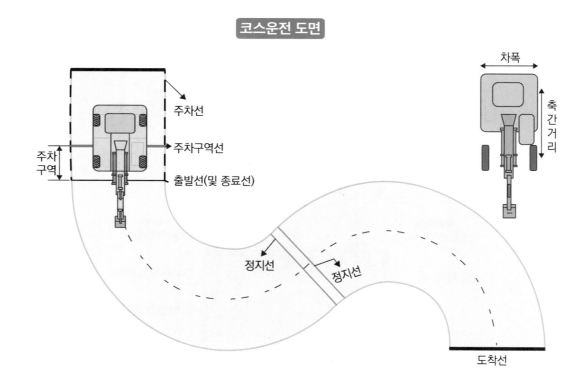

(1) 출발 및 좌측으로 코너링

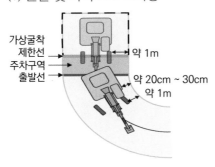

가상굴착
제한선
주차구역
출발선

약 1m
약 20cm ~ 30cm
약 1m

① 감독관이 호각을 불면 사이드 브레이크를 가볍게 밟아 해제하고, 전후진 레버를 밀어 전진 상태로 두고 가속페달을 가볍게 밟는다. ⇨ 감독관 출발 신호 후, 굴착기 앞바퀴가 1분 내에 출발선을 통과하지 못하면 실격
② 뒷바퀴가 라인에 닿지 않도록 핸들을 좌측으로 서서히 돌리며 좌측 앞바퀴와 좌측 선 사이 1m 정도 간격을 유지하면서 전진한다.

(2) 정지선에서 정지

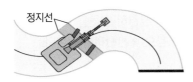

정지선

① 앞바퀴가 정지선 사이에 위치하면, 브레이크 등이 켜지도록 브레이크 페달을 밟아 정지한다.
② 정지 후에 가속페달을 밟아 서서히 전진하면서 앞바퀴를 똑바로 위치시킨다.(11자)

(3) 정지선에서 우측 코너링

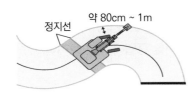

정지선
약 80cm ~ 1m

① 정지선을 지나며 좌측 앞바퀴와 좌측 선과의 간격을 80cm~1m 정도로 유지한 상태로 도착선까지 전진한다.
② 앞바퀴와 좌측 선 사이의 간격을 신경쓰면서 탈선하지 않도록 주의하며 운전한다.

(4) 도착선 통과 및 정지

약 80cm~ 1m

① 도착선에 좌측 뒷바퀴를 통과시킨다.
② 우측 뒷바퀴가 충분히 도착선을 통과할 수 있도록 도착선에서 1m 정도 앞으로 충분히 전진한다.
③ 핸들이 우측으로 감긴 상태에서 그대로 도착점을 통과해야 하고, 브레이크등이 점등되도록 브레이크 페달을 밟는다.

(5) 후진

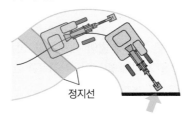

정지선

① 핸들이 우측으로 감긴 상태를 그대로 유지하면서, 전후진 레버를 당기고 후진한다.
② 좌측 뒷바퀴가 첫 번째 정지선을 지나기 전에 정지하고, 앞바퀴를 똑바로(11자)하여 후진한다.

(6) 정지선에서 좌회전

정지선

① 좌측 뒷바퀴가 두 번째 정지선을 밟기 전에 정지하고, 핸들을 좌측으로 최대한 감은 상태로 후진한다.
② 좌측 뒷바퀴가 좌측 선에 닿으면 후진을 멈춘 후 천천히 핸들을 풀고, 좌측 선에서 다시 멀어지려고 하면 핸들을 좌측으로 최대한 감으며 천천히 후진한다.

(7) 주차

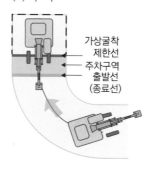

가상굴착
제한선
주차구역
출발선
(종료선)

① 좌측 뒷바퀴가 출발선(종료선)을 통과하면, 앞바퀴를 똑바로(11자)하고 후진한다.
② 앞바퀴가 주차구역 내에 위치하면, 전후진 레버를 중립에 두고 브레이크를 끝까지 밟아 사이드 브레이크를 채운다.
③ 안전벨트를 푼 다음 안전봉을 잡고 하차한다.

4 실기 시험 ❷ - 굴착작업

- 시험시간: 4분
- 굴착작업 개요
  ① 주어진 장비로 A(C)지점을 굴착해 B지점에 있는 장애물인 폴(pole)의 버킷 통과구역을 버킷이 통과하도록 선회한다. C(A)지점을 메우고 평탄작업을 마친 후, 버킷을 완전히 펼친 상태로 지면에 내려놓는다.
  ② 굴착작업 횟수는 총 4회 이상이다.(단, 굴착작업 시간이 초과될 경우 실격) 흙의 양은 평적(버킷에 담긴 토사 위를 평평하게 깎은 상태의 용적) 이상으로 해야 한다.

굴착작업 개요 및 도면

오버스윙 제한선   오버스윙 제한선

굴착구역선 →

A지점   가상굴착 제한선   C지점

가상통과 제한선   가상통과 제한선

버킷통과구역

폴

B지점

〈B지점 점면도〉

- 굴착작업 레버

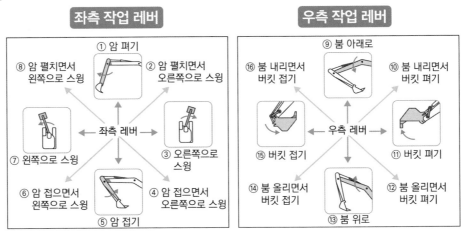

좌측 작업 레버

① 암 펴기
② 암 펼치면서 오른쪽으로 스윙
③ 오른쪽으로 스윙
④ 암 접으면서 오른쪽으로 스윙
⑤ 암 접기
⑥ 암 접으면서 왼쪽으로 스윙
⑦ 왼쪽으로 스윙
⑧ 암 펼치면서 왼쪽으로 스윙
좌측 레버

우측 작업 레버

⑨ 붐 아래로
⑩ 붐 내리면서 버킷 펴기
⑪ 버킷 펴기
⑫ 붐 올리면서 버킷 펴기
⑬ 붐 위로
⑭ 붐 올리면서 버킷 접기
⑮ 버킷 접기
⑯ 붐 내리면서 버킷 접기
우측 레버

5 굴착작업 진행

(1) 탑승 및 굴착작업 전 준비

① 탑승 후, 안전벨트를 착용하고 준비가 완료되면 감독관에게 손을 들어 신호를 보낸다.

② 감독관이 호각을 불면 좌측 조종 박스를 내리고, 안전 레버를 올린다. ⇨ 작업 전 굴착지역의 흙이 기준면과 부합하지 않다고(지면에서 하향 50cm 이상 파일 경우) 판단되면, 흙량의 보정을 요구할 수 있다.

(2) 굴착작업

① 우측 레버를 당겨 붐을 들면서 버킷을 동시에 접는다.

② 버킷을 지면과 수직이 약간 안 될 정도로 만들고, 버킷투스가 보이지 않도록 붐을 하강시킨다.

③ 버킷 핀 2개가 지면이 수평 상태가 될 때까지 버킷을 접고, 암을 살짝 당겨 흙이 버킷 안에 가득 차게 만든다. ⇨ 버킷에 흙이 평적 미만으로 담겨 있으면 감점

(3) 붐 들어 올리기

① 버킷을 들어 올릴 때는 붐 실린더가 지면과 수직이 될 때까지 들어올린다.

② 붐을 들어 올리면서 암을 당겨 버킷 밑면이 오버스윙 제한선 높이까지 위치하도록 한다.

(4) 회전

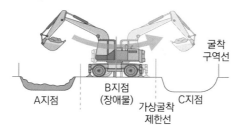

① B지점 장애물에 닿지 않도록 주의하며 C지점까지 180° 스윙한다.

② 버킷이 가상통과 제한선과 버킷 통과구역을 벗어나지 않도록 주의한다.

⇨ 스윙 시 버킷의 흙을 지나치게 많이 흘리면 감점

(5) 덤핑작업(메우기)

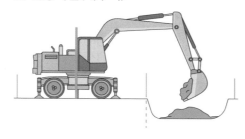

① 붐과 암을 피면서, 버킷을 C지점의 1m 높이까지 내리며 버킷을 서서히 펼친다.

② 굴착작업과 덤핑작업을 4회 반복한다. ⇨ 4회 미만일 경우 실격

(6) 지면 평탄작업

C지점

① 굴착작업과 덤핑작업을 마친 후, 붐과 암을 동시에 당기고 밀면서 지면을 평탄하게 만든다.

② 지면 평탄작업은 2~3회 실시하며, 제한 시간 안에 여러 번 가능하다.

(7) 작업 종료

① 버킷을 바깥쪽으로 완전히 핀 후, 붐을 내려 바닥에 내려놓는다.

② RPM을 0으로 조정한다.

③ 안전 레버를 내리고, 좌측 조종 박스를 올린 후 하차한다.

6 실기 시험 채점기준

① 배점: 100점 만점에 60점 이상(코스운전 25점, 굴착작업 75점)

② 채점기준표

구분	세부항목	채점 기준	배점
코스운전 (25점)	1. 작업복장 착용	양호 3점, 기타 0점	3
	2. 안전벨트 체결	양호 2점, 기타 0점	2
	3. 전진주행	양호 4점, 보통 2점, 기타 0점, 실격	4
	4. 정지선에 정지	양호 4점, 보통 2점, 기타 0점, 실격	4
	5. 도착선 통과 후 정차	양호 3점, 기타 0점, 실격	3
	6. 후진주행	양호 4점, 보통 2점, 기타 0점, 실격	4
	7. 주차	양호 3점, 보통 2점, 기타 0점	3
	8. 기어중립, 주차브레이크 체결	양호 2점, 기타 0점	2
굴착작업 (75점)	9. 안전벨트 착용	양호 1점, 기타 0점	1
	10. 안전 레버 및 컨트롤 박스 체결, 해제	양호 1점, 기타 0점	1
	11. 엔진 회전수(RPM) 조절	양호 5점, 보통 3점, 기타 0점	5
	12. 굴착작업(조작숙련도)	양호 10점, 보통 5점, 기타 0점, 실격	10
	13. 버킷의 흙량	• 15점: 4회 흙량이 평적 이상 • 10점: 3회 흙량이 평적 이상 • 5점: 2회 흙량이 평적 이상 • 0점: 1회 또는 0회 흙량이 평적 이상	15
	14. 굴착 후 선회(조작숙련도)	양호 4점, 보통 2점, 기타 0점, 실격	4
	15. 굴착 후 선회 시 장애물 통과	양호 4점, 보통 2점, 기타 0점, 실격	4
	16. 배토작업(조작숙련도)	양호 10점, 보통 5점, 기타 0점, 실격	10
	17. 배토 후 선회(조작숙련도)	양호 4점, 보통 2점, 기타 0점, 실격	4
	18. 배토 후 선회 시 장애물 통과	양호 4점, 보통 2점, 기타 0점, 실격	4
	19. 평탄작업(조작숙련도)	양호 8점, 보통 4점, 기타 0점, 실격	8
	20. 평탄면 상태	양호 6점, 보통 3점, 기타 0점, 실격	6
	21. 버킷 지면 안착	양호 3점, 보통 1점, 기타 0점	3

이 책의 구성과 특징

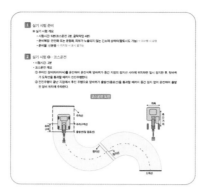

☑ 실기시험 대비

필기시험에 합격한 분들이 실기시험을 대비할 수 있게 실기시험 코스와 작업 요령을 제공합니다. 시험 순서와 실기 코스, 작업 요령 등을 자세히 설명하였고, 유의사항을 숙지하여 실기시험에 대비할 수 있습니다.

☑ 핵심이론

시험에 출제되는 핵심적인 내용을 엄선하였습니다. 합격을 위해 꼭 학습해야 할 내용을 과목별로 분류하였고, 핵심이론으로 구성하여 내용을 쉽게 이해하면서 효과적으로 학습할 수 있습니다.

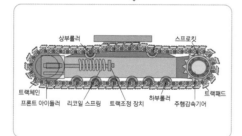

☑ 컬러 삽화

학습 내용을 쉽게 이해할 수 있도록 컬러 삽화를 수록하였습니다.

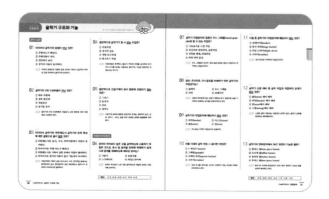

☑ 단원문제

각 단원 마지막에는 이론과 연계된 단원문제를 수록하였습니다. 단원문제를 풀면서 최신 출제 유형과 출제 가능성이 높은 문제를 파악할 수 있고, 맞춤형 해설로 문제와 답을 쉽게 이해할 수 있습니다.

07 ▶ 엔진구조
디젤기관의 터보차저는 실린더 내에 공기를 압축하여 기관의 출력을 상승시키는 기능을 한다.

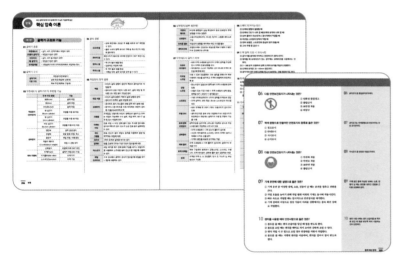

굴착기운전기능사   필기 출제비율

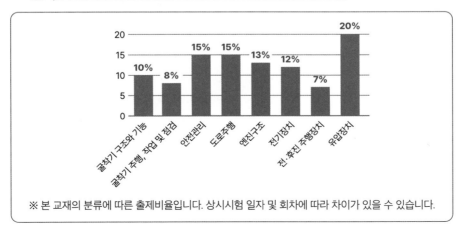

※ 본 교재의 분류에 따른 출제비율입니다. 상시시험 일자 및 회차에 따라 차이가 있을 수 있습니다.

이 책의 목차

굴착기 구조와 기능

**단원별
기출 분석**

✓ 출제비율이 높은 편이고 개념이 전체적으로 출제됩니다.

✓ 상부장치와 하부장치, 작업장치 관련 내용은 반드시 출제되므로 꼭 암기하
시기 바랍니다.

SECTION 01 | 핵심테마 굴착기 일반

01 굴착기(Excavator) 정의

주요 토목공사에서 파기, 쌓기, 깎기, 메우기 등의 작업에 사용되는 건설기계로, 단지 조성, 도로 공사, 토목 공사, 터널 공사, 굴착 공사 등 다양한 작업을 수행하는 장비이다.

02 굴착기 종류

1 바퀴 형식에 따른 분류

무한궤도식 크롤러 굴착기와 타이어식 휠 굴착기로 구분된다.

(1) 무한궤도식(크롤러 굴착기, crawler type excavator)

① 타이어식 굴착기에 비해 작업이 안정적이며 작업 생산성이 높기 때문에 장비 중량 측면에서 볼 때 소형에서 초대형까지 각 작업 현장에 폭넓게 사용할 수 있다.

② 무한궤도식은 습지, 사지, 연약지에서 작업이 유리하다.

(2) 타이어식(휠 굴착기, tire type excavator)

① 무한궤도식 타이어 주행 방식으로 인해 크롤러 굴착기에 비해 작업 시 안정성은 떨어지나, 도로주행이 가능하여 운반 트레일러 없이 작업장 이동이 가능하므로 작업과 이동을 빈번하게 요구하는 작업 현장에 주로 사용한다.

② 타이어식은 습지, 사지 등의 작업이 곤란하다.

[무한궤도식 굴착기]　　　[타이어식 굴착기]

2 용량에 따른 분류

버킷 1회에 담을 수 있는 산적용량의 크기에 따라 02(0.2m³), 03(0.3m³), 04(0.4m³), 06(0.6m³), 08(0.8m³) 10(1.0m³) 등으로 구분한다. (m³: 루베)

3 구조 및 규격표시 방법

주행차대에 상부 선회체를 설치하고 굴착용 버킷을 장착한 것으로서 다른 용도의 작업 장치(백호(back hoe), 셔블(shovel), 크램셀(clamshell), 브레이커(breaker), 그래플(grapple))를 부착하여 사용할 수 있는 것도 이에 속하며, 규격은 작업 가능 상태의 중량(t)으로 표시한다.

 현장에서는 버킷의 용량 또는 유압의 용량으로도 표시한다.

03 굴착기의 구조

굴착기의 기본 구조	작업장치(전부장치)
	상부 회전체(상부 선회체)
	하부 추진체(하부 구동체)

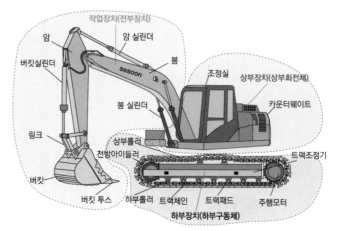

[굴착기의 구조]

04 무한궤도식 굴착기의 각 부분별 기능

	각 부 주요 명칭	기능
작업장치 (전부장치)	붐(Boom)	굴착 작업
	암(Arm)	굴착 작업
	버킷(Bucket)	굴착 작업
	붐 실린더(Boom cylinder)	유압을 이용 붐 작동
	암 실린더(Arm cylinder)	유압을 이용 붐 작동
	버킷 실린더(Bucket cylinder)	유압을 이용 버킷 작동
상부장치	엔진부	동력 발생 장치
	유압부	유압 발생, 전달, 호스
	운전석	작업 조종, 주행 운전
	카운터 웨이트 (Countbalance weight)	작업 시 균형 유지
	선회장치	유압에 의해 360° 회전
하부 주행체	트랙(Track)	굴착기 작업 장소 이동
	지지롤러(Idle roller)	트랙 지지
	스프로킷(Sprocket)	트랙 구동

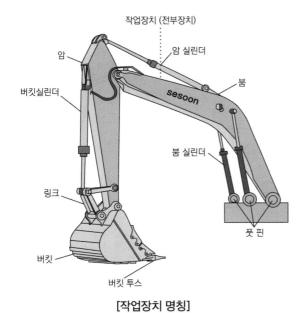

[작업장치 명칭]

작업장치(전부장치)

핵심테마

01 전부장치

1 붐(Boom)

상부 회전체에 풋 핀(foot pin)에 의해 설치되어 있다. 상부 회전체 프레임에 1개 또는 2개의 유압실린더에 의해 붐이 상하 운동을 한다.

2 붐의 종류

오프셋 붐	• 상부 회전체는 고정한 후 붐을 좌우로 60° 회전할 수 있음 • 좁은 도로의 양쪽 배수로 구축 등 특수조건의 작업에 용이
로터리 붐	회전모터가 붐과 암 사이에 연결되어 360° 회전시킬 수 있음
원피스 붐	• 하나의 틀로 붐을 형성 • 일반적인 작업에 적합
투피스 붐	• 두 개의 틀로 붐을 형성 • 크렘셸 적재, 굴착 깊이를 깊게 할 수 있음

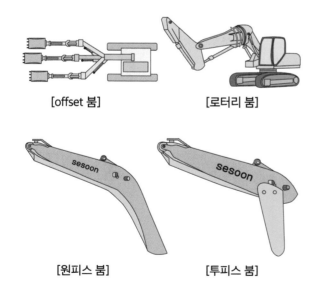

[offset 붐] [로터리 붐]

[원피스 붐] [투피스 붐]

붐의 상승 속도가 늦어지는 원인

» 유압계통의 고장, 누설, 오일량의 부족
» 붐을 상승시키는 제어레버를 계속 당기고 있으면 유압밸브의 릴리프 밸브나 실린더 기밀을 유지하는 시트에 큰 손상을 유발할 수 있다.

붐의 하강 속도가 빨라지는 원인

» 유압실린더의 누출
» 컨트롤 밸브의 스풀밸브에서 오일의 누출이 많거나 배관의 파손을 예상할 수 있다.

3 암(Arm)

붐과 버킷 사이의 연결부분으로 붐 암의 각도가 80°~110° 일 때 굴착력이 제일 크므로 이 각도 내에서 작업하는 것이 가장 안전하고 작업의 효율이 좋다.

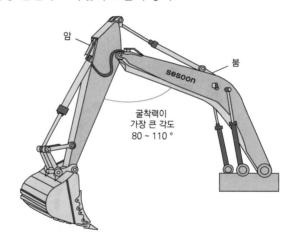

암

붐

sesoon

굴착력이
가장 큰 각도
80 ~ 110 °

4 작업장치

전면에서 작업을 하는 부분으로 버킷(bucket), 유압 셔블(shovel), 브레이커(breaker) 등이 있다.

(1) 백호(back hoe)

① 일반적으로 가장 많이 사용되는 형태이며, 버킷의 굴착 방향이 운전자 쪽으로 끌어당기는 작업을 한다.

② 장비보다 낮은 지면의 도랑 파기, 굴착 작업 및 토사를 싣는 작업 등이 가능한 장비이다.

(2) 유압 셔블(shovel)

① 버킷의 굴착 방향이 백호의 굴착 방향과 반대이다

② 장비보다 위쪽의 굴착 작업에 유리하다.

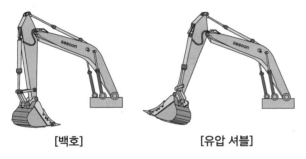

[백호]　　　　　[유압 셔블]

(3) 브레이커(breaker)

① 콘크리트, 암석, 아스팔트 파쇄, 말뚝 박기 등에 사용된다.

② 암석이나 콘크리트를 직접 타격하는 부분의 장비를 치즐(chisel)이라고 한다.

③ 유압식과 공기압축식이 있다.

(4) 크램셸(clamshell)

조개껍질 모양처럼 버킷이 양쪽으로 벌려지고 닫히는 작업이 가능하며 수직 굴토, 곡물 하역, 배수구 굴착 및 청소 작업에 유리하다.

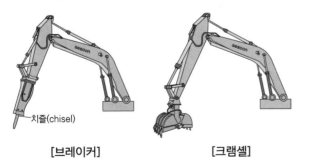

치즐(chisel)

[브레이커]　　　　　[크램셸]

(5) 이젝터 버킷(ejector bucket)

진흙 작업 시 버킷 안에 붙어 있는 토사를 밀어내는 장치(이젝터)가 있어 점도가 높은 진흙 등의 굴착작업이 유리하다.

(6) 우드 그래플(wood grapple)

원목, 전신주 등의 작업식 집게를 이용하여 운반 및 하역하는 작업에 적합하다.

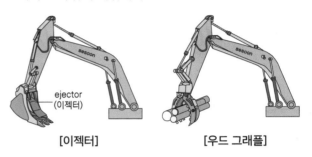

ejector
(이젝터)

[이젝터]　　　　　[우드 그래플]

(7) 크러셔(crusher)

2개의 집게로 물체를 부수는 장치이다.

(8) 콤팩터(compactor)

땅을 고르게 다지는 지반 다짐이 필요할 때 적합하다.

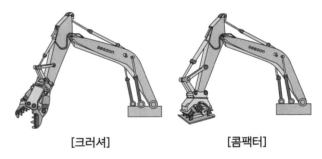

[크러셔]　　　　　[콤팩터]

(9) 어스오거(earth auger: 땅에 구멍파기)

파일 박기를 하기 전에 땅에 구멍을 파거나 유압모터를 사용하여 스쿠류를 돌려 전신주를 박을 때 사용하는 장치이다.

(10) 파일 드라이버(pile driver)

주로 공사에서 흙막이 공사가 필요할 때 파일을 박거나 뺄 때 사용하는 장치를 말한다.

[어스오거]

[파일 드라이버]

5 작업용 연결장치(퀵 커플러)

굴착기의 선택장치를 신속하게 분리, 결합할 수 있는 장치

① 특징(안전기준)

- 버킷의 잠금장치는 이중 잠금으로 해야 한다.
- 유압잠금장치가 해제된 경우 조종사가 알 수 있을 정도로 충분한 크기의 경고음이 발생되는 장치를 설치해야 한다.
- 퀵 커플러 유압회로에 과전류가 발생할 경우 전원을 차단할 수 있어야 하며, 작동 스위치는 조종사의 조작에 의해서만 작동되는 구조여야 한다.

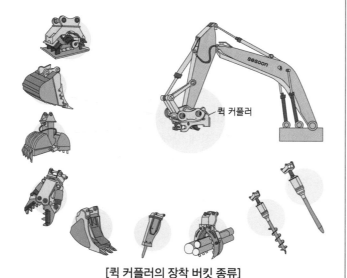
[퀵 커플러의 장착 버킷 종류]

붐선회 장치(붐스윙 앵글)

붐의 각도를 조절할 수 있어 좁은 공간에서의 작업이 용이하며 상부 회전체를 회전하지 않고도 붐 자체를 좌, 우 각각 60°, 전체 120°까지 회전시킬 수 있으므로 작업한 흙을 옆으로 옮겨, 작업의 편리성을 극대화 할 수 있다.

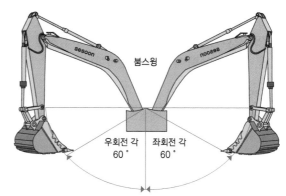
[붐선회 장치(붐스윙 각)]

핵심테마
상부장치와 하부장치

01 상부장치(상부 회전체)

1 상부장치의 개요

굴착기 조정을 할 수 있는 조종석, 기관, 유압펌프, 연료탱크, 유압탱크, 카운터 웨이트(밸런스 웨이트), 선회장치(스윙모터) 등이 설치되어 있는 상부장치는 하부 구동체 프레임에 스윙 베어링으로 결합되어 있으며 360°도 회전이 가능하다.

2 카운터 웨이트(Counter Weight)

작업 시 버킷에 중량물이 실릴 때 장비의 앞과 뒷부분이 무게 평형을 이루도록 하여 뒷부분이 들리지 않도록 하는 평형추

3 선회장치(Swing device)

선회장치는 스윙모터(선회모터), 피니언, 링기어, 스윙 볼 레이스 등으로 구성된다.

① 선회장치는 스윙 피니언 기어가 링기어에 물려 회전하면 상부 회전체가 회전한다.
② 선회감속기는 유성기어장치로 되어 있으며 링기어, 선기어, 유성기어, 유성기어 캐리어 등으로 구성되어 있다.
③ 스윙(선회)모터는 보통 피스톤모터를 사용하며, 펌프로부터 공급받은 유압에 의해 선회감속기를 회전시킨다.

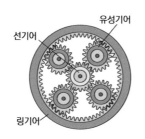
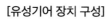

[유성기어 장치 구성]

[선회모터의 감속기어]

④ 선회 고정장치(Swing lock system)
• 굴착기가 트레일러에서 하차할 때에는 반드시 고정장치를 풀고 하차한다.
• 트레일러로 굴착기 운반 시 상부 회전체와 하부 구동체를 고정시켜주는 역할을 한다.

[선회 고정 장치 버튼]

4 컨트롤 밸브(Control valve)

굴착기의 주행모터, 선회모터, 각 실린더와 같은 액츄에이터를 동작시키기 위해 유압 펌프로부터 토출되는 작동유의 방향을 제어하는 메인 컨트롤 밸브

5 센터조인트(Center Joint)

① 굴착기의 상부 회전체의 중심에 설치되며 '스위블 조인트, 터닝 조인트'라고 하며 유압펌프에서 공급되는 작동유를 하부 주행체 주행모터로 공급해주는 관이음이다.
② 상부 회전체가 회전하면서도 오일관로가 꼬이지 않고 원활한 송유가 하부 주행체로 공급된다.
③ 높은 압력 상태에서도 선회가 가능하며 하중 및 유압 변동에 견딜 수 있는 구조여야 한다.

02 타이어식 굴착기 하부

1 개요

주행모터(유압모터), 변속기, 드라이브 라인, 종감속 기어 및 차동 기어부, 액슬축(차축), 주행감속기어(유성 기어장치), 베토판(블레이드)로 구성되어 있다.

배토판(블레이드: blade)
토사를 굴착하여 밀면서 운반하는 강철제의 판을 말한다.

주행모터 및 변속기　드라이브 라인　베토판(블레이드)

[타이어식 굴착기 하부]

2 주행 시 동력 전달 순서

엔진 → 유압펌프 → 컨트롤 밸브(액셀레이터 페달) → 센터조인트 → 주행모터 → 변속기 → 드라이브라인 → 종감속기어 및 차동기어장치 → 액슬축 → 주행감속기어 → 바퀴

03 무한궤도식 굴착기 하부

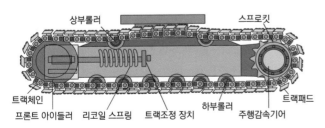

상부롤러　　　　　　　스프로킷

트랙체인　　　　　　　　　　　　　　트랙패드
프론트 아이들러　리코일 스프링　트랙조정 장치　하부롤러　주행감속기어

[무한궤도 하부장치]

1 프론트 아이들러(Front idler)

① 좌우 트랙 프레임에 설치되어 트랙의 장력을 조정하면서 트랙의 진행 방향을 유도
② 아이들러는 스스로 구동하는 것이 아니라 트랙이 회전할 때 함께 회전
③ 트랙 아이들러는 리코일 스프링에 의해 지지됨

2 리코일 스프링(Recoil spring)

① 주행 시 전부 유동륜에서 오는 충격을 완화시켜 하부 주행체의 파손을 방지하고 트랙이 원활하게 회전하도록 함
② 스프링이나 시프트 절손 시 리코일 스프링을 분해하여 수리
③ 리코일 스프링을 이중 스프링으로 사용하여 충격을 흡수하고 서징(진동)현상을 방지

리코일 스프링　　　트랙 아이들러
아웃스프링　인너스프링

[리코일 스프링]

3 균형 스프링(Equalizer spring)

① 판스프링의 일종으로 양쪽 끝이 트랙 프레임에 얹혀 있음
② 요철이 있는 지면 주행 시 트랙 프레임의 상하 운동, 장애물 넘기, 급정차 시 충격을 흡수
③ 스프링형, 빔형, 평형 스프링 형 등이 있음

4 스프로킷(Sprocket)

① 주행 모터에 장착되어 모터의 동력을 트랙으로 전달
② 트랙 장력의 과대 혹은 과소는 스프로킷의 마모 촉진

5 주행 모터(주행감속기어)

① 좌우 트랙에 각 1개씩 2개의 주행모터가 설치되어 있음
② 센터조인트를 통해 받은 유압에너지로 유압모터가 회전하면서 무한궤도 굴착기의 주행 및 조향의 기능을 수행

6 트랙 장력 조정장치(트랙 어저스터: Track adjuster)

① 트랙의 장력을 조정하는 장치

② 장력조정용 실린더에 그리스를 주입하는 방식과 조정나사를 돌려 조정하는 너트식이 있음

7 상부 롤러(캐리어 롤러: Carrier roller)

① 트랙 프레임에 1~2개 정도의 롤러가 설치됨

② 프론트 아이들러와 스프로킷 사이의 트랙이 늘어나 아래로 처지는 것을 방지

③ 트랙의 행진을 바르게 유지하는 역할

④ 단일 플랜지형 사용

8 하부 롤러(트랙 롤러: Track roller)

① 트랙 프레임에 4~5개 롤러가 설치되며, 굴착기의 무게를 지지

② 단일(싱글) 플랜지형과 2중(더블) 플랜지형이 있음

③ 싱글 플랜지(single flange)와 더블 플랜지(double flange)는 하나 건너 하나씩 설치되며 전부 유동륜과 스프로킷 쪽은 싱글 플랜지형이 설치됨

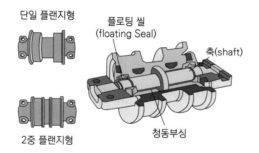

단일 플랜지형 / 플로팅 씰(floating Seal) / 축(shaft) / 2중 플랜지형 / 청동부싱

[트랙 롤러 구조]

9 트랙 프레임(Track frame)

하부 구동체의 몸체로서 균형스프링, 스프로킷, 주행모터, 트랙 아이들러, 상하부 롤러 등이 결합하는 부분이다.

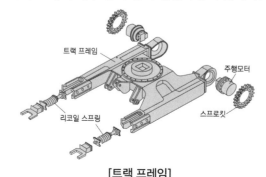

트랙 프레임 / 주행모터 / 리코일 스프링 / 스프로킷

[트랙 프레임]

10 트랙

트랙은 트랙 슈, 슈 고정볼트, 링크, 핀, 더스트 실, 부싱 등으로 구성되어 있다.

(1) 마스터 핀(Master Pin)

① 무한궤도식 트랙을 쉽게 분리하기 위해 설치한 핀

② 링크와 링크를 연결해주는 역할로 부싱 안으로 핀을 삽입하는 구조

③ 링크에 부싱이 강하게 압입되어 있어, 핀과 부싱을 뽑을 때는 유압프레스를 사용해야 함

(2) 더스트 실(Dust seal)

트랙이 진흙탕 속에서 움직일 때 핀과 부싱 사이에 토사가 들어가는 것을 방지

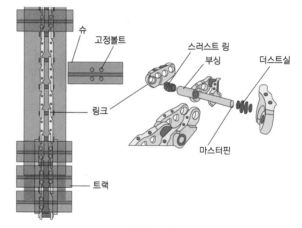

슈 / 고정볼트 / 스러스트 링 / 부싱 / 더스트실 / 링크 / 마스터핀 / 트랙

[더스트 실]

(3) 트랙 장력 조정

트랙 장력의 조정은 장비를 지반이 평탄한 곳에 위치시키고 트랙 어저스터(track adjuster)로 조정한다.

» 너트식(기계식): 조정나사를 돌려 조정

» 그리스 주입식(그리스식): 트랙 프레임의 그리스 실린더에 그리스를 주입하면 전부유동륜이 이동하여 트랙 장력이 조정됨

(4) 트랙 분리

트랙의 분리 시에는 먼저 마스터 핀을 분리한다. 마스터 핀의 부싱은 다른 핀에 비해 짧기 때문에 핀이 돌출되어 핀의 제거가 편리하고 프레스로 밀거나 해머로 가이드 핀을 대고 두들겨서 제거한다.

(5) 트랙이 벗겨지는 원인

① 트랙의 정렬이 불량할 때
② 트랙의 긴도가 너무 클 때(트랙의 유격이 너무 클 때)
③ 상부 롤러가 파손되거나 경사지에서 작업할 때
④ 리코일 스프링의 장력이 약할 때
⑤ 전부 유동륜, 스프로킷의 중심이 맞지 않을 때
⑥ 고속 주행 중 급선 시

(6) 트랙의 장력과 측정 작업

① 트랙의 장력은 25~40mm로 조정
② 아이들러와 1번 상부 롤러 상에 트랙 장력 측정자를 올려놓았을 때 측정자와 트랙 슈 사이의 처짐이 25~40mm 정도이면 정상이다.
③ 구동체인의 장력 조정은 트랙 장력 조정을 위한 그리스 인밸브(그리스 주입)와 아웃밸브(그리스 배출)를 통해 그리스를 주입 및 배출(기계식은 조정너트로 조정)함으로써 아이들링 기어가 전·후진으로 이동하게 되어 트랙의 장력을 조정할 수 있다.

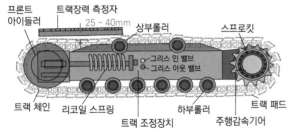

[트랙 장력 측정 및 조정]

(7) 트랙 장력 조정 시 유의사항

① 굴착기를 평지에 주차하고 전진하다가 정지시킨다.
② 정지할 때 브레이크가 있는 경우에는 브레이크를 사용해서는 안 된다.
③ 2~3회 반복 조정하여 양쪽 트랙의 유격을 똑같이 조정한다.
④ 트랙의 유격은 25~40mm 정도이다.
⑤ 굴착기의 경우 한쪽 트랙을 들고서 늘어지는 것을 점검하기도 한다.

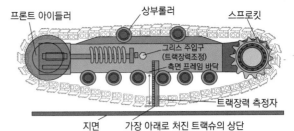

[한쪽 트랙을 지면에서 들고 트랙의 늘어짐 측정]

11 트랙 슈의 종류

종류	설명
① 단일돌기 슈	견인력이 좋고 일렬의 돌기를 가지고 있는 슈
② 반이중돌기 슈	단일돌기의 견인력과 2중돌기의 회전성을 갖추고 있어 굴착 및 적재작업에 적당하며, 높이가 다른 2열의 돌기를 가지고 있는 슈
③ 이중돌기 슈	회전 성능이 굴착기의 무거운 하중에 대한 굽힘을 방지할 수 있고 높이가 같은 2열의 돌기를 가지고 있는 슈
④ 3중돌기 슈	높이가 같은 3열의 돌기를 갖는 슈이며 지반이 견고한 작업 현장에 적당하고 회전 성능이 좋다.
⑤ 고무 슈	일반 슈에 볼트로 조립하여 사용되며 노면 보호와 소음과 진동을 줄일 수 있는 장점이 있다.
⑥ 습지용 슈	슈의 단면을 삼각형이나 원형으로 만들어 연약한 지반의 습지 작업에 적합하다.
⑦ 평활 슈	슈를 편평하게 만들어 도로의 노면 파괴를 방지할 수 있다.
⑧ 스노 슈	주행 시 트랙에 끼인 눈 등이 잘 빠져 나올 수 있도록 구멍이 뚫려 있다.
⑨ 암반용 슈	양쪽에 리브를 두어 슈의 강도가 높고 가로 방향의 미끄럼이 적어 암반 작업이 용이하다.

굴착기 구조와 기능

★ 개수는 빈출도와 중요도를 의미합니다.

01 ★★★
타이어식 굴착기의 장점이 <u>아닌</u> 것은?

① 주행속도가 빠르다.
② 주행저항이 적다.
③ 견인력이 낮다.
④ 장거리 이동이 용이하다.

해설 타이어 트레드와 지면의 접촉 면적이 적어서 견인력이 부족한 것은 타이어식 굴착기의 단점이다.

02 ★
굴착기의 3대 구성부품이 <u>아닌</u> 것은?

① 하부 주행체
② 상부 회전체
③ 작업장치
④ 공기압 장치

해설 굴착기의 3대 구성부품은 작업장치, 상부 회전체, 하부 주행체로 구성되어 있다.

03 ★★★
타이어식 굴착기와 무한궤도식 굴착기의 운전 특성에 대한 설명으로 옳지 <u>않은</u> 것은?

① 무한궤도식은 습지, 사지, 연약지반에서 작업이 용이하다.
② 타이어식은 주행 속도가 빠르다.
③ 무한궤도식은 기복이 심한 곳에서 작업이 불리하다.
④ 타이어식은 장거리 이동이 쉽고 기동성이 우수하다.

해설 작업지대의 기복이 심한 곳과 습지, 사지, 연약지반 등에서는 접지면적이 넓고 접지압력이 낮은 무한궤도식 굴착기가 유리하고 타이어식은 불리하다.

04 ★★
일반적으로 굴착기가 할 수 <u>없는</u> 작업은?

① 리핑작업
② 경사면 굴토
③ 차량 토사적재
④ 땅고르기 작업

해설 리핑작업은 트랙터나 불도저 후부에 리퍼를 설치하여 암석이나 토사를 파내는 작업으로, 굴착기도 가능한 일반적인 작업요소는 아니다.

05 ★★
일반적으로 건설기계의 장비 중량에 포함되지 <u>않는</u> 것은?

① 그리스
② 운전자
③ 연료
④ 냉각수

해설 건설기계 장비의 중량은 운전자의 무게는 포함하지 않고, 연료, 냉각수, 그리스 등을 모두 포함된 상태의 총중량을 의미한다.

06 ★
장비의 위치보다 높은 곳을 굴착하는데 사용하기 적합한 것으로, 토사 및 암석을 트럭에 적재하기 쉽게 디퍼 덮개를 개폐하도록 제작된 장비는?

① 기중기
② 유압셔블
③ 스크레이퍼
④ 파일드라이버

해설 장비의 위치보다 높은 곳을 굴착하는데 적합한 장비는 유압셔블 장비이다.

| 정답 | 01 ③   02 ④   03 ③   04 ①   05 ②   06 ②

07 굴착기 작업장치의 일종인 우드 그래플(wood grapple)로 할 수 있는 작업은?

① 기초공사용 드릴 작업
② 전신주와 원목하역, 운반작업
③ 건축물 해체, 파쇄작업
④ 하천 바닥 준설

> 해설 우드 그래플은 전신주, 원목 등을 집게로 집어서 운반이나 하역하는 작업장치이다.

08 암반, 콘크리트, 아스팔트를 파쇄하기 위한 굴착기의 작업장치는?

① 콤팩터
② 우드 그래플
③ 리퍼
④ 브레이커

> 해설 치즐의 머리부에 있는 유압기 해머로 암석, 콘트리트 등을 가격하여 파쇄하는 장치를 브레이커라고 한다.

09 굴착기의 작업장치에 해당하지 않는 것은?

① 버킷(bucket)
② 마스트(mast)
③ 붐(boom)
④ 암(arm)

> 해설 마스트는 지게차 작업장치의 일종이다.

10 진흙 지대의 굴착 작업 시 용이한 버킷은?

① V 버킷(V bucket)
② 그래플(grapple)
③ 이젝터 버킷(ejector bucket)
④ 크러셔(crusher)

> 해설 진흙 토사를 밀어내는 장치인 이젝터가 있는 버킷을 이젝터 버킷이라고 한다.

11 다음 중 굴착기의 작업장치에 해당되지 않는 것은?

① 브레이커(breaker)
② 힌지 버킷(hinge bucket)
③ 파일 드라이브(pile drive)
④ 크러셔(crusher)

> 해설 힌지 버킷은 지게차의 작업장치이다.

12 굴착기 조종 레버 중 굴착 작업과 직접적인 관계가 없는 것은?

① 붐(boom) 제어 레버
② 버킷(bucket) 제어 레버
③ 암(arm)제어 레버
④ 스윙(swing)제어 레버

> 해설 스윙은 굴착 작업과는 직접적인 관계가 없고, 굴착기 상부를 회전하는 제어레버이다.

13 굴착기의 전부장치에서 360° 회전이 가능한 붐은?

① 원피스 붐(one piece boom)
② 오프셋 붐(offset boom)
③ 로터리 붐(rotary boom)
④ 투피스 붐(two piece boom)

> 해설 붐과 암 사이에 회전모터가 있어 360° 회전이 가능한 붐을 로터리 붐이라고 한다.

| 정답 | 07 ② 08 ④ 09 ② 10 ③ 11 ② 12 ④ 13 ③

14 토사굴토 작업, 도랑파기 작업, 토사 상차 작업 등에 적합한 건설기계 장치는?

① 블레이드(blade)　② 쇠스랑(scarifier)

③ 리퍼(ripper)　④ 버킷(bucket)

> 해설　버킷은 토사굴토, 도랑파기, 토사 상차 작업 등의 다양한 작업을 할 수 있다.

15 다음 중 버킷 등의 작업장치를 신속하게 분리, 결합할 수 있는 장치는?

① 브레이커　② 아웃트리거

③ 유압셔블　④ 퀵 커플러

> 해설　굴착기의 전부장치 중 작업장비 선택장치(버킷)을 신속하게 분리, 결합할 수 있도록 하는 연결장치를 '퀵 커플러'라고 한다.

16 굴착기에서 붐에 대한 설명으로 옳지 않은 것은?

① 유압 실린더에 의해 상하 운동을 한다.

② 붐의 종류인 로터리 붐은 연결되어 있는 암이 움직일 수 없도록 고정되어 있다.

③ 유압계통에 이상이 생겼을 때 붐의 속도가 느려지거나 작동이 원활하지 않다.

④ 상부회전체에서 풋 핀에 의해 설치되어 있다.

> 해설　붐의 중간부분에 유압모터를 둔 로터리 붐은 360° 회전이 가능하며, 암은 붐의 회전에 상관없이 움직일 수 있는 구조를 갖고 있다.

17 굴착기 붐은 무엇에 의해 상부 회전체에 연결되어 있는가?

① 암 핀(arm pin)　② 디퍼 핀(dipper pin)

③ 로크 핀 (lock pin)　④ 풋 핀(foot pin)

> 해설　굴착기의 붐은 풋 핀에 의해 상부 회전체와 연결되어 있다.

18 굴착기의 3대 주요 구성 부품으로 가장 적절한 것은?

① 작업장치, 하부 추진체, 중간 선회체

② 상부 회전체, 하부 추진체, 중간 선회제

③ 작업장치, 상부 선회체, 하부 추진체

④ 상부조정장치, 하부 추진체, 중간 동력장치

> 해설　굴착기는 작업장치, 상부 회전체, 하부 추진체로 구성되어 있다.

상부 회전체

19 굴착기에서 선회장치의 구성품이 <u>아닌</u> 것은?

① 링기어

② 선회모터

③ 아이들러

④ 피니언기어

> 해설　아이들러는 트랙 하부 주행체의 구성품이다. 선회장치 구성품은 피니언기어, 링기어, 선회모터, 선회감속기 등으로 구성되어 있다.

20 굴착기에서 상부 선회체의 중심부에 설치되어 회전하더라도 호스, 파이프 등이 꼬이지 않고 오일을 하부 주행체로 공급해주는 부품은?

① 트위스트 조인트

② 유니버셜 조인트

③ 센터조인트

④ 등속 조인트

> 해설　상부에는 엔진의 구동력을 받아 작동하는 유압펌프가 있으며, 오일을 하체 구동체인 브레이크, 주행모터 등에 공급할 때 호스나 파이프가 아닌 센터조인트를 통해 공급하므로, 상부 선회체의 회전 시에도 안전하게 오일공급이 이루어진다

| 정답 | 　14 ④ 　15 ④ 　16 ②　17 ④ 　18 ③ 　19 ③ 　20 ③

21 굴착기에서 조종석, 엔진, 조종레버, 유압펌프 등이 설치되는 부분은?

① 작업장치 ② 하부 주행체
③ 하부 프레임 ④ 상부 회전체

> 해설 기관, 조종석, 유압탱크, 유압펌프, 연료 탱크 등은 상부 회전체에 탑재되어 있다.

22 굴착기 작업 시 안정성을 주고 장비의 균형을 유지하기 위해 설치한 것으로 옳은 것은?

① 카운터 웨이트(counter weight)
② 셔블(shovel)
③ 선회장치(swing device)
④ 버킷(bucket)

> 해설 상부 회전체의 뒷부분에 설치되어 굴착 작업 시 굴착기가 무게균형을 유지할 수 있도록 하는 것을 '카운터 웨이트'라고 하며, '밸런스 웨이트'라고도 한다.

23 굴착기 스윙 동작이 원활하게 되지 않는 원인으로 틀린 것은?

① 스윙 모터 내부 불량
② 터닝 조인트(turning joint) 불량
③ 컨트롤 밸브 스풀 불량
④ 릴리프 밸브 설정 압력 부족

> 해설 ① 스윙 모터: 상부 회전체를 스윙하는 유압 모터 기능을 한다.
> ② 터닝조인트(또는 센터조인트): 상부 유압오일을 하부로 공급해주는 장치이며, 불량 시 하부 구동체의 구동에 문제를 발생시킬 수 있으나 스윙 작용에는 문제가 없다.
> ③ 컨트롤 밸브: 스윙 방향을 설정하는 밸브
> ④ 릴리프 밸브: 유압회로내의 규정압력을 설정하는 밸브로 설정압력 부족 시 스윙유압이 작아진다.

24 굴착기의 센터조인트의 역할로 옳은 것은?

① 유압펌프에서 공급되는 오일을 하부 유압부품에 공급한다.
② 전후륜 디퍼런셜 기어에 오일을 공급한다.
③ 암 실린더에 오일을 공급한다.
④ 붐 실린더에 오일을 공급한다.

> 해설 상부 회전체의 중심부에 설치되어 유압펌프의 작동유를 하부 유압부품(주행모터, 블레이드, 브레이크)에 공급해주는 기능을 하며, 상부 회전체가 회전하더라도 호스나 파이프 등이 꼬이지 않고 원활하게 공급하는 일을 하는 배관을 센터조인트(스윙블 조인트, 터닝 조인트)라고 한다.

하부 주행체

25 무한궤도식 굴착기의 하부 주행체를 구성하는 요소가 아닌 것은?

① 주행 모터 ② 트랙
③ 스프로킷 ④ 선회 고정장치

> 해설 상부 회전체와 하부 구동체를 고정시켜주는 장치를 선회 고정장치라고 한다.

26 무한궤도식 장비에서 스프로킷에 가까운 쪽의 하부 롤러는 어떤 형식을 사용하는가?

① 옵셋형
② 싱글 플랜지형
③ 더블 플랜지형
④ 플랫형

> 해설 트랙 롤러는 싱글 플랜지형과 더블 플랜지형이 있으며, 하부 롤러의 개수는 4개이므로 트랙을 받치는 힘이 적은 싱글 플랜지형을 사용하고, 상부 롤러는 2개를 사용하므로 받치는 힘이 좋은 더블 플랜지형을 사용하게 된다. 스프로킷 쪽에 가까운 4개의 하부 롤러는 힘이 적게 받는 싱글 플랜지가 놓이게 된다.

| 정답 | 21 ④ 22 ① 23 ② 24 ① 25 ④ 26 ②

27 트랙 장치에서 전부 유동륜에서 오는 트랙과 아이들러의 충격을 흡수하는 장치는?

① 스프로킷   ② 트랙 어저스터
③ 리코일 스프링   ④ 상부 롤러

> **해설** 리코일 스프링은 주행 시 전부 유동륜에서 오는 트랙과 아이들러의 충격을 흡수하여 하부 주행체의 파손을 방지하는 기능을 하는 부품이다.

28 굴착기 트랙의 장력을 조정하는 방법으로 옳은 것은?

① 스프로킷 트랙 조정용 심(shim)으로 조정한다.
② 상부 롤러의 베어링으로 조정한다.
③ 캐리어 롤러의 조정 방식으로 조정한다.
④ 트랙 조정용 장력 조정 실린더에 그리스를 주입한다.

> **해설** 트랙의 장력 조정은 트랙 장력 조정용 실린더의 인밸브(In valve) 또는 아웃밸브(Out valve)에 그리스를 넣거나 빼서 조정한다.

29 무한궤도식 굴착기에서 트랙 장력을 조정해야 하는 이유가 아닌 것은?

① 스윙 모터의 과부하 방지
② 스포킷의 과대한 마모 방지
③ 트랙의 이완 방지
④ 트랙 구성부품들의 수명 연장

> **해설** 트랙 이완으로 인한 트랙 이탈방지, 스프로킷 과대마모 방지, 구성품의 수명연장을 목적으로 트랙의 장력은 적절하게 조정되어야 하며, 스윙 모터는 트랙관련 부품이 아닌 상부회전 관련 구성 부품이다.

30 굴착기에서 트랙 장력을 조정하는 기능을 가진 것은?

① 트랙 어저스터   ② 주행모터
③ 스프로킷   ④ 프론트 아이들러

> **해설** 트랙 장력은 트랙 어저스터로 조정하고, 아이들러는 주행 중 트랙의 장력 유지를 위해 전후로 움직여 조정한다.

31 무한궤도 굴착기에서 트랙 장력을 측정하는 부위로 가장 옳은 것은?

① 아이들러와 스프로킷 사이
② 아이들러와 1번 상부 롤러 사이
③ 스프로킷과 아이들러 사이
④ 프론트 아이들러와 1번 상부 롤러 사이

> **해설** 트랙의 장력은 프론트 아이들러와 1번 상부 롤러 사이에서 측정하며 장력은 25~40mm이다.

32 무한궤도식 건설기계에서 트랙이 벗겨지는 원인이 아닌 것은?

① 상부 롤러가 파손되었을 경우
② 리코일 스프링의 장력이 약할 경우
③ 트랙의 장력이 팽팽할 경우
④ 프론트 아이들러와 스프로킷의 중심이 어긋난 경우

> **해설** 트랙 장력의 팽팽함은 트랙이 벗겨지는 원인과는 관계가 없으며, 트랙을 구성하고 있는 아이들러, 스프로킷, 상부 롤러, 하부 롤러 등의 마모를 일으키는 원인이 된다.

33 다음 중 트랙 구성품으로 옳은 것은?

① 슈, 조인트, 스프로킷, 핀, 슈볼트
② 아이들러, 스프로킷, 하부 롤러, 상부 롤러, 감속기
③ 슈, 슈 볼트, 링크, 부싱, 핀, 마스터 핀
④ 트랙 롤러, 아이들러, 리코일 스프링

> **해설** 슈, 슈 볼트, 링크, 부싱, 핀 등이 트랙을 구성하고 있다.

34 트랙을 쉽게 분리하기 위해 설치된 것은?

① 링크   ② 슈 판
③ 슈 볼트   ④ 마스터 핀

> **해설** 마스터 핀은 트랙을 쉽게 분리할 수 있도록 마스터 핀에 사용되는 부싱의 길이를 짧게 하여 핀이 돌출되어 있으며, 이 돌출된 부분을 해머로 두들겨서 핀을 쉽게 분리할 수 있다.

| 정답 | 27 ③   28 ④   29 ①   30 ①   31 ④   32 ③   33 ③   34 ④

35 무한궤도식 굴착기의 주행모터는 일반적으로 몇 개가 설치되어 있는가?

① 1개   ② 2개
③ 3개   ④ 4개

해설 일반적 주행모터는 트랙의 양쪽 1개씩 설치되므로 2개의 유압식 주행모터가 있다.

36 트랙의 진행방향을 유도하고 트랙의 앞부분에 설치되어 있는 부품은?

① 스프로킷   ② 상부 롤러
③ 하부 롤러   ④ 프론트 아이들러

해설 전부 유동륜이라고도 하며 트랙의 앞부분에 설치되어 트랙장력을 조정하면서 진행방향을 유도하는 것은 프론트 아이들러이다.

37 무한궤도식 건설기계에서 상부 롤러의 기능으로 옳은 것은?

① 트랙의 구동
② 전부 유동륜을 고정한다.
③ 리코일 스프링을 지지한다.
④ 트랙을 지지하고 트랙의 처짐을 방지한다.

해설 상부 롤러는 트랙을 지지하고 트랙의 처짐을 방지한다.

38 무한궤도식 건설기계에서 리코일 스프링의 기능으로 옳은 것은?

① 주행 중 트랙 전면에서 오는 충격을 흡수하는 기능을 한다.
② 트랙의 벗겨짐을 방지하는 기능을 한다.
③ 상부 롤러를 지지하는 기능을 한다.
④ 스프로킷의 기능을 도와 굴착기가 전진하게 한다.

해설 리코일 스프링은 굴착기의 주행 중 전면에서 트랙과 아이들러에 전해지는 충격을 흡수하여 차체의 파손을 방지하는 기능을 한다.

39 트랙의 스프로킷 이상마모 원인으로 옳은 것은?

① 유압유의 부족
② 과도하게 높은 유압
③ 리코일 스프링의 장력 약화
④ 트랙의 심한 이완 또는 장력 과대

해설 트랙의 장력의 과대, 과소는 트랙 스프로킷의 이상마모 원인이 된다.

40 다음 중 일반 슈에 볼트로 조립하여 사용되며 노면 보호와 소음과 진동을 줄일 수 있는 트랙 슈의 종류로 알맞은 것은?

① 평활 슈   ② 고무 슈
③ 습지용 슈   ④ 스노 슈

해설
① 평활 슈는 슈를 편평하게 만들어 도로의 노면 파괴를 방지한다.
② 고무 슈는 노면 보호와 소음, 진동을 줄이는 기능을 한다.
③ 습지용 슈는 슈의 단면이 삼각형이나 원형으로 되어 있어 연약한 지반 습지에서 작업에 적합한 슈이다.
④ 스노 슈는 트랙에 끼인 눈이 잘 빠져 나올 수 있도록 구멍이 뚫려져 있다.

41 다음 중 굴착기에서 그리스를 주입하지 않아도 되는 곳은?

① 선회 베어링   ② 트랙 슈
③ 버킷의 핀   ④ 링키지

해설 지면에 닿는 트랙 슈에는 그리스를 주입하지 않아도 되며, 베어링이나, 연결 부분(링키지), 핀처럼 회전체 부위에는 그리스를 도포하여 원활한 작동을 유지한다.

| 정답 | 35 ② 36 ④ 37 ④ 38 ① 39 ④ 40 ② 41 ②

42 굴착기의 프론트 아이들러와 스프로킷이 일치되게 하기 위해 브라켓 옆에 무엇으로 조정하는가?

① 시어핀   ② 쐐기

③ 편심볼트   ④ 심(shim)

해설 프론트 아이들러와 스프로킷이 일치되게 하기 위해 브라켓 옆에 심(shim)으로 조정한다.

43 무한궤도식 굴착기의 조향작용은 무엇으로 행하는가?

① 브레이크 페달   ② 유압모터

③ 유압펌프   ④ 조향클러치

해설 무한궤도식 굴착기의 조향작용은 유압(주행)모터로 한다.

|정답| 42 ④   43 ②

굴착기 주행, 작업 및 점검

단원별 기출 분석

✓ 다른 단원에 비해 출제비율이 낮은 편이며 난이도가 어렵지 않습니다.
✓ 시간이 부족하다면 세세한 부분까지 암기하는 것보다 주요 개념만 정리하여 넘어가는 것이 좋습니다.

SECTION 01

핵심테마
굴착기 주행 조작법

01 무한궤도식 굴착기 주행

1 전·후진 주행

① 주행 레버를 동시에 앞뒤로 하여 전·후진시킬 수 있다.
② 속도는 레버 또는 페달의 조작량에 따라 조절할 수 있다.
③ 좌우의 양을 조절함에 따라 완만한 방향전환이 가능하다.

2 피봇(Pivot)회전

한쪽의 트랙만을 구동시켜 방향을 전환하는 것으로, 어느 한쪽의 레버 또는 페달만을 작동시켜 회전한다.

3 스핀(Spin) 또는 스폿(Spot) 회전

좌우의 트랙을 서로 반대 방향으로 구동시켜 제자리에서 방향을 전환하는 것으로 양쪽의 레버 또는 페달을 역으로 동시에 작동시켜 회전한다.

4 무한궤도식 굴착기의 동력전달 순서

기관 → 유압펌프 → 컨트롤밸브(전·후진 레버) → 센터조인트 → 주행모터 → 주행감속기어 → 트랙

 주행감속기어의 구성
유성기어, 선기어, 링기어, 캐리어로 구성된 유성기어장치가 있다.

02 타이어식 굴착기 주행

전·후진 레버를 앞으로 밀거나 뒤로 당기면서 전진과 후진이 이루어지며 전진 시에는 아웃트리거 방향으로, 후진 시에는 베토판 방향으로 주행한다.

주행모터 및 변속기   드라이브 라인   베토판(블레이드)

[타이어식 굴착기]

03 굴착기 주행 시 확인사항

1 굴착기 주행장치 성능 점검

① 시야 확보를 위해 작업장치의 유리창 확인
② 사각지대는 약 3개 이상의 카메라를 설치하여 사각지대의 시야 확보
③ 주행 전 후사경을 조정하여 최상의 시야 확보

2 굴착기 점등장치 확인

메인 라이트 스위치, 작업등 스위치, 경광등 스위치, 전조등 스위치 및 각종 주행에 필요한 스위치의 작동여부를 확인한다.

3 주행을 위한 주변 교통 여건 확인

① 타이어식 굴착기인 경우 이동을 위한 주변 교통 여건을 파악한다.
② 급출발이나 급제동은 가능한 피한다.
③ 운전 조작은 천천히 그리고 확실하게 한다.
④ 작업 반경 내에 보행자와 작업자의 동선, 주변 장애물을 확인하여 안전사고 및 시설물 파손을 미리 예방한다.

4 굴착기 운반로 선정 시 우선 고려사항

① 차도와 보도의 구별이 없는 도로, 학교, 유치원, 병원, 도서관 등이 있는 도로나 보행자가 많은 도로는 가능한 피한다.
② 도로가 좁은 경우 장비가 들어가는 도로와 나가는 도로를 따로 선정한다.
③ 포장도로나 폭이 넓은 도로를 선정하여 주변 소음 피해를 줄인다.
④ 운반로에 유지·보수가 필요한 경우 공사계획에 포함하여 대책을 세운다.

04 굴착기 도로 교통 관련사항

1 건설기계 도로 통행 제한

축중량 10t 초과 또는 총중량 40t 초과 차량, 차량 폭 2.5m, 높이 4.0m, 길이 16.7m의 기준 중 어느 하나라도 초과하는 차량은 도로주행이 제한된다. 단, 도로관리청의 허가를 받으면 도로의 통행이 가능하다.

2 하천 주행

① 타이어식 굴착기는 액슬 중심선 이상이 잠기면 위험하다.
② 무한궤도식 굴착기는 주행 모터 중심선 이상이 잠기면 위험하다.
③ 하천 주행 후에는 새로운 그리스를 주입하여 원활한 작업이 이루어지도록 한다.

3 연약지 및 습지 주행

① 연약 지반이나 습지는 매트나 나무판 위에 장비를 올려놓고 작업한다.
② 한쪽 트랙이 빠진 경우 붐을 사용하여 트랙을 들어 올린 다음 트랙 밑에 통나무를 넣고 탈출한다.
③ 트랙이 양쪽 모두 빠진 경우 붐을 최대한 앞쪽으로 펼친 후 버킷 투스를 지면에 박은 후 천천히 당기면서 장비를 서서히 주행시켜 탈출한다.
④ 자력 탈출이 불가능한 경우 하부 기구 본체에 와이어로프를 걸고 크레인으로 당길 때 굴착기는 주행 레버를 견인 방향으로 밀면서 빠져나온다.

05 굴착기 주행 시 주의사항

1 운전 시 주의사항

① 급발진 및 급정지는 피한다.
② 주행 시 버킷이 높이는 30~50cm가 좋다.
③ 장거리 이동 시 선회 고정장치를 고정하고 이동한다.
④ 주행 중 작업장치의 레버를 조작해서는 안 된다.
⑤ 주행 중에 이상음, 냄새 등의 사항이 확인된 경우에는 엔진을 멈추고 점검한다.
⑥ 주행 모터가 돌이나 요철 등에 부딪치지 않도록 주의한다.
⑦ 주행 중 승·하차를 하거나 운전자 이외의 사람을 승차시키지 않는다.

2 운전 종료 후 안전 조치사항

① 주차는 평탄하고 안전한 곳에 주차한다.
② 주차 브레이크를 작동 시키고, 변속기어는 중립위치로 한다.
③ 버킷 등의 작업장치 및 아웃트리거를 지면에 내려놓는다.
④ 타이어식 굴착기는 주차 브레이크와 함께 고임목을 설치하여 안전을 확보한다.
⑤ 시동 스위치는 OFF로 돌려 기관을 정지시키고, 키는 빼서 보관한다.
⑥ 운전실 등 잠금 장치를 꼭 확인한다.

06 굴착기를 트레일러에 상하차하는 방법

① 평탄한 노면에서 상하차한다.
② 충분한 길이, 폭, 구배 및 강도를 확보한 경사대를 10~ 15° 이내로 설치하고 상하차한다.
③ 운반 시 작업장치는 트레일러 뒤쪽으로 향하게 하고 버킷은 바닥에 닿게 한다.
④ 운반 시 선회 고정장치는 반드시 잠금 모드로 해야 상부 회전체가 회전하지 않는다.
⑤ 상차대 없이 직접 상차하는 방법도 있으나 전복 위험 이 있으므로 주의가 필요하다.
⑥ 상하차 시 트레일러에 고임목을 설치하고, 운반 시에 는 굴착기 로프 또는 와이어로 결박한다.

[상차 시 작업]

[운반 시 작업 장치 방향]

07 굴착기를 크레인으로 들어 올릴 때 주의사항

① 굴착기 중량에 맞는 크레인을 사용한다.
② 와이어로프 및 기타 인양 용구는 손상이나 열화가 없 고, 충분한 강도가 있어야 한다.
③ 배관 등에 와이어가 접촉되지 않도록 주의한다.
④ 인양 작업 시 안전레버는 잠김 위치로 하여 굴착기가 움직이지 않도록 한다.
⑤ 굴착기의 수평을 유지하도록 와이어를 단단하게 묶 어야 한다.
⑥ 작업 주위에는 사람의 출입을 금한다.

핵심테마

굴착기 작업

01 굴착기 작업

굴착작업은 먼저 붐, 암, 버킷 레버를 유기적으로 작동시켜야 하며, 스윙 레버는 굴착 작업과는 직접적인 관련성이 없다.

1 굴착 작업 순서

굴착 → 붐 상승 → 스윙 → 적재 → 스윙 → 굴착

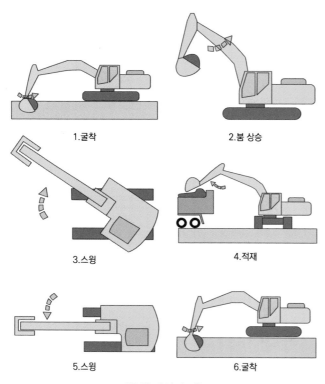

1.굴착   2.붐 상승

3.스윙   4.적재

5.스윙   6.굴착

[굴착 작업 순서]

2 굴착기 작업의 안전사항

① 타이어식 굴착기로 작업 시 안전을 위하여 아웃트리거를 받치고 작업한다.

② 굴착기 작업 전 붐, 암, 버킷 핀 부싱, 선회베어링, 베토판 연결부 핀 부싱, 드라이브 라인, 유니버셜 조인트 통에 그리스를 주입한다.

③ 장비의 흔들림을 방지하기 위해 작업 시에는 실린더의 행정 끝에 약간의 여유가 남도록 운전한다.

④ 견고한 땅을 굴착하는 경우 버킷 투스를 이용하여 지면을 얇게 여러 번 긁어가며 굴착한다.

⑤ 장비의 주기 상태를 확인하여 이상이 있는 경우 조치하여 문제를 해결하고 작업에 투입한다.

⑥ 작업 반경 내 전선의 위치, 공사 주변의 구조물, 지장물, 연약 지반 등을 파악하고 관계자와 협의한다.

⑦ 땅을 깊이 팔 때에는 붐의 호스나 버킷 실린더의 호스가 지면에 닿지 않도록 한다.

⑧ 버킷에 사람을 탑승시키지 않아야 한다.

⑨ 스윙하면서 버킷으로 암석을 파쇄하거나 선회관성을 이용하여 평탄 작업을 하지 않아야 한다.

⑩ 굴착하면서 주행하지 않아야 한다.

⑪ 굴착기가 작업장에서 이동 및 선회하는 경우 주의를 환기하기 위해 경고음 또는 경적을 울리는 등의 조치를 해야 한다.

⑫ 한쪽 트랙을 들 때 암과 붐 사이의 각도는 90°~110° 범위로 해서 들어주는 것이 안전하다.

⑬ 경사지의 경우 10° 이상 경사진 장소에서는 가급적 작업하지 않는다.

베토판

아웃트리거

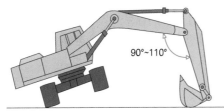

90°~110°

[한쪽 트랙을 들 때]

3 굴착기 작업의 종류

깎기	굴착기를 이용하여 작업 지시사항에 따라 부지 조성을 하기 위해 흙, 암반 구간 등을 깎는 것을 말한다.
쌓기	터파기와 깎기 작업에서 발생한 돌, 토사를 후속 작업에 지장이 없도록 조치하여 쌓아 놓는 것으로 흙 쌓기, 돌 쌓기, 야적 쌓기 작업이 있다.
메우기	부지, 관로, 조경 시설물, 도로를 완성시키기 위해 장비를 이용하여 돌, 흙, 골재, 모래 등으로 빈 공간을 채우는 작업을 말한다.

SECTION 03 핵심테마 굴착기 작업 전·후 점검

01 정비사용 설명서에 따른 일일 점검사항

구분	점검 항목
작업 전 점검	• 엔진오일, 연료 냉각수, 유압작동유의 양 점검 • 팬벨트 장력, 타이어 외관 상태, 축전지 점검 • 굴착기 외관 각부 누유, 누수 점검 • 공기청정기 엘리먼트 청소
작업 중 점검	• 굴착기에서 발생하는 냄새, 소음, 배기 색 등 점검
작업 후 점검	• 연료 보충, 각 부의 누유 및 누수 점검 • 굴착기 외관의 변형 및 균열 등 점검

02 작업 전 점검

1 엔진 시동 전 점검

① 배터리 충전 상태 점검
② 연료량 및 유압작동유의 적정 상태 점검
③ 연료계통의 공기 빼기 점검
④ 냉각수 및 엔진오일의 적정 상태 점검

2 엔진 시동 후 점검

① 엔진 아이들링(공전) 상태에서는 엔진오일 경고등과 충전경고등은 소등되고, 엔진 key on 상태에서는 모두 점등되는지 살펴 경고등의 작동 상태 점검
② 굴착기의 이상한 냄새, 소음, 배가가스의 색 등을 살펴 굴착기의 이상여부 확인

3 엔진오일의 누유 점검

① 엔진 정지 후 오일 레벨게이지를 통해 오일의 양을 점검하여 오일의 누유 및 열화발생 여부를 확인한다.
② 오일의 양은 레벨게이지의 Low와 Full 사이에 있으면 적정, Full 쪽에 있으면 가장 이상적인 양이다.
③ 오일 양이 Low 아래로 내려가 있으면 오일을 보충한다.
④ 누유 발생 시에는 수리 후 운전을 하도록 한다.
⑤ 엔진 오일 압력 경고등 확인
  • 엔진 키 ON 시 점등, 엔진 시동 후 소등 되는지 확인
⑥ 엔진 점검 경고등 확인
  • 엔진 키 ON 시 점등, 엔진 시동 후 소등 되는지 확인
  • 시동 후에도 엔진 경고등이 점등되면 엔진 센서 등의 문제가 있으므로 엔진 수리 후 운행

4 유압작동유 누유 점검

① 작동유는 엔진 오일과는 다른 오일이며 각종 작동 실린더에 공급하는 오일로, 레벨게이지의 Low와 Full 사이에 있으면 정상
② 각 실린더 및 유압 호스 등에서 누유가 발생되면 수리 후 작동
③ 작동유의 점도가 높을 때는 작동유 누설이 증가, 점도가 낮으면 누설이 감소
④ 주기적인 작동유의 점검과 오일 및 필터의 교환은 유압장치의 수명을 연장

5 각종 윤활계통 점검

① 선회감속기의 오일 점검
② 유성기어부 및 전차축 오일 점검
③ 붐, 스틱 및 버킷 링키지 그리스 주유 및 상태 확인
④ 선회감속기 베어링 윤활
⑤ 선회베어링 급유
⑥ 작업장치에 그리스 급유 및 확인

6 팬벨트(Fan belt) 장력 및 누수 점검

팬벨트는 엔진의 회전력을 크랭크축 풀리와 벨트로 연결된 워터펌프, 발전기 등에 전달하는 기능을 하는 부품을 말한다.

① 팬벨트 장력 점검

- 기관이 정지된 상태에서 측정을 하여야 한다.
- 엄지손가락으로 팬벨트의 중앙을 약 10kgf의 힘으로 눌렸을 때 벨트의 처짐량이 13~20mm이면 정상
- 장력 불량 시 발전기의 장력 조정 나사로 조정 가능

팬벨트의 장력이 느슨할 때
냉각수 순환불량으로 엔진이 가열되며, 발전기 출력 저하로 배터리의 충전이 어렵다.

팬벨트의 장력이 클 때
팬벨트와 연결된 워터펌프 및 발전기의 축 베어링의 심한 마모를 일으키게 된다.

② 냉각 시스템의 각종 호스 및 라디에이터의 누수 여부를 점검한다.

7 계기판의 각종 경고등 점검

① 비상 경고등
- 비상등을 켰을 때 깜박거림
② 냉각수 부족 경고등
- 엔진 냉각수 양이 부족할 경우 경고등 점등
③ 엔진 오일 압력 경고등
- 엔진 키 ON시 점등, 시동 시 OFF이면 정상
- 점등 시 오일누수 및 오일량 부족 상태
④ 엔진 점검 경고등
- 엔진 키 ON시 점등, 시동 시 OFF이면 정상
- 점등 시 엔진 수리 필요
⑤ 충전 경고등
- 엔진 키 ON시 점등, 시동 시 OFF이면 정상
- 충전 전압 부족 시 점등
⑥ 에어크리너 경고등
- 에어크리너 필터 막혔을 때 점등
⑦ 과부하 경고등
- 작업장치 하중 이상의 무게가 감지되면 점등
⑧ 브레이크 오일 압력 경고등
- 브레이크 오일 압력이 낮을 때 점등
⑨ 엔진 냉각수 온도 경고등
- 엔진 냉각수 온도가 높을 때 점등
⑩ 연료 경고등
- 연료 부족 시 점등
⑪ 작동유 온도 경고등
- 작동유 온도가 100℃ 초과 시 점등

8 타이어 점검

① 타이어의 역할
- 굴착기의 하중을 지지한다.
- 굴착기의 동력과 제동력을 전달한다.
- 노면에서의 충격을 흡수한다.
② 타이어의 마모 한계: 마모가 심한 타이어는 빗길 운전에서 수막현상 발생비율이 높아져 사고의 위험이 높다. 타이어의 교체 시기는 ▲형이 표시된 부분의 홈 속에 돌출된 부분이 마모 한계 표시이다.

③ 타이어 마모 한계를 초과하여 사용하면 발생하는 현상
  • 제동력이 저하되어 브레이크 페달을 밟아도 타이어가 미끄러져 제동거리가 길어짐
  • 우천 주행 시 도로와 타이어 사이의 물이 배수가 잘되지 않아 타이어가 물에 떠있는 것과 같은 수막 현상이 발생함
  • 도로를 주행할 때 도로의 작은 이물질에 의해서도 타이어 트레드에 상처가 발생하여 사고의 원인이 됨

9 트랙 점검

① 트랙 등의 장력은 아이들 롤러와 상부 롤러 사이의 처짐이 약 25~40mm 정도인지 확인
② 트랙의 마모상태 및 각부의 상부 롤러, 하부 롤러, 프론트 아이들러, 리코일 스프링, 평형 스프링 등의 상태 점검

조향장치 점검
파워스티어링 오일의 양 점검 및 조향장치 파이프 연결부위에서의 누유 점검

제동장치 점검
브레이크 오일의 양 점검 및 마스터 실린더 및 제동계통 파이프 연결부위의 누유 점검

10 전기장치 점검

(1) 축전지 단자 및 케이블 결선상태 점검

① 축전지 단자의 파손 상태를 점검하며 축전지 단자를 보호하기 위하여 고무커버 씌우기
② 축전지 배선의 결선 상태 점검

(2) 축전지 충전상태 점검

① 점검 창을 통해 축전지 충전상태를 확인하고 방전되었으면 축전지 충전
② MF 축전지 상태는 점검 창의 색으로 확인 가능

● 초록색	충전된 상태
● 검정색	방전된 상태(충전 필요)
○ 흰색	축전지 점검(축전지 교환)

[충전]　　　[방전]　　　[교환]

(3) 축전지 충전 시 주의사항

① 충전장소에는 환기 장치 설치
② 축전지가 방전될 시 즉시 충전
③ 충전 중 전해액의 온도는 45℃ 이상 상승시키지 않기
④ 충전 중인 축전지 근처에 불꽃을 가져가지 않기
⑤ 축전지를 과다 충전하지 않기
⑥ 굴착기에서 축전지를 떼어 내지 않고 충전할 경우에는 축전지와 기동전동기 연결 배선 분리

03 작업 중 점검

① 작업 중 장비의 계기판을 통하여 장비의 정상 작동 여부 확인
② 장비에서 발생하는 이상음 점검
③ 장비에서 발생하는 냄새 점검 (유압유타는 냄새, 전기배선 타는 냄새, 타이어 타는 냄새, 공사 중 가스배관 등의 파손으로 나는 가스 냄새 등)
④ 육안을 통한 냉각수, 엔진오일, 기어오일, 유압유 등의 누설 여부 확인

04 작업 후 점검

1 안전 주차 (안전 주기)

① 주차 시에는 버킷을 지면에 완전히 내리고, 조종 레버를 중립으로 한 다음 시동키를 OFF 한 후 키를 빼서 잘 보관
② 굴착기 주차 시 실린더로드 보호를 위해 붐, 암, 버킷을 최대한 펴서 주차
③ 운전실 등 잠금장치를 확인한 후 자리를 이동
④ 평탄하고 안전한 곳에 주차
⑤ 경사지 주차 시 고임대를 사용하여 주차 안전을 확보
⑥ 굴착기 운전 종료 시 지정된 장소(주기장)에 주차

2 연료량 점검

① 운행 종료 시 다음 날 작업을 위해 연료 보충
② 급유 중에는 엔진을 정지하고 차량에서 하차
③ 겨울철 심한 온도차로 인한 연료탱크의 결로(연료 내의 수분동결) 현상이 발생하지 않도록 연료를 가득 채울 것
④ 연료 급유 시 연료탱크의 연료는 넘치지 않는 정도의 양을 채울 것
⑤ 연료보다 비중이 높은 불순물 및 수분은 연료보다 탱크 아래로 침전되므로 연료 탱크 아래의 배출콕을 열어 주기적으로 배출시키기
⑥ 연료 탱크 내의 침전물이나 불순물이 연료 계통으로 빨려 들어가는 것을 방지하기 위해 연료를 완전히 소진하거나 연료 레벨이 낮게 내려가도록 할 것

3 장비 점검

① 타이어식 굴착기의 타이어 공기압 및 타이어 휠 너트, 휠 변형 등 확인
② 무한궤도식 굴착기의 트랙의 장력 부족 시 장력을 규정 범위로 조정
③ 유압라인의 체결부 고정상태를 점검하고 각 연결 부위 부싱, 핀 등에 그리스를 주입
④ 에어크리너의 오염 상태를 확인하고 세척 또는 교환
⑤ 필터와 오일은 교환 주기에 알맞게 교환
⑥ 오일 및 냉각수의 누설 점검

05 장비 점검 주기

1 주간 정비 요소(매 50시간마다)

① 오일 점검
② 배터리 전해액 수준 점검
③ 연료 탱크 침전물 배출
④ 프레임 연결부 등에 그리스 주유
⑤ 팬벨트 장력 조정

2 분기 정비 요소 (매 500시간마다)

① 각종 굴착기 라이트 점검
② 주계기판 램프 작동 점검
③ 각 작동부 오일 점검 및 교환
④ 오일필터류 교환
⑤ 라디에이터 및 오일 쿨러 점검
⑥ 브레이크 디스크 마모 점검

3 반년 정비 요소(매 1000시간마다)

① 디젤엔진의 연료 분사 노즐 및 인젝터 점검
② 엔진 밸브 간극 조정
③ 유압 펌프 구동장치의 오일 교환
④ 스윙기어 케이스 오일 교환
⑤ 어큐뮬레이터의 압력 점검
⑥ 주행감속기 기어의 오일 교환
⑦ 냉각계통 내부의 세척
⑧ 발전기, 기동전동기 점검
⑨ 작동유 여과기(필터) 교환

4 연간 정비 요소(매 2000시간마다)

① 각 냉각수 교환
② 유압오일 교환
③ 차동장치 오일 교환
④ 작동유 탱크 오일 교환
⑤ 트렌스퍼케이스 오일 교환
⑥ 액슬케이스 오일 교환
⑦ 탠덤 구동 케이스 오일 교환

굴착기 주행, 작업 및 점검

★ 개수는 빈출도와 중요도를 의미합니다.

굴착기주행

★★★
01 무한궤도식 굴착기의 유압 시 하부 추진체의 동력전달 순서는?

① 기관 → 유압펌프 → 컨트롤 밸브 → 센터조인트 → 주행모터 → 트랙

② 기관 → 센터조인트 → 컨트롤 밸브 → 유압펌프 → 주행모터 → 트랙

③ 기관 → 컨트롤 밸브 → 센터조인트 → 주행모터 → 유압펌프 → 트랙

④ 기관 → 주행모터 → 컨트롤 밸브 → 센터조인트 → 유압펌프 → 트랙

해설 무한궤도식 굴착기의 동력전달 순서는 '기관 → 유압펌프 → 컨트롤 밸브 → 센터조인트 → 주행모터 → 트랙'으로 전달된다.

★★★
02 무한궤도식 굴착기를 트레일러에 상하차 시 주의사항으로 **틀린** 것은?

① 상차 후 고임목을 설치한다.

② 선회 고정장치를 잠금 모드로 하여 상부회전체의 회전을 방지한다.

③ 굴착기를 로프 또는 와이어로 결박하여 이동 시 흔들림을 방지한다.

④ 굴착기의 상하차를 쉽게 하기 위해 경사지에서 상하차 한다.

해설 굴착기의 트레일러 상하차는 안전을 위해 가능한 평지에서 진행해야 한다.

★★★
03 굴착기를 트레일러에 상차하는 방법으로 옳지 **않은** 것은?

① 붐을 이용하여 버킷으로 차체를 들어 올려 탑재하는 방법도 있지만 전복의 위험이 있어 특히 주의를 요한다.

② 경사대는 10~15° 정도 경사시키는 것이 좋다.

③ 가급적 경사대를 이용한다.

④ 트레일러로 운반 시 작업장치는 반드시 앞쪽으로 향한다.

해설 트레일러로 굴착기를 운반할 때 작업장치는 반드시 뒤쪽을 향하도록 한다.

★★★
04 무한궤도식 굴착기의 주행 방법으로 **틀린** 것은?

① 연약한 땅은 피해서 주행한다.

② 요철이 심한 곳에서는 엔진 회전수를 높여 빠르게 통과한다.

③ 가능하면 평탄한 길을 택하여 주행한다.

④ 돌이 주행모터에 부딪치지 않도록 한다.

해설 요철이 심한 곳은 저속으로 주행한다.

★★
05 굴착기의 작업 안전사항으로 **틀린** 것은?

① 작업을 중지할 때에는 파낸 모서리로부터 장비를 이동시킨다.

② 굴착하면서 주행하지 않는다.

③ 스윙하면서 버킷으로 암석을 부딪쳐 파쇄하는 작업을 하지 않는다.

④ 안전한 작업 반경을 초과하여 하중을 이동시킨다.

해설 작업장치의 전복위험 방지를 위해 안전 작업 반경을 초과하여 하중을 이동시키는 일은 하지 말아야 한다.

| **정답** | 01 ① 02 ④ 03 ④ 04 ② 05 ④

06 굴착기 주행 시 안전운전 방법으로 옳은 것은?

① 방향 전환 시 가속을 한다.
② 지그재그로 운전한다.
③ 천천히 속도를 증가시킨다.
④ 버킷을 2m 상승시켜 유지한 채 운전한다.

> **해설** 굴착기 운행 시 버킷의 높이는 지면으로부터 약 30~50cm 정도 들어 올려 주행하고, 방향 전환 시에는 속도를 줄이고, 지그재그로 운전은 피해야 한다.

07 굴착기로 하천 주행 시 방법으로 옳지 않은 것은?

① 타이어식 굴착기는 블레이드 방향 한쪽으로만 주행한다.
② 무한궤도식은 주행 모터 중심선 이상이 잠기지 않도록 한다.
③ 하천 주행을 마친 후에는 그리스를 주입한다.
④ 타이어식 굴착기는 액슬 중심선 이상이 잠기지 않도록 해야 한다.

> **해설** 타이어식 굴착기는 하천 주행 시 뿐만아니라 평상시에도 전·후진이 모두 가능하다.

08 굴착기의 주행레버를 한쪽으로 당겨 회전하는 방식을 무엇이라고 하는가?

① 스핀 턴   ② 피벗 턴
③ 원웨이 턴   ④ 급회전 턴

> **해설**
> • 피벗 턴: 한쪽 레버만 조작하여 완만한 회전이 이루어진다.
> • 스핀 턴(급회전): 양쪽 레버를 동시에 반대쪽으로 움직여 급격한 회전을 한다.

09 굴착기의 안전 주행 방법으로 옳지 않은 것은?

① 돌이나 요철 등이 주행 모터에 부딪히지 않도록 주의한다.
② 지면이 고르지 못한 구간 통과 시 빠른 통과를 위해 고속으로 주행한다.
③ 장거리 이동 시 선회 고정핀을 끼운다.
④ 급출발 및 급정지는 가능한 피한다.

> **해설** 지면이 고르지 못한 구간은 저속으로 통과해야 안전하다.

10 굴착기 주행 시 주의해야 할 사항이 아닌 것은?

① 가능한 평탄한 지면을 선택하여 주행하고 엔진은 중속범위가 적당하다.
② 암반이나 부정지 등에서는 트랙을 느슨하게 조정한 후 고속주행이 적당하다.
③ 상부 회전체를 선회 고정장치로 고정한다.
④ 버킷, 암, 붐, 실린더는 오므리고 하부 주행체 프레임에 올려놓는다.

> **해설** 암반이나 부정지, 연약한 지반 또는 요철이 심한 지면에서는 저속주행이 안전하다.

11 작업장에서 굴착기의 이동 및 선회 시 운전자가 가장 먼저 해야 할 조치는?

① 굴착 작업   ② 버킷 내림
③ 급방향 전환   ④ 경적 울림

> **해설** 굴착기의 이동 및 선회 시 운전자는 안전을 위해 경고음 또는 경적을 울리는 등의 조치를 먼저 취해야 한다.

| 정답 | 06 ③   07 ①   08 ②   09 ②   10 ②   11 ④

12 무한궤도식 건설기계에서 주행 불량의 원인이 <u>아닌</u> 것은?

① 한쪽 주행모터의 브레이크 작동이 불량할 때
② 트랙에 오일이 묻었을 때
③ 유압펌프의 토출 유량이 부족할 때
④ 스프로킷이 손상되었을 때

해설 트랙에 오일이 묻은 것은 주행과 관계가 없다.

13 크롤러형(무한궤도식) 굴착기가 진흙에 빠져서 자력으로는 탈출이 거의 불가능하게 된 상태의 경우 견인 방법으로 가장 적절한 것은?

① 전부장치로 잭업 시킨 후 후진으로 밀면서 나온다.
② 버킷으로 지면을 걸고 나온다.
③ 하부기구 본체에 와이어로프를 걸고 크레인으로 당길 때 굴착기는 주행레버를 견인방향으로 밀면서 나온다.
④ 두 대의 굴착기 버킷을 서로 걸고 견인한다.

해설 굴착기가 진흙에 빠져 자력으로 탈출이 불가능한 경우에는 하부기구 본체에 와이어로프를 걸고 크레인으로 당길 때 굴착기는 주행레버를 견인방향으로 밀면서 나와야 한다.

굴착기 작업

14 굴착기의 기본 작업 사이클 과정으로 옳은 것은?

① 굴착 → 붐 상승 → 스윙 → 적재 → 스윙 → 굴착
② 선회 → 굴착 → 적재 → 선회 → 굴착 → 붐 상승
③ 선회 → 적재 → 굴착 → 붐 상승 → 선회
④ 굴착 → 스윙 → 적재 → 붐 상승 → 굴착

해설 굴착기의 기본 작업 사이클 과정은 '굴착 → 붐 상승 → 스윙 → 적재 → 스윙 → 굴착'이다.

15 굴착기로 성토를 하였을 때 경사면이 붕괴되는 원인으로 볼 수 <u>없는</u> 것은?

① 쌓은 후 오래될수록 붕괴될 확률이 높다.
② 지반이 약한 경우
③ 풍화가 심한 급경사면과 미끄러져 내리기 쉬운 지층 구조의 경사면
④ 다짐이 불충분한 상태에서 빗물이나 지표수, 지하수 등이 침투할 우려가 있는 곳

해설 성토의 붕괴율은 쌓은 직후가 가장 높다.

16 일반적으로 굴착기가 할 수 없는 작업은?

① 땅고르기 작업　② 차량 토사적재
③ 경사면 굴토　④ 리핑 작업

해설 굴착기는 땅고르기 작업, 차량 토사적재, 경사면 굴토 등의 작업을 할 수 있다.

17 굴착기 작업 시 작업 안전사항으로 옳지 <u>않은</u> 것은?

① 경사지 작업 시 측면절삭을 행하는 것이 좋다.
② 한쪽 트랙을 들 때에는 암과 붐 사이의 각도는 90～110° 범위로 해서 들어준다.
③ 타이어형 굴착기로 작업 시 안전을 위하여 아웃트리거를 받치고 작업한다.
④ 기중작업은 가능한 피하는 것이 좋다.

해설 굴착기의 경사지 작업 시 측면절삭은 해서는 안 된다.

18 굴착기의 아워미터(시간계)의 설치 목적이 <u>아닌</u> 것은?

① 가동시간에 맞추어 예방정비를 하기 위해
② 가동시간에 맞추어 오일을 교환하기 위해
③ 각 부위 주유를 정기적으로 하기 위해
④ 하차 만료 시간을 체크하기 위해

해설 아워미터(시간계)는 가동시간에 맞추어 예방정비, 오일 교환, 정기적 주유 등을 실시하기 위해 설치되어 있다.

| 정답 |　12 ② 　13 ③ 　14 ① 　15 ① 　16 ④ 　17 ① 　18 ④

19 굴착기 작업 중 운전자의 하차 시 주의사항으로 <u>틀린</u> 것은?

① 버킷을 땅에 완전히 내린다.
② 엔진을 정지시킨다.
③ 타이어식인 경우 경사지에서 정차 시 고임목을 설치한다.
④ 엔진 정지 후 가속레버를 최대로 당겨 놓고 내린다.

> 해설 굴착기 작업 중 운전자 하차 시 버킷을 땅에 완전히 내리고, 엔진은 정지, 타이어식은 고임목을 바퀴에 설치해야 안전하다.

20 굴착기로 토사를 덤프트럭에 상차하려고 한다. 다음 중 옳지 <u>않은</u> 것은?

① 굴착기로 덤프트럭에 적재할 때 선회하는 각도는 가능한 크게 하여야 한다.
② 덤프트럭이 굴착기보다 아래쪽에 있는 지형에서는 적재함 뒷부분부터 적재하는 것이 효율적이다.
③ 흙을 적재할 때는 적재함 앞쪽에서부터 적재한다.
④ 굴착기와 덤프트럭이 높이가 같은 지면에서 적재한다.

> 해설 굴착기로 덤프트럭에 적재 시 선회각도는 가능한 작게 하는 것이 안전하다.

21 굴착기로 메우기 작업을 할 때 메우기 재료의 일반적인 조건이 <u>아닌</u> 것은?

① 압축성이 클 것
② 배수성이 좋을 것
③ 동결저항력이 좋을 것
④ 팽창성이 없을 것

> 해설 메우기 재료의 일반적인 조건은 압축성이 작아야 한다.

---

22 일상점검 정비작업 내용에 해당하지 <u>않는</u> 것은?

① 연료분사노즐 압력 점검
② 브레이크 액 수준 점검
③ 라디에이터 냉각수 점
④ 타이어 손상 및 공기압 점검

> 해설 연료분사노즐 압력 점검은 일상점검 대상이 아니며 불량 시 분해정비 요소이다.

23 기관을 시동하기 전 점검사항 중 가장 거리가 <u>먼</u> 것은?

① 유압유의 양
② 냉각수의 온도
③ 축전지의 충전상태
④ 연료의 양

> 해설 냉각수 온도는 엔진 시동 후 공전상태에서 확인이 가능한 부분이다.

24 굴착기에서 기관 시동 후 정상 운전 가능 상태를 확인하기 위해 가장 먼저 점검해야 할 사항으로 옳은 것은?

① 주행속도계
② 오일압력계
③ 냉각수 온도계
④ 엔진오일의 양

> 해설 엔진의 오일압력계 및 오일경고등은 엔진 가동의 가장 중요한 부분으로, key - on 시에는 점등되었다가 시동 후에는 소등되는 것이 정상이여, 시동 후에도 점등되었다는 것은 엔진오일의 부족 또는 누유가 발생된 것이므로 엔진 정지 후 수리가 이루어져야 한다.

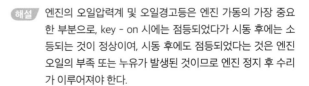

| 정답 | 19 ④ 20 ① 21 ① 22 ① 23 ② 24 ②

25 유압장치의 일일정비 점검사항으로 옳지 <u>않은</u> 것은?

① 유압장치의 필터 점검
② 이음 부분과 탱크 급유구 등의 풀림 점검
③ 유압호스의 손상과 접촉면의 점검
④ 유압작동유의 유량 점검

> 해설 유압장치의 필터 점검은 주기적인 점검 사항이며 일일점검 대상이 아니다.

26 굴착기의 작업장치 연결부 니플에 주입하는 것은?

① G.A.A(그리스)
② H.O(유압유)
③ SEA 30(엔진오일)
④ G.O (기어오일)

> 해설 굴착기 작업장치의 연결부위에는 그리스를 주입한다.

27 유압식 굴착기의 시동 전 점검사항으로 옳지 <u>않은</u> 것은?

① 유압유 탱크의 오일량 점검
② 엔진오일 및 냉각수 점검
③ 각종 계기판의 경고등의 램프 작동상태 점검
④ 후륜 구동축 종감속장치의 오일량

> 해설 후륜 구동축 종감속장치의 오일량 점검은 운전자가 일상적으로 점검하기 곤란하다.

28 굴착기 운전 전 점검사항으로 옳지 <u>않은</u> 것은?

① V벨트 상태 확인 및 장력 점검
② 라디에이터의 냉각수량 점검
③ 배출가스의 상태 확인
④ 엔진오일량 점검

> 해설 배기가스 상태 점검은 엔진 시동 후에 점검이 가능한 부분이다.

29 굴착기 기관의 팬벨트 장력이 약할 때 발생하는 현상으로 옳은 것은?

① 물펌프 베어링의 손상
② 엔진의 과냉
③ 발전기 출력 부족
④ 엔진 부조(엔진 떨림)

> 해설 팬벨트는 크랭크축의 풀리와 연결되어 물펌프 풀리, 발전기 풀리에 회전력을 전달하는 기능을 하므로 팬벨트의 장력 약화는 엔진 과열, 발전기의 출력 부족, 벨트 떨림에 의한 소음을 일으킨다. 팬벨트의 장력이 과대하면 물펌프 및 발전기 축 베어링의 손상을 유발한다.

30 굴착기 기관에서 팬벨트의 장력이 너무 크면 일어나는 현상으로 옳은 것은?

① 엔진 과열
② 발전기 출력 저하
③ 물펌프, 축 베어링의 마모
④ 점화시기가 빨라진다.

> 해설 팬벨트의 장력이 크면 물펌프와 발전기 축 베어링의 마모가 발생한다.

31 팬벨트의 장력 점검 시 기관의 상태는 어떤 상태에서 점검해야 하는가?

① 공회전 상태
② 급감속 상태
③ 급가속 상태
④ 엔진 정지 상태

> 해설 팬벨트의 장력 점검은 엔진 정지 상태에서 점검한다.

| 정답 | 25 ① 26 ① 27 ④ 28 ③ 29 ③ 30 ③ 31 ④

32 팬벨트의 점검에 대한 사항으로 옳지 <u>않은</u> 것은?

① 팬벨트가 너무 헐거우면 기관은 과열된다.
② 팬벨트 장력은 발전기의 장력 조정나사를 이용하여 조정한다.
③ 팬벨트는 풀리의 밑부분에 접촉되어야 한다.
④ 팬벨트의 장력은 약 10kgf의 힘으로 벨트를 눌렀을 때 처지는 정도가 약 13~20mm 이내이어야 적당하다.

> **해설** 팬벨트는 V 밸트이며, 풀리와의 접촉은 양쪽 경사진 부분에 70% 이상 접촉면을 유지해야 한다. 풀리 밑에 접촉되면 미끄러진다.

33 타이어식 굴착기에서 작업 전 점검에 해당하지 <u>않는</u> 것은?

① 솔리드 타이어의 공기 압력 상태
② 림의 변형 상태
③ 타이어의 편마모 상태
④ 휠 볼트 및 너트의 풀림 상태

> **해설** 솔리드 타이어는 공기 튜브가 없는 통고무로 제작된 것이므로 공기압력 대상이 아니다.

34 트레드의 마모 한계를 초과한 타이어의 사용으로 발생되는 현상이 <u>아닌</u> 것은?

① 제동거리가 길어짐
② 지면과의 접지면적이 늘어나 제동력이 좋아짐
③ 빗길에서 수막현상이 발생함
④ 작은 이물질에도 타이어가 찢어질 확률이 높아짐

> **해설** 마모 한계를 초과한 타이어는 새 타이어보다 제동 시 제동력이 저하된다.

35 타이어 림에 대한 설명 중 옳지 <u>않은</u> 것은?

① 손상 또는 마모 시 교환한다.
② 경미한 균열도 교환한다.
③ 경미한 균열은 용접하여 재사용이 가능하다.
④ 변형 시 교환한다.

> **해설** 경미하게 균열된 림은 안전상의 이유로 용접이나 재사용이 불가하다.

36 굴착기 작업 중 계기판에서 오일 경고등이 점등되었을 때 우선 조치해야 할 사항은?

① 냉각수를 보충하고 운전한다.
② 엔진오일을 교환하고 운전한다.
③ 즉시 시동을 끄고 오일계통을 점검한다.
④ 엔진을 분해하여 원인 분석을 한다.

> **해설** 엔진의 오일압력계 및 오일경고등은 엔진 가동의 가장 중요한 부분으로, key-on 시에는 점등되었다가 시동 후에는 소등되는 것이 정상이며, 시동 후에도 점등되었다는 것은 엔진 오일의 부족 또는 누유가 발생된 것이므로 엔진 정지 후 수리가 이루어져야 한다.

37 겨울철에 굴착기 시동 후 바로 작업을 하면 유압기기의 갑작스런 동작으로 인해 유압장치 고장을 유발하게 되므로 작업 전에 유압오일 온도를 상승시키는 작업을 하기 위한 운전을 무엇이라고 하는가?

① 정상운전
② 예비운전
③ 난기운전
④ 공회전

> **해설** 유압유의 정상작동 온도는 약 50~60℃이므로 엔진을 가동하여 유압유의 온도가 정상작동온도에 도달하도록 하는 운전을 난기 운전(워밍업)이라고 한다.

| **|정답|** | 32 ③　33 ①　34 ②　35 ③　36 ③　37 ③ |

38 유압펌프 내의 내부 누설과 반비례 관계에 있는 것은?

① 작동유의 오염　　② 작동유의 점도
③ 작동유의 온도　　④ 작동유의 압력

해설　작동유의 점도는 작동유의 누설과 반비례 관계에 있다. 점도가 높으면 유압유의 누설이 적어지게 된다.

39 굴착 작업 시 작업 능력이 저하되는 원인은?

① 아워미터 고장
② 조향핸들 유격 과다
③ 트랙 슈에 그리스 부족
④ 릴리프 밸브 조정 불량

해설　릴리프 밸브는 유압펌프의 압력을 조정하는 밸브이며 유압에너지에 의해 작동되는 굴착기는 릴리프 밸브의 조정불량이 발생하면 작업 능력이 떨어지게 된다.

40 기관의 오일 레벨게이지에 대한 설명이다. 옳은 것은?

① 오일 레벨은 Low선과 Full 선 사이에서 Full선에 가까이 있을수록 좋다.
② 오일 레벨은 Low선에 표시에 가까이 있을수록 좋다.
③ 기관 가동 상태에서 게이지를 뽑아 점검한다.
④ Full선 이상이 되어야 한다.

해설　기관의 오일 레벨 점검은 항상 엔진 정지상태에서 오일 레벨게이지를 뽑아 점검하고, Low선과 Full선 사이에 있어야 하며, Full선 가까이 있을수록 좋다.

41 다음 중 유압장치의 수명 연장에 필요한 조치는?

① 오일의 양 점검 및 주기적인 필터 교환
② 유압펌프의 점검 및 교환
③ 유압 컨트롤 밸브의 세척 및 교환
④ 오일 쿨러의 점검 및 세척

해설　굴착기의 아워미터를 확인하여 주기적인 오일 및 필터를 교환해주어야 유압장치의 수명을 연장할 수 있다.

42 디젤 기관에서 공기청정기에 관한 사항으로 옳은 것은?

① 공기청정기는 실린더 마멸을 방지하는 기능을 한다.
② 공기청정기가 막히면 배기 색은 하얀색이 된다.
③ 공기청정기가 막히면 출력이 증대된다.
④ 공기청정기가 막히면 공기의 흡입 효율이 증가한다.

해설　공기청정기는(에어크리너)는 공기속의 먼지와 이물질을 걸러, 실린더의 마멸을 방지한다. 공기청정기가 막히면 엔진의 출력이 저하되고, 배기가스 색은 흑색이 되며, 공기 흡입 효율이 저하된다.

43 건설기계 작업 중 운전자가 관심을 가져야 할 사항이 <u>아닌</u> 것은?

① 엔진속도 게이지
② 작업속도 게이지
③ 장비의 잡음 상태
④ 온도 게이지

해설　건설기계(굴착기)에는 작업속도를 가리키는 게이지가 없다.

44 다음 그림과 같은 경고등이 운전 중 계기판에 점등되었다면 이는 무엇을 의미하는가?

① 배터리의 완충 충전을 표시한다.
② 발전기의 충전에 문제가 있다는 경고등이다.
③ 엔진의 오일이 부족하다는 경고등이다.
④ 전기계통 작동에 문제가 있다는 경고등이다.

해설　발전기의 충전전압이 낮을 때 점등되는 충전 경고등을 가리키는 것이므로 작업을 중단한 후 발전기 및 발전기 벨트의 장력 등을 점검해야 한다.

| 정답 |　38 ②　39 ④　40 ①　41 ①　42 ①　43 ②　44 ②

45 계기판을 통하여 엔진오일의 순환 상태를 알 수 있는 것은?

① 전류계   ② 오일 압력계
③ 진공계   ④ 연료 잔량계

> **해설** 오일 압력계로 엔진오일의 부족 또는 오일 압력의 상태를 확인할 수 있다.

46 굴착기 운전 중 안전을 위하여 점검해야 하는 것으로 옳은 것은?

① 계기판 점검
② 팬벨트장력 점검
③ 엔진오일량 점검
④ 타이어의 압력 점검

> **해설** 운전 중에는 계기판의 경고등 및 상태를 수시로 확인해야 하며 나머지는 운행 정지 후의 점검사항이다.

47 굴착기 운전 종료 시 취해야 할 안전사항으로 옳지 않은 것은?

① 연료를 빼낸다.
② 각종 레버는 중립에 둔다.
③ 전원 스위치를 차단시킨다.
④ 주차 브레이크를 작동시킨다.

> **해설** 굴착기의 운전 종료 후에는 연료의 양을 확인하고 다음 작업을 위해 연료를 보충한다.

48 겨울철에 연료 탱크를 가득 채우는 이유로 옳은 것은?

① 연료 게이지의 고장 발생을 우려해서
② 연료 탱크 내의 공기 중의 수분 응축으로 탱크에 물이 생기기 때문에
③ 연료가 적으면 작업 시 출렁거림이 발생하기 때문에
④ 연료가 적으면 연료 증발이 심하기 때문에

> **해설** 대기의 온도 차이가 심한 겨울철에 연료 탱크 내의 공기 중 수분이 응축되어 연료 아래에 고이고 추운 날에는 연료라인 내의 결로 현상이 발생하여 연료공급 부족으로 인한 시동 불량이 발생하기 때문에 겨울철에는 연료 탱크에 연료를 가득 채우는 것이 좋다.

49 굴착기에서 매 2000시간 마다 점검, 정비해야 할 항목으로 옳지 않은 것은?

① 작동유 탱크 오일 교환
② 트랜스퍼케이스 오일 교환
③ 선회 구동 케이스 오일 교환
④ 액슬케이스 오일 교환

> **해설** **2000시간 사용마다 정기 점검 요소**
> 액슬케이스, 트랜스퍼케이스, 작동유 탱크, 탠덤 구동 케이스, 차동장치 등의 오일 교환 및 유압오일 교환, 냉각수 교환 등이 있다.

50 굴착기의 주차 방법으로 옳지 않은 것은?

① Key 스위치를 on 상태에 둔다.
② 평탄한 곳에 주차 한다.
③ 변속레버는 P위치에 놓는다.
④ 경사진 곳에 주차할 경우에는 고임목을 설치한다.

> **해설** 운행이 종료된 굴착기는 지정된 장소에 주차하고 시동키는 수거하여 열쇠함에 보관해야 한다.

| 정답 | 45 ② 46 ① 47 ① 48 ② 49 ③ 50 ①

51 굴착기 작업 후 연료를 보충할 때 주의해야할 사항으로 옳지 <u>않은</u> 것은?

① 연료 보충은 실외보다는 안전한 실내에서 하는 것이 좋다

② 연료 레벨이 너무 낮게 내려가지 않도록 주의한다.

③ 연료를 보충하는 장소에는 폭발성 가스가 존재할 수 있으므로 흡연을 하지 않는다.

④ 급유 중에는 엔진을 정지하고 차량에서 하차한다.

> **해설** 연료 보충 시 폭발성가스의 위험을 방지할 수 있도록 실외에서 보충하는 것이 안전하다.

안전관리

단원별 기출 분석

✓ 출제비율이 높고, 모든 파트가 골고루 출제되는 단원입니다 .

✓ 상식으로 풀 수 있는 문제가 많이 포함되어 쉽게 점수를 확보할 수 있습니다.

✓ 안전표지와 장비 및 기계, 화재 안전 등의 개념 암기는 필수입니다.

SECTION 01 산업안전관리

핵심테마

01 산업안전의 정의

1 산업재해 정의

산업재해(産業災害) 또는 산재(産災)로, 노동자가 업무 상 건설물·설비·원재료·가스·증기·분진 등으로 작업 또는 그 밖의 업무로 사망 또는 부상을 당하거나 질병에 걸리는 것을 말한다.

2 재해조사의 목적

① 발생한 재해를 과학적 방법으로 조사, 분석하여 재해의 발생 원인 규명
② 안전대책을 수립하여 동종 및 유사재해의 재발 방지
③ 안전한 작업 상태를 확보하고 쾌적한 작업환경 조성

02 산업재해의 원인

1 직접적 원인

(1) 개인의 행동(가장 많은 재해 발생 원인, 산업재해율 85%)
① 사고·재해를 일으키거나 그 요인을 만들어 내는 작업자의 행동을 의미한다.
② 안전장치 무효와 안전 조치 불이행, 불안전한 방치, 장치 등의 목적 이외의 사용 등이 원인이다.
③ 운전 중 기계 및 장치 등의 점검 미비, 보호구와 복장 결함과 위험장소 출입 및 잘못된 동작 등도 원인이 된다.

(2) 불안정한 상태(산업재해율 15%)
① 사고·재해를 일으키거나 그 요인을 만들어 내는 물리적 상태나 환경을 의미한다.
② 방호조치 결함 및 물건 적치 방법, 작업장소 결함, 보호구, 복장 등의 결함 그리고 작업환경 결함 등이 원인이다.

2 간접적 원인

① 기술적 원인: 건물 기계장치 설계 불량, 구조재료의 부적합, 생산방법 부적당, 점검 불량 등
② 교육적 원인: 안전 지식 부족, 안전 수칙 미숙지, 경험 부족, 작업 방법 교육 불충분 등
③ 작업 관리상 원인: 안전 수칙 미숙지, 작업 준비 부족, 인원배치 부적당, 작업지시 부적당 등
④ 불가항력의 원인
• 천재지변(태풍, 홍수, 지진 등), 인간이나 기계의 한계로 인한 불가항력을 의미
• 사고 발생의 순서

불안전 행위 → 불안전 조건 → 불가항력

산업안전의 3요소
» 교육적 요소
» 기술적 요소
» 관리적 요소

03 산업재해 예방

1 산업재해 예방의 4원칙

① 예방가능의 원칙: 천재지변을 제외한 모든 인재는 예방이 가능
② 손실우연의 원칙: 사고의 결과 손실의 유무 또는 대소는 사고 당시의 조건에 따라 우연히 발생
③ 원인연계의 원칙: 사고에는 반드시 원인이 있고 원인은 대부분 복합적 연계 원인
④ 대책선정의 원칙: 사고의 원인이나 불안정 요소가 발견되면 반드시 대책 선정

04 산업재해 분류

1 산업재해의 용어

① 사망: 사고로 생명을 잃게 되는 것(노동 손실일수 7,500일)
② 무상해 사고: 응급조치 이하의 상해로 치료를 받는 것
③ 경상해: 부상으로 1일 이상 7일 이하의 노동 상실을 이가져오는 것
④ 이중경상: 부상으로 인하여 8일 이상의 노동 상실을 이가져오는 것

2 ILO의 근로 불능 상해의 구분(상해 정도별 분류)

사망	사고로 생명을 잃음(노동 손실일수 7,500일)
영구 전노동 불능	신체 전체의 노동 기능 완전 상실(1~3급)(노동 손실일수 7,500일)
영구 일부노동 불능	신체 일부의 노동 기능 상실(4~14급)
일시 전노동 불능	일정기간 노동 종사 불가(휴업 상해)
일시 일부노동 불능	일정기간 일부 노동에 종사 불가(통원 상해)
구급조치 상해	1일 미만의 치료를 받고 정상작업에 임할 수 있는 상해

05 산업재해발생시 조치사항

① 산업재해: 근로자가 업무와 관련된 건설물, 설비, 원재료, 가스, 증기·분진 등으로 작업 또는 기타 업무 때문에 사망 또는 부상을 당하거나 질병에 걸리는 것
② 중대 산업재해
   • 사망자 1인 이상 발생
   • 3개월 이상의 요양이 필요한 부상자가 동시에 2명 이상 발생
   • 부상자 또는 질병자가 동시에 10명 이상 발생한 경우
③ 재해발생시 조치 순서

> 기계 정지 → 피해자 구출 → 응급처치 및 긴급후송 → 보고 및 현장보존

④ 산업재해 발생보고: 산업재해(4일 이상 요양)가 발생한 날부터 1개월 이내에 지방고용노동관서에 산업재해 조사표를 제출하거나, 요양 신청을 근로복지공단에 신청한다.
⑤ 중대 재해는 지체 없이 관할 지방고용노동관서에 전화 및 팩스 등으로 보고한다.

06 방호장치

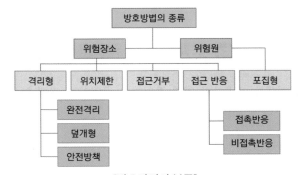

[방호장치의 분류]

1 방호장치의 정의

방호장치는 위험원을 방호하는 포집형 방호장치와 위험 장소를 방호하는 격리형, 위치 제한형, 접근 거부형, 접근 방응형 등이 있다.

2 방호의 원리

① 위험 제거: 위험원을 제거하여 위험 요인을 원칙적으로 없애는 것
② 차단: 위험성은 존재하나 기계와 사람을 격리시켜 재해 발생이 불가능하게 하는 것
③ 덮어씌움: 작업자와 기계가 격리될 수 없는 공유 영역이 있을 경우, 한쪽을 덮어씌우는 것
④ 위험 적응: 사람이 위험에 적응하도록 위험에 대한 정보 제공, 안전 행동 동기 부여, 안전 교육 훈련 등을 실시

3 방호장치 종류

방호장치 종류	점검사항
격리형 방호장치	위험 장소에 작업자가 접근하여 일어날 수 있는 재해를 방지하기 위해 차단벽이나 망을 설치(방책)
위치제한형 방호장치	위험 장소에 접근하지 못하도록 안전거리를 확보하여 작업자를 보호
접근거부형 방호장치	위험 장소에 접근하면 위험 지점으로부터 강제로 밀어냄
접근방응형 방호장치	위험 장소에 접근 시, 센서가 작동하여 기계를 정지시킴
포집형 방호장치	위험 장소의 방호가 아니라 위험원에 대한 방호(연삭 숫돌의 포집 장치)

SECTION 02

핵심테마

안전보호구

01 안전보호구

산업재해를 예방하기 위해 작업자가 작업하기 전에 착용하는 기구나 장치를 뜻한다.

1 안전보호구의 구비조건

① 유해, 위험 요소로부터 충분한 보호 기능이 있어야 한다.
② 품질과 끝마무리가 양호해야 한다.
③ 착용이 간단하고 착용 후 작업하기가 편리해야 한다.
④ 겉모양과 표면이 매끈하고 외관상 양호해야 한다.
⑤ 보호성능 기준에 적합해야 한다.

2 안전보호구 선택 시 주의사항

① 사용하기 쉬워야 하며, 사용 목적에 적합해야 한다.
② 품질이 좋고 작업자에게 잘 맞아야 한다.
③ 관리가 편리해야 한다.

02 안전보호구의 종류

[안전보호구]

1 안전모

물체의 비래 또는 낙하, 작업자의 추락 위험으로부터 작업자의 머리를 보호한다.

① 작업 내용에 적합한 안전모를 착용
② 안전모 착용 시 턱 끈을 바르게 조절
③ 자신의 머리 크기에 맞도록 착장제의 머리 고정대 조절
④ 충격을 받은 안전모나 변형된 안전모는 폐기 처분
⑤ 안전모에 구멍을 내지 않도록 주의
⑥ 합성수지는 자외선에 균열 및 노화가 일어나므로 자동차 뒷 창문 등에 보관하지 말 것

2 안전화

작업장소의 상태가 나쁘거나, 작업자세가 부적합하여 발생할 수 있는 사고 또는 물건을 운반할 때 발등이 다치는 위험으로부터 작업자를 보호한다.

① 경 작업용: 금속선별, 전기제품 조립 화학제품 선별, 식품가공업 등 경량의 물체를 취급하는 작업장에서 착용
② 보통 작업용: 기계공업, 금속가공업, 등 공구부품을 손으로 취급하는 작업 및 차량사업장, 기계 등을 조작하는 작업장에서 착용
③ 중 작업용: 중량물 운반 작업 및 중량이 큰 물체를 취급하는 작업장에서 착용

3 안전작업복

안전작업복의 기본 요소	• 기능성 • 심미성 • 상징성
안전작업복의 조건	• 보건성 • 장신성 • 적응성 • 내구성

4 보안경

보안경은 날아오는 물체로부터 눈을 보호하고, 유해 및 약물로부터 시력을 보호한다.

일반 보안경	고운가루, 칩, 기타 비산물체로부터 눈을 보호
차광용 보안경	전기 아크용접이나 가스용접, 자외선 및 적외선, 가시광선 등으로부터 눈을 보호
도수렌즈 보안경	작업자의 눈을 보호하고, 시력을 보정해주는 렌즈를 사용하는 보안경

5 방음보호구(귀마개, 귀덮개)

소음이 발생하는 작업장에서 작업자의 청력을 보호하기 위해 사용되는데, 소음의 허용기준은 8시간 작업을 할 때 90dB이며, 그 이상의 소음 작업장에서는 귀마개나 귀덮개를 착용해야 한다.

6 마스크 (호흡용 보호구)

산소결핍 작업, 분진 및 유독가스 발생 작업장에서 작업할 때 신선한 공기 공급 및 여과를 통하여 호흡기를 보호한다.

① 방진 마스크: 분진이 발생하는 작업장에서 착용
② 방독 마스크: 유해가스가 발생하는 장소에서 착용
③ 송기(공기)마스크: 산소 결핍이 우려되는 작업장에서 착용

7 안전대

높이가 2m 이상이며 추락 위험이 있는 장소에서 신체를 보호하기 위해 착용한다.

① 작업자세 유지: 전신주 작업 등에서 작업을 할 수 있도록 자세를 유지시켜 추락 방지
② 작업제한: 개구부 또는 측면이 개방 형태로, 추락할 수 있는 장소에서 작업자의 행동반경을 제한하면서 추락을 방지
③ 추락억제: 철골 구조물 또는 비계의 조립·해체 작업 시 충격흡수장치가 부착된 죔줄을 사용하여 추락 하중을 신체에 고루 분포시키고 추락 하중을 감소

안전표지

01 안전표지

1 안전표지의 개요

① 「산업안전보건법」상 안전표지는 색채, 내용, 모양으로 구성
② 작업장에서 작업자의 실수가 발생하기 쉬운 장소나 중대한 재해를 일으킬 수 있는 장소에서 안전 확보를 위해 표시하는 표지

2 안전·보건 표지의 사용 및 색채

색상	용도	사용
빨간색	금지	소화설비, 정지신호, 유해행위 금지
	경고	화학물질 취급 장소에서의 유해·위험을 경고
노란색	경고	화학물질 취급 장소에서의 유해·위험경고 이외의 위험경고, 주의표지 및 기계 방호물
파란색	지시	특정 행위의 지시 및 사실의 고지
녹색	안내	사람 또는 차량의 통행표지, 비상구 및 피난소
흰색		파란색 또는 녹색에 대한 보조색
검은색		문자 및 빨간색 또는 노란색에 대한 보조색
보라색		방사능 등의 표시에 사용

3 금지표지(8종)

출입금지	보행금지	차량통행금지	사용금지
탑승금지	금연	화기금지	물체이동금지

4 경고표지(15종)

인화성 물질 경고	산화성 물질 경고	폭발성 물질 경고	급성독성 물질 경고
부식성 물질 경고	방사성 물질 경고	고압전기 경고	매달린 물체 경고
낙하물 경고	고온 경고	저온 경고	몸균형 상실 경고
레이저광선 경고	발암성·변이원성·생식독성·전신독성·호흡기 과민성 물질 경고		위험장소 경고

5 지시표지(9종)

보안경 착용	방독마스크 착용	방진마스크 착용	보안면 착용	안전모 착용
귀마개 착용	안전화 착용	안전장갑 착용	안전복 착용	

6 안내표지(8종)

녹십자표지	응급구호표지	들것	세안장치
비상용기구	비상구	좌측비상구	우측비상구

전기공사 안전관리

01 용어 정의

① 배전선로: 변전소에서 직접 수용가에 전력을 분배하는 선로를 말하며, 기타의 선로는 송전선로라 한다.

② 송전선로: 발전소 상호간, 변전소 상호간 또는 발전소와 변전소 간을 연결하는 전선로(통신용으로 전용하는 것은 제외)와 이에 속하는 전기설비를 말한다.

③ 가공선로: 높은 전주나 철탑을 세우고 전선을 절연애자로 지지하여 전력을 보내거나 통신할 수 있도록 공중에 설치한 선로를 의미한다.

④ 애자: 전선로나 전기기기의 나선 부분을 절연하고 동시에 기계적으로 유지 또는 지지하기 위하여 사용되는 절연체이며, 내구도가 있는 사기 또는 PVC재질로 만들어진다.

⑤ 지중선로(지중전선로): 땅속에 매설한 전선로

⑥ 표지시트: 지중 케이블 등을 매설하는 경우, 굴착 시의 사고방지를 위하여 케이블 부설선 위의 지상에 설치하는 콘크리트제의 표지 기둥이다. 지중에 설치하는 표지는 케이블 표지 시트라 한다.

02 전압의 구분

저압	직류(DC) 750V 이하, 교류(AC) 600V 이하를 말함
고압	직류(DC) 750V 이상, 교류(AC) 600V 이상이고 7,000V 이하를 말함
특고압	7,000V를 초과하는 것을 말함

03 가공선로 부근 작업 시 유의사항

① 철탑 주변에서 굴착 작업을 할 때는 한국전력에서 철탑에 대한 안전 여부를 검토한 후 작업해야 한다.

② 건설기계를 이용하여 전선로 근처에서 작업할 때에는 설비 관련 소유자나 관리자에게 사전 연락을 취하고 작업해야 한다.

③ 고압 충전 전선로에 작업장치가 근접할 때는 최소 이격 거리는 1.2m이상 두어야 한다.

④ 철탑에 설치되어 있는 전력선 아래에서 작업할 때는 작업 전에 안전원을 배치하여 안전원의 지시에 따라 작업해야 한다.

⑤ 고압 밑에서 건설기계 작업 중 지표에서부터 고압선까지의 거리 측정은 관할 산전사업소에 협조하여 측정한다.

⑥ 전선은 바람이 강할수록, 철탑 또는 전주에서 멀어질수록 많이 흔들리는 경향이 있다.

⑦ 굴착기 버킷을 고압선으로부터 약 10m이상 이격을 두고 작업해야 안전하다.

⑧ 고압선의 전압의 종류에 따른 안전 이격거리를 확보하여 그 이내로 접근하지 않는다.

건설기계와 고압선로 주변에서 작업 시 이격 거리

» 전압이 높을수록 이격 거리를 많이 두고 작업
» 애자 수가 많을수록 이격 거리를 많이 두고 작업
» 전선이 굵을수록 이격 거리를 많이 두고 작업

04 애자 개수에 따른 전압의 종류

애자 수	전압 크기
2~3개	22.9kV
4~5개	66kV
9~11개	154kV
19~22개	345kV

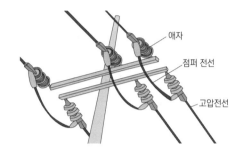

05 지중선로

1 지중선로 작업 시 유의사항

① 차도에 매설되는 지중 전선로는 최소 1m 이상 깊이로 매설해야 한다.

② 차도 이외의 장소에는 60cm 이상의 깊이로 매설해야 한다.

③ 한국전력 맨홀에 근접하여 굴착 시에는 한전 직원의 입회하에 작업한다.

④ 맨홀과 연결된 동선이 굴착으로 인해 절단되었을 때는 절단된 상태로 두고 한국전력사업소에 연락을 취해야 한다.

⑤ 굴착 공사 전에 작업지점 부근의 주요 매설물 설치 여부를 미리 점검한다.

⑥ 굴착 시 고압선 위험 표지시트가 발견되었을 경우에는 표지시트 직하에 고압케이블이 묻혀 있다는 뜻이다.

⑦ 굴착 작업 시 전력케이블 손상 등이 생기면 즉시 한국전력사업소에 연락한다.

2 표지시트

① 표지시트는 차도에서 지표면 아래 30cm 깊이로 매설되어 있다.

② 표지시트가 굴착도중 발견되면 즉시 굴착을 중지하고 해당 시설 관련 기관에 연락한다.

06 송전선로와 배전선로 안전작업

1 송전선로

① 한국전력 송전선로는 154kV, 345kV 전압이 주로 사용되고 있다.

② 송전선로는 굴착기가 선로에 접촉되지 않아도 가까운 위치에서도 감전 사고가 유발될 수 있으므로 작업 안전 거리를 두고 작업해야 한다.

③ 철탑 부지에서 떨어진 먼 위치에서 접지선이 노출 및 단선되었을 경우에도 시설 관리자에게 연락하여 지시를 따르는 것이 안전한 작업 방법이다.

④ 154kV 송전선은 160cm 이상 안전거리를 두고 작업한다.

⑤ 굴착 작업 중 154kV 지중 송전케이블이 손상되어 누유 중이라면 신속히 시설 관리자에게 연락하여 조치를 취해야 한다.

2 배전선로

① 배전전압은 3.3kV, 6.6kV, 22.9kV 등이 있으며 주로 22.9kV가 사용되고 있다.

② 22.9kV 배전선로 근접 작업 시 해당 시설관리자의 입회하에 안전 지시에 따라 작업한다.

③ 주상변압기(교류 배전선의 고압을 저압으로 낮추기 위해 전주위에 설치되는 변압기)의 설치는 시가지는 4.5m, 시가지 외는 4m로 설치된다.

 주상변압기 위쪽은 고압, 아래쪽은 저압이 흐른다.

핵심테마

도시가스공사 안전관리

01 도시가스공사 개요

1 배관 구분 용어

도시정압기	정압기란 중압 또는 고압의 가스를 적정 압력으로 감압하기 위한 감압장치, 안전장치, 감시장치 등이 조합된 하나의 설비를 말한다.
본관	도시가스 제조사업소의 부지 경계에서 정압기까지 이르는 배관을 말한다.
공급관	일반적으로 정압기에서 가스사용자가 소유, 점유하는 건축물의 부지 경계까지 이르는 배관을 말한다.
사용자 공급관	가스사용자가 소유, 점유하고 있는 토지의 경계에서 가스사용자가 구분하여 소유, 점유하고 있는 건축물의 외벽까지 이르는 배관을 말한다.(계량기가 외부에 설치된 경우 계량기 전단밸브까지)
내관	가스 사용자가 소유하거나 점유하고 있는 토지의 경계에서 연소기까지 이르는 배관을 말한다.

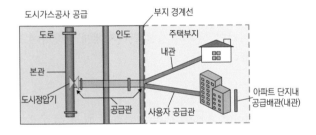

2 LP가스(액화석유가스)의 특징

① 주성분은 프로판과 부탄이다.

② 누출 시 공기보다 무거워 바닥에 가라앉기 쉽다.

③ 무색, 무취이기 때문에 누출 시 쉽게 발견되도록 냄새가나는 부취제를 첨가한다.

④ 액체상태일 때 피부에 닿으면 동상에 걸릴 우려가 있다.

3 도시가스 공급 압력 구분

① 고압: 1MPa 이상의 공급 압력

② 중압: 0.1MPa 이상 1MPa 미만의 공급 압력

③ 저압: 0.1MPa 미만의 공급 압력

02 도시가스배관

1 노란색 폴리에틸렌 가스관(PE관)의 특징

① 배관 내 압력이 저압이므로 가스누출 시 쉽게 응급조치를 할 수 있다.

② 일광이나 열에 약하지만 부식되지 않는 장점이 있다.

③ 파손 시 배관 내 압력이 저압이기 때문에 압착기 등으로 눌러서 가스 누출을 쉽게 막을 수 있다.

④ 플라스틱과 같은 재질이므로 쉽게 구부러지고 유연하여 시공하기 쉬운 장점이 있다.

⑤ 배관 내 압력이 0.1MPa의 저압관이다.

2 도시가스배관의 색상

① 지상배관: 황색

② 매설배관: 중압은 황색, 중압 이상은 적색

3 도시가스배관의 지하매설 깊이

도로 폭	심도
폭 8m 이상 도로	1.2m 이상
폭 4m 이상 8m 미만의 도로	1m 이상
폭 4m 또는 공동주택 등의 부지이내	0.6m 이상

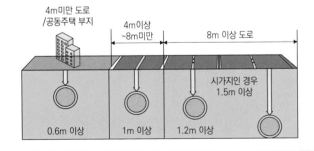

8m 이상의 도로폭이 시가지인 경우 1.5m 이상의 깊이로 매설하고 시가지 외의 지역은 1.2m 이상으로 매설한다.

1 보호판

① 최고 사용압력이 중압(0.1MPa 이상 1MPa이하)이상인 배관 매설 시 작업장비에 의한 배관 손상을 방지하기 위해 철판으로 제작된 보호판을 설치해야 한다.

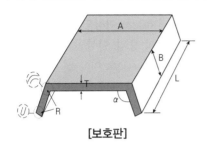

[보호판]

② 보호관 또는 보호판 외면이 지면 또는 노면과 0.3m 이상의 깊이를 유지한다.

③ 보호판의 두께는 4mm 이상의 철판이다.

보호판 치수					
A	B	L	R (곡률반경)	T	α
D+100 mm	100 mm	1500 mm	5~10mm	4mm	90~135°

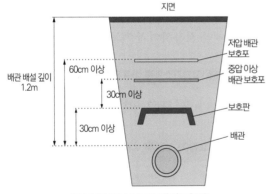

[보호판 및 보호포 매설 기준]

2 라인마크

① 도로법에 의한 도로 및 공동주택 등의 부지 내 도로에 도시가스배관을 매설하는 경우에는 라인마크를 설치하여야 한다. 다만, 도로법에 의한 도로중 비포장도로, 포장도로의 법면 및 측구는 표지판을 설치하되, 비포장도로가 포장될 때에는 라인마크로 교체 설치한다.

② 라인마크는 배관길이 50m마다 1개 이상 설치하되, 주요 분기지점·굴곡지점·관말지점 및 그 주위 50m 이내에 설치하여야 한다. 다만, 단독주택 분기점은 제외하며, 밸브박스 또는 배관 직상부에 설치된 전위측정용 터미널이 라인마크설치기준에 적합한 기능을 갖도록 설치된 경우에는 라인마크로 간주한다.

③ 라인마크의 종류는 금속재 라인마크, 스티커형 라인마크 및 네일형(nail) 라인마크로 한다.

직선방향	135° 굴곡 방향	양 방향
도시가스 회사명 ↔	↖↘	↱
관말지점 (관의 끝 지점)	삼방향	일 방향
→	↔↓	→

[라인마크의 형상 종류]

❸ 표지판

표지판에 대해서는 KGS FS551(일반도시가스사업 제조소 및 공급소 밖의 배관시설, 기술, 검사, 정밀안전진단 기준)에서 다음과 같이 규정하고 있다.

① 도시가스배관을 시가지 외의 도로, 산지, 농지 또는 하천부지, 철도부지 내에 매설하는 경우에는 표지판을 설치한다. 이때 하천부지, 철도부지를 횡단하여 배관을 매설하는 경우에는 양편에 표지판을 설치한다.

② 표지판은 배관을 따라 200m 간격으로 1개 이상으로 설치하되, 교통 등의 장애가 없는 장소를 선택해 일반인이 쉽게 볼 수 있도록 설치한다.

[표지판 설치 기준]

❹ 가스배관 보호포

보호포는 KGS FP451(가스도매사업 제조소 및 공급소의 시설·기술·검사·정밀안전진단·안전성평가 기준)에서 다음과 같이 규정하고 있다.

(1) 보호포의 설치 위치

① 보호포는 최고사용압력이 저압인 배관의 경우에는 정상부로부터 60cm 이상인 곳에 설치한다.

② 최고사용압력이 중압 이상인 배관의 경우에는 보호판의 상부로부터 30cm 이상 떨어진 곳에 설치한다.

③ 공동주택 등의 부지 이내에 설치하는 경우 배관 직상으로부터 40cm 이상 떨어진 곳에 설치한다.

④ 매설 깊이를 확보할 수 없어 보호관 등을 사용한 경우에는 그 직상부에 설치하고 도로 복구 등으로 인하여 보호포가 훼손될 우려가 있는 경우에는 본문에서 규정한 보호포 설치 위치 이하에 설치하며, 철도 밑 등 부득이한 경우에는 보호포를 설치하지 아니할 수 있다.

(2) 보호포의 색깔

① 최고압력이 저압인 경우: 황색
② 최고압력이 중압 이상인 경우: 적색

(3) 보호포의 치수 규정

보호포의 높이는 20cm이고 재질은 폴리에틸렌, 폴리프로필렌 수지를 사용하며 두께는 0.2mm 이상이다.

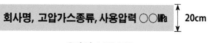

[저압 보호포]

회사명, 고압가스종류, 사용압력 ○○㎫ 20cm

[고압 보호포]

매설깊이 미달 배관 보호조치

지하구조물·암반 그 밖의 특수한 사정으로 규정에 따른 매설깊이를 확보할 수 없는 곳에 매설하는 배관은 보호관 또는 보호판으로 보호조치를 하되, 보호관이나 보호판 외면이 지면 또는 노면과 0.3m 이상의 깊이를 유지한다. 다만, 철근 콘크리트 방호구조물 안에 배관을 설치하는 경우에는 간격을 유지한 것으로 볼 수 있다.

04 가스 누출 경보기 설치 기준

① 노출된 가스배관 길이가 20m 이상인 경우에는 가스누출경보기 등을 설치한다.
② 매 20m마다 가스누출경보기(가정용은 제외)를 설치하고 현장 관계자가 상주하는 장소에 경보음이 전달되도록 설치한다.

05 굴착현장 복구(되메우기)

굴착현장은 다음 기준에 따라 복구한다.
① 파일을 뺀 자리는 충분히 메운다.
② 가스배관의 주위에 매설물을 부설하고자 할 때에는 30cm 이상 이격하여 설치한다.
③ 가스배관의 주위를 되메우기 하거나 포장할 경우에 배관 주위의 모래 채우기, 보호판·보호포 및 라인마크 설치, 가스배관 부속시설물의 설치 등은 굴착전과 동일한 상태가 되도록 한다.
④ 되메우기를 하는 때에는 사후에 가스배관의 지반이 침하되지 않도록 필요한 조치를 한다.
⑤ 되메우기 작업은 다짐장비를 활용하여 기계다짐, 물다짐 등의 방법으로 충분한 다짐을 실시한다.
⑥ 되메움용 토사는 운반차로부터 직접 투입하지 않도록 한다.
⑦ 되메움 작업 중 장비, 버럭 등에 의해 노출된 가스배관 받침 방호시설과 가스배관의 피복 등이 손상되지 않도록 한다.
⑧ 가스배관 주위의 모래부설, 보호관, 보호판, 검지공, 보호포, 전기부식방지조치 및 라인마 등은 법의 관련 규정에 적합하게 조치한다.
⑨ 되메움 공사 완료 후 3개월 이상 침하 유무를 확인한다.

06 도시가스배관의 안전조치

1 현장위치와 매설배관 위치 단독 표시 작업 시

① 굴착 공사자는 굴착공사 예정지역의 위치를 흰색 페인트로 표시하고 그 결과를 정보지원센터에 통지할 것
② 도시가스사업자는 굴착 예정 지역의 매설배관 위치를 굴착 공사자에게 알려주어야 하며, 굴착 공사자는 매설배관 위치를 매설배관 바로 위의 지면에 흰색 페인트로 표시할 것
③ 도시가스사업자는 표시가 완료된 것이 확인되면 즉시 그 사실을 정보지원센터에 통지할 것
④ 도시가스사업자는 통지를 받은 후 48시간 이내에 매설배관의 위치를 매설배관 바로 위의 지면에 황색 페인트로 표시하고, 그 사실을 정보 지원센터에 통지할 것
⑤ 굴착 공사자는 필요한 경우 도시가스사업자에게 굴착예정 지역의 매설배관 도면을 요구할 수 있으며, 이 경우 도시가스사업자는 그 도면을 제공할 것

07 도시가스배관의 손상방지

1 굴착준비

① 굴착 공사자는 굴착공사 예정지역의 위치를 흰색 페인트로 표시하며, 페인트로 표시하는 것이 곤란한 경우에는 굴착 공사자와 도시가스사업자가 굴착공사 예정 지역임을 인지할 수 있는 적절한 방법으로 표시할 것
② 도시가스 사업자는 굴착공사로 인하여 위해를 받을 우려가 있는 매설배관의 위치를 매설배관 바로 위의 지면에 페인트로 표시하며, 페인트로 표시하는 것이 곤란한 경우에는 표시 말뚝·표시 깃발(황색)·표지판 등을 사용하여 적절한 방법으로 표시할 것

② 굴착공사 시행

① 도시가스배관 주위에서는 중장비의 배치 및 작업을 제한할 것

② 매몰된 배관의 침하 여부는 침하 관측공을 설치하고 관측할 것

③ 침하관측공은 줄파기를 하는 때에 설치하고 침하 측정은 매 10일에 1회 이상을 원칙으로 하되, 큰 충격을 받았거나 변형 양(量)이 있는 경우에는 1일 1회씩 3일 간 연속하여 측정한 후 이상이 없으면 10일에 1회 측정할 것

③ 굴착공사 종류

(1) 파일박기 및 빼기작업

① 도시가스배관과 수평 최단거리 2m 이내에서 파일박기를 하는 경우에는 도시가스사업자의 참관 아래 시험굴착(공사 전 지반 조사 및 지장물 확인을 위한 굴착)으로 도시가스배관의 위치를 정확히 확인할 것

② 도시가스배관과 수평거리 30cm 이내에서는 파일박기를 하지 말 것

③ 항타기는 도시가스배관과 수평거리가 2m 이상 되는 곳에 설치할 것. 다만, 부득이하여 수평거리 2m 이내에 설치할 때에는 하중진동을 완화할 수 있는 조치를 취할 것

④ 파일을 뺀 자리는 충분히 메울 것

⑤ 지하매설배관 탐지장치 등으로 확인된 지점 중 확인이 곤란한 분기점, 곡선부, 장애물 우회 지점의 안전굴착 방법으로 시험 굴착을 실시할 것

(2) 터파기·되메우기 및 포장작업

① 도시가스배관 주위를 굴착하는 경우 도시가스배관의 좌우 1m 이내 부분은 인력으로 굴착할 것

② 도시가스배관에 근접하여 굴착하는 경우로서 주위에 도시가스배관의 부속시설물(밸브, 수취기, 전기방식용 리드선 및 터미널 등)이 있을 때에는 작업으로 인한 이탈 그 밖에 손상방지에 주의할 것

③ 도시가스배관이 노출될 경우 배관의 코팅부가 손상되지 아니하도록 하고, 코팅부가 손상될 때에는 도시가스사업자에게 통보하여 보수를 한 후 작업을 진행할 것

④ 도시가스배관 주위에서 발파작업을 하는 경우에는 도시가스사업자의 참관 하에 충분한 대책을 강구한 후 실시할 것

⑤ 도시가스배관 주위에서 다른 매설물을 설치할 때에는 30cm 이상 이격할 것

⑥ 도시가스배관 주위를 되메우기 하거나 포장할 경우 배관주위의 모래 채우기, 보호판, 보호포, 라인마크 설치 및 도시가스배관 부속시설물의 설치 등은 굴착 전과 같은 상태가 되도록 할 것

⑦ 되메우기를 할 때에는 나중에 도시가스배관의 지반이 침하되지 않도록 필요한 조치를 할 것

(3) 그 밖의 기준

① 가스배관이 매설된 지점에서 작업 시 도시가스회사의 입회하에서 작업한다.

② 노출된 가스배관의 길이가 15m 이상이면 점검 통로 및 조명 시설을 설치하여야 한다.

③ 굴착공사 중 도시가스배관 손상 시 피복만 벗겨졌더라도 해당 도시가스 회사 직원에게 보고하여 보수해야 한다.

④ 위치 표시용 페인트와 표지판 및 황색 깃발 등을 준비한다.

CHAPTER 03

6 핵심테마
기계, 기구, 공구 및 작업 안전

01 수공구 안전사항

1 수공구 사용 시 주의사항

① 수공구 사용 전에 이상 유무 확인
② 작업자는 필요한 안전보호구 착용
③ 용도 이외의 수공구 사용 금지
④ 사용 전에 공구에 묻은 기름 등 제거
⑤ 수공구 사용 후 정해진 장소에 보관
⑥ 작업대 위에서 떨어지지 않도록 안전한 곳에 보관
⑦ 예리한 공구 등은 주머니에 넣고 작업 금지
⑧ 공구를 던져서 전달 금지

2 렌치(스패너) 사용 시 주의사항

① 볼트 및 너트 머리 크기와 같은 죠(Jaw)의 렌치 사용
② 볼트 및 너트에 렌치를 깊이 물림
③ 렌치를 몸 안쪽으로 당기며 움직이도록 함
④ 파이프 등을 끼워서 사용 금지
⑤ 해머로 렌치를 두들겨서 사용 금지
⑥ 높거나 좁은 장소에서는 안전에 유의하며 작업
⑦ 해머 대용으로 사용 금지

02 스패너, 렌치 작업

1 렌치의 종류

① 조정렌치(몽키렌치): 제한된 범위에서 다양한 규격의
볼트나 너트에 사용할 수 있음

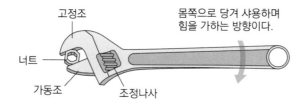

고정조
몸쪽으로 당겨 사용하며
힘을 가하는 방향이다.
너트
가동조
조정나사

② 복스렌치: 볼트 너트 주위를 완전히 감싸는 형태라
사용 중에 미끄러지지 않으며, 6각 볼트나 너트에 적합

③ 오픈엔드렌치: 한쪽 또는 양쪽이 벌어진 렌치이며 연
료 파이프의 피팅을 풀거나 조일 때 사용

④ 조합렌치(콤비네이션렌치): 한쪽은 오픈엔드렌치이
고 다른 한쪽은 복스렌치로 되어 있음

⑤ 토크렌치: 볼트나 너트를 규정 토크로 조일 때 사용
하는 렌치

⑥ 파이프렌치: 파이프 관을 설치하거나 분해할 때 관의
나사를 조이거나 푸는 렌치

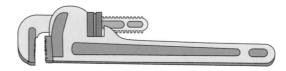

⑦ 소켓렌치: 복스렌치의 일종으로, 라쳇핸들 또는 힌지
핸들, 스피드핸들에 끼워 사용하는 렌치

[소켓렌치용 소켓]

03 드라이버(Driver) 작업 시 주의사항

① 스크루 드라이버의 크기는 손잡이를 제외한 길이로 표시한다.
② 날 끝의 홈의 폭과 길이가 같은 것을 사용한다.
③ 작은 크기의 부품이라도 한 손으로 잡지 않으며 바이스에 고정시키고 작업한다.
④ 전기 작업을 할 때에는 절연된 손잡이를 사용한다.
⑤ 드라이버에 압력을 가하지 말아야 한다.
⑥ 정 대용으로 드라이버를 사용하지 않는다.
⑦ 자루가 쪼개졌거나 허술한 드라이버는 사용하지 않는다.
⑦ 드라이버의 끝을 항상 양호하게 관리해야 한다.
⑧ 날 끝이 수평이어야 한다.

04 해머 작업 시 주의 및 안전사항

① 해머로 녹슨 것을 때릴 때에는 반드시 보안경을 쓴다.
② 기름이 묻은 손이나 장갑을 끼고 작업하지 않는다.
③ 해머는 작게 시작하여 차차 큰 행정으로 작업한다.
④ 해머 대용으로 다른 것을 사용 금지한다.
⑤ 타격면은 평탄하고, 손잡이는 튼튼한 것을 사용한다.
⑥ 사용 중에 자루 등을 자주 조사한다.
⑦ 타격 가공하려는 것을 보면서 작업한다.
⑧ 해머를 휘두르기 전에 반드시 주위를 확인한다.
⑨ 좁은 곳에서는 해머 작업을 해지 금지한다.

05 드릴 작업 시 주의 및 안전사항

① 구멍을 거의 뚫었을 때 일감 자체가 회전하기 쉽다.
② 드릴의 탈부착은 회전이 멈춘 다음 진행한다.
③ 공작물은 단단히 고정시켜서 따라 돌지 않게 해야 한다.
④ 드릴 끝이 가공물을 관통여부를 손으로 확인하지 않는다.
⑤ 드릴작업은 장갑을 끼고 작업하지 않는다.
⑥ 작업 중 쇳가루를 입으로 불지 않는다.
⑦ 드릴작업을 하고자 할 때 재료 밑의 받침은 나무판을 이용한다.

06 가스 용접 작업 시 주의 및 안전사항

① 산소 용기(봄베)의 주둥이 쇠나 물통에 녹이 슬지 않게 하려고 그리스를 바르면 폭발한다.
② 토치는 반드시 작업대 위에 놓고 기름이나 그리스가 묻지 않도록 주의한다.
③ 가스를 완전히 멈추지 않거나 점화된 상태로 방치하지 않는다.
④ 산소 용기는 던지거나 넘어뜨리지 않는다.
⑤ 산소 용기는 40℃ 이하에서 보관한다.
⑥ 아세틸렌 밸브를 먼저 열고 점화한 후 산소 밸브를 개방한다.
⑦ 산소 용접 시 역류 및 역화가 일어나면 산소 밸브부터 잠근다.
⑧ 점화는 성냥불로 직접 하지 않는다.
⑨ 운반할 때는 운반용으로 전용 운반 차량을 사용한다.
⑩ 용접기에서 가스 누설 여부를 확인할 때는 비눗물을 사용한다.

07 연삭기 작업 시 주의 및 안전사항

① 작업 시 보안경과 방진마스크를 착용한다.
② 연삭 칩의 비산을 막기 위해 안전덮개를 부착한다.
③ 연삭숫돌과 받침대 사이 간격은 3mm 이상 떨어지지 않도록 해야 한다.
④ 숫돌의 측면 쪽에 서서 작업하고, 숫돌의 측면으로 연삭 작업을 금지한다.

08 벨트 작업 시 주의 및 안전사항

① 벨트 교환 및 점검은 회전이 완전히 멈춘 상태에서 진행한다.
② 벨트의 이음쇠는 돌기가 없는 구조로 해야 한다.
③ 벨트는 적당한 장력을 유지한다.
④ 벨트의 둘레 및 풀리가 돌아가는 부분은 보호덮개를 설치한다.

풀리(pulley) 도르래
로프나 벨트를 걸어 회전시키는 바퀴

09 전기 장치 작업

1 전기 장치 작업 시 주의 및 안전사항

① 전기 장치는 반드시 접지설비를 구비하여 감전 사고를 방지한다.
② 퓨즈의 교체는 반드시 규정 용량의 퓨즈를 사용한다.
③ 작업 중 정전이 되었을 경우에는 즉시 전원스위치를 끄고 퓨즈의 단선 여부를 점검한다.
④ 전기장치는 사용을 마친 후에는 스위치를 끈다.
⑤ 전기장치의 전류 점검 시, 전류계는 부하에 직렬로 접속해야 한다.
⑥ 전기장치의 배선 작업 시, 제일 먼저 축전지의 접지 단자를 제거해야 한다.
⑦ 전선이나 코드의 접속부는 절연물로 완전히 피복한다.
⑧ 전선의 연결부(접촉부)는 최대한 저항을 적게 한다.
⑨ 퓨즈를 교체했음에도 지속적으로 단선이 발생하는 경우, 과전류가 의심되므로 고장개소를 찾아 수리한다.

2 감전재해 발생 유형

① 전기기기의 충전부에 인체가 접촉되는 경우
② 누전 상태의 전기기기에 인체가 접촉되는 경우
③ 고압 전력선에 안전거리 이상 떨어져 있지 않은 경우
④ 콘덴서나 고압케이블 등의 잔류전하에 의해 감전되는 경우
⑤ 전선이나 전기기기의 노출된 충전부의 양단간에 인체가 접촉되는 경우
⑥ 손상, 절연, 열화, 파손 등 전선 표면이 누설되어 있는 곳에 인체가 접촉되는 경우

감전사고 예방
» 전기 기기에는 위험 표시하기
» 젖은 손으로는 전기 기기 만지지 않기
» 전선에 물체 접촉하지 않기
» 코드를 뺄 때에는 반드시 플러그의 몸체를 잡고 빼기
» 작업자에게 사전 안전교육 실시

10 화재 분류와 소화 설비

1 화재의 정의 및 분류

화재는 어떤 물질이 산소와 결합하여 연소하면서 열을 방출시키는 산화 반응이며, 화재가 발생하기 위해서는 가연성 물질, 산소, 점화원 등이 필요하다.

(1) A급 화재(일반 가연물질 화재)

① 나무나 섬유, 종이 및 고무, 플라스틱류와 같은 일반 가연성 물질이 연소된 후에 재를 남기는 일반적인 화재를 뜻한다.
② 포말 소화기 등의 냉각소화 방식으로 소화한다.

(2) B급 화재(유류 화재)

① 유류, 가스 등의 가연성 액체나 기체 등의 화재로 연소 후 재를 남기지 않는 화재를 뜻한다.
② 포말, 분말 소화기, 탄산가스 소화기 등의 질식소화 방식으로 소화한다.
③ 유류화재 시 물을 사용하면 화재가 더 확산되므로 사용을 금지한다.

(3) C급 화재(전기 화재)

① 전기설비 등에서 발생하는 화재이며, 물을 사용하면 안되는 화재를 말한다.
② 전기적 절연성을 갖는 이산화탄소, 할론, 분말 등의 소화 약제를 사용하여 질식·냉각 효과를 이용한다.

ABC 소화기
A급, B급, C급 화재에 적합한 소화기로 주로 냉각 및 질식·억제 작용으로 소화

(4) D급 화재(금속 화재)

① 금속이나 금속분에서 발생하는 화재이며, 화재의 발
생빈도는 낮은 편이다.

② 금속 화재 시 물을 사용하면 수소가스가 발생하므로
사용을 금지한다.

11 소화

1 소화 방법

연소의 3요소(가연물, 점화원, 산소) 중 어느 하나를 제거하
거나 연소가 계속되지 않도록 하는 방법으로 화재를 진화한다.

① 질식소화 방법: 산소를 차단

② 냉각소화 방법: 화점의 온도를 낮춤

③ 제거소화 방법: 가연물 제거

④ 억제소화 방법: 산화반응의 진행을 차단

⑤ 유화소화 방법: 기름 등 화재 시, 유류 포면에 유화증
의 막이 형성되어 공기 접촉을 차단

⑥ 희석소화 방법: 가연물의 농도를 희석

2 소화 설비 분류

분말 소화 설비	분말소화기 속에는 밀가루와 같은 미세한 분말인 '제1인산 암모늄'이라는 소화약제가 들어 있어 질식 또는 냉각 효과로 화재를 진화한다.
물 분무 소화 설비	분무헤드에서 물을 안개와 같이 내뿜는 형상으로 방사하여 냉각 효과 또는 질식 효과로 화재를 소화하는 고정식 소화 설비를 말한다.
이산화탄소 소화 설비	화재 발생 장소의 공기 중 산소 농도를 낮추어 연소 반응을 억제하는 질식소화 방식으로, 유류 및 전기 감전 위험이 높은 전기 화재에 사용한다.

안전관리

★ 개수는 빈출도와 중요도를 의미합니다.

01 안전관리의 근본적인 목적으로 옳은 것은?

① 생산량 증대
② 생산자의 경제적 운용
③ 근로자의 생명 및 신체 보호
④ 생산과정의 시스템화

해설 근로자의 생명과 신체를 보호하고 사고발생을 사전에 방지하는 것이 안전관리의 근본적인 목적이다.

02 산업안전에서 근로자가 안전하게 작업할 수 있는 세부작업 행동 지침은?

① 안전표지　　　② 작업지시
③ 작업수칙　　　④ 안전수칙

해설 근로자의 작업을 안전하게 세부작업 행동을 지시하는 지침은 안전수칙이다.

03 사고를 많이 발생시키는 원인을 순서대로 나열한 것 중 옳은 것은?

① 불안전 행위 → 불가항력 → 불안전 조건
② 불안전 조건 → 불안전 행위 → 불가항력
③ 불안전 행위 → 불안전 조건 → 불가항력
④ 불가항력 → 불안전 조건 → 불안전 행위

해설 사고를 많이 발생시키는 원인의 순서는 불안전 행위 → 불안전 조건 → 불가항력이다.

04 재해의 원인 중 생리적인 원인에 해당되는 것은?

① 안전수칙의 미준수
② 작업복의 부적당
③ 안전장치의 불량
④ 작업자의 피로

해설 재해 발생의 생리적인 원인은 작업자의 피로이다.

05 다음 중 재해발생의 직접적인 원인이 <u>아닌</u> 것은?

① 잘못된 작업방법에 의한 재해발생
② 관리감독 소홀로 인한 재해발생
③ 방호장치의 기능제거로 인한 재해발생
④ 작업 장치 회전반경 내 출입금지

06 사고의 직접원인으로 가장 알맞은 것은?

① 불안전한 행동 및 상태
② 사회적 환경요인
③ 성격결함
④ 유전적인 요소

해설 사고의 직접적인 원인은 작업자의 불안한 행동 및 상태이다.

07 작업자의 불안전한 행동으로 인하여 오는 산업재해로 볼 수 <u>없는</u> 것은?

① 불안전한 자세
② 방호장치의 결함
③ 안전구의 미착용
④ 안전장치의 기능제거

| 정답 |　01 ③　02 ④　03 ③　04 ④　05 ④　06 ①　07 ②

08 <보기>에서 재해발생시 조치요령 순서로 가장 적절하게 이루어진 것은?

┌─────────── 보기 ───────────┐
│ ⓐ 응급처치   ⓑ 2차 재해 방지 │
│ ⓒ 운전정지   ⓓ 피해자 구조   │
└────────────────────────────┘

① ⓐ → ⓑ → ⓒ → ⓓ
② ⓒ → ⓑ → ⓓ → ⓐ
③ ⓒ → ⓓ → ⓐ → ⓑ
④ ⓐ → ⓒ → ⓓ → ⓑ

> **해설** 재해 발생 시 조치순서
> 운전정지 → 피해자 구조 → 응급처치 → 2차 재해방지

09 작업점에 직접 사람이 접촉하여 말려들거나 다칠 위험이 있는 장소를 덮는 방호 장치로 옳은 것은?

① 위치제한형 방호장치
② 포집형 방호장치
③ 접근 거부형 방호장치
④ 격리형 방호장치

> **해설** 격리형 방호장치는 작업점에 직접 사람이 접촉하여 말려들거나 다칠 위험이 있는 장소를 덮어 씌우는 방호장치이다.

10 하인리히가 말한 산업안전의 안전의 3요소에 속하지 않는 것은?

① 교육적 요소   ② 자본적 요소
③ 기술적 요소   ④ 관리적 요소

> **해설** 안전의 3요소에는 관리적 요소, 기술적 요소, 교육적 요소가 있다.

11 인간공학적 안전설정으로 페일 세이프에 관한 설명 중 가장 적절한 것은?

① 인간 또는 기계에 과오나 동작상의 실패가 있어도 안전사고를 발생시키지 않도록 하는 통제 책을 말한다.
② 안전사고를 예방할 수 없는 물리적 불안전 조건과 불안전 인간의 행동
③ 안전통제의 실패로 인하여 원상복귀가 가장 쉬운 사고의 결과를 말한다.
④ 안전도 검사방법을 말한다.

> **해설** 페일 세이프(Fail safe): 인간 또는 기계에 과오나 동작상의 실패가 있어도 안전사고를 발생시키지 않도록 하는 통제방책이다.

12 다음 중 안전의 제일이념에 해당하는 것은?

① 품질향상   ② 재산보호
③ 인간존중   ④ 생산성 향상

> **해설** 안전제일의 이념은 인간존중, 즉 인명보호이다.

13 산업재해를 예방하기 위한 재해예방 4원칙으로 옳지 않은 것은?

① 대량생산의 원칙   ② 손실우연의 원칙
③ 예방가능의 원칙   ④ 대책선정의 원칙

> **해설** 재해예방의 4원칙에는 예방가능의 원칙, 손실우연의 원칙, 원인계기의 원칙, 대책선정의 원칙이 있다.

14 산업안전을 통한 기대효과로 옳은 것은?

① 기업의 생산성이 저하된다.
② 근로자의 생명만 보호된다.
③ 기업의 재산만 보호된다.
④ 근로자와 기업의 발전이 도모된다.

| 정답 | 08 ③ 09 ④ 10 ② 11 ① 12 ③ 13 ① 14 ④

15 구급처치 중에서 환자의 상태를 확인하는 사항과 가장 거리가 먼 것은?

① 의식　　　　　　② 상처
③ 출혈　　　　　　④ 격리

해설　구급처치 중 환자의 상태 확인은 의식, 상처, 출혈 여부를 확인한다.

안전보호구 및 안전장치

16 안전모의 관리 및 착용방법으로 옳지 않은 것은?

① 규정된 방법으로 착용하고 사용한다.
② 통풍을 목적으로 안전모에 구멍을 뚫어 사용하여서는 안 된다.
③ 큰 충격을 받은 것은 사용을 피한다.
④ 사용 후 뜨거운 스팀으로 반드시 소독하여 사용해야 한다.

해설　안전모는 사용 후 스팀으로 소독할 필요가 없는 안전보호구이다.

17 보호구의 구비조건이 아닌 것은?

① 유해위험 요소에 대한 방호 성능이 경미해도 된다.
② 작업에 방해가 되어서는 안 된다.
③ 보호구 착용은 편리해야 한다.
④ 보호구의 구조는 양호한 상태여야 한다.

해설　보호구는 유해 위험요소에 대한 방호성능이 좋아야 한다.

18 다음 중 안전 보호구의 종류가 아닌 것은?

① 안전 방호장치　　② 안전모
③ 안전장갑　　　　④ 보안경

해설　안전 방호장치는 안전시설이다.

19 안전모에 대한 설명이 아닌 것은?

① 충격 흡수성이 좋아야 한다.
② 알맞은 규격으로 성능 시험에 합격한 제품이어야 한다.
③ 낙하 또는 비래, 추락, 감전 등으로부터 머리를 보호해야 한다.
④ 머리 크기보다 큰 안전모를 선택해야 한다.

해설　안전모는 머리 크기에 꼭 맞는 것으로 선택해야 한다.

20 작업복에 대한 설명으로 옳지 않은 것은?

① 착용자의 연령, 성별 등에 관계없이 작업복의 디자인과 색깔이 똑같아야 한다.
② 작업복은 항상 깨끗한 상태를 유지하는 것이 좋다.
③ 작업복은 몸에 알맞고 동작이 편해야 한다.
④ 주머니가 너무 많지 않고, 소매가 단정한 것이 안전에 더 유리하다.

해설　작업복은 착용자의 연령, 성별 등에 따라 알맞은 디자인으로 착용해야 한다.

21 작업복을 착용하는 이유로 옳은 것은?

① 질서를 확립시키기 위해서
② 직책과 직급을 알리기 위해서
③ 복장 통일을 위해서
④ 작업 시 위험 요소로부터 작업자의 몸을 보호하기 위해서

해설　작업복은 작업 시 발생할 수 있는 위험 요소로부터 작업자의 몸을 보호해야 한다.

| 정답 |　15 ④　16 ④　17 ①　18 ①　19 ④　20 ①　21 ④

22 중량물 운반 작업 시 착용하여야 할 안전화의 종류로 옳은 것은?

① 절연용   ② 보통 작업용
③ 경 작업용   ④ 중 작업용

해설 • 경 작업용 안전화: 금속 선별, 전기제품 조립, 화학품 선별, 식품 가공업 등 경량 물체를 취급하는 작업장
• 보통 작업용 안전화: 기계공업, 금속 가공업 등 공구를 손으로 취급하는 작업 및 차량사업장, 기계조작 사업장
• 중 작업용 안전화: 광산, 채광, 철강 작업에서 원료 취급, 강재 운반 중량물 운반 작업 및 중량이 큰 물체를 취급하는 작업장

23 보안경을 착용하는 이유로 옳지 <u>않은</u> 것은?

① 유해 화학물의 침입을 막기 위해서
② 낙하하는 물체로부터 작업자의 머리를 보호하기 위해서
③ 그라인더 작업이 비산되는 칩으로부터 작업자의 눈을 보호하기 위해서
④ 용접이 발생되는 자외선이나 적외선 등으로부터 작업자의 눈을 보호하기 위해서

해설 낙하하는 물체로부터 작업자의 머리를 보호하기 위한 보호구는 안전모이다.

24 비산 물체로부터 눈을 보호하고 작업자의 시력을 교정하기 위한 보안경은?

① 도수렌즈 보안경   ② 플라스틱 보안경
③ 유리 보안경   ④ 고글형 보안경

해설 도수렌즈 보안경은 시력을 교정하고 비산물체로부터 눈을 보호할 수 있는 보안경이다.

25 방진 마스크를 착용해야 하는 작업장으로 옳은 것은?

① 온도가 높은 작업장
② 분진이 많은 작업장
③ 유해가스가 많은 작업장
④ 소음이 심한 작업장

해설 분진(먼지)이 발생하는 장소에서는 방진마스크를 착용하여야 한다.

26 산소결핍의 우려가 있는 장소에서 착용하여야 하는 마스크는?

① 송기마스크   ② 방진마스크
③ 방독마스크   ④ 안면부 여과마스크

해설 산소가 부족한 작업 장소에서는 산소를 공급하는 기능이 있는 송기(송풍) 마스크를 착용하여야 한다.

안전표지

27 다음 안전보건표지가 나타내는 것은?

① 인화성 물질경고
② 출입금지
③ 보안경 착용
④ 비상구

해설 금지표지 중 출입금지표지이다.

28 다음 안전보건표지가 나타내는 것은?

① 물체이동금지
② 사용금지
③ 탑승금지
④ 차량통행금지

해설 금지표지 중 차량통행금지표지이다.

| 정답 | 22 ④   23 ②   24 ①   25 ②   26 ①   27 ②   28 ④

29 안전표지의 구성요소가 <u>아닌</u> 것은?

① 내용　　　　　　② 색깔
③ 크기　　　　　　④ 모양

해설 안전표지의 구성 요소는 모양, 색깔, 내용이다.

30 다음 안전보건표지가 나타내는 것은?

① 매달린 물체 경고
② 비상구
③ 몸 균형상실 경고
④ 방화성 물질 경고

해설 경고표지 중 매달린 물체 경고표지이다.

31 다음 안전보건표지가 나타내는 것은?

① 고압전기 경고
② 폭발물 경고
③ 독극물 경고
④ 지시표지

해설 경고표지 중 고압전기 경고표지이다.

32 산업안전 보건법상 안전보건표지의 종류에 해당되지 <u>않는</u> 것은?

① 경고표지　　　　② 위험표지
③ 지시표지　　　　④ 금지표지

해설 안전보건표지는 금지표지, 경고표지, 지시표지, 안내표지 등으로 분류된다.

33 산업안전보건표지의 종류에서 지시표지에 해당하는 것은?

① 안전모 착용
② 출입금지
③ 차량통행금지
④ 고압경고

해설 지시표지에는 보안경 착용, 안전복 착용, 방지마스크 착용, 보안면 착용, 안전모 착용, 귀마개 착용, 방독마스크 착용 , 안전장갑 착용, 안전화 착용 등이 있다.

34 적색 원형으로 만들어진 안전표지의 종류로 옳은 것은?

① 경고표시
② 안내표시
③ 지시표시
④ 금지표시

해설 금지표시는 적색원형으로 만들어지는 안전 표지판이다.

35 안전보건표지에서 바탕은 흰색, 기본 모형은 빨간색, 부호 및 그림은 검정색으로 된 표지는?

① 보조표지
② 지시표지
③ 금지표지
④ 주의표지

해설 금지표지는 바탕은 흰색, 기본모형은 빨간색, 관련부호 및 그림은 검정색으로 되어 있다.

| 정답 |　29 ③　30 ①　31 ①　32 ②　33 ①　34 ④　35 ③

36 다음 안전보건표지가 나타내는 것은?

① 보안경 착용
② 방진마스크 착용
③ 안전화 착용
④ 보안면 착용

해설 지시표지 중 보안경 착용표지이다.

37 다음 안전보건표지가 나타내는 것은?

① 안전복 착용
② 안전모 착용
③ 보안면 착용
④ 출입금지

해설 지시표지 중 안전모 착용표지이다.

38 다음 안전보건표지가 나타내는 것은?

① 폭발성 물질경고
② 인화성 물질경고
③ 산화성 물질경고
④ 급성독성 물질경고

해설 경고표지 중 인화성 물질경고표지이다.

39 다음 안전보건표지가 나타내는 것은?

① 물체이동금지
② 출입금지
③ 보행금지
④ 탑승금지

해설 경고표지 중 물체이동금지표지이다.

40 다음 안전보건표지가 나타내는 것은?

① 비상구표지
② 녹십자표지
③ 병원표지
④ 응급구호 표지

해설 안내표지 중 녹십자표지이다.

41 다음 안전보건표지가 나타내는 것은?

① 교차로
② 비상구
③ 응급구호
④ 안전제일

해설 안내표지 중 응급구호표지이다.

42 안내표지로 옳지 <u>않은</u> 것은?

① 녹십자표지
② 응급구호표지
③ 비상구표지
④ 출입금지표지

해설 출입금지표지는 금지표지에 해당한다.

43 산업안전보건 법령상 안전보건표지의 색채와 용도로 옳지 <u>않은</u> 것은?

① 파란색: 지시
② 녹색: 안내
③ 노란색: 위험
④ 빨간색: 금지, 경고

해설 노란색은 주의표시로 사용된다.

| 정답 | 36 ① 37 ② 38 ② 39 ① 40 ② 41 ③ 42 ④ 43 ③

44 건설기계가 고압전선에 근접 또는 접촉 시 가장 많이 발생할 수 있는 사고는?

① 화재　　　　　　② 절전
③ 화상　　　　　　④ 감전

해설　고압선 접촉 시에는 감전 사고, 화재 사고, 화상 사고 순으로 재해가 발생한다.

45 고압선로 주변에서 작업 시 건설기계와 전선로의 안전 이격거리에 대한 설명으로 옳지 <u>않은</u> 것은?

① 전압과 관계없이 일정하다.
② 전압이 높을수록 커진다.
③ 애자 수가 많을수록 커진다.
④ 전선이 굵을수록 커진다.

해설　애자 수가 많을수록, 전선이 굵을수록, 전압이 높을수록 건설기계와 전선로의 안전거리는 커져야 한다.

46 가공전선로의 고압의 위험정도를 장비 운전자가 판별할 수 있는 방법으로 옳은 것은?

① 전선의 소선 가닥수로 확인
② 애자의 개수 확인
③ 전선의 전류 측정으로 확인
④ 지지물의 개수로 확인

해설　전선을 고정하고 있는 애자의 개수로 전압의 크기를 판별할 수 있다.
- 애자 개수 9~11개인 경우: 22.9kV
- 애자 개수 4~5개인 경우: 66kV
- 애자 개수 2~3개인 경우: 22.9kV

47 전선로 부근에서 작업 시 주의사항으로 <u>틀린</u> 것은?

① 전선은 철탑 또는 전주에서 멀어질수록 많이 흔들리게 된다.
② 전선이 바람에 흔들리는 정도는 바람이 강할수록 많이 흔들리게 된다.
③ 전선은 자체 무게가 있어 바람에 흔들리지 않는다.
④ 전선이 바람에 흔들리는 것을 고려하여 이격거리를 증가시켜 작업한다.

해설　전선이 바람에 흔들리는 것을 고려하여 이격거리를 증가시켜 작업해야 한다.

48 굴착장비로 작업 시 도로 굴착작업 중 고압선 위험 표지시트가 발견되었다면, 이는 어떤 의미인가?

① 표지시트 직하에 전력케이블이 묻혀 있다는 의미이다.
② 표지시트와 직각 방향에 전력케이블이 묻혀 있다는 의미이다.
③ 표지시트 우측에 전력케이블이 묻혀 있다는 의미이다.
④ 표지시트 좌측에 전력케이블이 묻혀 있다는 의미이다.

해설　표지시트가 발견되었다면 표지시트 바로 아래에 전력케이블이 묻혀 있다는 의미이다.

49 철탑 부근에서 굴착 작업 시 유의사항으로 옳은 것은?

① 철탑 부근이라 하여 특별히 주의해야 할 사항은 없다.
② 철탑은 강한 충격을 주어야만 넘어지므로 주변 굴착은 무방하다.
③ 철탑 기초가 드러나지만 않으면 굴착하여도 무방하다.
④ 한국전력에서 철탑에 대한 안전여부 검토 후 작업을 해야 한다.

해설　한국전력에서 철탑에 대한 안전여부를 먼저 검토한 후 철탑 부근의 작업을 시행한다.

| 정답 |　44 ④　45 ①　46 ②　47 ③　48 ①　49 ④

50 전선을 철탑의 완금(ARM)에 고정시키고 전기적으로 절연하기 위해 사용되는 것은?

① 애자
② 완철
③ 클램프
④ 가송전선

> 해설 | 전선을 철탑 완금(ARM)에 고정시키고 전기적 절연을 위해 사용하는 것을 애자라고 한다. 전압이 높을수록 절연강도를 크게 해야 하므로 애자의 개수가 증가한다.

51 고압 전력케이블을 지중에 매설하는 방법으로 **틀린** 것은?

① 직매식
② 전력구식
③ 관로식
④ 궤도식

> 해설 | 고압 전력케이블을 지중에 매설하는 방법으로는 직매식, 관로식, 전력구식(암거식)등이 있다.

52 도로상에서 굴착작업 시 매설된 전기설비의 접지선이 노출되어 일부가 손상되었다면 조치사항으로 옳은 것은?

① 접지선 단선 시에는 시설관리자에게 연락 후 그 지시를 따른다.
② 접지선 단선은 사고와 무관하므로 그대로 되메운다.
③ 접지선 단선 시에는 철선 등으로 임시 연결 후 되메운다.
④ 손상된 접지선은 임의로 철거한다.

> 해설 | 굴착 작업 중 전력 케이블을 손상시킨 경우에는 절단된 상태로 두고 인근 한국전력사업소에 연락하여 시설관리자의 지시를 따른다.

53 도로상의 한전 맨홀에 근접하여 굴착작업 시 가장 안전한 것은?

① 접지선이 노출되면 제거 후 계속 작업한다.
② 교통에 지장을 주므로 주인 및 관련 기관이 모르게 야간에 신속히 작업한다.
③ 한전직원의 입회하에 안전하게 작업한다.
④ 맨홀 뚜껑을 경계로 하여 뚜껑이 손상되지 않도록 하고 나머지는 임의로 작업한다.

> 해설 | 굴착기로 작업 중 전력케이블이 손상된 경우에는 절단된 상태를 그대로 유지한 채 한국전력사업소에 연락하고 한전직원의 입회하에 안전하게 작업한다.

도시가스공사 안전관리

54 도시가스사업법에서 정의한 배관 구분에 해당하지 **않는** 것은?

① 내관
② 공급관
③ 가정관
④ 본관

> 해설 | 배관이란 도시가스를 공급하도록 배치된 관으로서 본관, 공급관, 내관 또는 그 밖의 관을 말한다.

55 다음 중 LP 가스의 특성으로 옳지 **않은** 것은?

① 누출 시 공기보다 무거워 바닥에 체류하기 쉽다.
② 주성분은 프로판과 메탄이다.
③ 무색, 무취이나 누출 시 쉽게 발견하도록 부취제를 첨가하여 사용한다.
④ 액체상태일 때 피부에 닿으면 동상에 걸릴 수 있다.

> 해설 | LP가스의 주성분은 프로판과 부탄이다.

| 정답 | 50 ① 51 ④ 52 ① 53 ③ 54 ③ 55 ②

56 폴리에틸렌 가스배관의 특징이 <u>아닌</u> 것은?

① 일광, 열 등에 약한 단점이 있다.
② 부식이 잘 되지 않는 장점이 있다.
③ 지하 매설용으로 사용된다.
④ 도시가스 고압관으로 주로 사용된다.

 가스배관용 폴리에틸렌관은 0.1MPa 미만의 저압용 가스관으로 사용된다.

57 도시가스사업법에서 압축가스일 경우 중압은 얼마의 압력을 말하는가?

① 0.02MPa～0.1MPa 미만
② 0.1MPa～1MPa 미만
③ 1MPa～10MPa 미만
④ 10MPa～100MPa 미만

 ① 저압: 0.1MPa 미만
② 중압: 0.1MPa～1MPa 미만
③ 고압: 1MPa 이상

58 도시가스인 천연가스가 배관을 통하여 공급되는 압력이 0.5MPa 라면, 이 압력은 어느 압력에 해당하는가?

① 고압   ② 중압
③ 최저압   ④ 저압

59 지하에 매설된 도시가스배관의 표면색이 황색이라면 최고 사용압력은 얼마인가?

① 0.02MPa ～ 0.1MPa 미만
② 0.1MPa ～ 1MPa 미만
③ 1MPa ～ 10MPa 미만
④ 10MPa ～ 100MPa 미만

해설 최고 압력이 저압인 경우 배관의 색은 황색이며, 고압인 경우 배관의 색은 적색이다.

60 도시가스사업법령에 따라 도시가스배관 매설 시 폭 8m 이상의 도로에서는 최소매설 깊이는 얼마 이상이어야 하는가??

① 1.2m 이상
② 0.8m 이상
③ 0.5m 이상
④ 2m 이상

해설
• 폭 8m 이상 도로: 1.2m 이상
• 폭 4m 이상 8m 미만의 도로: 1m 이상
• 폭 4m 또는 공동주택 등의 부지 이내: 0.6m 이상

61 폭 4m 이상 8m 미만인 도로에 일반 도시가스배관을 매설 시 지면과 도시가스배관 상부와의 최소 이격거리는?

① 0.2m   ② 0.5m
③ 1m   ④ 3m

해설
• 폭 8m 이상 도로: 1.2m 이상
• 폭 4m 이상 8m 미만의 도로: 1m 이상
• 폭 4m 또는 공동주택 등의 부지 이내: 0.6m 이상

62 아래 그림과 같은 것이 도시가스가 공급되는 지역에서 굴착 중 발견되었다면 무엇으로 예측되는가?

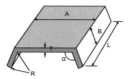

① 보호판
② 보호포
③ 라이파크
④ 가스누출검지공

해설 최고사용압력이 중압(0.1MPa이상 1MPa이하)이상인 배관 매설 시 배관을 보호할 수 있는 보호판이다.

| 정답 |　56 ④　57 ②　58 ②　59 ①　60 ①　61 ③　62 ①

63 보호판은 배관의 정상부 직상으로 몇 cm 이상 높이에 설치되어야 하는가?

① 10cm   ② 20cm
③ 30cm   ④ 40cm

> **해설** 보호판은 가스배관 직상 30cm 이상 높이에 설치되어야 한다.

64 도시가스배관 주위를 굴착 후 되메우기 작업 시 지하에 매몰하지 말아야 하는 것은?

① 보호판
② 보호포
③ 전기방식용 양극
④ 라인마크

> **해설** 라인마크는 도로 및 공동주택 등의 부지 내에 도시가스배관 매설 후 지면에 표출되어야 하므로 매몰하지 않아야 한다.

65 도시가스배관 매설 시 라인마크는 배관 길이 몇 m마다 1개 이상 설치해야 되는가?

① 50m   ② 100m
③ 150m   ④ 250m

> **해설** 라인마크는 배관길이 50m마다 1개 이상 설치하되, 주요 분기지점·굴곡지점·관말지점 및 그 주위 50m이내에 설치하여야 한다.

66 라인마크의 형상 종류 중 배관이 세 방향으로 이어지는 부분을 표시하는 것은?

① 직선방향
② 일방향
③ 삼방향
④ 관말지점

> **해설** 배관이 세 방향으로 갈라지는 라인마크의 형상은 삼방향 표시이다.

67 도시가스 매설배관의 표지판 설치 기준으로 틀린 것은?

① 황색 바탕에 검은색 글씨로 도시가스배관인 것을 알리고, 연락처와 관리주체를 적어 놓는다.
② 배관을 따라 200m 마다 1개 이상 설치해야 한다.
③ 표지판의 가로, 세로는 200mm, 150mm 이상의 직사각형이다.
④ 포장도로 및 공동주택 부지 내 도로에 라인마크와 함께 설치한다.

> **해설** 도시가스배관을 시가지 외의 도로, 산지, 농지 또는 하천부지, 철도부지 내에 매설하는 경우는 표지판을 설치한다. 이때 하천부지, 철도부지를 횡단하여 배관을 매설하는 경우에는 양편에 표지판을 설치한다.

68 지상에 설치되어 있는 가스배관 외면에 반드시 표시해야 할 사항으로 틀린 것은?

① 사용 가스 명을 표시한다.
② 가스의 흐름방향을 표시한다.
③ 최고 사용압력을 표시한다.
④ 소유자 명을 표시한다.

> **해설** 배관 외부에는 최고 사용압력, 도시가스의 흐름방향, 사용가스 명 등을 표시한다.

69 도로 굴착 시 황색의 가스 보호포가 발견되었다면 그 보호포가 설치된 위치로부터 최소 몇 cm 깊이에 도시가스배관이 매설되었다는 것인가? (단, 배관심도는 1.2m)

① 30cm
② 90cm
③ 60cm
④ 110cm

> **해설** 황색 보호포는 최고사용압력이 저압인 배관의 경우 배관의 정상부로부터 60cm 이상 깊이에 매설되어 있다.

| 정답 | 63 ③   64 ④   65 ①   66 ③   67 ④   68 ④   69 ③

70

다음 중 보호포의 설치 위치로 **틀린** 것은?

① 저압배관인 경우 배관 직상 60cm 이상
② 중압이상인 경우 보호판 상부 30cm이상
③ 공동주택 부지 이내 설치 시 배관직상 20cm 이상
④ 매설깊이를 확보할 수 없어 보호관을 사용한 경우 그 직상부에 설치

> **해설** 공동주택 등의 부지 이내에 설치하는 경우 배관 직상으로부터 40cm 이상 떨어진 곳에 설치한다.

71

지하구조물, 암반 그 밖의 특수한 사정으로 규정 매설깊이를 확보할 수 없는 곳에 매설하는 배관의 보호조치로 **틀린** 것은?

① 보호관을 설치한다.
② 보호관을 설치한다.
③ 보호관, 보호관의 외면은 지면과 0.3m 이상의 깊이를 유지한다.
④ 철근 콘크리트 방호구조물 안에 배관을 설치하는 경우도 지면과 0.3m를 유지한다.

> **해설** 철근 콘크리트 방호구조물 안에 배관을 설치하는 경우에는 간격을 유지한 것으로 볼 수 있다.

72

도로의 굴착 공사로 인해 가스배관이 20cm 이상 노출되면 가스누출경보기를 설치하도록 규정하고 있다. 이런 경우 가스 누출 경보기의 검지부는 몇 m마다 1개 이상으로 설치해야 하는가?

① 10m   ② 30m
③ 15m   ④ 20m

> **해설** 매 20m마다에 가스누출경보기(가정용은 제외한다)를 설치하고 현장 관계자가 상주하는 장소에 경보음이 전달되도록 설치한다.

73

도시가스배관 되메우기 공사 완료 후 몇 개월 이상 침하 유무를 확인해야 하는가?

① 1개월
② 2개월
③ 3개월
④ 4개월

> **해설** 되메움 공사 완료 후 3개월 이상 침하 유무를 확인한다.

74

굴착 공사자는 굴착공사 예정 지역의 위치를 어떤 색으로 표시해야 하는가?

① 적색
② 청색
③ 황색
④ 흰색

> **해설** 굴착 공사자는 굴착공사 예정 지역의 위치를 흰색 페인트로 표시하고 그 결과를 정보지원센터에 통지해야 한다.

75

매몰된 배관의 침하 여부는 침하관측공을 줄파기 공사를 할 때 설치하여 확인한다. 침하 측정은 매 며칠에 1회 이상 측정을 원칙으로 하는가?

① 3일
② 15일
③ 10일
④ 20일

> **해설** 침하관측공은 줄파기를 하는 때에 설치하고 침하 측정은 매 10일에 1회 이상을 원칙으로 한다.

| **정답** | 70 ③ 71 ④ 72 ④ 73 ③ 74 ④ 75 ③ |

76 파일 박기 작업은 도시가스배관과 수평거리 몇 cm 이내에서는 하지 말아야 하는가?

① 20cm 이내
② 100cm 이내
③ 60cm 이내
④ 30cm 이내

해설 도시가스배관과 수평거리 30cm 이내에서는 파일박기를 하지 말 것.

77 도시가스배관 주위를 굴착하는 경우 도시가스배관 좌·우 몇 m 이내 부분은 인력으로 굴착하여야 하는가?

① 1m 이내
② 2m 이내
③ 3m 이내
④ 4m 이내

해설 도시가스배관 주위를 굴착하는 경우 도시가스배관의 좌우 1m 이내 부분은 인력으로 굴착한다.

78 굴착공사 중 도시가스배관 손상 시 피복만 벗겨졌다. 안전한 조치 사항으로 옳은 것은?

① 벗겨진 피복은 부식 방지를 위해 비닐테이프로 감은 후 되메운다.
② 가스누출이 아니면 상관없이 작업을 계속 이어간다.
③ 해당 도시가스 회사 직원에게 보고하고 보수하도록 한다.
④ 흰색 페인트를 칠하고 페인트가 마른 후 작업을 계속한다.

해설 굴착공사 중 도시가스배관 손상 시 피복만 벗겨졌더라도 해당 도시가스 회사 직원에게 보고하여 보수하도록 해야 한다.

79 노출된 가스배관의 길이가 몇 m 이상일 때 점검 통로 및 조명시설을 설치하는가?

① 2m 이상
② 10m 이상
③ 20m 이상
④ 15m 이상

해설 노출된 가스배관의 길이가 15m 이상이면 점검 통로 및 조명시설을 설치하여야 한다.

80 도시가스배관 주위에 상수도관 같은 다른 매설물을 매설 시 최소 이격 거리로 옳은 것은?

① 30cm 이상   ② 100cm 이상
③ 60cm 이상   ④ 이격거리는 무관

해설 가스배관의 주위에 매설물을 부설하고자 할 때에는 30cm 이상 이격하여 설치한다.

81 도시가스가 공급되는 지역에서 굴착 공사를 하는 경우 가스배관보호를 위하여 누구에게 확인 요청을 해야 하는가?

① 한국가스 안전공사
② 지역 경찰서장
③ 지역 소방서장
④ 지역 도시가스 사업자

해설 도시가스사업이 허가된 지역에서 굴착공사를 하려는 자는 굴착공사를 하기 전에 해당 지역을 공급 권역으로 하는 도시가스사업자가 해당 토지의 지하에 도시가스배관이 묻혀 있는지에 관하여 확인하여 줄 것을 산업통상자원부령으로 정하는 바에 따라 정보지원센터에 요청한다. 산업통상자원부령으로 통지를 받은 도시가스사업자는 굴착공사를 하려는 자에게 지하 도시가스배관이 묻혀 있는지를 확인해 주어야 한다.

| 정답 | 76 ④ 77 ① 78 ③ 79 ④ 80 ① 81 ④

82 지하매설 배관 탐지장치 등으로 확인된 지점 중 확인이 어려운 분기점, 곡선부, 장애물 우회지점의 안전한 굴착방법으로 가장 적합한 것은?

① 시험굴착을 실시한다.
② 가스배관 좌측에서만 굴착한다.
③ 굴착작업을 할 수 없다.
④ 가이드파이프를 설치하고 작업한다.

해설 지하매설 배관 탐지장치 등으로 확인된 지점 중 확인이 곤란한 분기점, 곡선부, 장애물 우회 지점의 안전굴착 방법으로 시험굴착(공사 전 지반 조사 및 지장물 확인을 위한 굴착)을 실시한다.

기계, 기구, 공구 및 작업안전

83 기계 취급 안전수칙으로 옳지 <u>않은</u> 것은?

① 기계운전 중에는 자리를 뜨지 않는다.
② 기계 공장에서는 반드시 작업에 알맞은 작업복과 안전화를 착용한다.
③ 기계운전 중 정전 시, 즉시 주 스위치를 차단시켜야 한다.
④ 작동 중인 기계를 청소한다.

해설 안전을 위해 기계를 청소할 때는 모든 엔진을 끈 상태로 청소한다.

84 기계 장치와 관련된 사고 발생 원인으로 옳지 <u>않은</u> 것은?

① 기계 장치가 넓은 장소에 설치된 때
② 정리정돈이 잘되어 있지 않을 때
③ 불량 공구를 사용할 때
④ 안전장치 및 보호 장치가 불안전할 때

해설 기계 장치가 넓은 장소에 설치된 경우를 사고 발생 원인으로 볼 수 없다.

85 기계 운전에 대한 설명으로 옳은 것은?

① 기계 운전 중 이상한 냄새, 소음, 진동이 날 때는 운전을 멈추고 전원을 끈다.
② 작업 효율을 높이기 위해 작업 범위 이외의 기계도 동시에 작동시킨다.
③ 빠른 속도로 작업할 때는 일시적으로 안전장치를 제거한다.
④ 기계 장비의 이상으로 정상 가동이 어려운 상황에서는 중속 회전 상태로 작업한다.

해설 기계 운전 중에 이상한 냄새나 소음, 진동이 날 때는 운전을 멈추고 전원을 끈 다음 점검해야 한다.

86 안전하게 공구를 취급하는 방법으로 옳지 <u>않은</u> 것은?

① 공구를 사용한 후 제자리에 정리하여 둔다.
② 끝 부분이 예리한 공구 등을 주머니에 넣고 작업을 하여서는 안 된다.
③ 공구 사용 전에 손잡이에 묻은 기름 등은 닦아내어야 한다.
④ 숙달이 되면 옆 작업자에게 공구를 던져서 전달하여 작업 능률을 올린다.

해설 공구를 취급할 때는 안전을 위해 공구를 던지지 않는다.

87 공구 및 장비 사용에 대한 설명으로 옳지 <u>않은</u> 것은?

① 토크렌치는 볼트와 너트를 풀거나 조일 때 모두 사용이 가능하다.
② 볼트와 너트를 다룰 때는 알맞은 소켓렌치로 작업한다.
③ 마이크로미터를 보관할 때는 직사광선이나 습기에 노출시키지 않는다.
④ 공구는 사용 후 공구상자에 넣어 보관한다.

해설 토크렌치는 볼트와 너트를 규정토크로 조일 때만 사용하는 측정기이다.

| 정답 | 82 ① 83 ④ 84 ① 85 ① 86 ④ 87 ①

88 렌치를 사용할 때의 안전사항으로 옳은 것은?

① 볼트를 풀 때는 렌치 손잡이를 당길 때 힘을 받도록 한다.

② 볼트를 조일 때는 렌치를 해머로 쳐서 조이면 강하게 조일 수 있다.

③ 렌치 작업 시 큰 힘으로 조일 경우 연장대를 끼워서 작업한다.

④ 볼트를 풀 때는 지렛대 원리를 이용하여, 렌치를 밀어서 힘이 받도록 한다.

해설 렌치 사용 시에는 렌치 손잡이를 몸쪽으로 당길 때 힘을 받도록 하여 사용하는 것이 안전하다.

89 수공구 사용 시 안전 수칙으로 옳지 않은 것은?

① 해머작업은 미끄러짐을 방지하기 위해서 반드시 장갑을 끼고 작업한다.

② 줄 작업으로 생긴 쇳가루는 브러시로 살살 털어내며 작업한다.

③ 톱 작업은 밀 때 절삭되도록 작업한다.

④ 조정렌치는 조정조가 있는 부분에 힘을 받지 않도록 사용한다.

해설 면장갑 착용하고 해머 작업을 하면 해머를 놓칠 수 있기 때문에 장갑 착용을 금한다.

90 볼트 등을 조일 때 조이는 힘을 측정하기 위하여 사용하는 렌치는?

① 토크렌치

② 복스렌치

③ 소켓렌치

④ 오픈엔드렌치

해설 토크렌치는 볼트 등을 조일 때 조이는 힘을 측정하기 위하여 사용하는 도구이다.

91 볼트머리나 너트의 크기가 명확하지 않을 때나 가볍게 조이고 풀 때 사용하며 크기는 전체 길이로 표시하는 렌치는?

① 조정렌치

② 복스렌치

③ 소켓렌치

④ 파이프렌치

해설 조정렌치는 볼트머리나 너트의 크기가 명확하지 않을 때나 가볍게 조이고 풀 때 사용하며 공구이다.(몽키스페너)

92 스패너 사용 시 주의사항으로 옳지 않은 것은?

① 스패너는 볼트나 너트의 폭과 맞는 것을 사용한다.

② 필요 시 스패너 두 개를 이어서 사용하기도 한다.

③ 스패너를 너트에 정확하게 장착하여 사용한다.

④ 스패너의 입이 변형된 것은 폐기한다.

93 다음 중 드라이버 사용 방법으로 옳지 않은 것은?

① 작은 공작물이라도 한 손으로 잡지 않고 바이스 등으로 고정하고 사용한다.

② 전기 작업 시 자루는 모두 금속으로 되어있는 것을 사용한다.

③ 날 끝이 수평이어야 하며 둥글거나 빠진 것은 사용하지 않는다.

④ 날 끝 홈의 폭과 깊이가 같은 것을 사용한다.

해설 전기 작업을 할 때 손잡이 전체가 절연되어야 한다.

| 정답 | 88 ① 89 ① 90 ① 91 ① 92 ② 93 ②

94 드라이버 사용 시 주의할 점으로 옳지 <u>않은</u> 것은?

① 규격에 맞는 드라이버를 사용한다.
② 지렛대 대신 소형 드라이버를 사용하지 않는다.
③ 클립이 있는 드라이버는 옷에 걸고 다녀도 무방하다.
④ 잘 풀리지 않는 나사는 플라이어를 이용하여 강제로 뺀다.

해설 잘 풀리지 않는 나사를 플라이어를 이용하여 강제로 **빼면** 나사 머리 부분이 변형되거나 파손될 수 있다.

95 드릴 작업의 안전수칙으로 옳지 <u>않은</u> 것은?

① 드릴을 끼운 후에 척렌치는 그대로 둔다.
② 칩을 제거할 때는 회전을 정지시킨 상태에서 솔로 제거한다.
③ 일감은 견고하게 고정시키고 손으로 잡고 구멍을 뚫지 않는다.
④ 장갑을 끼고 작업하지 않는다.

해설 드릴을 끼운 후 척렌치는 분리하여 보관하여야 안전하다.

96 연삭기에서 연삭 칩의 비산을 막기 위해 착용하는 보호구는?

① 안전덮개
② 광전식 안전방호장치
③ 급정지 장치
④ 양수 조작식 방호장치

해설 연삭기에는 연삭 칩의 비산을 막기 위하여 안전덮개를 부착하여야 한다.

97 연삭기의 안전한 사용 방법으로 옳지 <u>않은</u> 것은?

① 숫돌과 받침대 간격을 넓게 유지한다.
② 숫돌덮개 설치 후 작업한다.
③ 보안경과 방진마스크를 착용한다.
④ 숫돌 측면으로 작업하지 않는다.

해설 연삭기의 숫돌 받침대와 숫돌과의 틈새는 2~3mm 이내로 조정한다.

98 감전 사고를 예방하기 위해 필요한 설비는 무엇인가?

① 접지 설비
② 고압계 설비
③ 방폭등 설비
④ 대지 전위 상승 설비

해설 전기기기에 의한 감전 사고를 막기 위해 접지를 설비한다.

99 전기 작업에서 안전 작업으로 적절하지 <u>않은</u> 것은?

① 저압전력선에서는 감전 우려가 없으므로 안심하고 작업할 것
② 규정된 알맞은 퓨즈를 사용할 것
③ 전선이나 코드 접속부는 절연물로 완전히 피복할 것
④ 전기장치는 사용 후 스위치를 OFF 할 것

해설 저압전력선에서도 감전 우려가 있으므로 주의해야 한다.

| 정답 | 94 ④ 95 ① 96 ① 97 ① 98 ① 99 ①

100 감전 재해 요인으로 옳지 <u>않은</u> 것은?

① 작업 시 절연장비 및 안전장치 착용
② 충전부에 직접 접촉하거나 안전거리 이내 접근
③ 절연, 열화, 손상, 파손 등으로 누전된 전기 기기 등에 접촉
④ 전기 기기 등의 외함과 대지 간의 정전 용량에 의한 전압 발생부분 접촉

해설 작업 시 감전재해를 예방하기 위하여 절연장비 및 안전장구를 착용해야 한다.

101 감전사고 방지책으로 옳지 <u>않은</u> 것은?

① 전기 기기에 위험 표시를 한다.
② 작업자는 안전 보호구를 착용한다.
③ 작업자에게 사전 안전교육을 실시한다.
④ 전기설비에 약간의 물을 뿌려 감전 여부를 확인한다.

해설 감전 사고가 발생할 수 있으므로 전기설비에 물을 뿌려서는 안 된다.

102 연소의 3요소에 해당하지 <u>않는</u> 것은?

① 물
② 공기
③ 점화원
④ 가연물

해설 연소의 3요소: 점화원, 가연물, 공기(산소)

103 화재 분류에 대한 설명으로 옳은 것은?

① B급 화재-전기 화재
② C급 화재-유류 화재
③ D급 화재-금속 화재
④ E급 화재-일반 화재

해설 A급 화재: 일반 가연물 화재
B급 화재: 유류 화재
C급 화재: 전기 화재
D급 화재: 금속 화재

104 유류 화재 시 소화 방법으로 옳지 <u>않은</u> 것은?

① B급 화재 소화기를 사용한다.
② 모래를 뿌린다.
③ ABC소화기를 사용한다.
④ 다량의 물을 부어서 끈다.

해설 유류 화재를 진화할 때는 물 사용이 금지되며, 분말 소화기나 탄산가스 소화기, ABC소화기 등을 사용하는 것이 좋다.

105 화재 발생 시 화염이 있는 곳을 통과할 때의 요령으로 옳지 <u>않은</u> 것은?

① 몸을 낮게 엎드려서 통과한다.
② 물수건으로 입을 막고 통과한다.
③ 뜨거운 김을 입으로 마시면서 통과한다.
④ 머리카락, 얼굴, 발, 손 등이 불과 닿지 않게 한다.

해설 화재가 발생하면 호흡기 손상을 방지하기 위해 젖은 수건으로 입을 막고 화염이 있는 곳을 통과한다.

| 정답 | 100 ① 101 ④ 102 ① 103 ③ 104 ④ 105 ③

106 전기 화재 시 화점에 분사하여 산소를 차단하는 소화기는?

① 분말 소화기
② 증발 소화기
③ 포말 소화기
④ 이산화탄소 소화기

해설 이산화탄소 소화기는 '탄산가스 소화기'라고도 하며, 공기 중 산소 농도를 낮추어 연소 반응을 억제해 주는 질식소화방식 이다.

| 정답 | 106 ④

도로주행

단원별 기출 분석

✓ 건설기계관리법, 도로교통법, 도로명주소 등과 같은 법규 문제가 출제됩니다.

✓ 수험생들이 특히 어려워하는 단원으로, 수록된 핵심이론들을 꼼꼼하게 암기 하고 기출문제를 꼭 풀어보시기 바랍니다.

SECTION 01

핵심테마

도로교통법

01 도로교통법의 목적과 용어

도로에서 일어나는 교통상의 모든 위험과 장해를 방지하고 제거하여 안전하고 원활한 교통을 확보함을 목적으로 한다.

용어	정의
도로	도로교통법상 도로 • 「유료도로법」에 따른 유료 도로 • 「도로법」에 따른 도로 • 「농어촌도로 정비법」에 따른 도로 • 차마의 통행을 위한 도로
고속도로	자동차의 고속운행에만 사용하기 위하여 지정된 도로
자동차 전용도로	자동차만 다닐 수 있도록 설치된 도로
긴급자동차	소방차, 구급차, 혈액공급차량 그밖에 대통령령으로 정하는 자동차(긴급자동차는 긴급 용무 중일 때만 우선권과 특례의 적용을 받는다.)
정차	운전자가 5분을 초과하지 아니하고 차를 정지시키는 것으로서 주차 외의 정지상태
안전지대	도로를 횡단하는 보행자나 통행하는 차마의 안전을 위하여 안전표지 등으로 표시된 도로의 부분
어린이	13세 미만인 사람
안전표지	교통안전에 필요한 주의·규제·지시·보호·노면표지
서행	위험을 느끼고 즉시 정지할 수 있는 느린 속도로 운행하는 것

02 차마의 통행

1 차마의 도로주행

① 차도와 보도가 구분된 도로에서는 차차로 통행하여야 하며, 도로 이외의 장소로 출입할 때에는 보도를 횡단하여 통행할 수 있다.

② 보도를 횡단하기 직전에 일시 정지하여 좌측이나 우측을 살핀 후, 보행자의 통행을 방해하지 않도록 횡단하여야 한다.

2 차로에 따른 통행차의 기준

도로		차로구분	통행할 수 있는 차종
고속도로 외 도로		왼쪽차로	승용자동차 및 경형·소형·중형 승합자동차
		오른쪽 차로	건설기계·화물·특수·대형승합·이륜자동차 및 원동기장치자전거
고 속 도 로	편도 2차로	1차로	• 앞지르기를 하려는 모든 자동차 • 도로상황이 시속 80km 미만으로 통행할 수밖에 없는 경우에는 통행 가능
		2차로	모든 자동차(건설 기계 포함)
	편도 3차로 이상	1차로	• 앞지르기를 하려는 승용·경형·소형·중형 승합자동차 • 도로상황이 시속 80km 미만으로 통행할 수밖에 없는 경우에는 통행 가능
		왼쪽차로	승용자동차 및 경형·소형·중형 승합자동차
		오른쪽차로	건설기계 및 화물, 대형 승합, 특수자동차

3 차마가 도로의 중앙이나 좌측 부분을 통행할 수 있는 경우

① 도로가 일방통행인 경우

② 도로의 파손, 도로공사나 그 밖의 장애 등으로 도로의 우측 부분을 통행할 수 없는 경우

③ 도로 우측 부분의 폭이 6m가 되지 아니하는 도로에서 다른 차를 앞지르려는 경우 (단, 도로의 좌측 부분을 확인할 수 없거나 반대 방향의 교통에 방해가 될 경우는 그러하지 아니하다.)

④ 도로 우측 부분의 폭이 차마의 통행에 충분하지 않은 경우

통행 우선순위
① 긴급자동차
② 긴급자동차 이외 차량
③ 원동기장치자전거
④ 자동차 및 원동기장치자전거 이외 차마

03 신호등화와 통행 방법

1 녹색등화 시 차마의 통행 방법

① 차마는 직진 또는 우회전 할 수 있다.
② 차마는 좌회전을 할 수 없으나, 비보호 좌회전 표지나 표시가 있는 곳에서는 좌회전을 할 수 있다.

2 황색등화 시 차마의 통행 방법

① 차마는 우회전 할 수 있고, 우회전할 때에는 보행자의 횡단을 방해하지 않아야 한다.
② 이미 교차로에 진입하였다면 신속하게 통과해야 한다.

3 적색등화 시 차마의 통행 방법

① 차마는 정지선, 횡단보도 및 교차로의 직전에 정지해야 한다.
② 직진하는 측면 교통을 방해하지 않으면 우회전 할 수 있다.

4 신호등의 신호 순서

① 사색등화 신호 순서

녹색 → 황색 → 적색 및 녹색화살표 → 적색 및 황색 → 적색

② 삼색등화 신호 순서

녹색(적색 및 녹색화살표) → 황색 → 적색

③ 이색등화 신호 순서

녹색 → 녹색 점멸 → 적색

04 정차 또는 주차 방법

① 도로에서 정차를 하고자 하는 때에는 차도의 우측 가장자리에 정차하여야 한다. 다만 차도와 보도의 구별이 없는 도로에 있어서는 도로의 우측 가장자리로부터 중앙으로 50cm 이상의 거리를 둔다.
② 정차 또는 주차를 하고자 하는 때에는 교통에 방해가 되지 않도록 하여야 한다.

05 철길 건널목 통과 방법

1 통과 방법

① 건널목 앞에서는 일시 정지하여 안전을 확인한 후 통과해야 한다.
② 신호등이 표시하는 신호에 따르는 경우에는 정지하지 않고 통과할 수 있다.
③ 차단기가 내려져 있거나 내려지려고 할 때 또는 건널목의 경보기가 울리고 있는 동안에는 그 건널목으로 들어가지 않도록 한다.

2 철길 건널목에서 차량 고장 시 조치사항

① 즉시 승객을 대피시키고 비상 신호기를 이용하거나 그 밖의 방법으로 철도 공무원 또는 경찰 공무원에게 알리기
② 차량을 건널목 이외의 장소로 이동시키기

06 이상 기후 시 운행 속도

도로의 상태	감속운행속도
• 비가 내려 노면에 습기가 있는 때 • 눈이 20mm 미만 쌓인 때	최고속도의 20/100
• 폭우·폭설·안개 등으로 가시거리가 100m 이내인 때 • 노면이 얼어붙는 때 • 눈이 20mm 이상 쌓인 때	최고속도의 50/100

1 도로 주행 시 보행자의 보호

① 보행자가 횡단보도를 통행할 때는 그 횡단보도 앞에서 일시 정지해야 한다.
② 교차로에서 좌회전 또는 우회전을 하고자 할 때는 도로를 횡단하는 보행자 통행을 방해하지 않는다.
③ 교차로 또는 그 부근의 도로를 횡단하는 보행자 통행을 방해하지 않는다.
④ 안전지대에 보행자가 있는 경우와 차로가 설치되지 않은 좁은 도로에서 보행자 옆을 지나는 경우에는 안전한 거리를 두고 서행해야 한다.
⑤ 보행자가 횡단보도가 설치되어 있지 않은 도로를 횡단할 때는 안전거리를 두고 일시 정지하여 보행자가 안전하게 횡단할 수 있도록 해야 한다.

2 교통정리가 없는 교차로 양보 운전

① 교차로 먼저 진입자동차 우선 진입
② 도로 폭이 넓은 차량 우선 진입
③ 직진 및 우회전 차량 우선 진입
④ 같은 순위일 경우, 우측도로 차량 우선 진입

1 서행해야 하는 장소

① 교통정리가 행하여지지 않은 교차로
② 도로가 구부러진 부근, 비탈길의 고갯마루 부근, 가파른 비탈길의 내리막길
③ 지방경찰청장이 안전표지에 의하여 지정한 곳

2 일시 정지 장소

① 교통정리가 진행되지 않는 교차로
② 지방 경찰청장이 안전표지에 의거하여 지정한 곳

1 앞지르기가 금지되는 경우

① 앞차의 좌측에 다른 차가 앞차와 나란히 가고 있는 경우
② 앞차가 다른 차를 앞지르고 있거나 앞지르고자 하는 경우
③ 대형차의 진행을 방해할 가능성이 있는 경우

2 앞지르기 금지 장소

① 교차로, 터널, 다리 위
② 급경사의 내리막
③ 경사로 정상 부근

3 도로 주행에서 앞지르기

① 앞지르기 할 때에는 안전한 속도와 방법으로 해야 한다.
② 앞지르기 할 때에는 교통상황에 따라 경음기를 울릴 수도 있다.
③ 앞지르기 당하는 차는 속도를 높여 경쟁하거나 가로막는 등의 방해 행동을 하지 않는다.

1 우회전을 하려는 경우

전방 30m에서 미리 도로의 우측 가장자리를 서행하며 우회전해야 한다. 이 경우 우회전하는 차의 운전자는 신호에 따라 정지하거나 진행하는 보행자 또는 자전거 등에 주의해야 한다.

2 좌회전을 하려는 경우

미리 도로의 중앙선을 따라 서행하며 교차로의 중심 안쪽을 이용하여 좌회전해야 한다.

3 신호기로 교통정리를 하고 있는 경우

진행 경로 앞쪽에 있는 차 또는 노면전차의 상황에 따라서 교차로에 정지하여 다른 차 또는 노면전차의 통행을 방해할 우려가 있는 경우에는 그 교차로에 들어가지 않는다.

4 교통정리를 하고 있지 않은 경우

다른 차의 진행을 방해하지 않도록 일시정지 하거나 양보하여야 한다.

⑤ 비보호 좌회전 교차로에서 통행하는 경우

녹색 신호 시 반대 방향의 교통에 방해되지 않게 좌회전을
할 수 있다.

11 안전운전

① 물이 고인 곳을 운행하는 때에는 고인 물을 튀게 하
여 다른 사람에게 피해를 주는 일이 없도록 할 것
② 도로에서 자동차 등을 세워둔 채로 시비·다툼 등의
행위를 함으로써 다른 차마의 통행을 방해하지 말 것
③ 차량을 떠나는 때에는 원동기의 발동을 끄고 제동장
치를 철저하게 하는 등 차의 정지 상태를 안전하게
유지하고 다른 사람이 함부로 운전하지 못하도록 필
요한 조치를 할 것
④ 운전자는 정당한 사유 없이 다른 사람에게 피해를 주
는 소음을 발생시키지 아니할 것
⑤ 운전 중에는 휴대용 전화를 사용하지 아니할 것
⑥ 적재함에 사람을 태우고 운행하지 아니할 것
⑦ 안전띠를 착용할 것

12 교통안전표지

■ 교통안전표지 종류

표지	설명
주의 표지	도로상태가 위험하거나 도로 또는 그 부근에 위험물이 있는 경우에 필요한 안전조치를 할 수 있도록 이를 도로사용자에게 알리는 표지
규제 표지	도로교통의 안전을 위하여 각종 제한·금지 등의 규제를 하는 경우에 이를 도로사용자에게 알리는 표지
지시 표지	도로의 통행방법·통행구분 등 도로교통의 안전을 위하여 필요한 지시를 하는 경우에 도로사용자가 이를 따르도록 알리는 표지
보조 표지	주의표지·규제표지 또는 지시표지의 주 기능을 보충하여 도로사용자에게 알리는 표지
노면 표지	• 도로교통의 안전을 위하여 각종 주의·규제·지시 등의 내용을 노면에 기호·문자 또는 선으로 도로 사용자에게 알리는 표지 • 노면표시 중 점선은 허용, 실선은 제한, 복선은 의미의 강조

② 교통안전표지의 예

표지	설명
진입금지	진입 금지 표지
	회전형 교차로 표지
	좌/우회전 표지
50	최고속도 제한표지
	좌우로 이중 굽은 도로
5.5 t	차 중량 제한 표지
30	최저 시속 30km 속도 제한표지

13 야간 운행

■ 야간 운행 시 차의 등화

① 자동차: 자동차안전기준에 따른 전조등, 차폭등, 미
등, 번호등과 실내조명등
② 원동기장치자전거: 전조등, 미등
③ 견인되는 차: 미등, 차폭등 및 번호등
④ 노면전차, 전조등, 차폭등, 미등 및 실내조명등
⑤ 안개 등 장애로 100m 이내의 장애물을 확인할 수 없
는 경우: 야간에 준하는 등화
⑥ 위의 규정 외의 모든 차: 시·도 경찰청장이 정하여
고시하는 등화

② 야간 도로 주정차 시 차의 등화

① 자동차: 미등 및 차폭등
② 이륜자동차 및 원동기장치자전거: 미등(후부 반사기
를 포함)
③ 노면전차: 미등 및 차폭등

14 도로명 주소

도로명주소(道路名住所)는 대한민국에서 1995년부터 시범사업, 2009년 전면개정, 2014년 전면 시행한 주소 표기 방법 중 하나이다. 도로 명을 주소 표기에 사용하기 때문에 '도로 명 주소'가 정식 명칭이다. 행정안전부에서 관장한다. 2014년 1월 1일부터는 토지대장을 제외한 모든 곳에 도로명 주소만을 쓸 수 있다. 도로명 주소의 빠른 정착의 대안으로 교통공단 및 한국산업인력관리공단에서 주관하는 국가 공인 시험에 도로명 주소에 관한 시험이 출제되고 있으며, 출제의 난이도는 매우 기초적인 쉬운 문제가 한 문제 정도 출제되거나 출제가 되지 않는 경우도 있다.

1 도로명 주소 소개

'도로명 주소'란 부여된 도로 명, 기초번호, 건물번호, 상세주소에 의하여 건물의 주소를 표기하는 방식으로, 도로에는 도로 명을 부여하고, 건물에는 도로에 따라 규칙적으로 건물번호를 부여하여 도로명과 건물번호 및 상세주소(동·층·호)로 표기하는 주소 제도를 말한다.

» 도로명 주소는 도로명+건물번호로 이루어져 있다.
» 도로명은 도로구간마다 부여한 이름으로 명사+도로별 기준(대로/로/길)로 구성되어 있다.

2 도로명 주소부여 원리 4원칙

1원칙	도로명은 도로 폭에 따라 ① 대로(8차로 이상) ② 로(2~7차로) ③ 길(그밖의 도로)로 구분
2원칙	도로시작점에서 20m 간격으로 왼쪽은 홀수, 오른쪽은 짝수를 부여하여 거리 예측이 가능하다.
3원칙	도로시점에서 건물까지의 거리는 건물번호×10m
4원칙	건물번호 부여 • 좌측: 홀수 • 우측: 짝수

3 상세주소

상세주소는 도로명주소의 건물번호 뒤에 표시되는 동··층·호 등의 정보를 말한다.

4 도로표지판 의미

5 도로명 주소 표기 방법

공동주택(아파트)	서울특별시 서초구 반포대로58, 105동301호(서초동,서초아트자이)
주택, 상가	서울특별서 서초구 반포대로23길 6(서초동)

6 도로명판 종류

한 방향용	양방향용
강남대로 1→699 Gangnam-daero	92 안양로 96 Anang-ro
① 강남대로: 큰길 ② 1→: 도로시작 현위치 ③ 1→699: 강남로 6.69km(699×10m)	① 안양로: 앞교차로 ② 좌 92: 92번 이하 건물 ③ 우 96: 96번 이상 건물
한쪽 방향용	**진행방향**
1←65 반포대로23길 Banpo-daero 23-gil	안양로 250 Anang-ro 90
① 반포대로23길 ② 1←65: 현 위치가 종점65 에서 1번으로 진행	① 로: 2차로 ② 90: 현위치90 ③ 90→250: 남은 거리 1.6Km ((250-90)×10)

7 건물번호판의 종류

주택	상가	관공서용

문화재, 관광	건물없는 도로

8 도로명 주소 부여 원리

SECTION 02

핵심테마

건설기계관리법

01 건설기계관리법의 목적 및 용어

건설기계의 등록·검사·형식승인 및 건설기계사업과 건설기계 조종사 면허 등에 관한 사항을 정하여 건설기계를 효율적으로 관리하고 건설기계의 안전도를 확보하여 건설공사의 기계화를 촉진함을 목적으로 한다.

1 건설기계 정의

① 건설공사에 사용할 수 있는 기계로서 대통령령이 정하는 것을 말한다.
② 건설기계와 관련된 사업에는 대여업, 정비업, 매매업 그리고 폐기업 등이 있다.
③ 건설기계 사업을 영위하고자 하는 자는 시·도지사에게 등록하여야 한다.

2 건설기계 용어

용어	정의
건설기계 대여업	건설기계를 대여를 업으로 하는 것
건설기계 정비업	건설기계를 분해·조립, 수리하고 그 부분품을 가공, 제작, 교체하는 등 건설기계를 원활하게 사용하기 위한 모든 행위를 업으로 하는 것
건설기계 매매업	중고건설기계의 매매 또는 그 매매의 알선과 그에 따른 등록사항에 관한 변경신고의 대행을 업으로 하는 것
건설기계 폐기업	국토교통부령으로 정하는 건설기계 장치를 그 성능을 유지할 수 없도록 해체하거나 압축, 파쇄 절단 또는 용해를 업으로 하는 것
건설기계 형식	건설기계의 구조, 규격 및 성능 등에 관하여 일정하게 정하는 것

02 건설기계의 신규 등록

1 건설기계를 등록할 때 필요한 서류

① 건설기계의 출처를 증명하는 서류(건설기계 제작증, 수입면장, 매수증서)
② 건설기계의 소유자임을 증명하는 서류
③ 건설기계 제원표
④ 자동차손해배상보장법에 따른 보험 또는 공제의 가입을 증명하는 서류

2 건설기계 등록신청

건설기계를 취득한 날부터 2월(60일) 이내에 소유자의 주소지 또는 건설기계 사용본거지를 관할하는 시·도지사에게 하여야 한다. (상속의 경우 상속 개시일로부터 3개월, 전시, 사변 기타 이에 준하는 국가 비상사태에 있어서는 5일 이내)

3 등록사항 변경신고

① 기계 등록사항에 변경이 있을 때(전시, 사변 또는 이에 준하는 비상사태 및 상속 시의 경우는 제외)에는 등록사항의 변경신고를 변경이 있는 날부터 30일 이내로 해야 한다.
② 변경신고 시 제출 서류
   • 건설기계 등록 변경사항변경신고서
   • 건설기계등록증
   • **변경내용을 증명하는 서류**
   • 건설기계 검사증

03 건설기계 등록말소 사유

시·도지사는 등록된 건설기계를 소유자의 신청을 직권으로 등록말소 할 수 있다

1 등록말소 사유

① 거짓이나 그 밖의 부정한 방법으로 등록을 한 경우
② 건설기계가 천재지변 또는 이에 준하는 사고 등으로 사용할 수 없게 되거나 멸실된 경우
③ 건설기계의 차대(車臺)가 등록 시의 차대와 다른 경우
④ 건설기계안전기준에 적합하지 아니하게 된 경우
⑤ 최고(催告)를 받고 지정된 기한까지 정기검사를 받지 아니한 경우
⑥ 건설기계를 수출하는 경우
⑦ 건설기계를 도난당한 경우
⑧ 건설기계를 폐기한 경우
⑨ 건설기계 해체 재활용 업을 등록한 자에게 폐기를 요청한 경우
⑩ 구조적 제작 결함 등으로 건설기계를 제작자 또는 판매자에게 반품한 경우
⑪ 건설기계를 교육·연구 목적으로 사용하는 경우
⑫ 대통령령으로 정하는 내구연한을 초과한 건설기계. 다만, 정밀진단을 받아 연장된 경우는 그 연장기간을 초과한 건설기계

2 말소 신청 및 직권 말소 기간

① 건설기계 도난: 2개월 이내
② 그 밖의 경우: 30일 이내

04 등록번호표

1 등록번호표에 표시되는 사항

건설기계 등록번호표에는 기종, 등록관청, 등록번호, 용도 등을 표시하여야 한다.

2 등록번호표의 재질 및 표시 방법

① 재질: 철판 또는 알루미늄판
② 표시 방법
 • 자가용: 녹색 판에 흰색 문자
 • 영업용: 주황색 판에 흰색 문자
 • 관용: 흰색 판에 검은색 문자
 • 임시운행 번호표: 흰색 페인트 판에 검은색 문자

건설기계 등록번호
» 자가용: 1001-4999
» 영업용: 5001-8999
» 관용: 9001-9999

3 기종별 기호표시

구분	색상	구분	색상
01	불도저	06	덤프트럭
02	굴착기	07	기중기
03	로더	08	모터 그레이더
04	지게차	09	롤러
05	스크레이퍼	10	노상 안정기

4 등록번호표의 반납

① 등록된 건설기계의 소유자는 반납사유가 발생한 경우 10일 이내에 시·도지사에게 반납해야 한다.
② 반납사유
 • 건설기계의 등록이 말소된 경우
 • 건설기계 등록 사항 중 대통령령으로 정하는 사항이 변경된 경우
 • 등록번호표 또는 그 봉인이 떨어지거나 식별이 어려운 때 등록번호표의 부착 및 봉인을 신청한 경우

05 특별표지판 부착대상 건설기계

① 길이가 16.7m를 초과하는 경우
② 너비가 2.5m를 초과하는 경우
③ 최소회전반경이 12m를 초과하는 경우
④ 높이가 4.0m를 초과하는 경우
⑤ 총중량이 40톤을 초과하는 경우
⑥ 총중량에서 축하중이 10톤을 초과하는 경우

06 건설기계 임시운행 사유

① 등록신청을 하기 위하여 건설기계를 등록지로 운행하는 경우
② 신규 등록검사 및 확인검사를 받기 위하여 건설기계를 검사장소로 운행하는 경우
③ 수출을 하기 위하여 건설기계를 선적지로 운행하는 경우
④ 수출을 하기 위하여 등록말소 한 건설기계를 점검·정비의 목적으로 운행하는 경우
⑤ 신개발 건설기계를 시험·연구의 목적으로 운행하는 경우
⑥ 판매 또는 전시를 위하여 건설기계를 일시적으로 운행하는 경우
⑦ 임시운행기간은 15일 이내이며, 시험·연구목적인 경우는 3년 이내

07 건설기계 검사

우리나라에서 건설기계에 대한 정기검사를 실시하는 검사업무 대행기관은 대한건설기계 안전관리원이다.

① 건설기계 검사의 종류

신규등록 검사	건설기계를 신규로 등록할 때 실시하는 검사
정기검사	건설공사용 건설기계로서 3년의 범위에서 국토교통부령으로 정하는 검사유효기간이 끝난 후에 계속하여 운행하려는 경우에 실시하는 검사와 대기환경보전법 및 소음·진동관리법에 따른 운행자의 정기 검사
구조변경 검사	건설기계의 주요구조를 변경 또는 개조한 때 실시하는 검사
수시검사	성능이 불량하거나 사고가 자주 발생하는 건설기계의 안전성 등을 점검하기 위하여 수시로 실시하는 검사와 건설기계 소유자의 신청을 받아 실시하는 검사

② 정기검사 신청기간 및 검사기간 산정

① 정기검사를 받고자하는 자는 검사유효기간 만료일 전후 각각 31일 이내에 신청
② 건설기계 정기검사 신청기간 내에 정기검사를 받은 경우, 다음 정기검사 유효기간의 산정은 종전 검사유효기간 만료일의 다음날부터 기산
③ 정기검사 유효기간을 1개월 경과한 후에 정기검사를 받은 경우, 다음 정기검사 유효기간 산정 기산일은 검사를 받은 날의 다음 날부터임

③ 정기검사 대상 건설기계 및 유효기간

건설기계명	유효기간	건설기계명	유효기간
굴착기(타이어식)	1년	모우터그레이더	2년
로우더(타이어식)	2년	콘크리트믹서트럭	1년
지게차(1톤 이상)	2년	콘크리트 펌프 (트럭적재식)	1년
덤프트럭	1년	아스팔트 살포기	1년
기중기 (타이어식, 트럭적재식)	1년	천공기(트럭적재식)	2년

④ 정기 검사 최고

시·도지사는 정기검사를 받지 아니한 건설기계의 소유자에게 정기검사의 유효기간이 끝난 날부터 3개월 이내에 국토교통부령으로 정하는 바에 따라 10일 이내의 기한을 정하여 정기검사를 받을 것을 최고해야 한다.

⑤ 검사소에서 검사를 받아야 하는 건설기계

덤프트럭, 콘크리트믹서트럭, 콘크리트펌프(트럭적재식), 아스팔트살포기, 트럭지게차(국토교통부장관이 정하는 특수건설기계인 트럭지게차를 말함)

6 당해 건설기계가 위치한 장소에서 검사하는(출장 검사) 경우

① 도서지역에 있는 경우
② 자체중량이 40t을 초과하거나 축하중이 10t을 초과하는 경우
③ 너비가 2.5m를 초과하는 경우
④ 최고속도가 시간당 35km 미만인 경우

7 정비명령

시·도지사는 검사에 불합격한 건설기계에 대해 31일 이내의 기간을 정하여 해당 건설기계의 소유자에게 검사를 완료한 날부터 10일 이내에 정비명령을 하여야 한다. 이때 검사대행자를 지정한 경우에는 검사대행자에게 그 사실을 통지하여야 한다.

8 정기검사의 일부 면제 및 연기

규정에 따라 정비업소에서 제동장치에 대해 정기 검사에 상당하는 분해정비를 받은 해당 건설기계의 소유자는 그 부분에 대하여 제동장치 정비 확인서를 건설기계정비사업자로부터 받아 시·도지사 또는 검사대행자에게 제출하여 정기검사를 면제를 받을 수 있다.

08 건설기계 사업

건설기계 사업을 하려는 자는 대통령령으로 정하는 바에 따라 사업의 종류별로 시장·군수 또는 구청장에게 등록하여야 한다.

• **건설기계 사업의 종류**

건설기계대여업	건설기계 대여를 업으로 하는 것을 말한다.
건설기계정비업	건설기계를 분해, 조립, 수리하고 그 부품을 가공, 제작, 교체하는 등 건설기계를 원활하게 사용하기 위한 모든 행위를 업으로 하는 것을 말한다. ① 종합건설기계 정비업 ② 부분건설기계 정비업 ③ 전문건설기계 정비업
건설기계매매업	중고건설기계의 매매 또는 그 매매의 알선과 그에 따른 등록사항에 관한 변경신고의 대행을 업으로 하는 것을 말한다.
건설기계폐기업	국토교통부령으로 정하는 건설기계 장치를 그 성능을 유지할 수 없도록 해체하거나 압축, 파쇄, 절단 또는 용해를 업으로 하는 것을 말한다.

09 건설기계의 구조변경 및 사후관리

1 구조변경을 할 수 없는 경우

① 건설기계의 기종변경
② 육상작업용 건설기계의 규격을 증가시키기 위한 구조변경
③ 육상작업용 건설기계의 적재함 용량을 증가시키기 위한 구조변경

2 구조변경 절차

① 구조변경 작업의뢰
② 구조변경 완료 통보
③ 구조변경 검사 신청
④ 구조변경 내역, 기재 및 교부(등록증)
⑤ 구조변경 검사 결과 통보
⑥ 부적합 시 정비명령(6개월 이내)

3 건설기계 사후관리

① 건설기계를 판매한 날부터 12개월 동안 무상으로 건설기계의 정비 및 정비에 필요한 부품을 공급해야 한다.
② 12개월 이내에 건설기계의 주행거리가 20,000km(원동기 및 차동장치의 경우에는 40,000km)를 초과하거나 가동시간이 2,000시간을 초과한 때에는 12개월이 경과한 것으로 본다.

10 건설기계 조종사 면허

1 건설기계 조종사 면허 개요

건설기계 조종사 면허를 받으려는 사람은 국가기술자격법에 따른 해당 분야의 기술자격을 취득하고 국·공립병원, 시·도지사가 지정하는 의료기관의 적성검사에 합격하여야 한다.

2 건설기계 조종사 면허의 결격 사유

① 18세 미만인 사람
② 건설기계 조종 상의 위험과 장해를 일으킬 수 있는 정신질환자 또는 뇌전증 환자
③ 앞을 보지 못하는 사람, 듣지 못하는 사람
④ 마약, 대마, 향정신성 의약품 또는 알코올 중독자

3 건설기계 조종사 면허의 종류

면허 종류	조종할 수 있는 건설기계
3톤 미만 굴착기	3톤 미만의 굴착기
로더	로더
3톤 미만 로더	3톤 미만 로더
5톤 미만 로더	5톤 미만 로더
불도저	불도저
5톤 미만 불도저	5톤 미만 불도저
지게차	지게차
3톤 미만 지게차	3톤 미만 지게차
기중기	기중기
쇄석기	쇄석기, 아스팔트믹싱플랜트 콘크리트뱃칭플랜트
공기 압축기	공기 압축기
천공기	천공기
5톤 미만의 천공기	5턴 미만 천공기(트럭적재식 제외)
준설선	준설선 및 자갈채취기
타워크레인	타워크레인
3톤 미만 타워크레인	3톤 미만 타워크레인
롤러	롤러, 모터그레이더, 스크레이퍼, 아스팔트피니셔, 콘크리트피니셔, 콘크리트살포기 및 골재살포기

4 건설기계 조종사 면허를 반납하여야 하는 사유

① 건설기계 면허가 취소된 때
② 건설기계 면허의 효력이 정지된 때
③ 면허증의 재교부를 받은 후 잃어버린 면허증을 발견한 때

5 건설기계 면허 적성검사 기준

① 두 눈을 동시에 뜨고 잰 시력이 0.7 이상일 것(교정시력을 포함)
② 두 눈의 시력이 각각 0.3 이상일 것(교정시력을 포함)
③ 55데시벨(보청기를 사용하는 사람은 40데시벨)의 소리를 들을 수 있고, 언어 분별력이 80% 이상일 것
④ 시각은 150도 이상일 것
⑤ 마약, 알코올 중독의 사유에 해당되지 아니할 것

⑥ 건설기계조종사는 10년마다(65세 이상인 경우는 5년마다) 주소지를 관할하는 시장·군수 또는 구청장이 실시하는 정기적성검사를 받아야 한다.

11 조종사 면허의 취소·정지 사유

시장·군수 또는 구청장은 규정에 따라 건설기계조종사면허를 취소하거나 1년 이내의 기간을 정하여 건설기계조종사면허의 효력을 정지시킬 수 있다.

1 건설기계의 조종 중 고의 또는 과실로 중대한 사고를 일으킨 경우

위반행위	행정처분 기준
① 인명피해 ㉠ 고의로 인명피해(사망·중상·경상 등을 말한다)를 입힌 경우	면허취소
㉡ 그 밖의 인명피해를 입힌 경우 • 과실로 사망 1명마다 • 과실로 중상 1명마다 • 과실로 경상 1명마다	• 면허효력정지 45일 • 면허효력정지 15일 • 면허효력정지 5일
② 재산피해: 피해금액 50만 원마다	면허효력정지 1일 (90일을 넘지 못함)
③ 건설기계의 조종 중 고의 또는 과실로 「도시가스사업법」 제2조 제5호에 따른 가스공급시설을 손괴하거나 가스공급시설의 기능에 장애를 입혀 가스의 공급을 방해한 경우	면허효력정지 180일

2 술에 취한 상태에서 조종한 경우

위반행위	행정처분 기준
① 술에 취한 상태(혈중 알코올 농도 0.03% 이상 0.08% 미만을 말한다)에서 건설기계를 조종한 경우	면허효력정지 60일
② 술에 취한 상태에서 건설기계를 조종하다가 사고로 사람을 죽게 하거나 다치게 한 경우	면허취소
③ 술에 만취한 상태(혈중 알코올 농도 0.08% 이상을 말한다)에서 건설기계를 조종한 경우	면허취소
④ 2회 이상 술에 취한 상태에서 건설기계를 조종하여 면허효력정지를 받은 사실이 있는 사람이 다시 술에 취한 상태에서 건설기계를 조종한 경우	면허취소

❸ 기타

위반행위	행정처분 기준
거짓이나 그 밖의 부정한 방법으로 건설기계조종사 면허를 받은 경우	면허취소
건설기계조종사 면허의 효력정지, 면허취소 기간 중 건설기계를 조종한 경우	면허취소
정기적성검사를 받지 않고 1년이 지난 경우	면허취소
정기적성검사 또는 수시적성검사에서 불합격한 경우	면허취소

※ 참고: 「건설기계관리법 시행규칙」 [별표 22]

❹ 면허증 반납

① 건설기계조종사면허를 받은 자가 다음의 사유에 해당하는 때에는 그 사유가 발생한 날부터 10일 이내에 주소지를 관할하는 시장·군수 또는 구청장에게 그 면허증을 반납해야 함

② 면허증의 반납 사유
- 면허가 취소된 때
- 면허의 효력이 정지된 때
- 면허증을 재교부 받은 후 잃어버린 면허증을 발견한 때

12 벌칙

❶ 2년 이하의 징역 또는 2천만 원 이하의 벌금

① 등록되지 아니한 건설기계를 사용하거나 운행한 자
② 등록이 말소된 건설기계를 사용하거나 운행한 자
③ 시·도지사의 지정을 받지 아니하고 등록번호표를 제작하거나 등록번호를 새긴 자

❷ 1년 이하의 징역 또는 1천만 원 이하의 벌금

① 건설기계조종사면허를 받지 아니하고 건설기계를 조종한 자
② 건설기계조종사면허가 취소되거나 건설기계조종사 면허의 효력정지처분을 받은 후에도 건설기계를 계속하여 조종한 자
③ 건설기계를 도로나 타인의 토지에 버려둔 자

❸ 100만 원 이하의 벌금

① 등록번호를 지워 없애거나 그 식별을 곤란하게 한 자
② 구조변경검사 또는 수시검사를 받지 아니한 자
③ 정비명령을 이행하지 아니한 자
④ 형식승인, 형식변경승인 또는 확인검사를 받지 아니하고 건설기계의 제작 등을 한 자
⑤ 사후관리에 관한 명령을 이행하지 아니한 자

❹ 50만원 이하의 과태로

건설기계의 소유자 또는 점유자가 규정에 정하는 범위를 위반하여 건설기계를 정비한 경우 50만원 이하의 과태료를 부과한다.

SECTION 03 핵심테마 응급대처

01 고장 시 응급처치

1 제동 장치가 고장 났을 때

① 브레이크 오일에 공기가 혼입될 경우, 브레이크 오일 부족 및 오일 파이프 파열, 마스트 실린더 내의 체결 밸브 불량 등이 발생할 수 있다. 이러한 경우 조치 방법으로 공기 빼기를 실시

② 브레이크 라인이 마멸된 경우 정비공장에 의뢰하여 수리하거나 교환

③ 브레이크 파이프에서 오일이 누유 될 경우 정비공장에 의뢰하여 수리하거나 교환

④ 마스트 실린더 및 휠 실린더 불량일 경우 정비공장에 의뢰하여 수리하거나 교환

⑤ 베이퍼록 현상 발생 시 엔진 브레이크 사용

⑥ 페이드 현상 발생 시 엔진 브레이크를 병용

2 타이어 펑크 및 주행 장치가 고장 났을 때

① 타이어 펑크가 났을 때에는 안전 주차하고 후면 안전거리에 고장표시판을 설치 후 정비사에게 지원을 요청

② 주행 장치(동력전달장치, 조향장치 등)가 고장 났을 때에는 안전 주차하고 후면 안전거리에 고장표시판을 설치 후 견인 조치

3 전·후진 장치 고장 시 응급조치

① 전·후진 주행 장치 고장 시에는 안전 주차하고 후면 안전거리에 고장표시판을 설치 후 견인 조치

② 변속기가 불량인 경우 정비공장에 의뢰하여 수리하거나 교환

③ 앞구동축이 불량인 경우 정비공장에 의뢰하여 수리하거나 교환

④ 액슬장치가 불량인 경우 정비공장에 의뢰하여 수리하거나 교환

⑤ 조향장치가 불량인 경우 정비공장에 의뢰하여 수리하거나 교환

02 교통사고 발생 시 대처

① 차로 사람을 사상(死傷)하거나 물건을 손괴한 경우에는 운전자나 그 밖의 승무원은 즉시 정차하여 사상자를 구호하는 등 필요한 조치를 해야 한다.

② 운전자는 경찰 공무원이 현장에 있을 때에는 그 경찰 공무원에게, 경찰 공무원이 현장에 없을 때에는 가장 가까운 국가경찰관서(지구대, 파출소 및 출장소 등)에 다음 각 호의 사항을 지체 없이 신고해야 하며, 다만, 운행 중인 차의 손괴가 있고, 도로의 위험 방지와 소통을 위하여 필요한 조치를 한 경우에는 그러하지 아니한다.
  • 사고가 일어난 곳
  • 손괴한 물건 및 손괴 정도
  • 사상자 수 및 부상 정도
  • 그 밖의 조치사항 등

③ 신고를 받은 경찰 공무원은 부상자의 구호와 그 밖의 교통위험 방지가 필요하면 경찰 공무원(자치 경찰 공무원은 제외)이 현장에 도착할 때까지 신고한 운전자 등에게 현장에서 대기할 것을 명할 수 있다.

④ 경찰 공무원은 교통사고를 낸 운전자를 그 현장에서 부상자의 구호와 교통안전을 위하여 필요한 지시를 명할 수 있다.

⑤ 긴급 자동차, 부상자를 운반 중인 차 및 우편물 자동차 등의 운전자는 긴급한 경우에는 동승자로 하여금 제1항에 따른 조치나 제2항에 따른 신고를 하도록 하고 운전을 계속할 수 있다.

⑥ 경찰 공무원(자치 경찰 공무원은 제외)은 교통사고가 발생한 경우에는 대통령령으로 정하는 바에 따라 필요한 조사를 해야 한다.

03 교통사고 발생 시 2차 사고 예방

1 차량의 응급상황을 알리는 삼각대

① 도로 위에서 최우선으로 고려해야 할 사항은 운전자와 승객의 안전이다.

② 한국도로공사 통계에 의하면 2차사고 치사율은 60%로 일반 교통사고의 치사율보다 6배나 높으며, 고장으로 정차한 차량의 추돌사고가 전체 2차사고 발생률의 25%를 차지한다.

③ 야간 사고 발생률은 73% 정도이다.

④ 안전 삼각대는 2차 사고 예방을 위한 필수 물품이므로 반드시 구비해야 하며, 2005년 이후 생산된 모든 국산 차량에는 안전 삼각대가 기본 장비로 포함되어 있으므로 적재된 위치를 미리 파악해 두도록 하고, 구비되어 있지 않거나 파손된 경우에는 별도로 구입한다.

⑤ 안전 삼각대 설치 위반 시에는 과태료가 부과되며, 고속도로에서는 주간 최소 100m, 야간 최소 200m 전에 설치해야 한다.

2 소화기 및 비상용 망치, 손전등

① 차량 화재, 또는 내부에 갇히게 될 경우에 대비해 소화기와 비상용 망치를 반드시 준비한다.

② 소화기의 경우, 휴대가 간편한 스프레이형 제품도 있으므로 안전을 위해 항상 실내에 구비하는 것이 좋다.

③ 차량에 고장이 발생하였을 때 하부나 엔진 룸 깊숙한 곳을 살피기 위해서는 주간에도 손전등이 필요하다.

④ 야간에는 응급 상황에 대처하는데도 도움이 되므로 준비하도록 한다.

3 사고 표시용 스프레이

① 교통사고 발생 시 현장 상황 보존은 매우 중요하며, 차량에 사고표시용 스프레이를 미리 준비해 두면 증거를 남길 수 있다.

② 휴대폰이나 카메라 등을 이용해 사고 상황을 촬영해 두어도 도움이 된다.

4 교통사고 대처

① 인명사고가 났을 때 긴급구호 요청방법을 파악

② 조치 순서대로 조지 후 긴급구조 요청

즉시 정차 → 사상자 구호 → 신고

도로교통법

★★★

01 도로교통법상 도로에 해당되지 않는 것은?

① 해상 도로법에 의한 항로
② 차마의 통행을 위한 도로
③ 유료도로법에 의한 유료도로
④ 도로법에 의한 도로

> **해설** 도로교통법상의 도로
> • 도로법에 따른 도로
> • 유료도로법에 따른 유료도로
> • 농어촌도로 정비 법에 따른 농어촌도로
> • 그밖에 현실적으로 불특정 다수의 사람 또는 차마(車馬)가 통행할 수 있도록 공개된 장소로서 안전하고 원활한 교통을 확보할 필요가 있는 장소

★★

02 도로교통법의 제정목적을 바르게 나타낸 것은?

① 도로 운송사업의 발전과 운전자들의 권익 보호
② 도로상의 교통사고로 인한 신속한 피해 회복과 편익 증진
③ 건설기계의 제작, 등록, 판매, 관리 등의 안전 확보
④ 도로에서 일어나는 교통상의 모든 위험과 장애를 방지하고 제거하여 안전하고 원활한 교통을 확보

> **해설** 도로교통법의 제정목적은 도로에서 일어나는 교통상의 모든 위험과 장애를 방지하고 제거하여 안전하고 원활한 교통 확보를 목적으로 한다.

★★★

03 도로교통법상 정차의 정의에 해당하는 것은?

① 차가 10분을 초과하여 정지
② 운전자가 5분을 초과하지 않고 차를 정지시키는 것으로 주차 외의 정지 상태
③ 차가 화물을 싣기 위하여 계속 정지
④ 운전자가 식사하기 위하여 차고에 세워둔 것

> **해설** 정차란 운전자가 5분을 초과하지 아니하고 차를 정지시키는 것으로서 주차 외의 정지 상태이다.

★★★

04 도로교통법에서 안전지대의 정의에 관한 설명으로 옳은 것은?

① 버스정류장 표지가 있는 장소
② 자동차가 주차할 수 있도록 설치된 장소
③ 도로를 횡단하는 보행자나 통행하는 차마의 안전을 위하여 안전표지 등으로 표시된 도로의 부분
④ 사고가 잦은 장소에 보행자의 안전을 위하여 설치한 장소

> **해설** 안전지대라 함은 도로를 횡단하는 보행자나 통행하는 차마의 안전을 위하여 안전표지 등으로 표시된 도로의 부분이다.

★★★

05 도로교통법상 건설기계를 운전하여 도로를 주행할 때 서행에 대한 정의로 옳은 것은?

① 매시 60km 미만의 속도로 주행하는 것을 말한다.
② 운전자가 차를 즉시 정지시킬 수 있는 느린 속도로 진행하는 것을 말한다.
③ 정지거리 10m 이내에서 정지할 수 있는 경우를 말한다.
④ 매시 20km 이내로 주행하는 것을 말 한다.

> **해설** 서행이란 운전자가 위험을 느끼고 즉시 차를 정지할 수 있는 느린 속도로 진행하는 것을 말한다.

| **정답** | 01 ① 02 ④ 03 ② 04 ③ 05 ② |

06 도로 교통법상 앞 차와의 안전거리에 대한 설명으로 가장 적절한 것은?

① 일반적으로 5m 이상이다.
② 5~10m 정도이다.
③ 평균 30m 이상이다.
④ 앞 차가 갑자기 정지할 경우 충돌을 피할 수 있는 거리이다.

해설 안전거리란 앞 차가 갑자기 정지할 경우 충돌을 피할 수 있는 거리이다.

07 정지선이나 횡단보도 및 교차로 직전에서 정지하여야 할 신호로 옳은 것은?

① 녹색 및 황색등화
② 황색 등화의 점멸
③ 황색 및 적색 등화
④ 녹색 및 적색 등화

해설 정비선이나 횡단보도 및 교차로 직전에 정지해야 할 신호는 황색 및 적색 신호이다.

08 도로교통법령상 교통안전표지의 종류를 올바르게 나열한 것은?

① 교통안전표지는 주의, 규제, 지시, 안내, 교통표지로 되어있다.
② 교통안전표지는 주의, 규제, 지시, 보조, 노면표시로 되어있다.
③ 교통안전표지는 주의, 규제, 지시, 안내, 보조표지로 되어있다.
④ 교통안전표지는 주의, 규제, 안내, 보조, 통행표지로 되어있다.

해설 교통안전표지의 종류: 주의표지, 규제표지, 지시표지, 보조표지, 노면표시

09 그림과 같은 교통안전표지의 뜻은?

① 좌합류 도로표지
② 철길건널목표시
③ 회전형교차로표지
④ 좌로 계속 굽은 도로표지

10 그림의 교통안전표지의 뜻은?

① 우로 이중 굽은 도로
② 좌우로 이중 굽은 도로
③ 좌로 굽은 도로
④ 회전형 교차로

11 그림과 같은 교통안전표지의 뜻은?

① 좌합류 도로
② 좌로 굽은 도로
③ 우합류 도로
④ 철길건널목

12 그림의 교통안전표지의 뜻은?

① 좌, 우회전 표지
② 좌, 우회전 금지표지
③ 양측방향 일방 통행표지
④ 양측방향 통행 금지표지

| 정답 | 06 ④ 07 ③ 08 ② 09 ③ 10 ② 11 ③ 12 ①

13 다음 교통안전표지에 대한 설명으로 옳은 것은?

① 최고중량 제한표시
② 차간거리 최저 30m 제한표지
③ 최고시속 30킬로미터 속도제한 표시
④ 최저시속 30킬로미터 속도제한 표시

14 다음의 교통안전표지가 의미하는 것은?

① 진입 금지 표지
② 일단 정지 표지
③ 차 적재량 제한 표지
④ 차 폭 제한 표지

15 그림의 교통안전표지가 의미하는 것은?

① 차간거리 최저 50m
② 차간거리 최고 50m
③ 최저속도 제한표지
④ 최고속도 제한표지

16 편도 1차로인 도로에서 중앙선이 황색 실선인 경우의 앞지르기 방법으로 옳은 것은?

① 절대로 안 된다.
② 아무데서나 할 수 있다.
③ 앞차가 있을 때만 할 수 있다.
④ 반대 차로에 차량통행이 없을 때 할 수 있다.

17 도로교통법령상 보도와 차도가 구분된 도로에 중앙선이 설치되어 있는 경우 차마의 통행방법으로 옳은 것은?(단, 도로의 파손 등 특별한 사유는 없다.)

① 중앙선 좌측
② 중앙선 우측
③ 보도의 좌측
④ 보도

해설 도로교통법령상 보도와 차도가 구분된 도로에 중앙선이 설치되어 있는 경우 차마는 중앙선 우측으로 통행하여야 한다.

18 도로교통관련법상 차마의 통행을 구분하기 위한 중앙선에 대한 설명으로 옳은 것은?

① 백색실선 또는 황색점선으로 되어있다.
② 백색실선 또는 백색점선으로 되어있다.
③ 황색실선 또는 황색점선으로 되어있다.
④ 황색실선 또는 백색점선으로 되어있다.

해설 노면 표시의 중앙선은 황색의 실선 및 점선으로 되어있다.

19 다음 중 통행의 우선순위가 옳게 나열된 것은?

① 긴급자동차 → 일반 자동차 → 원동기장치 자전거
② 긴급자동차 → 원동기장치 자전거 → 승용자동차
③ 건설기계 → 원동기장치 자전거 → 승합차동차
④ 승합자동차 → 원동기장치 자전거 → 긴급 자동차

해설 **통행의 우선순위**
긴급자동차 → 일반 자동차 → 원동기장치 자전거

| 정답 | 13 ④ 14 ① 15 ④ 16 ① 17 ② 18 ③ 19 ①

20 도로주행의 일반적인 주의사항으로 옳지 <u>않은</u> 것은?

① 가시거리가 저하될 수 있으므로 터널 진입 전 헤드라이트를 켜고 주행한다.

② 고속주행 시 급 핸들조작, 급브레이크는 옆으로 미끄러지거나 전복될 수 있다.

③ 야간운전은 주간보다 주의력이 양호하며 속도감이 민감하여 과속 우려가 없다.

④ 비 오는 날 고속주행은 수막현상이 생겨 제동효과가 감소된다.

21 편도 4차로의 일반도로에서 건설기계는 어느 차로로 통행해야 하는가?

① 1차로   ② 2차로

③ 4차로   ④ 1차로 또는 2차로

22 편도 4차로 일반도로에서 4차로가 버스전용차로일 때, 건설기계는 어느 차로로 통행하여야 하는가?

① 2차로   ② 3차로

③ 4차로   ④ 한가한 차로

23 운전자가 진행방향을 변경하려고 할 때 신호를 하여야 할 시기로 옳은 것은? (단, 고속도로 제외)

① 변경하려고 하는 지점의 3m 전에서

② 변경하려고 하는 지점의 10m 전에서

③ 변경하려고 하는 지점의 30m 전에서

④ 특별히 정하여져 있지 않고, 운전자 임의대로

> **해설** 진행방향을 변경하려고 할 때 신호를 하여야 할 시기는 변경하려고 하는 지점의 30m 전이다.

24 도로교통법상 교통안전시설이나 교통정리요원의 신호가 서로 <u>다른</u> 경우에 우선시 되어야 하는 신호는?

① 신호등의 신호

② 안전표시의 지시

③ 경찰공무원의 수신호

④ 경비업체 관계자의 수신호

> **해설** 가장 우선하는 신호는 경찰공무원의 수신호이다.

25 도로교통법상 모든 차의 운전자가 반드시 서행하여야 하는 장소에 해당하지 <u>않는</u> 것은?

① 도로가 구부러진 부분

② 비탈길 고갯마루 부근

③ 편도 2차로 이상의 다리 위

④ 가파른 비탈길의 내리막

> **해설** 서행해야 하는 장소
> • 교통정리를 하고 있지 아니하는 교차로
> • 도로가 구부러진 부근
> • 비탈길의 고갯마루 부근
> • 가파른 비탈길의 내리막
> • 지방경찰청장이 안전표지로 지정한 곳

26 신호등이 없는 철길건널목 통과방법 중 옳은 것은?

① 차단기가 올라가 있으면 그대로 통과해도 된다.

② 반드시 일지정지를 한 후 안전을 확인하고 통과한다.

③ 신호등이 진행신호일 경우에도 반드시 일시정지를 하여야 한다.

④ 일시정지를 하지 않아도 좌우를 살피면서 서행으로 통과하면 된다.

> **해설** 신호등이 없는 철길건널목을 통과할 때에는 반드시 일지정지를 한 후 안전을 확인하고 통과한다.

| 정답 | 20 ③   21 ③   22 ②   23 ③   24 ③   25 ③   26 ②

27 일시정지를 하지 않고도 철길건널목을 통과할 수 있는 경우는?

① 차단기가 내려져 있을 때
② 경보기가 울리지 않을 때
③ 앞차가 진행하고 있을 때
④ 신호등이 진행신호 표시일 때

> **해설** 일시정지를 하지 않고도 철길건널목을 통과할 수 있는 경우는 신호등이 진행신호 표시이거나 신호수가 진행신호를 하고 있을 때이다.

28 철길건널목 안에서 차가 고장이 나서 운행할 수 없게 된 경우 운전자의 조치사항과 가장 거리가 먼 것은?

① 철도공무 중인 직원이나 경찰공무원에게 즉시 알려 차를 이동하기 위한 필요한 조치를 한다.
② 차를 즉시 건널목 밖으로 이동시킨다.
③ 승객을 하차시켜 즉시 대피시킨다.
④ 현장을 그대로 보존하고 경찰관서로 가서 고장신고를 한다.

29 도로교통법에서 안전운행을 위해 차속을 제한하고 있는데, 악천후 시 최고속도의 100분의 50으로 감속 운행하여야 할 경우가 아닌 것은?

① 노면이 얼어붙은 때
② 폭우, 폭설, 안개 등으로 가시거리가 100m 이내인 때
③ 비가 내려 노면이 젖어 있을 때
④ 눈이 20mm 이상 쌓인 때

> **해설** **최고속도의 50%를 감속하여 운행하여야 하는 경우**
> • 노면이 얼어붙은 때
> • 폭우·폭설·안개 등으로 가시거리가 100m 이내일 때
> • 눈이 20mm 이상 쌓인 때

30 승차 또는 적재의 방법과 제한에서 운행상의 안전기준을 넘어서 승차 및 적재가 가능한 경우는?

① 도착지를 관할하는 경찰서장의 허가를 받은 때
② 출발지를 관할하는 경찰서장의 허가를 받은 때
③ 관할 시·군수의 허가를 받은 때
④ 동·읍·면장의 허가를 받는 때

> **해설** 승차인원·적재중량에 관하여 안전기준을 넘어서 운행하고자 하는 경우 출발지를 관할하는 경찰서장의 허가를 받아야 한다.

31 경찰청장이 최고속도를 따로 지정, 고시하지 않은 편도 2차로 이상 고속도로에서 건설기계 법정 최고속도는 매시 몇 km 인가?

① 100km/h   ② 110km/h
③ 80km/h   ④ 60km/h

> **해설** **고속도로에서의 건설기계 속도**
> • 모든 고속도로에서 건설기계의 최고속도는 80km/h, 최저속도는 50km/h이다.
> • 지정·고시한 노선 또는 구간의 고속도로에서 건설기계의 최고속도는 90km/h 이내, 최저속도는 50km/h이다.

32 도로교통법상 4차로 이상 고속도로에서 건설기계의 최저속도는?

① 30km/h   ② 40km/h
③ 50km/h   ④ 60km/h

| 정답 | 27 ④ 28 ④ 29 ③ 30 ② 31 ③ 32 ③

33 도로교통법에서는 교차로, 터널 안, 다리 위 등을 앞지르기 금지장소로 규정하고 있다. 그 외 앞지르기 금지 장소를 <보기>에서 모두 고르면?

───── 보기 ─────

A. 도로의 구부러진 곳
B. 비탈길의 고갯마루 부근
C. 가파른 비탈길의 내리막

① A   ② A, B
③ B, C   ④ A, B, C

해설 **앞지르기 금지장소**
- 교차로, 도로의 구부러진 곳
- 터널 내, 다리 위
- 경사로의 정상부근
- 급경사로의 내리막
- 앞지르기 금지표지 설치 장소

34 가장 안전한 앞지르기 방법은?

① 좌, 우측으로 앞지르기 하면 된다.
② 앞차의 속도와 관계 없이 앞지르기를 한다.
③ 반드시 경음기를 울려야 한다.
④ 반대 방향의 교통, 전방의 교통 및 후방에 주의를 하고 앞차의 속도에 따라 안전하게 한다.

35 도로교통법상 주차금지의 장소로 옳지 <u>않은</u> 것은?

① 터널 안 및 다리 위
② 화재경보기로부터 5미터 이내인 곳
③ 소방용 기계, 기구가 설치된 5미터 이내인 곳
④ 소방용 방화물통이 있는 5미터 이내의 곳

해설 화재경보기로부터 3m 이내의 지점

36 횡단보도로부터 몇 m 이내에 정차 및 주차를 해서는 안 되는가?

① 3m   ② 5m
③ 8m   ④ 10m

해설 횡단보도로부터 10m 이내에 정차 및 주차를 해서는 안 된다.

37 주차 및 정차금지 장소는 건널목 가장자리로부터 몇 m 이내인 곳인가?

① 5m   ② 10m
③ 20m   ④ 30m

해설 건널목 가장자리로부터 10m 이내 정차 및 주차를 해서는 안 된다.

38 도로교통법에 따라 소방용 기계기구가 설치된 곳, 소방용 방화물통, 소화전 또는 소화용 방화물통의 흡수구나 흡수관으로부터 (   ) 이내의 지점에 주차하여서는 아니 된다. 괄호 안에 들어갈 거리는?

① 10m   ② 7m
③ 5m   ④ 3m

해설 도로교통법에 따라 소방용 기계기구가 설치된 곳, 소방용 방화물통, 소화전 또는 소화용 방화물통의 흡수구나 흡수관으로부터 5m 이내의 지점에 주차하여서는 안 된다.

39 도로에서 정차를 하고자 할 때의 방법으로 옳은 것은?

① 차체의 전단부가 도로 중앙을 향하도록 비스듬히 정차한다.
② 진행방향의 반대방향으로 정차한다.
③ 차도의 우측 가장자리에 정차한다.
④ 일방통행로에서 좌측 가장자리에 정차한다.

| 정답 | 33 ④   34 ④   35 ②   36 ④   37 ②   38 ③   39 ③

40 도로교통법상 주차, 정차가 금지되어 있지 <u>않은</u> 장소는?

① 교차로 ② 건널목
③ 횡단보도 ④ 경사로의 정상부근

해설 경사로의 정상부근은 서행이나 일시정지를 해야 하는 장소이다.

41 도로교통법령에 따라 도로를 통행하는 자동차가 야간에 켜야 하는 등화의 구분 중 견인되는 차가 켜야 할 등화는?

① 전조등, 차폭등, 미등 ② 미등, 차폭등, 번호등
③ 전조등, 미등, 번호등 ④ 전조등, 미등

해설 야간에 견인되는 자동차가 켜야 할 등화는 차폭등, 미등, 번호 등이다.

42 야간에 차가 서로 마주보고 진행하는 경우의 등화조작 방법 중 옳은 것은?

① 전조등, 번호등, 실내 조명등을 조작한다.
② 전조등을 켜고 보조등을 끈다.
③ 전조등 불빛을 하향으로 한다.
④ 전조등 불빛을 상향으로 한다.

해설 야간에 차가 서로 마주보고 진행하는 경우에는 전조등을 하향하거나, 밝기를 줄이거나 끄도록 한다.

43 밤에 도로에서 차를 운행하는 경우 등화로 옳지 <u>않은</u> 것은?

① 견인되는 차: 미등, 차폭등 및 번호등
② 원동기장치 자전거: 전조등 및 미등
③ 자동차: 자동차안전기준에서 정하는 전조등, 차폭등, 미등
④ 자동차등 외의 모든 차: 지방경찰청장이 정하여 고시하는 등화

해설 자동차: 자동차안전기준에서 정하는 전조등, 차폭등, 미등, 번호등, 실내조명등(실내조명등은 승합자동차와 [여객자동차운수사업법]에 따른 여객자동차운송사업용 승용자동차만 해당한다.)

44 다음 중 도로교통법에 의거, 야간에 자동차를 도로에서 정차 또는 주차하는 경우에 반드시 켜야 하는 등화는?

① 방향지시등 ② 미등 및 차폭등
③ 전조등 ④ 실내등

해설 야간에 자동차를 도로에서 정차 또는 주차하는 경우에 반드시 미등 및 차폭등을 켜야 한다.

45 횡단보도에서의 보행자 보호의무 위반 시 받는 처분으로 옳은 것은?

① 면허취소 ② 즉심회부
③ 통고처분 ④ 형사입건

46 다음 중 도로교통법을 위반한 경우는?

① 밤에 교통이 빈번한 도로에서 전조등을 계속 하향했다.
② 낮에 어두운 터널 속을 통과할 때 전조등을 켰다.
③ 소방용 방화물통으로부터 10m 지점에 주차하였다.
④ 노면이 얼어붙은 곳에서 최고속도의 20/100을 줄인 속도로 운행하였다.

해설 노면이 얼어붙은 곳에서는 최고속도의 50/100을 줄인 속도로 운행하여야 한다.

47 도로교통법상 운전이 금지되는 술에 취한 상태의 기준으로 옳은 것은?

① 혈중 알코올 농도 0.03% 이상일 때
② 혈중 알코올 농도 0.02% 이상일 때
③ 혈중 알코올 농도 0.1% 이상일 때
④ 혈중 알코올 농도 0.2% 이상일 때

해설 도로교통법령상 술에 취한 상태의 기준은 혈중 알코올 농도가 0.03% 이상인 경우이다.

| 정답 | 40 ④ 41 ② 42 ③ 43 ③ 44 ② 45 ③ 46 ④ 47 ①

48 도로교통법에 따르면 운전자는 자동차 등의 운전 중에는 휴대용 전화를 원칙적으로 사용할 수 없다. 예외적으로 휴대용 전화사용이 가능한 경우로 옳지 **않은** 것은?

① 자동차 등이 정지하고 있는 경우
② 저속 건설기계를 운전하는 경우
③ 긴급 자동차를 운전하는 경우
④ 각종 범죄 및 재해 신고 등 긴급한 필요가 있는 경우

> **해설** 운전 중 휴대전화 사용이 가능한 경우
> • 자동차 등이 정지해 있는 경우
> • 긴급자동차를 운전하는 경우
> • 각종 범죄 및 재해신고 등 긴급을 요하는 경우
> • 안전운전에 지장을 주지 않는 장치로 대통령령이 정하는 장치를 이용하는 경우

도로명 주소

49 차량이 남쪽에서 북쪽으로 진행 중일 때, 그림에 대한 설명으로 **틀린** 것은?

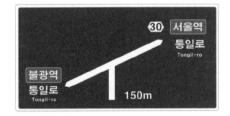

① 차량을 우회전하는 경우 서울역 쪽 '통일로'로 진입할 수 있다.
② 차량을 좌회전하는 경우 불광역 쪽 '통일로'로 진입할 수 있다.
③ 차량을 좌회전하는 경우 불광역 쪽 '통일로'로 건물번호가 커진다.
④ 차량을 좌회전하는 경우 불광역 쪽 '통일로'의 건물번호가 작아진다.

> **해설** 남쪽에서 북쪽으로 진행하고 있으면 좌측(불광역)이 서쪽이고, 우측(서울역)이 동쪽이 된다. 도로 구간의 시작점과 끝지점은 '서 → 동', '남 → 북'쪽 방향으로 건물번호 순서를 정하고 있기 때문에 불광역 쪽에서 서울역 쪽으로 가면서 건물번호가 커진다. 이에 차량을 좌회전 하는 경우 불광역 쪽 '통일로'의 건물번호가 점차적으로 작아지게 됨을 알 수 있다.

50 차량이 남쪽에서 북쪽으로 진행 중일 때, 그림에 대한 설명으로 **틀린** 것은?

① 차량을 좌회전하면 '당진중앙1로' 시작점과 만날 수 있다.
② 차량을 우회전하는 '운학길' 또는 '백암로'로 진입할 수 있다.
③ 차량을 직진하면 '서부로' 방향으로 갈 수 있다.
④ 차량을 좌회전하면 '당진1동행정복지센터' 방향으로 갈 수 있다.

> **해설** 도로 구간의 시작점과 끝 지점은 '서 → 동', '남 → 북' 쪽 방향으로 설정되어 있기 때문에 차량을 좌회전하면 '단진중앙1로' 시작점이 아닌 끝점과 만나게 된다.

51 차량이 남쪽에서 북쪽으로 진행 중일 때 그림에 대한 설명으로 옳지 **않은** 것은?

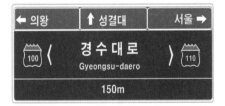

① 150m 전방에서 직진하면 '성결대' 방향으로 갈 수 있다.
② 150m 전방에서 좌회전하면 경수대로 도로 구간의 끝 지점과 만날 수 있다.
③ 150m 전방에서 우회전하면 경수대로 도로 구간의 시작점과 만날 수 있다.
④ 150m 전방에서 우회전하면 '의왕' 방향으로 갈 수 있다.

> **해설** 150m 전방에서 우회전하면 '서울' 방향으로 갈 수 있다.

| **정답** | 48 ② 49 ③ 50 ① 51 ④

52 다음 중 관공서용 건물번호판에 해당하는 것은?

①
②
③
④

> **해설** ① 문화재 건물 표지 　 ② 관공서 건물 표지
> 　　　 ③ 주택 건물 표지 　 ④ 상가 건물번호판 표지

53 다음 도로명판에 대한 설명으로 옳지 않은 것은?

① '강남대로'는 도로명이다.
② '1 → '의 위치는 도로의 마지막 지점이다.
③ 강남대로는 6.99km 이다.
④ 도로명판은 한쪽 진행 방향이다.

> **해설** '1 → '은 도로의 시작 지점을 의미한다.

54 다음 기초번호판에 대한 설명으로 틀린 것은?

병목안로
Byeongmogan-ro
469

① 건물이 없는 도로에 설치되는 기초번호판이다.
② 도로의 시작점에서 끝 지점 방향으로 기초번호를 부여한다.
③ 표지판이 설치된 곳은 '병목안로'이다.
④ 도로명과 건물번호를 지시하는 기초번호판이다.

> **해설** 기초번호판은 도로명과 기초번호를 부여한 건물이 없는 도로에 설치되는 도로명판이다.

55 다음 도로명판에 대한 설명으로 옳지 않은 것은?

92 안양로 96
Anang-ro

① 양 방향 교차로 앞이다.
② 왼쪽으로 92번 이하의 건물이 위치한다.
③ 오른쪽으로 96번 이상 건물이 위치한다.
④ 왼쪽으로 92번 이상의 건물이 위치한다.

> **해설** 왼쪽으로 92번 이하의 건물이 위치한다.

56 다음 도로명판에 대한 설명으로 틀린 것은?

안양로 250
Anang-ro 90

① '90↑'는 안양로의 시작지점을 의미한다.
② 안양로의 전체 도로구간의 길이는 약 2.5km이다.
③ 명판이 설치된 위치는 안양로 시작점에서 약 900m 지점이다.
④ 안양로의 중간지점을 의미한다.

> **해설** '90↑'는 안양로 시작점에서 900m(90×10m) 부근에 도로명판이 있다는 의미이다.

건설기계 관리법

★★★
57 건설기계관리법의 입법목적에 해당되지 않는 것은?

① 건설기계의 효율적인 관리를 하기 위함
② 건설기계 안전도 확보를 위함
③ 건설기계의 규제 및 통제를 하기 위함
④ 건설공사의 기계화를 촉진하기 위함

> **해설** 건설기계관리법의 목적은 건설기계의 등록·검사·형식승인 및 건설기계사업과 건설기계조종사면허 등에 관한 사항을 정하여 건설기계를 효율적으로 관리하고 건설기계의 안전도를 확보하여 건설공사의 기계화를 촉진함을 목적으로 한다.

|정답| 　52 ② 　53 ② 　54 ④ 　55 ④ 　56 ① 　57 ③

58 건설기계관련법상 건설기계의 정의가 가장 옳은 것은?

① 건설공사에 사용할 수 있는 기계로서 대통령령이 정하는 것을 말한다.
② 건설현장에서 운행하는 장비로서 대통령령이 정하는 것을 말한다.
③ 건설공사에 사용할 수 있는 기계로서 국토교통부령이 정하는 것을 말한다.
④ 건설현장에서 운행하는 장비로서 국토교통부령이 정하는 것을 말한다.

> **해설** 건설기계라 함은 건설공사에 사용할 수 있는 기계로서 대통령령으로 정한 것이다.

59 건설기계를 조종할 때 적용받는 법령에 대한 설명으로 가장 적절한 것은?

① 건설기계관리법 및 자동차관리법의 전체적용을 받는다.
② 건설기계관리법에 대한 적용만 받는다.
③ 도로교통법에 대한 적용만 받는다.
④ 건설기계관리법 외에 도로상을 운행할 때는 도로교통법 중 일부를 적용받는다.

> **해설** 건설기계를 조종할 때에는 건설기계관리법 외에 도로상을 운행할 때에는 도로교통법 중 일부를 적용 받는다.

60 건설기계 등록신청에 대한 설명으로 옳은 것은? (단, 전시, 사변 등 국가비상사태 하의 경우 제외)

① 시·군·구청장에게 취득한 날로부터 10일 이내 등록신청을 한다.
② 시·도지사에게 취득한 날로부터 15일 이내 등록신청을 한다.
③ 시·군·구청장에게 취득한 날로부터 1개월 이내 등록신청을 한다.
④ 시·도지사에게 취득한 날로부터 2개월 이내 등록신청을 한다.

> **해설** 건설기계 등록신청은 취득한 날로부터 2개월 이내 소유자의 주소지 또는 건설기계 사용본거지를 관할하는 시·도지사에게 한다.

61 건설기계 등록신청 시 첨부하지 않아도 되는 서류는?

① 호적등본
② 건설기계 소유자임을 증명하는 서류
③ 건설기계제작증
④ 건설기계제원표

> **해설 건설기계를 등록할 때 필요한 서류**
> • 건설기계제작증(국내에서 제작한 건설기계의 경우)
> • 수입면장 기타 수입 사실을 증명하는 서류(수입한 건설기계의 경우)
> • 매수증서(관청으로부터 매수한 건설기계의 경우)
> • 건설기계의 소유자임을 증명하는 서류
> • 건설기계제원표
> • 자동차손해배상보장법에 따른 보험 또는 공제의 가입을 증명하는 서류

62 건설기계 등록사항의 변경신고는 변경이 있는 날로부터 며칠 이내에 하여야 하는가? (단, 국가비상사태일 경우를 제외한다.)

① 20일 이내   ② 30일 이내
③ 15일 이내   ④ 10일 이내

> **해설** 건설기계의 등록사항 중 변경이 있을 시, 30일 이내에 시·도지사에게 신고해야 한다.

63 건설기계 등록사항 변경이 있을 때, 소유자는 건설기계등록사항 변경신고서를 누구에게 제출하여야 하는가?

① 관할검사소장   ② 고용노동부장관
③ 행정안전부장관   ④ 시·도지사

> **해설** 건설기계의 소유자는 건설기계등록사항에 변경이 있는 때에는 그 변경이 있은 날부터 30일 이내에 등록을 한 시·도지사에게 제출하여야 한다.

| 정답 | 58 ①   59 ④   60 ④   61 ①   62 ②   63 ④

64 건설기계 등록사항의 변경 또는 등록이전 신고 대상이 <u>아닌</u> 것은?

① 소유자 변경
② 소유자의 주소지 변경
③ 건설기계 소재지 변동
④ 건설기계의 사용본거지 변경

 등록사항의 변경 또는 등록이전신고 대상
• 소유자 변경소유자의 주소지 변경
• 건설기계의 사용본거지 변경

65 건설기계등록의 말소 사유에 해당하지 <u>않는</u> 것은?

① 건설기계의 구조변경
② 건설기계의 폐기
③ 건설기계의 멸실
④ 건설기계의 차대가 등록 시의 차대와 다른 경우

해설 건설기계의 구조 변경 시, 구조변경 검사를 받아야 하며, 이는 건설기계등록의 말소 사유에 해당하지 않는다.

66 건설기계의 등록원부는 등록을 말소한 후 얼마의 기한 동안 보존하여야 하는가?

① 10년　　　　② 5년
③ 15년　　　　④ 20년

해설 건설기계 등록원부는 등록말소 후 10년간 보존하여야 한다.

67 등록번호표제작자는 등록번호표 제작 등의 신청을 받은 날로부터 며칠 이내에 제작하여야 하는가?

① 3일　　　　② 5일
③ 7일　　　　④ 15일

68 건설기계 등록번호표 중 영업용에 해당하는 것은?

① 5001~8999　　② 6001~8999
③ 9001~9999　　④ 1001~4999

 • 자가용: 1001~4999
• 영업용: 5001~8999
• 관용: 9001~9999

69 건설기계 기종별 기호 표시로 옳지 <u>않은</u> 것은?

① 03: 로더　　　　② 06: 덤프트럭
③ 08: 모터그레이더　④ 09: 기중기

해설 • 01: 불도저
• 07: 기중기
• 09: 롤러

70 건설기계등록번호표의 색칠 기준으로 옳지 <u>않은</u> 것은?

① 자가용: 녹색 판에 흰색문자
② 영업용: 주황색 판에 흰색문자
③ 관용: 흰색 판에 검은색 문자
④ 수입용: 적색 판에 흰색문자

해설 **등록번호표의 색칠기준**
• 자가용 건설기계: 녹색 판에 흰색문자
• 영업용 건설기계: 주황색 판에 흰색 문자
• 관용 건설기계: 흰색 판에 흑색문자
• 임시운행 번호표: 흰색 페인트 판에 검은색 문자

71 특별표지판을 부착해야 하는 건설기계범위에 해당하지 <u>않는</u> 것은?

① 길이가 16m인 건설기계
② 총중량이 50t인 건설기계
③ 높이가 5m인 건설기계
④ 최소 회전반경이 13m인 건설기계

해설 길이가 16.7m를 초과하는 경우는 특별표지판을 부착해야 하는 건설기계의 범위 해당한다.

| 정답 |　64 ③　65 ①　66 ①　67 ③　68 ①　69 ④　70 ④　71 ①

72 건설기계 등록번호표에 표시하지 않는 것은?

① 기종
② 등록관청
③ 용도
④ 연식

해설 건설기계 등록번호표에는 용도, 기종, 및 등록번호, 등록관청 등이 표시되어야 한다. 연식은 건설기계 등록증에 표시된다.

73 건설기계 소유자가 관련법에 의하여 등록번호표를 반납하고자 하는 때에는 누구에게 반납해야 하는가?

① 국토교통부장관
② 구청장
③ 동장
④ 시 · 도지사

해설 반납사유 발생일로부터 10일 이내에 시 · 도지사에게 반납한다.

74 신개발 시험, 연구목적 운행을 제외한 건설기계의 임시 운행기간은 며칠 이내인가?

① 5일
② 10일
③ 15일
④ 20일

해설 임시운행기간은 15일이며, 신개발 시험 · 연구목적 운행은 3년이다.

75 임시운행 사유에 해당하지 않는 것은?

① 신개발 건설기계를 시험 운행하고자 할 때
② 수출을 하기 위해 건설기계를 선적지로 운행할 때
③ 등록신청 전에 건설기계 공사를 하기 위하여 임시로 사용하고자 할 때
④ 등록신청을 하기 위하여 건설기계를 등록지로 운행하고자 할 때

해설 **임시운행사유**
• 판매 및 전시를 위한 일시적인 운행
• 신개발 건설기계의 시험목적 운행
• 수출을 위한 등록말소 한 건설기계를 정비, 점검하기 위한 운행
• 수출목적으로 선적지 운행
• 신규 등록검사 및 확인 검사를 위해 검사장소로 운행
• 등록신청을 위해 등록지로 운행

76 건설기계관리법령상 건설기계 검사의 종류가 아닌 것은?

① 구조변경검사
② 임시검사
③ 수시검사
④ 신규등록검사

해설 건설기계 검사의 종류: 신규등록검사, 정기검사, 구조변경검사, 수시검사

77 건설기계등록을 말소한 때에는 등록번호표를 며칠 이내에 시 · 도지사에게 반납하여야 하는가?

① 10일
② 15일
③ 20일
④ 30일

해설 건설기계 등록번호표는 10일 이내에 시 · 도지사에게 반납하여야 한다.

| 정답 | 72 ④ 73 ④ 74 ③ 75 ③ 76 ② 77 ①

78 건설기계관리법령상 건설기계를 검사유효기간이 끝난 후에 계속 운행하고자 할 때 받아야 하는 검사에 해당하는 것은?

① 계속검사　　　　② 신규등록검사
③ 수시검사　　　　④ 정기검사

> 해설 정기검사: 건설공사용 건설기계로서 3년의 범위에서 국토교통부령으로 정하는 검사유효기간이 끝난 후에 계속하여 운행하려는 경우에 실시하는 검사와 대기환경보전법 및 소음·진동관리법에 따른 운행차의 정기검사

79 건설기계의 수시검사 대상이 아닌 것은?

① 소유자가 수시검사를 신청한 건설기계
② 사고가 자주 발생하는 건설기계
③ 성능이 불량한 건설기계
④ 구조를 변경한 건설기계

> 해설 수시검사는 성능이 불량하거나, 사고가 자주 발생하거나, 건설기계 소유자의 요청으로 실시하는 검사이다.

80 성능이 불량하거나 사고가 자주 발생하는 건설기계의 안전성 등을 점검하기 위하여 실시하는 검사와 건설기계 소유자의 신청을 받아 실시하는 검사는?

① 예비검사　　　　② 구조변경검사
③ 수시검사　　　　④ 정기검사

> 해설 수시검사: 성능이 불량하거나 사고가 자주 발생하는 건설기계의 안전성 등을 점검하기 위하여 수시로 실시하는 검사와 건설기계 소유자의 신청을 받아 실시하는 검사

81 건설기계의 출장검사가 허용되는 경우가 아닌 것은?

① 도서지역에 있는 건설기계
② 너비가 2.0m를 초과하는 건설기계
③ 자체중량이 40t을 초과하거나 축중이 10t을 초과하는 건설기계
④ 최고속도가 시간당 35km 미만인 건설기계

> 해설 **출장검사를 받을 수 있는 경우**
> • 도서지역에 있는 경우
> • 자체중량이 40ton 이상 또는 축중이 10ton 이상인 경우
> • 너비가 2.5m 이상인 경우
> • 최고속도가 시간당 35km 미만인 경우

82 건설기계 정기검사를 연기하는 경우 그 연장기간은 몇 월 이내로 하여야 하는가?

① 1월　　　　② 2월
③ 3월　　　　④ 6월

> 해설 정기검사를 연기하는 경우 그 연장기간은 6월 이내로 한다.

83 정기검사에 불합격한 건설기계의 정비명령 기간으로 옳은 것은?

① 3개월 이내　　　　② 4개월 이내
③ 5개월 이내　　　　④ 6개월 이내

> 해설 정비명령 기간은 6개월 이내이다.

84 건설기계관리법상의 건설기계사업에 해당하지 않는 것은?

① 건설기계매매업　　　　② 건설기계폐기업
③ 건설기계정비업　　　　④ 건설기계제작업

> 해설 건설기계 사업의 종류에는 매매업, 대여업, 폐기업, 정비업이 있다.

| 정답 |　78 ④　79 ④　80 ③　81 ②　82 ④　83 ④　84 ④

85 건설기계 사업을 하고자 하는 자는 누구에게 신고하여야 하는가?

① 건설기계 폐기업자
② 전문건설기계정비업자
③ 시장·군수 또는 구청장
④ 건설교통부 장관

해설 건설기계 관리범의 대부분의 권리자는 시장·군수·구청장등에게 있다.

86 건설기계 매매업의 등록을 하고자 하는 자의 구비서류로 맞는 것은?

① 건설기계 매매업 등록필증
② 건설기계보험증서
③ 건설기계등록증
④ 5천만 원 이상의 하자보증금예치증서 또는 보증보험증서

해설 **매매업의 등록을 하고자 하는 자의 구비서류**
• 사무실의 소유권 또는 사용권이 있음을 증명하는 서류
• 주기장소재지를 관할하는 시장·군수·구청장이 발급한 주기장시설보유 확인서
• 5천만 원 이상의 하자보증금예치증서 또는 보증보험증서

87 건설기계관리법령상 <보기>의 설명에 해당하는 건설기계사업은?

─────── 보기 ───────

건설기계를 분해·조립 또는 수리하고 그 부분품을 가공, 제작, 교체하는 등 건설기계를 원활하게 사용하기 위한 모든 행위를 업으로 하는 것

① 건설기계정비업   ② 건설기계제작업
③ 건설기계매매업   ④ 건설기계폐기업

88 건설기계 정비업의 사업범위에서 유압장치를 정비할 수 없는 정비업은?

① 종합 건설기계 정비업
② 부분건설기계 정비업
③ 유압정비업
④ 원동기 정비업

해설 원동기정비업체는 기관의 해체, 정비, 수리 등을 할 수 있다.

89 건설기계관리법상 건설기계의 구조를 변경할 수 있는 범위에 해당되는 것은?

① 육상작업용 건설기계의 규격을 증가시키기 위한 구조변경
② 육상작업용 건설기계의 적재함 용량을 증가시키기 위한 구조변경
③ 원동기의 형식변경
④ 건설기계의 기종변경

해설 **건설기계의 구조변경을 할 수 없는 경우**
• 건설기계의 기종변경
• 육상작업용 건설기계의 규격을 증가시키기 위한 구조변경
• 육상작업용 건설기계의 적재함 용량을 증가시키기 위한 구조변경

90 건설기계 구조 변경 검사신청은 변경한 날로부터 며칠 이내에 하여야 하는가?

① 30일   ② 20일
③ 10일   ④ 7일

| 정답 | 85 ③ 86 ④ 87 ① 88 ④ 89 ③ 90 ②

91 건설기계조종사의 면허 적성검사 기준으로 옳지 않은 것은?

① 두 눈의 시력이 각각 0.3 이상
② 두 눈을 동시에 뜨고 측정한 시력이 0.7 이상
③ 시각은 150도 이상
④ 청력은 10데시벨의 소리를 들을 수 있을 것

해설 **건설기계조종사의 면허 적성검사기준**
• 두 눈을 동시에 뜨고 잰 시력이 0.7 이상이고 두 눈의 시력이 각각 0.3 이상일 것(교정시력을 포함)
• 55데시벨(보청기를 사용하는 사람은 40데시벨)의 소리를 들을 수 있을 것
• 언어분별력이 80퍼센트 이상일 것
• 시각은 150도 이상일 것

92 건설기계관리법상 소형건설기계에 포함되지 않는 것은?

① 3톤 미만의 굴착기
② 5톤 미만의 불도저
③ 5톤 이상의 기중기
④ 공기압축기

해설 소형건설기계의 종류: 3톤 미만의 굴착기, 3톤 미만의 로더, 3톤 미만의 지게차, 5톤 미만의 로더, 5톤 미만의 불도저, 콘크리트펌프(이동식으로 한정.) 5톤 미만의 천공기(트럭적재식은 제외), 공기압축기, 쇄석기 및 준설선, 3톤 미만의 타워크레인

93 도로교통법에 의한 제1종 대형자동차 면허로 조종할 수 없는 건설기계는?

① 콘크리트 펌프
② 노상안정기
③ 아스팔트 살포기
④ 타이어식 기중기

해설 제1종 대형 운전면허로 조종할 수 있는 건설기계: 덤프트럭, 아스팔트 살포기, 노상 안정기, 콘크리트 믹서트럭, 콘크리트 펌프, 트럭적재식 천공기

94 건설기계관리법상 건설기계조종사는 성명·주민등록번호 및 국적의 변경이 있는 경우, 그 사실이 발생한 날부터 며칠 이내에 기재사항변경신고서를 제출하여야 하는가?

① 15일
② 20일
③ 25일
④ 30일

해설 건설기계조종사는 성명, 주민등록번호 및 국적의 변경이 있는 경우에는 그 사실이 발생한 날부터 30일 이내 주소지를 관할하는 시·도지사에게 제출하여야 한다.

95 건설기계조종사 면허증의 반납사유에 해당하지 않는 것은?

① 면허가 취소된 때
② 면허의 효력이 정지된 때
③ 건설기계조종을 하지 않을 때
④ 면허증의 재교부를 받은 후 잃어버린 면허증을 발견한 때

해설 **면허증의 반납사유**
• 면허가 취소된 때
• 면허의 효력이 정지된 때
• 면허증의 재교부를 받은 후 잃어버린 면허증을 발견한 때

96 건설기계조종사 면허가 취소되었을 경우 그 사유가 발생한 날부터 며칠 이내에 면허증을 반납하여야 하는가?

① 7일 이내
② 10일 이내
③ 14일 이내
④ 30일 이내

해설 건설기계조종사면허가 취소되었을 경우 그 사유가 발생한 날로부터 10일 이내에 면허증을 반납해야 한다.

| 정답 | 91 ④   92 ③   93 ④   94 ④   95 ③   96 ②

97 건설기계소유자가 정비 업소에 건설기계 정비를 의뢰한 후 정비업자로부터 정비 완료 통보를 받고 며칠 이내에 찾아가지 않을 때 보관, 관리 비용을 지불하는가?

① 5일 ② 10일
③ 15일 ④ 20일

> 해설 건설기계소유자가 정비 업소에 건설기계 정비를 의뢰한 후 정비업자로부터 정비완료 통보를 받고 5일 이내에 찾아가지 않을 때 보관·관리 비용을 지불하여야 한다.

98 건설기계 폐기 인수증명서는 누가 교부하는가?

① 시·도지사 ② 국토교통부장관
③ 시장·군수 ④ 건설기계 폐기업자

> 해설 건설기계 폐기 인수증명서는 건설기계 폐기업자가 교부한다.

99 건설기계관리법령상 건설기계조종사면허의 취소처분 기준에 해당하지 <u>않는</u> 것은?

① 건설기계조종사면허증을 다른 사람에게 빌려 준 경우
② 술에 취한 상태(혈중 알코올농도 0.03% 이상 0.08% 미만)에서 건설기계를 조종하다가 사고로 사람을 죽게 하거나 다치게 한 경우
③ 과실로 2명을 사망하게 한 경우
④ 술에 만취한 상태(혈중 알코올농도 0.08% 이상)에서 건설기계를 조종한 경우

100 건설기계관리법상 건설기계 운전자의 과실로 경상 6명의 인명피해를 입혔을 때 처분기준은?

① 면허효력정지 10일 ② 면허효력정지 20일
③ 면허효력정지 30일 ④ 면허효력정지 60일

> 해설 경상 1명마다 면허효력정지 5일이므로 6명×5=30일

101 건설기계의 조종 중에 과실로 사망 1명의 인명피해를 입힌 때 조종사면허 처분기준은?

① 면허취소 ② 면허효력정지 60일
③ 면허효력정지 45일 ④ 면허효력정지 30일

> 해설 **인명 피해에 따른 면허정지 기간**
> • 사망 1명마다: 면허효력정지 45일
> • 중상 1명마다: 면허효력정지 15일
> • 경상 1명마다: 면허효력정지 5일

102 건설기계의 조종 중에 고의 또는 과실로 가스공급시설을 손괴할 경우 조종사면허의 처분기준은?

① 면허효력정지 10일 ② 면허효력정지 15일
③ 면허효력정지 25일 ④ 면허효력정지 180일

> 해설 건설기계를 조종 중에 고의 또는 과실로 가스공급시설을 손괴한 경우 면허효력정지 180일이다.

103 건설기계 운전자가 조종 중 고의로 인명피해를 입히는 사고를 일으켰을 때 면허의 처분기준은?

① 면허취소 ② 면허효력정지 30일
③ 면허효력정지 20일 ④ 면허효력정지 10일

> 해설 건설기계를 조종 중 고의로 인명피해를 입힐 경우에는 피해의 정도와 관계없이 면허가 취소된다.

104 건설기계조종사면허를 받지 아니하고 건설기계를 조종한 자에 대한 벌칙 기준은?

① 2년 이하의 징역 또는 1천만 원 이하의 벌금
② 1년 이하의 징역 또는 1천만 원 이하의 벌금
③ 200만 원 이하의 벌금
④ 100만 원 이하의 벌금

> 해설 건설기계조종사면허를 받지 아니하고 건설기계를 조종한 자는 1년 이하의 징역 또는 1,000만 원 이하의 벌금에 처한다.

| 정답 | 97 ① 98 ④ 99 ③ 100 ③ 101 ③ 102 ④ 103 ① 104 ②

105 건설기계 조종사 면허의 취소·정지 처분 기준 중 '경상'의 인명 피해를 구분하는 판단 기준으로 가장 옳은 것은?

① 경상: 1주 미만의 치료를 요하는 진단이 있을 때
② 경상: 2주 이하의 치료를 요하는 진단이 있을 때
③ 경상: 3주 미만의 치료를 요하는 진단이 있을 때
④ 경상: 4주 이하의 치료를 요하는 진단이 있을 때

해설 경상은 3주 미만의 치료를 요하는 진단이 있을 때이다.

106 건설기계관리법령상 건설기계의 소유자가 건설기계를 도로나 타인의 토지에 계속 버려두어 방치한 자에 대해 적용하는 벌칙은?

① 1000만 원 이하의 벌금
② 2000만 원 이하의 벌금
③ 1년 이하의 징역 또는 1천만 원 이하의 벌금
④ 2년 이하의 징역 또는 2천만 원 이하의 벌금

해설 건설기계의 소유자가 건설기계를 도로나 타인의 토지에 계속 버려두어 방치한 경우 1년 이하의 징역 또는 1천만 원 이하의 벌금에 처한다.

107 건설기계를 주택가 주변에 세워 두어 교통 소통을 방해하거나 소음 등으로 주민의 생활환경을 침해한 자에 대한 벌칙은?

① 200만 원 이하의 벌금
② 100만 원 이하의 벌금
③ 100만 원 이하의 과태료
④ 50만 원 이하의 과태료

해설 건설기계를 주택가 주변에 세워 두어 교통소통을 방해하거나 소음 등으로 주민의 생활환경을 침해한 자에 대한 벌칙은 50만 원 이하의 과태료를 부과한다.

108 건설기계의 정비명령을 이행하지 아니한 자에 대한 벌칙은?

① 50만 원 이하의 벌금
② 100만 원 이하의 벌금
③ 150만 원 이하의 벌금
④ 30만 원 이하의 과태료

해설 정비명령을 이행하지 아니한 자의 벌칙은 100만 원 이하의 벌금에 처한다.

응급대처

109 제동장치가 고장 났을 때 응급처치로 옳지 않은 것은?

① 브레이크 오일에 공기가 혼입될 경우, 브레이크 오일을 더 주유한다.
② 브레이크 라인이 마멸된 경우에는 수리하거나 교환한다.
③ 페이드 현상이 발생했을 때에는 엔진 브레이크를 병용한다.
④ 실린더가 불량일 경우에는 정비공장에 의뢰한다.

해설 브레이크 오일에 공기가 혼입될 경우에는 다양한 불량 현상이 발생할 수 있으므로 공기 빼기를 실시한다.

110 주행 장치가 고장 났을 때 응급처치로 옳지 않은 것은?

① 타이어 펑크 시 안전 주차를 해야 한다.
② 후면 안전거리에 고장표시판을 설치한다.
③ 주행 장치가 고장 났을 경우에는 견인 조치할 수도 있다.
④ 정비사가 도착 후 고장표시판을 설치한다.

해설 주행 장치 고장 시에는 안전 주차 후, 후면 안전거리에 고장표시판을 설치해야 한다.

| 정답 | 105 ③ 106 ③ 107 ④ 108 ② 109 ① 110 ④

엔진구조

단원별 기출 분석

✓ 학습 분량과 난이도에 비해 출제 비율은 높지 않은 단원입니다.

✓ 기출문제 위주로 개념을 정리하시고 시간을 효율적으로 안배하며 문제를 푸는 것이 중요한 단원입니다.

SECTION 01

핵심테마

엔진 주요부

01 기관

열에너지를 기계적 에너지로 바꾸는 장치를 기관(Engine)이라 한다.

1 기관의 분류

① 내연기관: 기관의 내부에서 연소물질을 연소시켜 직접 동력을 얻는 기관(가솔린, 디젤, 제트기관 등)
② 외연기관: 기관의 외부에서 연소물질을 연소시켜 발생한 증기의 힘으로 간접 동력을 얻는 기관(증기기관 등)

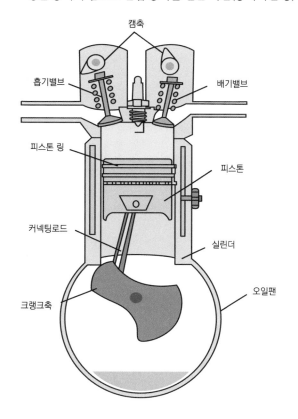

캠축
흡기밸브
배기밸브
피스톤 링
피스톤
커넥팅로드
실린더
크랭크축
오일팬

2 용어 정리

① 블로우 다운: 배기행정 초기에 배기가스의 잔압을 이용하여 배기가스가 배출되는 현상
② 블로우 바이 가스: 피스톤과 실린더 사이로 미연소가스가 새는 현상

③ 상사점(TDC: Top Dead Center): 피스톤의 위치가 맨 윗부분에 위치한 상태
④ 하사점(BDC: Bottom Dead Center): 피스톤의 위치가 맨 아랫부분에 위치한 상태
⑤ 행정(Stroke): 상사점과 하사점의 거리
⑥ 밸브 오버 랩(Valve Over Lap): 흡배기밸브가 동시에 열려 있는 구간이며, 흡배기 효율을 높여 엔진의 출력을 증가시키는 장치

02 기계학적 사이클에 따른 분류

1 4행정 사이클

'흡입 → 압축 → 폭발 → 배기' 순서로 크랭크축 2회전에 1사이클을 완성하는 기관이다.

흡입행정	흡기 밸브가 열리고 배기 밸브는 닫힌 상태이며, 피스톤이 상사점에서 하사점으로 하강 시 디젤기관은 공기만을 흡입하는 행정
압축행정	흡배기 밸브가 모두 닫힌 상태이며, 피스톤이 하사점에서 상사점으로 상승 시 공기를 압축하여 가열하는 행정
폭발행정 (동력행정)	흡배기 밸브가 모두 닫힌 상태이며, 디젤 기관은 연료를 분사하여 압축 착화 연소로 동력을 발생시키는 행정
배기행정	흡기 밸브는 닫혀 있고 배기 밸브가 열린 상태이며, 피스톤이 하사점에서 상사점으로 상승하면서 배기가스를 밀어내는 행정

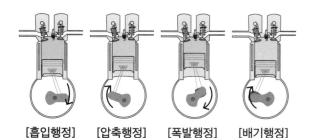

[흡입행정] [압축행정] [폭발행정] [배기행정]

2 2행정 사이클

'흡입 → 압축 → 폭발 → 배기' 순서로 크랭크축 1회전에 1사
이클을 완성하는 기관이다.

① 피스톤 상승행정: 혼합기의 압축으로 새로운 공기를
유입하는 행정
② 피스톤 하강행정: 폭발 및 소기, 연소실로 새로운 공
기를 흡입하는 행정

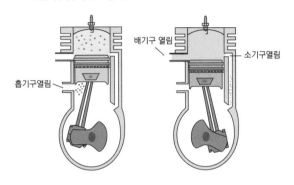

배기구 열림
소기구열림
흡기구열림

소기

» 잔류 배기가스를 내보내고 새로운 공기를 실린더에 공급
하는 과정
» 단류식 및 횡단식, 루프식 등이 있음

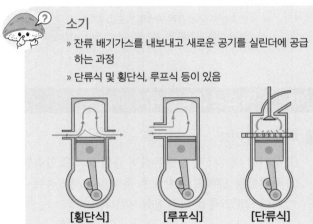

[횡단식]　　[루프식]　　[단류식]

1 실린더 헤드 특징

① 주철과 알루미늄 합금으로 제작되며, 기관에서 가장
위쪽에 위치
② 흡입 밸브와 배기 밸브가 장착되어 있고, 이 두 밸브
를 구동하기 위해 캠축, 캠, 로커암 등이 설치되어 있음

2 실린더 헤드 탈부착 시 주의사항

① 실린더 헤드 볼트를 풀 때: 바깥쪽에서 안쪽으로 대
각선 방향으로 풀기
② 실린더 헤드 볼트를 조일 때: 안쪽에서 바깥쪽으로
대각선 방향으로 조이기
③ 마지막 조임 시에는 볼트의 규정토크로 조이기 위해
토크렌치를 사용하여 조이기

3 실린더 헤드의 변형 원인 및 점검 방법

① 변형 원인: 엔진과열, 냉각수동결, 실린더 헤드 볼트
의 조임 불량 및 개스킷 불량 등
② 변형 점검 방법: 직각자와 간극 게이지를 사용하여
평면 검사 실시

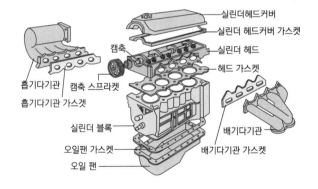

실린더헤드커버
실린더 헤드커버 가스켓
캠축
실린더 헤드
헤드 가스켓
흡기다기관　캠축 스프라켓
흡기다기관 가스켓
실린더 블록
오일팬 가스켓
배기다기관
오일 팬
배기다기관 가스켓

4 실린더 헤드 개스킷(Cylinder Head Gasket)

실린더 헤드와 실린더 블록 사이에서 압축가스와 냉각수, 오
일 등이 새지 않도록 밀봉하는 장치이다.

04 실린더 블록(Cylinder Block)

1 정의

① 실린더 블록은 기관의 기초 구조이다.
② 위쪽은 실린더 헤드, 가운데는 실린더와 냉각수 및 오일 통로와 부속품이 부착되어 있으며, 아래쪽은 오일 팬이 설치되어 있다.

2 실린더의 종류

① 일체식: 실린더 블록과 일체로 만든 형식
② 삽입식: 실린더 라이너를 삽입하는 형식이며, 건식과 습식이 있다.
　• 건식: 냉각수와 직접 접촉하지 않는 형식
　• 습식: 냉각수와 직접 접촉하는 형식으로, 상·하에 냉각수 누출 방지를 위해 고무 실링이 부착되어 있다.

　실린더 라이너
　실린더라이너는 엔진의 재생성을 높이는 아주 중요한 부분이며 실린더와는 별개로 사용할 수 있는 구조이며 재질은 강재 또는 보통주철이나 특수 주철이 사용된다.

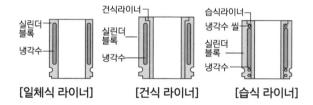

[일체식 라이너]　　[건식 라이너]　　[습식 라이너]

3 실린더 행정 내경 비

① 단행정 기관(오버 스퀘어 기관): 실린더 내경이 행정 길이보다 긴 기관으로, 피스톤 평균 속도를 올리지 않더라도 기관 회전 속도를 높일 수 있지만 피스톤이 쉽게 과열됨
② 정방형 기관(스퀘어 기관): 실린더 내경과 행정 길이가 같은 기관
③ 장행정 기관(언더 스퀘어 엔진): 실린더 내경보다 행정 길이가 긴 기관으로, 회전력이 크며 측압을 감소시킬 수 있음

4 실린더 마모의 원인

① 흡입 공기에 이물질이나 먼지의 혼입
② 연소 생성물(카본)에 의한 마모
③ 실린더 벽과 피스톤 링과의 마찰

5 실린더 마모 시 발생하는 현상

① 출력 저하
② 윤활유 오염 및 소비 증가
③ 압축 효율 저하

연소실
연소실은 실린더 헤드에 설치되어 있으며, 혼합 가스를 압축 후 연소가 시작되는 공간을 의미

연소실 구비조건
» 엔진 출력과 효율을 높이는 구조
» 노킹이 없고, 평균유효압력이 높을 것
» 배기가스가 적으며, 표면적이 작을 것
» 압축행정 끝에 강한 와류를 일으킬 것
» 화염 점화 거리를 최대한 짧게 하여 연소 시간 단축

05 피스톤(Piston)

1 피스톤의 기능

① 실린더 내에서 왕복 운동하며 흡입 공기를 압축한다.
② 폭발행정 압력으로 발생한 동력을 크랭크축에 전달하여 크랭크축을 회전 운동시킨다.

2 피스톤의 구비 조건

① 고온 고압에 잘 견딜 것
② 열전도가 좋을 것
③ 열팽창률이 적을 것
④ 무게가 가벼울 것
⑤ 가스와 오일 누출이 없을 것

3 피스톤 재질

주철이나 알루미늄 합금 등으로 제작되며, 주로 열전도성이 좋은 알루미늄 합금이 사용된다.

4 피스톤 간극

간극을 두는 이유: 피스톤의 윤활과 열팽창 고려

간극이 클 때 발생하는 현상	간극이 작을 때 발생하는 현상
• 피스톤 슬랩 현상 • 블로바이 현상 • 압축압력 및 기관 출력 저하 • 오일 소비 증가	• 마찰열 증가 • 소결(눌러 붙음) • 마모 증대

» 피스톤 슬랩(Piston Slap): 피스톤의 간극으로 인하여 상하 운동 시 피스톤이 실린더 벽에 충격을 주는 현상
» 블로바이 현상: 피스톤과 실린더 사이 간극이 클 때 미연소가스가 크랭크 케이스에 누출되는 현상

06 피스톤 링(Piston Ring)

① 피스톤 링 홈에 끼워져 피스톤과 함께 왕복 운동하며, 실린더 벽에 링의 탄성으로 면압을 주며 접촉
② 피스톤 링은 압축 링과 오일 링 사용을 사용한다.

[피스톤 링 구조]

1 피스톤 링의 재질

특수 주철이나 크롬(Cr) 도금 링을 사용한다.

2 피스톤 링의 작용

밀봉 작용	실린더 벽과 윤활유를 사이에 두고 압축압력이 새지 않도록 방지
오일제어 작용	피스톤 상승 시 링으로 실린더 벽에 윤활하고, 하강 시 오일을 긁어내림
열전도(냉각) 작용	피스톤 헤드부의 열을 실린더 벽으로 전달하여 냉각시킴

커넥팅 로드
» 피스톤에서 받은 압력을 크랭크축에 전달한다.
» 충분한 강성과 내마멸성을 가지고 있어야 하며, 가벼워야 한다.
» 탄소강이나 니켈강 등의 특수강으로 제작한다.

07 크랭크축

피스톤의 왕복운동을 회전운동으로 변환시켜 주는 축을 말한다.

1 크랭크축의 구성

크랭크 암(Crank Arm), 크랭크 핀(Crank Pin), 저널(Journal), 평형추(밸런스 웨이트) 등이 있다.
① 크랭크 암: 메인저널과 핀저널을 연결하는 막대
② 평형추: 고속 회전하는 크랭크축이 동적 평형을 이루기 위한 장치

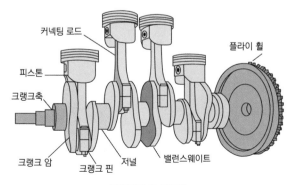

[크랭크 축 구조]

CHAPTER 05

2 점화 순서와 행정 관계

① 점화 시 고려사항
- 등간격으로 폭발이 일어나야 함
- 이웃하는 실린더에 연이은 폭발이 일어나지 않도록 함
- 크랭크 축이 비틀리거나 진동하지 않도록 함

② 점화 순서

- 4기통: 1-3-4-2(우수식), 1-2-4-3(좌수식)
- 6기통: 1-5-3-6-2-4(우수식), 1-4-2-6-3-5(좌수식)

3 크랭크 축의 베어링

피스톤에 의해 직선운동 하는 커넥터 로드와 회전운동 하는 크랭크 축 사이의 마찰을 줄이기 위해 사용된다.

① 오일 간극: 저널의 직경과 베어링 안지름 사이의 공간을 의미하며, 오일 간극이 작으면 소결 현상이 발생하고 오일 간극이 크면 진동과 소음 오일 압력 저하 현상이 발생한다.

② 베어링의 필요조건: 하중 부담 및 내피로성, 내마멸성, 내식성 등이 좋아야 한다.

4 플라이 휠(Fly wheel)

① 피스톤의 동력을 저장하여 엔진이 회전을 유지하도록 하는 회전 관성기능 역할을 한다.

② 클러치 압력판과 디스크, 커버 등이 부착되는 마찰면이 있으며, 기동전동기 구동을 위한 링기어로 구성되어 있다.

08 캠축 및 밸브

1 캠축

캠은 밸브 리프터를 밀어주며, 실린더의 흡·배기 밸브를 작동시킨다. 보통 캠축과 밸브 리프터는 하나의 장치를 이룬다.

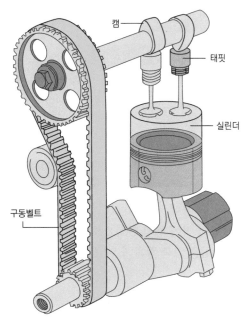

캠
태핏
실린더
구동벨트

[캠축의 구조]

2 밸브 간극

① 밸브 간극은 밸브스템엔드와 로커암 사이의 간극을 뜻함

② 정상온도 운전 시, 열팽창을 고려하여 흡·배기 밸브에 간극을 둔 것

밸브 간극에 따른 영향	
밸브 간극이 클 때	• 흡·배기 밸브가 완전히 열리지 못하여 엔진 출력이 감소 • 배기가스 배출이 증가 • 밸브에 충격과 소음이 발생
밸브간극이 작을 때	• 흡·배기 밸브가 확실히 닫히지 못하여 엔진 출력이 감소 • 역화나 후화 등의 이상연소 발생

3 기계식 리프터와 유압식 밸브 리프터(Valve lifter)

기계식 리프트 방식은 밸브의 간극을 조정해야 하지만, 유압식리프트 방식은 밸브간극을 조정할 필요가 없으므로 유압식은 밸브간극이 0이 된다.

09 디젤기관(연료장치)

1 디젤기관의 특징

① 디젤기관은 연료 압축착화 방식의 기관으로, 공기를 실린더로 흡입하여 압축한 다음 압축열에 연료를 분사시켜 자연 착화시킴
② 점화플러그, 배전기 등의 점화 장치가 없음
③ 연료로 경유를 사용하며, 압축비가 가솔린 기관보다 높아 출력 효율이 좋음

2 디젤기관의 장점 및 단점

디젤기관의 장점	디젤기관의 단점
• 연료소비율이 적음 • 인화점이 높아 화재 위험이 적음 • 전기점화장치가 없어 고장이 적음 • 유해 배기가스 배출량이 적음	• 압축압력, 폭발압력이 커서 무거움 • 소음 및 진동이 큼 • 제작비가 비쌈 • 압축착화방식을 이용하기 때문에 겨울철에는 시동보조 장치인 예열플러그가 필요함

10 디젤기관의 연료 성질

1 디젤 연료의 구비 조건

① 착화성이 좋고, 인화점이 높아야 함
② 연소 후 카본 생성이 적어야 함
③ 연료의 발화점 및 착화점이 적당하여야 함
④ 세탄가가 적당하고 불순물이 적어야 함

2 연료의 물리적 성질

① 인화점: 연료에 불을 가까이하였을 때 연료가 연소되는 최저 온도
② 발화점: 불꽃이 없는 상태에서 주변의 온도에 의해 연소가 시작되는 최저 온도

③ 발열량: 연료를 연소시켰을 때 발생하는 열량을 발열량이라고 하고, 발열량은 고위 발열량과 저위 발열량이 있으며 일반적으로 저위 발열량으로 표기

3 디젤기관의 연소 과정

① 디젤기관은 순수 공기만을 흡연소실과 실린더로 흡입하고, 고압으로 압축하여 발생한 450℃~600℃ 고열에 연료를 안개처럼(무화) 분사하여 뜨거운 공기 표면에 착화시키는 자기착화방식으로 동력을 얻는 기관
② 공기를 압축할 때는 완전 연소를 위해 공기의 와류 작용이 일어나야 효율적이다.

11 디젤기관의 연소실

연료가 공기의 산소와 만나 착화하여 팽창압력이 발생하는 곳으로, 단실식과 복실식이 있다.

1 단실식(직접 분사식)

실린더 헤드와 피스톤 헤드로 만들어진 단일 연소실 내에 연료를 직접 분사하는 방식

① 간단한 구조
② 연료 소비율이 적으며, 열효율이 높은 편
③ 연소실의 체적이 작아 냉각으로 생기는 열 손실이 적음

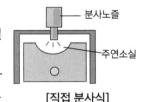
분사노즐
주연소실
[직접 분사식]

2 복실식

예연소실식, 와류실식, 공기실식 등이 있다.

(1) 예연소실식
① 피스톤과 실린더 헤드 사이에 주연소실과 예연소실을 갖추고 있다.
② 분사 개시 압력이 낮고, 시동 보조장치인 예열 플러그가 필요하다.
③ 연료 소비율이 많은 편이고, 연소실 표면이 커서 냉각 손실이 많다.

(2) 와류실식

① 압축행정 시 강한 와류가 발생하기 때문에 평균 유효 압력이 높다.
② 분사 개시 압력이 낮고, 연료 소비율이 적다.
③ 엔진의 회전속도 범위가 넓어서 고속운전이 가능하다.
④ 구조가 복잡하며 연소실 표면이 커서 열효율이 낮다.

(3) 공기실식

① 주연소실에 연료가 분사
② 연료 소비율이 크다.

[예연소실식]   [와류실식]   [공기실식]

12 디젤 노킹

분사된 연료가 불완전 연소 후 폭발하여 심한 진동과 소음이 발생하는 현상이다.

1 노킹 발생의 원인

① 압축비가 너무 낮은 경우
② 착화 지연 기간이 길거나 착화 온도가 너무 높을 경우
③ 실린더 벽 온도나 흡입공기 온도가 낮은 경우
④ 엔진 회전속도가 너무 느린 경우
⑤ 연료의 분사량이 많거나 분사 시기가 너무 늦은 경우

디젤 연료가 원인인 경우
세탄가가 낮은 연료를 사용한 경우

2 노킹이 디젤기관에 미치는 영향

① 노킹 음과 진동이 발생하고, 배기가스가 황색이나 흑색이 된다.
② 배기가스의 온도가 떨어진다.
③ 엔진의 출력이 저하되고, 엔진 과열로 피스톤과 실린더가 손상된다.
④ 밸브 및 베어링의 고착 현상으로 엔진 부품들이 손상된다.

13 디젤기관의 연료 공급 및 구성 요소

1 연료 공급 순서

연료탱크 → 공급펌프 → 연료필터(연료 여과기) → 분사펌프 → 분사노즐

2 디젤기관의 구성 요소

① 공급펌프(Fuel Feed Pump): 분사펌프의 캠에 의해 구동되는 플런저 펌프이며, 연료탱크의 연료를 흡입하여 분사펌프까지 공급한다.
② 연료 여과기(Fuel Filter): 연료 내의 먼지나 수분을 제거한다.
③ 분사펌프(Fuel Injection Pump): 공급된 연료를 가압하여 분사노즐에 공급하며, 분사펌프 내에 캠축에 의해 구동된다.

조속기 (Governor)	연료 분사량을 조절하며, 기관의 회전속도를 제어
타이머(Timer)	기관의 회전 속도에 따라 분사시기를 제어
딜리버리 밸브 (Delivery Valve)	연료를 한쪽으로 흐르게 하는 밸브이며, 역류와 후적 방지 및 잔압 유지 기능을 함

④ 분사노즐(Nozzle): 분사펌프에서 고압의 연료를 받아 실린더 내에 고압으로 분사하는 장치이다.

노즐의 분사조건	무화, 관통, 분포가 양호하여야 하며 후적 발생이 없어야 한다.
개방형 노즐	구조가 간단하지만 연료의 무화가 나쁘고 후적이 많다.
밀폐형 노즐	연료의 무화가 좋고 후적도 없어서 디젤기관에서 많이 사용되지만, 구조가 복잡하고 가공이 어렵다.

14 CRDI 디젤기관

기관에 따라서 연료분사 압력과 분사 시기, 분사 순서를 제
어를 위한 각종 센서와 액추에이터 등을 갖춘 전자화 형식의
디젤기관이다.

◱ CRDI 디젤 기관의 구성

① 저압 펌프: 흡입된 연료의 양과 압력이 조절되어 압송
② 커먼레일(Common Rail): 고압펌프로부터 공급받은
고압 연료를 저장하고 인젝터에 분배
③ 연료압력 센서(Fuel Pressure Sensor): 커먼레일에
장착되어 있으며 연료압력을 감지하여 연료 분사량
과 분사 시기를 제어
④ 연료온도 센서: 연료의 온도에 따라 연료량을 증감시
키는 보정 신호로 사용
⑤ 압력제어 밸브: 커먼레일에 공급되는 유량으로 압력
을 제어하며, 고압펌프에 장착
⑥ 인젝터(Injector): 고압의 연료를 연소실에 분사

핵심테마

윤활장치

01 윤활장치의 개요

엔진 내에서 마찰 및 마모 방지와 윤활유를 공급하기 위해 필요한 장치이다.

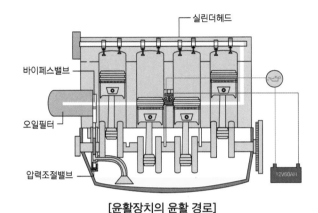

[윤활장치의 윤활 경로]

02 윤활방식의 종류와 윤활장치 구성

1 윤활방식의 종류

① 비산식: 커넥팅로드 또는 크랭크 축의 주걱으로 오일 팬의 오일을 비산시켜 윤활하는 방식이다.

② 압송식: 오일펌프로 오일팬의 오일을 흡입하고 압축 하여 윤활하는 방식이다.

③ 비산 압송식: 비산식과 압송식을 혼용한 윤활 방식이다.

2 윤활장치의 구성과 기능

① 오일팬(Oil Pan): 엔진오일의 저장용기이며, 오일의 방열 작용을 수행함

② 섬프(Sump): 차량이 기울어져도 오일이 고여 있도록 만든 깊은 홈

③ 배플(Baffle): 차량의 급정거하거나 언덕길 주행 시 항상 충분한 오일이 고여 있도록 설치한 칸막이

④ 오일 스트레이너(Oil Strainer): 오일펌프로 오일을 유도하고 불순물을 1차로 걸러주는 장치

⑤ 오일 펌프(Oil Pump): 오일 통로에 오일을 공급하는 장치

⑥ 오일압력조절기(Oil Pressure Regulator): 오일의 압 력이 항상 특정 압력을 유지하도록 하는 장치

⑦ 오일 압력 스위치: 엔진 정지 시 압력 스위치는 On으 로 표시되고, 시동 시 오일 압력이 형성되어 압력 스 위치는 Off로 표시

⑧ 오일필터(Oil Filter): 2차적으로 오일 속의 불순물을 걸러주는 장치이며, 전류식과 분류식, 샨트식이 있다.

전류식	오일펌프에서 나온 오일 전부를 여과기로 여과한 후 작동부로 보냄
분류식	오일펌프에서 나온 흡입된 오일 일부는 작동부로 직접 공급하고, 일부는 여과기로 여과한 후 오일 팬으로 공급
샨트식	전류식과 분류식을 합친 여과 방식으로, 흡입된 오일 일부는 여과하여 공급하고, 일부는 여과하지 않은 채로 공급

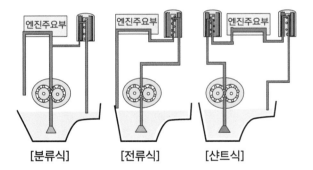

[분류식]　　　[전류식]　　　[샨트식]

오일 점검 방법

» 차량을 수평 상태로 두고, 시동을 끈 상태에서 오일 레벨 게이지가 Full 선에 있는지 확인

» 오일 부족 시 오일을 보충하고, 오일의 점도 및 오염도를 점검

03 윤활유

1 윤활유의 기능
① 감마 작용(마찰 및 마모방지): 실린더와 피스톤 사이의 마찰 및 마모를 방지
② 밀봉(기밀) 작용: 유막을 형성하여 실린더와 피스톤 사이의 기밀을 유지
③ 냉각 작용: 각 기관의 작동부에서 발생한 마찰열을 오일이 순환하면서 냉각시키는 작용을 함
④ 세척 작용: 기관 내부에서 발생한 연소생성물(카본)을 흡수하여 여과기로 보내는 작용을 함
⑤ 방청 작용: 기관의 금속의 산화 및 부식을 방지하는 기능을 함
⑥ 응력 분산 작용: 기관의 국부적인 압력을 오일이 분산시키는 작용을 함

2 윤활유의 구비조건
① 적당한 점도를 가질 것
② 청정성이 양호할 것
③ 적당한 비중을 가질 것
④ 인화점 및 발화점이 좋을 것
⑤ 기포발생이 적을 것
⑥ 카본생성이 적을 것

3 윤활유 첨가제의 종류
① 산화첨가제   ② 점도지수 향상제
③ 유동점 강하제   ④ 청정 분산제
⑤ 부식 방지제   ⑥ 극압제
⑦ 유성 향상제   ⑧ 기포 방지제

4 윤활유의 점도 지수 및 점도에 따른 분류
① 점도지수: 온도에 따라 오일 점도가 변하는 정도를 나타낸 지수이며, 점도지수가 높을수록 온도 변화에 따른 점도 변화가 작음
② 점도: 오일의 끈적끈적한 정도를 나타낸 것

계절	겨울	봄·가을	여름
SAE 번호	10~20	30	40~50

04 유압

1 유압이 높아지는 원인
① 윤활유의 점도가 높은 경우
② 윤활 회로가 막힌 경우
③ 유압조절밸브의 스프링 장력이 클 경우
④ 오일의 점도가 높은 경우

2 유압이 낮아지는 원인
① 베어링의 오일 간극이 클 경우
② 오일펌프가 마모 또는 오일이 누출될 경우
③ 오일의 양이 적을 경우
④ 유압조절밸브 스프링의 장력이 작거나 절손될 경우
⑤ 윤활유의 점도가 낮을 경우

SECTION 03 냉각장치 및 흡·배기장치

핵심테마

01 냉각장치

① 엔진이 정상적으로 작동할 수 있는 온도인 80~90℃가 유지될 수 있도록 과냉 및 과열을 방지하는 장치
② 냉각 방식에 따라 공랭식과 수냉식이 있음

1 공랭식 냉각장치

실린더 벽 바깥 부분에 냉각 팬을 설치하여 공기 접촉 면적을 크게 해서 냉각하는 방식으로, 자연 통풍식과 강제 통풍식이 등이 있다.

2 수냉식 냉각장치

오일이나 냉각수로 냉각하는 방식으로, 자연 순환식과 강제 순환식 및 압력 순환식, 밀봉 압력식 등이 있다.

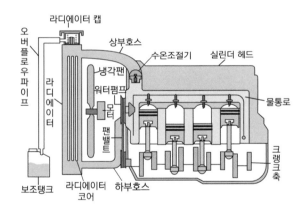

[냉각장치 구조]

02 수냉식 냉각장치의 구성

1 수온조절기(Thermostat)

엔진 냉각수의 온도를 항상 일정하게 유지하기 위해 실린더 헤드와 라디에이터 사이에 설치되어 물의 흐름을 제어하는 장치이다.
  ① 펠릿형: 내부에 왁스와 고무가 봉입된 형태
  ② 벨로즈형: 내부에 에테르나 알코올이 봉입된 형태

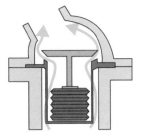 

[벨로즈형 수온조절기]　　　[펠릿형 수온조절기]

2 압력식 캡(라디에이터 캡)

냉각 계통의 압력을 일정하게 유지하여 비등점을 112℃로 상승시켜 냉각 효율을 높이는 장치이다. 압력 밸브 및 압력스프링, 진공 밸브로 구성되어 있다.

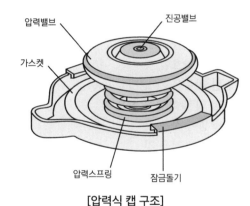

[압력식 캡 구조]

3 라디에이터

뜨거워진 냉각수가 라디에이터로 유입되어 수관으로 흐르는 동안, 자동차의 주행속도와 냉각팬에 의하여 유입되는 대기와의 열 교환이 냉각핀에서 이루어져 냉각된다.

4 냉각 팬

뜨거운 냉각수를 냉각하기 위해 외부 공기를 끌어들이는 장치
  ① 전동식: 냉각 수온이 85~90℃으로 감지되면 냉각팬이 작동되어 모터가 직접 구동
  ② 유체 커플링식: 냉각수 온도에 따라 작동

5 워터 펌프

원심식 펌프를 사용하여 냉각수를 강제 순환시키는 장치이다.

03 냉각장치 점검

1 과열로 인한 결과

① 윤활유 부족 현상
② 연료 소비율 증가
③ 금속 산화 가속
④ 점도 저하로 유막 파괴
⑤ 조기 점화나 노킹으로 출력 저하
⑥ 부품 변형
⑦ 유해 가스 증가

2 과열의 원인

① 냉각수 부족
② 라디에이터 압력 캡의 스프링 장력 약화
③ 냉각팬 모터 또는 스위치 및 릴레이 고장
④ 물펌프 불량, 팬벨트의 장력 부족 및 파손
⑤ 라디에이터의 코어 막힘 또는 파손
⑥ 수온조절기 고장

» 냉각수: 냉각수로 증류수, 수돗물, 빗물 등이 사용됨
» 부동액: 겨울철 빙결과 여름철 과열을 예방하기 위한 혼합액으로 메탄올(metanol), 에틸렌글리콜(ethylene glycol), 글리세린(glycerine) 등이 있음

3 과냉의 원인 및 결과

① 원인
• 수온조절기가 열린 채 고장난 경우
• 낮은 대기온도 유입
• 팬 벨트의 장력 과대
② 결과
• 피스톤 및 실린더 마모 증가
• 유해가스 증가
• 연료 소비율 증가

04 흡기장치

1 공기청정기

① 연소에 필요한 공기를 실린더로 흡입할 때, 먼지 등의 불순물을 여과하여 피스톤 등의 마모를 방지하는 장치
② 흡입공기 중 먼지 등의 여과와 흡입공기의 소음을 감소시킴
③ 통기저항이 크면 엔진의 출력이 저하되고, 연료소비에 영향을 줌
④ 공기청정기가 막히면 실린더 내로의 공기공급 부족으로 불완전 연소가 일어나 실린더 마멸을 촉진

2 공기청정기의 종류

① 건식 공기청정기: 여과망으로 여과지 또는 여과포를 사용하여 작은 이물질과 입자도 여과 가능
② 원심식 공기청정기: 흡입 공기의 원심력으로 먼지를 분리하고, 정제된 공기를 건식 공기청정기에 공급
③ 습식 공기청정기: 케이스 밑에 오일이 들어있기 때문에 공기가 오일에 접촉하면서 먼지 또는 오물이 여과

05 배기장치(배기관 및 소음기)

① 배기가스가 배출될 때 발생하는 소음을 줄이고 유해물질을 정화
② 소음기에 카본 퇴적으로 엔진이 과열될 경우 출력이 떨어짐
③ 소음기가 손상되어 구멍이 생기면 배기음이 커짐

배기가스가 흑색인 경우

» 원인: 공기청정기의 막힘, 분사노즐 불량, 낮은 압축 압력
» 불완전 연소로 탄소입자가 검은색을 띠며, 배기가스가 흑색이 됨

06 과급장치

1 과급기(터보차저, turbo charger)

기관의 흡입공기량을 증가사키기 위한 장치이다.

① 흡기관과 배기관 사이에 설치되어 엔진의 실린더 내에 공기를 압축하여 공급
② 과급기를 설치하면 엔진의 중량은 10~15% 정도 증가되고, 출력은 35~45% 정도 증가
③ 구조가 간단하고 설치가 간단
④ 연소상태가 양호하기 때문에 비교적 질이 낮은 연료를 사용할 수 있음
⑤ 연소상태가 좋아지므로 압축온도 상승에 따라 착화지연기간이 짧아짐
⑥ 동일 배기량에서 출력이 증가하고, 연료소비율이 감소
⑦ 냉각손실이 적으며, 높은 지대에서도 엔진의 출력 변화가 적음

2 주요 구성

펌프	원식식 펌프를 이용함
디퓨저	과급기 케이스 내부에 설치되어 있으며, 공기의 속도에너지를 압력에너지로 전환하는 장치
블로어	과급기에 설치되어 있으며, 실린더에 공기를 불어넣는 송풍기
인터쿨러	공기를 압축하는 과정에서 열이 발생하여 공기 밀도가 낮아지는데, 이 뜨거운 공기를 냉각시켜 공기 밀도를 높인 후 연소실로 공급하는 장치
배기터빈	배기터빈 과급기를 윤활하기 위해 엔진오일이 공급됨

CHAPTER 05

엔진주요부

01 열기관이란 어떤 에너지를 어떤 에너지로 바꾸어 유효한 일을 할 수 있도록 한 기계인가?
★★★

① 열에너지를 기계적 에너지로
② 전기적 에너지를 기계적 에너지로
③ 위치 에너지를 기계적 에너지로
④ 기계적 에너지를 열에너지로

해설 열기관(엔진)이란 열에너지(연료의 연소)를 기계적 에너지(크랭크축의 회전)로 변환시켜주는 장치이다.

02 기관에서 피스톤 행정이란 무엇인가?
★★★

① 피스톤의 길이
② 실린더 벽의 상하길이
③ 상사점과 하사점과의 총 면적
④ 상사점과 하사점과의 거리

해설 피스톤 행정(stroke)이란 상사점과 하사점과의 거리를 말한다.

03 4행정 사이클 기관에서 1사이클을 완료할 때 크랭크축은 몇 회전하는가?
★★★

① 1회전 ② 2회전
③ 3회전 ④ 4회전

해설 4행정 사이클 기관은 크랭크축이 2회전하고, 피스톤은 '흡입 → 압축 → 폭발(동력) → 배기'의 4행정을 하여 1사이클을 완성한다.

04 4행정 사이클 기관의 행정순서로 옳은 것은?
★★★

① 압축 → 동력 → 흡입 → 배기
② 흡입 → 동력 → 압축 → 배기
③ 압축 → 흡입 → 동력 → 배기
④ 흡입 → 압축 → 동력 → 배기

해설 4행정 사이클 기관의 행정순서는 '흡입 → 압축 → 동력(폭발) → 배기'이다.

05 기관에서 폭발행정 말기에 배기가스가 실린더 내의 압력에 의해 배기밸브를 통해 배출되는 현상을 무엇이라고 하는가?
★★★

① 블로바이(blow by)
② 블로 백(block back)
③ 블로다운(blow down)
④ 블로 업(blow up)

해설 블로다운이란 폭발행정 끝 부분, 즉 배기행정 초기에 실린더 내의 압력에 의해서 배기가스가 배기밸브를 통해 스스로 배출되는 현상이다.

06 4행정 사이클 디젤엔진에서 흡입행정 시 실린더 내에 흡입되는 것은?
★★★

① 연료 ② 혼합기
③ 공기 ④ 스파크

해설 디젤기관은 흡입행정을 할 때 공기만 흡입한다.

| 정답 | 01 ① 02 ④ 03 ② 04 ④ 05 ③ 06 ③

07 4행정 사이클 디젤기관이 작동 중 흡입밸브와 배기밸브가 동시에 닫혀있는 행정은?

① 배기행정　　　　② 소기행정
③ 흡입행정　　　　④ 동력행정

해설　4행정 사이클 기관이 작동할 때 흡입밸브와 배기밸브는 압축행정과 동력(폭발)행정에서 동시에 닫혀있다.

08 2행정 사이클 기관에만 해당되는 과정(행정)은?

① 흡입　　　　　　② 압축
③ 동력　　　　　　④ 소기

해설　소기행정이란 잔류 배기가스를 내보내고 새로운 공기를 실린더 내에 공급하는 것이며, 2행정 사이클 기관에만 해당되는 과정(행정)이다.

09 디젤기관의 연소방식으로 옳은 것은?

① 전기적 연소방식　　② 불꽃점화방식
③ 자기방전식　　　　④ 자기착화방식

해설　디젤기관은 압축된 공기에 연료의 착화점을 이용하여 폭발되는 자기착화방식으로 연소된다.

10 실린더 헤드와 블록 사이에 삽입하여 압축과 폭발가스의 기밀을 유지하고 냉각수와 엔진오일이 누출되는 것을 방지하는 역할을 하는 것은?

① 헤드 워터재킷　　② 헤드 오일통로
③ 헤드 개스킷　　　④ 헤드볼트

해설　헤드 개스킷은 실린더 헤드와 블록사이에 삽입하여 압축과 폭발가스의 기밀을 유지하고 냉각수와 엔진오일이 누출되는 것을 방지한다.

11 디젤기관의 연소실 중 연료소비율이 낮으며 연소압력이 가장 높은 연소실 형식은?

① 예연소실식　　　② 와류실식
③ 직접분사실식　　④ 공기실식

해설　직접분사실식은 디젤기관의 연소실 중 연료소비율이 낮으며 연소압력이 가장 높다.

12 기관 연소실이 갖추어야 할 구비조건으로 가장 거리가 먼 것은?

① 압축 끝에서 혼합기의 와류를 형성하는 구조이어야 한다.
② 연소실 내의 표면적은 최대가 되도록 한다.
③ 화염전파 거리가 짧아야 한다.
④ 돌출부가 없어야 한다.

해설　연소실 내의 표면적을 최소화시켜야 한다.

13 실린더 헤드의 변형 원인으로 옳지 <u>않은</u> 것은?

① 기관의 과열
② 실린더 헤드볼트 조임 불량
③ 실린더 헤드커버 개스킷 불량
④ 제작 시 열처리 불량

해설　실린더 헤드가 변형되는 원인은 기관이 과열된 경우, 실린더 헤드볼트 조임 불량, 제작할 때 열처리 불량 등이다.

| 정답 |　07 ④　08 ④　09 ④　10 ③　11 ③　12 ②　13 ③

14 실린더 헤드 개스킷이 손상되었을 때 일어나는 현상으로 가장 옳은 것은?

① 엔진오일의 압력이 높아진다.
② 피스톤 링의 작동이 느려진다.
③ 압축압력과 폭발압력이 낮아진다.
④ 피스톤이 가벼워진다.

> **해설** 헤드 개스킷이 손상되면 압축가스가 누출되므로 압축압력과 폭발압력이 낮아진다.

15 실린더 헤드 개스킷에 대한 구비조건으로 옳지 <u>않은</u> 것은?

① 기밀유지가 좋을 것
② 내열성과 내압성이 있을 것
③ 복원성이 적을 것
④ 강도가 적당할 것

> **해설** **헤드 개스킷의 구비조건**
> • 기밀유지 성능이 클 것
> • 냉각수 및 기관오일이 새지 않을 것
> • 내열성과 내압성이 클 것
> • 복원성이 있고, 강도가 적당할 것

16 라이너 형식 실린더에 비교한 일체식 실린더의 특징으로 옳지 <u>않은</u> 것은?

① 부품수가 적고 중량이 가볍다.
② 라이너 형식보다 내마모성이 높다.
③ 강성 및 강도가 크다
④ 냉각수 누출우려가 적다

> **해설** 일체식 실린더는 강성 및 강도가 크고 냉각수 누출우려가 적으며, 부품수가 적고 중량이 가볍다.

17 실린더 라이너(cylinder liner)에 대한 설명으로 옳지 <u>않은</u> 것은?

① 종류는 습식과 건식이 있다.
② 슬리브(sleeve)라고도 한다.
③ 냉각효과는 습식보다 건식이 더 좋다.
④ 습식은 냉각수가 실린더 안으로 들어갈 염려가 있다.

> **해설** 습식 라이너는 냉각수가 라이너 바깥둘레에 직접 접촉하는 형식이며, 정비작업을 할 때 라이너 교환이 쉽고 냉각효과는 좋으나, 크랭크 케이스로 냉각수가 들어갈 우려가 있다.

18 실린더의 내경이 행정보다 작은 기관을 무엇이라고 하는가?

① 스퀘어 기관
② 단 행정기관
③ 장 행정기관
④ 정방행정 기관

> **해설** 장 행정기관: 실린더 내경(D)이 피스톤 행정(L)보다 작은 형식이다.

19 기관에서 실린더 마모가 가장 큰 부분은?

① 실린더 아랫부분
② 실린더 윗부분
③ 실린더 중간부분
④ 실린더 연소실 부분

> **해설** 실린더 벽의 마멸은 윗부분(상사점 부근)이 가장 크다.

| **정답** | 14 ③ 15 ③ 16 ② 17 ③ 18 ③ 19 ② |

20 <보기>에서 피스톤과 실린더 벽 사이의 간극이 클 때 미치는 영향을 모두 나타낸 것은?

---보기---

ⓐ 마찰열에 의해 소결되기 쉽다.

ⓑ 블로바이에 의해 압축압력이 낮아진다.

ⓒ 피스톤 링의 기능저하로 인하여 오일이 연소실에 유입되어 오일소비가 많아진다.

ⓓ 피스톤 슬랩 현상이 발생되며, 기관출력이 저하된다.

---

① ⓐ, ⓑ, ⓒ   ② ⓒ, ⓓ
③ ⓑ, ⓒ, ⓓ   ④ ⓐ, ⓑ, ⓒ, ⓓ

해설 피스톤과 실린더 벽 사이의 간극이 작으면 마찰열에 의해 소결되기 쉽다.

21 피스톤 링의 구비조건으로 옳지 <u>않은</u> 것은?

① 열팽창률이 적을 것
② 고온에서도 탄성을 유지할 것
③ 링 이음부의 압력을 크게 할 것
④ 피스톤 링이나 실린더 마모가 적을 것

해설 피스톤 링 이음부의 압력이 크면 링 이음부가 파손되기 쉽다.

22 디젤엔진에서 피스톤 링의 3대 작용과 거리가 <u>먼</u> 것은?

① 응력분산작용   ② 기밀작용
③ 오일제어 작용   ④ 열전도 작용

해설 피스톤 링의 작용: 기밀작용(밀봉작용), 오일제어 작용, 열전도 작용(냉각작용)

23 엔진오일이 연소실로 올라오는 주된 이유는?

① 피스톤 링 마모   ② 피스톤 핀 마모
③ 커넥팅로드 마모   ④ 크랭크축 마모

해설 피스톤 링이 마모되거나 실린더 간극이 커지면 기관오일이 연소실로 올라와 연소하므로 오일의 소모가 증대되며 이때 배기가스 색이 회백색이 된다.

24 건설기계 기관에서 크랭크축(crank shaft)의 구성품이 <u>아닌</u> 것은?

① 크랭크 암(crank arm)
② 크랭크 핀(crank pin)
③ 저널(journal)
④ 플라이휠(fly wheel)

해설 크랭크축은 저널, 크랭크 핀, 크랭크 암, 평형추(밸런스 웨이트)로 구성되어 있다.

25 기관에서 크랭크축의 역할은?

① 원활한 직선운동을 하는 장치이다.
② 기관의 진동을 줄이는 장치이다.
③ 직선운동을 회전운동으로 변환시키는 장치이다.
④ 상하운동을 좌우운동으로 변환시키는 장치이다.

해설 크랭크축은 피스톤의 직선운동을 회전운동으로 변환시키는 장치이다.

26 기관에서 크랭크축의 회전과 관계 없이 작동되는 기구는?

① 발전기   ② 캠 샤프트
③ 워터펌프   ④ 스타트 모터

해설 스타트 모터(기동전동기)는 축전지의 전류로 작동된다.

| 정답 | 20 ③   21 ③   22 ①   23 ①   24 ④   25 ③   26 ④

27 크랭크축 베어링의 바깥둘레와 하우징 둘레와의 차이인 크러시를 두는 이유는?

① 안쪽으로 찌그러지는 것을 방지하기 위해서
② 조립할 때 캡에 베어링이 끼워져 있도록 하기 위해서
③ 조립할 때 베어링이 제자리에 밀착되도록 하기 위해서
④ 볼트로 압착시켜 베어링 면의 열전도율을 높이기 위해서

해설 크러시를 두는 이유는 베어링 바깥둘레를 하우징 둘레보다 조금 크게 하고, 볼트로 압착시켜 베어링 면의 열전도율 높이기 위함이다.

28 기관의 동력을 전달하는 계통의 순서를 바르게 나타낸 것은?

① 피스톤 → 커넥팅로드 → 클러치 → 크랭크축
② 피스톤 → 클러치 → 크랭크축 → 커넥팅로드
③ 피스톤 → 크랭크축 → 커넥팅로드 → 클러치
④ 피스톤 → 커넥팅로드 → 크랭크축 → 클러치

해설 실린더 내에서 폭발이 일어나면 피스톤 → 커넥팅로드 → 크랭크축 → 플라이휠(클러치)순서로 전달된다.

29 기관의 맥동적인 회전 관성력을 원활한 회전으로 바꾸어주는 역할을 하는 것은?

① 크랭크축   ② 피스톤
③ 플라이휠   ④ 커넥팅로드

해설 플라이휠(fly wheel)은 기관의 맥동적인 회전을 관성력을 이용하여 원활한 회전으로 바꾸어주는 역할을 한다.

30 기관에서 밸브의 개폐를 돕는 부품은?

① 너클 암   ② 스티어링 암
③ 로커 암   ④ 피트먼 암

해설 기관에서 밸브의 개폐를 돕는 부품은 로커 암이다.

31 유압식 밸브 리프터의 장점이 아닌 것은?

① 밸브간극 조정은 자동으로 조절된다.
② 밸브 개폐 시기가 정확하다.
③ 밸브구조가 간단하다.
④ 밸브기구의 내구성이 좋다.

해설 유압식 밸브 리프터는 밸브기구의 구조가 복잡하다.

32 기관의 밸브간극이 너무 클 때 발생하는 현상에 관한 설명으로 옳은 것은?

① 정상온도에서 밸브가 확실하게 닫히지 않는다.
② 밸브 스프링의 장력이 약해진다.
③ 푸시로드가 변형된다.
④ 정상온도에서 밸브가 완전히 개방되지 않는다.

해설 밸브간극이 너무 크면 소음이 발생하며, 정상온도에서 밸브가 완전히 개방되지 않는다.

33 기관의 밸브 오버랩을 두는 이유로 옳은 것은?

① 밸브 개폐를 쉽게 하기 위해
② 압축 압력을 높이기 위해
③ 흡입 효율 증대를 위해
④ 연료 소모를 줄이기 위해

해설 밸브 오버랩은 흡입밸브와 배기밸브가 모두 열려 있는 시기를 말하여 흡입 효율을 증가시켜 엔진의 출력을 증대시킬 목적이 있다.

34 디젤기관의 특성으로 가장 거리가 먼 것은?

① 연료소비율이 적고 열효율이 높다.
② 예열플러그가 필요 없다.
③ 연료의 인화점이 높아서 화재의 위험성이 적다.
④ 전기점화장치가 없어 고장률이 적다.

해설 디젤기관은 시동 보조장치인 예열플러그가 필요하다.

| 정답 | 27 ④   28 ④   29 ③   30 ③   31 ③   32 ④   33 ③   34 ②

35 디젤기관의 점화(착화)방법으로 옳은 것은?

① 전기점화
② 자기착화점화
③ 전기착화
④ 마그넷점화

> **해설** 디젤기관은 흡입행정에서 공기만을 실린더 내로 흡입하여 고압축비로 압축한 후 압축열에 연료를 분사하는 압축착화 기관이다.

36 디젤기관이 가솔린 기관보다 압축비가 높은 이유는?

① 연료의 무화를 양호하게 하기 위해
② 공기의 압축열로 착화시키기 위해
③ 기관과열과 진동을 적게 하기 위해
④ 연료의 분사를 높게 하기 위해

> **해설** 디젤기관의 압축비가 높은 이유는 공기의 압축열로 착화시키기 위해서이다.

37 디젤기관에 사용되는 연료의 구비조건으로 옳은 것은?

① 점도가 높고 약간의 수분이 섞여있을 것
② 유황의 함유량이 클 것
③ 착화점이 높을 것
④ 발열량이 클 것

> **해설** **디젤기관 연료(경유)의 구비조건**
> • 점도가 적당하고 수분이 섞여 있지 않을 것
> • 유황의 함유량이 적을 것
> • 착화점이 낮을 것
> • 발열량이 클 것

38 <보기>에 나타낸 것은 기관에서 어느 구성품을 형태에 따라 구분한 것인가?

┌─────── 보기 ───────┐
직접분사식, 예연소실식, 와류실식, 공기실식
└──────────────────┘

① 연료분사장치
② 연소실
③ 점화장치
④ 동력전달장치

> **해설** 디젤기관 연소실은 단실식인 직접분사식과 복실식인 예연소실식, 와류실식, 공기실식 등으로 나누어진다.

39 디젤기관에서 직접분사실식 장점이 아닌 것은?

① 연료소비량이 적다.
② 냉각손실이 적다.
③ 연료계통의 연료누출 염려가 적다.
④ 구조가 간단하여 열효율이 높다.

> **해설** **직접분사식의 장점**
> • 실린 헤드(연소실)의 구조가 간단하다.
> • 열효율이 높고, 연료소비율이 작다.
> • 연소실 체적에 대한 표면적 비율이 작아 냉각손실이 작다.
> • 기관 시동이 쉽다.

40 예연소실식 연소실에 대한 설명으로 가장 거리가 먼 것은?

① 사용연료의 변화에 민감하다.
② 예열플러그가 필요하다.
③ 예연소실은 주연소실보다 작다.
④ 분사압력이 낮다.

> **해설** 예연소실식 연소실은 사용연료의 변화에 둔감하다.

41 연료의 세탄가와 가장 밀접한 관련이 있는 것은?

① 열효율
② 폭발압력
③ 착화성
④ 인화성

> **해설** 연료의 세탄가란 안티노크성을 표시하는 것으로 디젤연료의 착화성을 표시하는 수치이다.

| 정답 | 35 ② 36 ② 37 ④ 38 ② 39 ③ 40 ① 41 ③

42 디젤기관에서 노킹을 일으키는 원인으로 옳은 것은?

① 흡입공기의 온도가 높을 때
② 착화 지연기간이 짧을 때
③ 연료 공기가 혼입되었을 때
④ 연소실에 누적된 연료가 많아 일시에 연소할 때

해설 디젤기관에서 노킹은 연소 초기에 연소실에 누적된 연료가 많아 일시에 연소할 때 발생한다.

43 디젤기관 연소과정에서 연소 4단계와 거리가 먼 것은?

① 전기연소기간(전 연소시간)
② 화염전파기간(폭발연소시간)
③ 직접연소기간(제어연소시간)
④ 후기연소기간(후 연소시간)

해설 **디젤기관의 연소 4단계 과정**
착화지연기간 → 화염전파기간(폭발연소시간) → 직접연소기간(제어연소시간) → 후기연소기간(후 연소시간)

44 디젤기관의 노크방지 방법으로 옳지 않은 것은?

① 세탄가가 높은 연료를 사용한다.
② 압축비를 높게 한다.
③ 흡기압력을 높게 한다.
④ 실린더 벽의 온도를 낮춘다.

해설 **디젤기관의 노크방지 방법**
• 연료의 착화점이 낮은 것(착화성이 좋은)을 사용할 것
• 세탄가가 높은 연료를 사용할 것
• 실린더(연소실) 벽의 온도를 높일 것
• 압축비 및 압축압력과 온도를 높일 것
• 착화지연 기간을 짧게 할 것
• 흡기압력과 온도를 높일 것

45 디젤엔진의 연료탱크에서 분사노즐까지 연료의 순환 순서로 옳은 것은?

① 연료탱크 → 연료공급펌프 → 연료필터 → 분사펌프 → 분사노즐
② 연료탱크 → 연료필터 → 분사펌프 → 연료공급펌프 → 분사노즐
③ 연료탱크 → 연료공급펌프 → 분사펌프 → 연료필터 → 분사노즐
④ 연료탱크 → 분사펌프 → 연료필터 → 연료공급펌프 → 분사노즐

해설 연료공급순서는 '연료탱크 → 연료공급펌프 → 연료필터 → 분사펌프 → 분사노즐' 순서이다.

46 디젤기관 연료여과기의 기능으로 가장 옳은 것은?

① 연료분사량을 증가시켜 준다.
② 연료파이프 내 압력을 높여준다.
③ 엔진오일의 먼지나 이물질을 걸러낸다.
④ 연료 속의 이물질이나 수분을 제거, 분리한다.

해설 연료필터(연료 여과기)는 연료 속의 이물질, 수분 등을 여과하며, 오버플로 밸브가 장착되어 있다.

47 디젤기관에서 연료장치의 구성요소가 아닌 것은?

① 분사노즐   ② 연료필터
③ 분사펌프   ④ 예열플러그

해설 디젤기관의 연료장치는 연료탱크, 연료파이프, 연료여과기, 연료공급펌프, 분사펌프, 고압파이프, 분사노즐로 구성되어 있다.

48 프라이밍 펌프를 이용하여 디젤기관 연료장치 내에 있는 공기를 배출하기 어려운 곳은?

① 연료필터   ② 연료공급펌프
③ 분사펌프   ④ 분사노즐

해설 프라이밍 펌프로는 연료공급펌프, 연료필터, 분사펌프 내의 공기를 빼낼 수 있다.

| 정답 | 42 ④   43 ①   44 ④   45 ①   46 ④   47 ④   48 ④

49 디젤기관 연료라인에 공기빼기를 하여야 하는 경우가 <u>아닌</u> 것은?

① 예열이 안 되어 예열플러그를 교환한 경우
② 연료호스나 파이프 등을 교환한 경우
③ 연료탱크 내의 연료가 결핍되어 보충한 경우
④ 연료필터의 교환, 분사펌프를 탈·부착한 경우

해설 연료라인의 공기빼기 작업은 연료탱크 내의 연료가 결핍되어 보충한 경우, 연료호스나 파이프 등을 교환한 경우, 연료필터의 교환, 분사펌프를 탈·부착한 경우에 한다.

50 엔진의 부하에 따라 연료분사량을 가감하여 최고 회전속도를 제어하는 장치는?

① 플런저와 노즐펌프
② 토크컨버터
③ 래크와 피니언
④ 거버너

해설 거버너(조속기)는 분사펌프에 설치되어 있으며, 기관의 부하에 따라 자동적으로 연료분사량을 조정하여 최고 회전속도를 제어하는 기능을 한다.

51 디젤기관에서 회전속도에 따라 연료의 분사시기를 조절하는 장치는?

① 과급기   ② 기화기
③ 타이머   ④ 조속기

해설 타이머(timer) : 기관의 회전속도에 따라 자동적으로 분사시기를 조정하여 운전을 안정되게 하는 기능을 한다.

52 디젤기관에 사용하는 분사노즐의 종류에 속하지 <u>않</u>는 것은?

① 핀틀(pintle)형
② 스로틀(throttle)형
③ 홀(hole)형
④ 싱글 포인트(single point)형

해설 분사노즐은 개방형과 밀폐형으로 나뉘며, 밀폐형은 구멍형, 핀틀형, 스로틀형 등으로 구분한다.

53 디젤기관 노즐(nozzle)의 연료분사 3대 요건이 <u>아닌</u> 것은?

① 무화   ② 관통력
③ 착화   ④ 분포

해설 연료분사의 3대 요소는 무화(안개모양), 분포(분산), 관통력이다.

54 디젤엔진의 시동을 위한 직접적인 장치가 <u>아닌</u> 것은?

① 예열플러그   ② 터보차저
③ 기동전동기   ④ 감압밸브

55 건설기계로 현장에서 작업 중 각종계기는 정상인데 엔진부조가 발생한다면 우선 점검해 볼 계통은?

① 연료계통   ② 충전계통
③ 윤활계통   ④ 냉각계통

해설 각종 계기는 정상인데 엔진부조가 발생하면 연료의 분사가 불균형하게 공급되거나 부족한 상황이므로 연료계통을 점검하여야 한다.

| 정답 | 49 ①   50 ④   51 ③   52 ④   53 ③   54 ②   55 ①

56 디젤기관의 출력을 저하시키는 원인으로 옳지 <u>않은</u> 것은?

① 흡기계통이 막혔을 때
② 노킹이 일어날 때
③ 연료분사량이 적을 때
④ 흡입공기 압력이 높을 때

해설 **기관의 출력이 저하되는 원인**
- 실린더와 피스톤 링이 마멸되었을 때
- 연료분사량이 적을 때
- 피스톤 링 절개구가 일직선으로 조립되었을 때
- 분사시기가 늦을 때
- 실린더 내 압축압력이 낮을 때
- 흡·배기계통이 막혔을 때
- 노킹이 일어날 때
- 연료분사펌프의 기능이 불량할 때

57 디젤기관을 정지시키는 방법으로 가장 적절한 것은?

① 연료공급을 차단한다.
② 초크밸브를 닫는다.
③ 기어를 넣어 기관을 정지한다.
④ 축전지를 분리시킨다.

해설 디젤기관을 정지시킬 때에는 연료공급을 차단함으로써 기관의 시동을 멈추게 한다.

58 기관을 점검하는 요소 중 디젤기관과 관계가 <u>없는</u> 것은?

① 예열   ② 점화
③ 연료   ④ 연소

해설 점화장치는 인화점을 이용하는 가솔린기관에만 있는 장치이다.

59 커먼레일 디젤기관의 흡기온도센서(ATS)에 대한 설명으로 옳지 <u>않은</u> 것은?

① 주로 냉각팬 제어신호로 사용된다.
② 연료량 제어보정 신호로 사용된다.
③ 분사시기 제어보정 신호로 사용된다.
④ 부특성 서미스터이다.

해설 흡기온도센서는 부특성 서미스터를 이용하며, 분사시기와 연료분사량 제어보정 신호로 사용된다.

60 전자제어 디젤엔진의 회전속도를 검출하여 분사순서와 분사시기를 결정하는 센서는?

① 가속페달센서   ② 냉각수 온도센서
③ 오일 온도센서   ④ 크랭크축 위치센서

해설 크랭크축 위치센서는 회전 속도를 감지하여 연료분사 시기와 분사 순서를 결정한다.

61 다음 중 커먼레일 디젤엔진의 연료장치 구성품이 <u>아닌</u> 것은?

① 고압연료펌프   ② 커먼레일
③ 연료공급펌프   ④ 인젝터

해설 커먼레일 디젤기관의 연료장치는 저압연료펌프, 연료탱크, 연료여과기, 고압연료펌프, 커먼레일, 인젝터로 구성되어 있다.

62 다음 중 커먼레일 연료분사장치의 저압계통이 <u>아닌</u> 것은?

① 커먼레일
② 1차 연료공급펌프
③ 연료필터
④ 연료 스트레이너

해설 커먼레일은 고압연료펌프에서 보내온 고압을 연료를 저장하는 파이프이다.

| 정답 | 56 ④   57 ①   58 ②   59 ①   60 ④   61 ③   62 ①

63 커먼레일 디젤기관의 연료장치에서 출력 요소는?

① 공기유량센서   ② 인젝터

③ 엔진 ECU   ④ 브레이크 스위치

해설   ECU의 신호에 의해 연료를 분사하는 출력요소는 인젝터이다.

64 커먼레일 디젤기관의 가속페달 포지션 센서에 대한 설명으로 옳지 <u>않은</u> 것은?

① 가속페달 포지션 센서는 운전자의 의지를 전달하는 센서이다.

② 가속페달 포지션 센서 2는 센서 1을 감시하는 센서이다.

③ 가속페달 포지션 센서 3은 연료온도에 따른 연료량 보정신호를 한다.

④ 가속페달 포지션 센서 1은 연료량과 분사시기를 결정한다.

해설   가속페달 포지션센서는 운전자의 발 조작상태를 컴퓨터로 전달하는 센서이며, 센서 1에 의해 연료분사량과 분사시기가 결정되며, 센서 2는 센서 1을 감시하는 기능으로 차량의 급출발을 방지하기 위한 신호로 활용된다.

65 커먼레일 디젤기관에서 크랭킹은 되는데 기관이 시동되지 않을 때, 점검부위로 옳지 <u>않은</u> 것은?

① 인젝터

② 커먼레일 압력

③ 연료탱크 유량

④ 분사펌프 딜리버리 밸브

해설   분사펌프 딜리버리 밸브는 기계제어 방식에서 사용한다.

66 디젤기관 예열장치에서 코일형 예열플러그와 비교한 실드형 예열플러그의 설명으로 옳지 <u>않은</u> 것은?

① 발열량이 크고 열용량도 크다.

② 예열플러그들 사이의 회로는 병렬로 결선되어 있다.

③ 기계적 강도 및 가스에 의한 부식에 약하다.

④ 예열플러그 하나가 단선되어도 나머지는 작동된다.

해설   **실드형 예열플러그**
- 히트코일이 가는 열선으로 되어 있어 예열플러그 자체의 저항이 크다.
- 보호금속 튜브에 히트코일이 밀봉되어 있으며, 병렬로 연결되어 있다.
- 발열량과 열용량이 크다.
- 예열플러그 하나가 단선되어도 나머지는 작동된다.

67 다음 중 예열장치의 설치목적으로 옳은 것은?

① 연료를 압축하여 분무성능을 향상시키기 위해

② 냉간시동 시 시동을 원활히 하기 위해

③ 연료분사량을 조절하기 위해

④ 냉각수의 온도를 조절하기 위해

해설   예열장치는 겨울철 기관을 시동할 때 시동이 원활히 걸릴 수 있도록 한다.

윤활장치

68 기관에 사용되는 윤활유의 성질 중 가장 중요한 것은?

① 온도   ② 점도

③ 습도   ④ 건도

해설   점도는 점석의 정도를 나타내는 척도이며, 엔진에 사용되는 윤활유의 성질 중 가장 중요한 성질이다.

| 정답 | 63 ②   64 ③   65 ④   66 ③   67 ②   68 ②

69 기관 윤활유의 구비조건이 <u>아닌</u> 것은?

① 점도가 적당할 것
② 청정력이 클 것
③ 비중이 적당할 것
④ 응고점이 높을 것

해설 윤활유의 구비조건: 점도가 적당할 것, 청정력이 클 것, 비중이 적당할 것, 응고점이 낮을 것, 인화점 및 자연발화점이 높을 것 등

70 온도에 따르는 점도변화 정도를 표시하는 것은?

① 점도지수
② 점화지수
③ 점도분포
④ 윤활성

해설 점도지수란 온도에 따르는 점도변화 정도를 표시하는 것이다.

71 엔진 윤활유의 기능이 <u>아닌</u> 것은?

① 윤활작용
② 연소작용
③ 냉각작용
④ 방청작용

해설 윤활유의 주요기능: 마찰 및 마멸방지작용(윤활작용), 기밀작용(밀봉작용), 방청작용(부식방지작용), 냉각작용, 응력분산작용, 세척작용 등

72 엔진오일의 점도지수가 작은 경우 온도 변화에 따른 점도변화는?

① 온도에 따른 점도변화가 작다.
② 온도에 따른 점도변화가 크다.
③ 점도가 수시로 변화한다.
④ 온도와 점도는 무관하다.

해설 점도지수가 작으면 온도에 따른 점도변화가 크다는 의미를 갖는다.

73 기관의 윤활유 사용방법에 대한 설명으로 옳은 것은?

① 계절과 윤활유 SAE 번호는 관계가 없다.
② 겨울은 여름보다 SAE 번호가 큰 윤활유를 사용한다.
③ 계절과 관계없이 사용하는 윤활유의 SAE 번호는 일정하다.
④ 여름용은 겨울용보다 SAE 번호가 큰 윤활유를 사용한다.

해설 여름에는 SAE 번호가 큰 윤활유(점도가 높은)를 사용하고, 겨울에는 점도가 낮은(SAE 번호가 작은)오일을 사용한다.

74 엔진 윤활에 필요한 엔진오일이 저장되어 있는 곳으로 옳은 것은?

① 스트레이너
② 오일펌프
③ 오일 팬
④ 오일필터

해설 오일 팬은 엔진오일을 저장하는 곳이다.

75 오일 스트레이너(oil strainer)에 대한 설명으로 바르지 못한 것은?

① 오일필터에 있는 오일을 여과하여 각 윤활부로 보낸다.
② 보통 철망으로 만들어져 있으며 비교적 큰 입자의 불순물을 여과한다.
③ 고정식과 부동식이 있으며 일반적으로 고정식이 많이 사용되고 있다.
④ 불순물로 인하여 여과망이 막힐 때에는 오일이 통할 수 있도록 바이패스 밸브(by pass valve)가 설치된 것도 있다.

해설 오일 스트레이너는 오일펌프로 들어가는 오일을 1차로 여과하는 부품이며, 일반적으로 철망으로 제작하여 비교적 큰 입자의 불순물을 여과하는 기능을 하며 그보다 더 작은 불순물은 오일필터에서 여과를 한다.

| **정답** | 69 ④ 70 ① 71 ② 72 ② 73 ④ 74 ③ 75 ① |

76 다음 중 일반적으로 기관에 많이 사용되는 윤활방법은?

① 수 급유식

② 적하 급유식

③ 비산압송 급유식

④ 분무 급유식

> **해설** 기관에서는 오일펌프로 흡입 가압하여 윤활부분으로 공급하는 비산압송식을 많이 사용한다.

77 기관의 윤활유 압력이 높아지는 이유는?

① 윤활유의 점도가 높을 때

② 윤활유량이 부족할 때

③ 기관 각부의 마모가 심할 때

④ 윤활유 펌프의 내부 마모가 심할 때

> **해설** **유압이 높아지는 원인**
> • 기관오일의 점도가 높을 때
> • 윤활회로의 일부가 막혔을 때
> • 유압조절밸브(릴리프 밸브) 스프링의 장력이 과다할 때
> • 유압조절밸브가 닫힌 상태로 고장 났을 때

78 엔진의 윤활유 소비량이 과대해지는 가장 큰 원인은?

① 기관의 과냉

② 피스톤 링 마멸

③ 오일여과기 불량

④ 냉각수 펌프 손상

> **해설** **엔진오일이 많이 소비되는 원인**
> • 피스톤 및 피스톤 링의 마모가 심할 때
> • 실린더의 마모가 심할 때
> • 크랭크축 오일 실이 마모되었거나 파손되었을 때
> • 밸브 스템(valve stem)과 가이드(guide)사이의 간극이 클 때
> • 밸브 가이드의 오일 실이 불량할 때

79 운전석 계기판에 아래 그림과 같은 경고등과 가장 관련이 있는 경고등은?

① 엔진오일 압력 경고등

② 엔진오일 온도 경고등

③ 냉각수 배출 경고등

④ 냉각수 온도 경고등

> **해설** 위 그림에 해당하는 경고등은 엔진오일 경고등이다.

80 엔진 오일이 우유색을 띄고 있을 때의 주된 원인은?

① 가솔린이 유입되었다.

② 연소가스가 섞여 있다.

③ 경유가 유입되었다.

④ 냉각수가 유입되었다.

> **해설** 엔진 오일의 색깔이 우유색을 띄고 있으면, 엔진오일에 냉각수가 섞여 있음을 나타낸다.

냉각장치 및 흡·배기장치

81 건설기계용 디젤기관의 냉각장치 방식에 속하지 <u>않</u>는 것은?

① 자연 순환식

② 강제 순환식

③ 압력 순환식

④ 진공 순환식

> **해설** 냉각장치 방식: 자연 순환방식, 강제 순환방식, 압력 순환방식, 밀봉 압력방식

| 정답 | 76 ③ 77 ① 78 ② 79 ① 80 ④ 81 ④

CHAPTER 05

82 다음 중 수냉식 기관의 정상 운전 중 냉각수 온도로 옳은 것은?

① 75~95℃   ② 55~60℃

③ 40~60℃   ④ 20~30℃

해설 기관의 냉각수 온도는 75~95℃ 정도면 정상이다.

83 기관 온도계가 표시하는 온도는 무엇인가?

① 연소실 내의 온도
② 작동유 온도
③ 기관오일 온도
④ 냉각수 온도

해설 기관의 온도는 실린더 헤드 물재킷 부분의 냉각수 온도로 나타낸다.

84 기관의 냉각장치에 해당하지 <u>않는</u> 부품은?

① 수온조절기
② 방열기
③ 릴리프밸브
④ 냉각팬 및 벨트

해설 릴리프밸브는 윤활장치나 유압장치에서 유압을 규정 값으로 제어한다.

85 엔진과열 시 일어나는 현상이 <u>아닌</u> 것은?

① 각 작동부분이 열팽창으로 고착될 수 있다.
② 윤활유 점도 저하로 유막이 파괴될 수 있다.
③ 금속이 빨리 산화되고 변형되기 쉽다.
④ 연료소비율이 줄고, 효율이 향상된다.

해설 엔진이 과열하면 금속이 빨리 산화되고 변형되기 쉽고, 윤활유 점도 저하로 유막이 파괴될 수 있으며, 각 작동부분이 열팽창으로 고착될 우려가 있다.

86 기관의 온도를 일정하게 유지하기 위해 설치된 물 통로에 해당되는 것은?

① 오일 팬
② 밸브
③ 워터재킷
④ 실린더 헤드

해설 워터재킷(water jacket)은 기관의 온도를 일정하게 유지하기 위해 실린더 헤드와 실린더 블록에 설치된 물 통로이다.

87 디젤기관 냉각장치에서 냉각수의 비등점을 높여주기 위해 설치된 부품으로 알맞은 것은?

① 코어
② 냉각핀
③ 보조탱크
④ 압력식 캡

해설 압력식 캡은 냉각장치 내의 비등점(비점)을 높이고, 냉각범위를 넓히기 위하여 사용한다.

| 정답 | 82 ①   83 ④   84 ③   85 ④   86 ③   87 ④

88 압력식 라디에이터 캡에 대한 설명으로 옳은 것은?

① 냉각장치 내부압력이 규정보다 낮을 때 공기밸브는 열린다.
② 냉각장치 내부압력이 규정보다 높을 때 진공밸브는 열린다.
③ 냉각장치 내부압력이 부압이 되면 진공밸브는 열린다.
④ 냉각장치 내부압력이 부압이 되면 공기밸브는 열린다.

> 해설 **압력식 라디에이터 캡의 작동**
> • 냉각장치 내부압력이 부압이 되면(내부압력이 규정보다 낮을 때) 진공밸브가 열린다.
> • 냉각장치 내부압력이 규정보다 높을 때 압력밸브가 열린다.

89 압력식 라디에이터 캡에 있는 밸브는?

① 입력밸브와 진공밸브
② 압력밸브와 진공밸브
③ 입구밸브와 출구밸브
④ 압력밸브와 메인밸브

> 해설 라디에이터 캡에는 압력밸브와 진공밸브가 설치되어 있다.

90 왁스 실에 왁스를 넣어 온도가 높아지면 팽창 축을 올려 열리는 온도조절기는?

① 벨로즈형 ② 펠릿형
③ 바이패스형 ④ 바이메탈형

> 해설 펠릿형은 왁스 실에 왁스를 넣어 온도가 높아지면 팽창 축을 올려 열리는 온도조절기이다.

91 냉각수에 엔진오일이 혼합되는 원인으로 가장 적절한 것은?

① 물 펌프 마모
② 수온조절기 파손
③ 방열기 코어 파손
④ 헤드개스킷 파손

> 해설 헤드개스킷이 파손되거나 실린더 헤드에 균열이 발생하면 냉각수에 엔진오일이 혼합된다.

92 건설기계 운전 시 계기판에서 냉각수량 경고등이 점등되었다. 그 원인으로 가장 거리가 <u>먼</u> 것은?

① 냉각수량이 부족할 때
② 냉각계통의 물 호스가 파손되었을 때
③ 라디에이터 캡이 열린 채 운행하였을 때
④ 냉각수 통로에 스케일(물때)이 많이 퇴적되었을 때

> 해설 냉각수 경고등은 라디에이터 내에 냉각수가 부족할 때 점등되며, 냉각수 통로에 스케일(물때)이 많이 퇴적되면 기관이 과열한다.

93 건설기계 기관에서 부동액으로 사용할 수 <u>없는</u> 것은?

① 메탄
② 알코올
③ 에틸렌글리콜
④ 글리세린

> 해설 부동액의 종류에는 알코올(메탄올), 글리세린, 에틸렌글리콜이 있다.

| 정답 | 88 ③ 89 ② 90 ② 91 ④ 92 ④ 93 ①

94 엔진에서 방열기 캡을 열어 냉각수를 점검하였더니 엔진오일이 떠 있다면 그 원인은?

① 피스톤 링과 실린더 마모
② 밸브간극 과다
③ 압축압력이 높아 역화현상 발생
④ 실린더 헤드개스킷 파손

해설 **방열기 내에 기름이 떠 있는 원인**
• 실린더 헤드개스킷이 파손되었을 때
• 헤드볼트가 풀렸거나 파손되었을 때
• 수랭식 오일쿨러에서 냉각수가 누출될 때

95 팬벨트에 대한 점검과정이다. 가장 적절하지 <u>않은</u> 것은?

① 팬벨트는 약 10kgf의 힘으로 눌렀을 때 처짐이 13 ~20mm 정도로 한다.
② 팬벨트는 풀리의 밑 부분에 접촉되어야 한다.
③ 팬벨트 조정은 발전기를 움직이면서 조정한다.
④ 팬벨트가 너무 헐거우면 기관 과열의 원인이 된다.

해설 팬벨트가 풀리의 홈이 아니라 밑 부분에 접촉하게 되면 미끄러지기 쉬우므로 접촉을 삼가야 한다.(V벨트인 경우)

96 디젤기관에서 사용되는 공기청정기에 관한 설명으로 옳지 <u>않은</u> 것은?

① 공기청정기는 실린더 마멸과 관계없다.
② 공기청정기가 막히면 배기색은 흑색이 된다.
③ 공기청정기가 막히면 출력이 감소한다.
④ 공기청정기가 막히면 연소가 나빠진다.

해설 공기청정기가 막히면 실린더 내로의 공기공급 부족으로 불완전 연소가 일어나 실린더 마멸을 촉진한다.

97 다음 중 흡기장치의 요구조건으로 옳지 <u>않은</u> 것은?

① 전체 회전영역에 걸쳐서 흡입 효율이 좋아야 한다.
② 균일한 분배성능을 가져야 한다.
③ 흡입부에 와류가 발생할 수 있는 돌출부를 설치해야 한다.
④ 연소속도를 빠르게 해야 한다.

해설 **흡기장치의 요구조건**
• 흡입부분에 돌출부가 없을 것
• 전체 회전영역에 걸쳐서 흡입효율이 좋을 것
• 각 실린더에 공기가 균일하게 분배되도록 할 것
• 연소속도를 빠르게 할 것

98 습식 공기청정기에 대한 설명이 <u>아닌</u> 것은?

① 청정효율은 공기량이 증가할수록 높아지며, 회전속도가 빠르면 효율이 좋아진다.
② 흡입공기는 오일로 적셔진 여과망을 통과시켜 여과시킨다.
③ 공기청정기 케이스 밑에는 일정한 양의 오일이 들어있다.
④ 공기청정기는 일정시간 사용 후 무조건 신품으로 교환해야 한다.

해설 습식 공기청정기의 엘리먼트는 스틸 울이므로 세척하여 다시 사용한다.

99 건식 공기청정기의 장점이 <u>아닌</u> 것은?

① 설치 또는 분해조립이 간단하다.
② 작은 입자의 먼지나 오물을 여과할 수 있다.
③ 구조가 간단하고 여과망을 세척하여 사용할 수 있다.
④ 기관 회전속도의 변동에도 안정된 공기청정 효율을 얻을 수 있다.

해설 건식 공기청정기는 비교적 구조가 간단하며, 여과망은 압축공기로 청소하여 사용할 수 있다.

| 정답 | 94 ④ 95 ② 96 ① 97 ③ 98 ④ 99 ③

100 기관에서 공기청정기의 설치목적으로 옳은 것은?

① 연료의 여과와 가압작용
② 공기의 가압작용
③ 공기의 여과와 소음방지
④ 연료의 여과와 소음방지

해설 공기청정기는 흡입공기의 먼지 등을 여과하는 작용 이외에 흡기소음을 감소시킨다.

101 <보기>에서 머플러(소음기)와 관련된 옳은 설명을 모두 고르면?

─── 보기 ───

ⓐ 카본이 많이 끼면 엔진이 과열되는 원인이 될 수 있다.
ⓑ 머플러가 손상되어 구멍이 나면 배기 소음이 커진다.
ⓒ 카본이 쌓이면 엔진출력이 떨어진다.
ⓓ 배기가스의 압력을 높여서 열효율을 증가시킨다.

① ⓐ, ⓑ, ⓓ
② ⓑ, ⓒ, ⓓ
③ ⓐ, ⓒ, ⓓ
④ ⓐ, ⓑ, ⓒ

해설 머플러에 카본이 많이 끼면 엔진이 과열하며, 카본이 쌓이면 엔진출력이 떨어지고, 구멍이 나면 배기소음이 커진다.

102 디젤기관 운전 중 흑색의 배기가스를 배출하는 원인으로 옳지 <u>않</u>은 것은?

① 공기청정기 막힘
② 압축불량
③ 분사노즐 불량
④ 오일 팬 내 유량과다

해설 오일 팬 내 유량이 과다하면 연소실에 기관오일이 상승하여 연소되므로 회백색 배기가스를 배출한다.

103 터보차저를 구동하는 것으로 가장 적절한 것은?

① 엔진의 열
② 엔진의 흡입가스
③ 엔진의 배기가스
④ 엔진의 여유동력

해설 터보차저는 엔진의 배기가스에 의해 구동된다.

104 기관에서 흡입효율을 높이는 장치는?

① 기화기
② 소음기
③ 과급기
④ 압축기

해설 과급기(터보차저)는 흡기관과 배기관 사이에 설치되며, 배기가스로 구동된다. 기능은 배기량이 일정한 상태에서 연소실에 강압적으로 많은 공기를 공급하여 흡입효율을 높이고 기관의 출력과 토크를 증대시키기 위한 장치이다.

105 디젤기관에서 과급기를 사용하는 이유로 옳지 <u>않</u>은 것은?

① 체적효율 증대
② 냉각효율 증대
③ 출력증대
④ 회전력 증대

해설 과급기를 사용하는 목적은 체적효율 증대, 출력 증대, 회전력 증대 등이다.

| 정답 | 100 ③ 101 ④ 102 ④ 103 ③ 104 ③ 105 ②

106 기관에서 터보차저에 대한 설명 중 옳지 <u>않은</u> 것은? ***

① 흡기관과 배기관 사이에 설치된다.

② 과급기라고도 한다.

③ 배기가스 배출을 위한 일종의 블로워 (blower)이다.

④ 기관출력을 증가시킨다.

> **해설** 터보차저는 과급기라고도 하며, 흡입공기량을 증가시켜 출력 증대를 목적으로 한다.

107 건식 공기 청정기의 효율저하를 방지하기 위한 방법으로 가장 적절한 것은? ***

① 기름으로 닦는다.

② 마른걸레로 닦아야 한다.

③ 압축공기로 먼지 등을 털어 낸다.

④ 물로 깨끗이 세척한다.

108 에어클리너가 막혔을 때 발생되는 현상으로 가장 적절한 것은? ***

① 배기색은 무색이며, 출력은 정상이다.

② 배기색은 흰색이며, 출력은 증가한다.

③ 배기색은 검은색이며, 출력은 저하된다.

④ 배기색은 흰색이며, 출력은 저하된다.

| 정답 | 106 ③ 107 ③ 108 ③

전기장치

단원별 기출 분석

✓ 학습 분량과 난이도에 비해 출제 비율이 높지 않은 단원입니다.

✓ 전략적으로 시간을 안배하여, 기출문제 위주로 학습하시기 바랍니다.

핵심테마
전기와 축전지(배터리)

01 전기의 구성

1 전류

① 전자 이동으로 도체에 전류가 흐르는 것
② 전류 단위: 암페어(Ampere), [A]로 표시
③ 전류의 3대 작용
  • 발열작용: 전기 히터, 전구, 예열 플러그 등
  • 자기작용: 전동기, 발전기 등
  • 화학작용: 축전지, 전기도금 등

2 저항

① 전류의 흐름을 방해하는 요소
② 저항 단위: 옴(Ohm), [Ω]로 표시

3 전압

① 도체에 전류가 흐르게 하는 압력
② 전압 단위: 볼트(Voltage), [V]로 표시

4 옴(Ohm)의 법칙

도체에 흐르는 전류는 전압에 비례하고, 저항에는 반비례한다는 법칙이다.

• 저항(R) = 전압(V)

• 저항(R) = $\dfrac{1}{전류(A)}$ 따라서 저항(R) = $\dfrac{전압(V)}{전류(A)}$

02 전기의 법칙

1 직렬접속

여러 저항을 직렬로 접속하면 합성저항은 각 저항의 합과 같다.

$$R = R_1 + R_2 + R_3 \cdots + R_n$$

2 병렬접속

저항 R_1, R_2, R_3, R_n을 병렬로 접속하면 합성저항은 다음과 같다.

$$\frac{1}{R} = \frac{1}{R_1} + \frac{1}{R_2} + \frac{1}{R_3} + \cdots\cdots + \frac{1}{R_n}$$

3 전력과 전력량

전기가 하는 일을 전력이라고 하며, 단위시간당 한 일을 전력량이라 한다. 단위는 W(와트)이며, 기호로는 [P]로 표시

전력의 다양한 표현
» 전력(P) = 전압(V) × 전류(I)
» 전력(P) = 전류(I)^2 × 저항(R)
» 전력(P) = $\dfrac{전압(V)^2}{저항(R)}$

4 플레밍의 법칙

구분	정의	적용
플레밍의 왼손 법칙	도선이 받는 힘의 방향을 정하는 규칙	전동기의 원리 (전기에너지 → 운동에너지)
플레밍의 오른손 법칙	유도 기전력 또는 유도 전류의 방향을 정하는 규칙	발전기의 원리 (운동에너지 → 전기에너지)

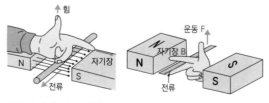

[플레밍의 왼손 법칙]   [플레밍의 오른손 법칙]

03 축전지

1 축전지의 기능

축전지는 기동 전동기의 전기적 부하와 점등장치, 그밖에 다른 장치 등에 전원을 공급해주기 위해 사용된다.

2 축전지의 종류

① 1차 전지: 화학적 에너지를 전기적 에너지로만 변환하는 전지(1회용 전지)

② 2차 전지: 화학적 에너지를 전기적 에너지로 변환하기도 하고, 전기적 에너지를 화학적 에너지로도 변환이 가능한 전지(충전이 가능한 전지)

3 축전지의 구조

① 극판: 과산화납으로 된 양(+)극판, 해면상납으로 된 음(-)극판이 있다.

② 격리판: 극판 사이에서 단락을 방지하기 위한 장치

③ 터미널: 연결 단자

④ 셀 커넥터: 축전지 내의 각각 단전지를 직렬로 접속하기 위한 장치

⑤ 전해액: 양(+)극판 및 음(-)극판의 작용 물질과 화학작용을 일으키는 물질로, 묽은 황산을 사용하며, 전해액 비중에 따라 완전충전 상태와 반충전 상태로 나뉜다.

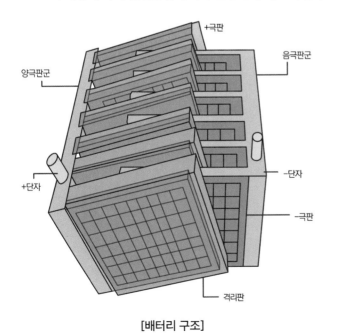

[배터리 구조]

04 납산 축전지 용량

완전히 충전된 축전지를 일정한 전류로 방전시켰을 때, 방전 종지 전압까지 사용할 수 있는 전기량을 나타낸 것이다.

1 방전 종지 전압

① 배터리가 일정한 전압 이하로 방전되면 방전이 멈추는데, 이때 방전이 멈추는 전압을 나타낸 것

② 셀당 방전 종지 전압은 약 1.7~1.8V

2 축전지의 용량

① 용량 표시: A(방전 전류) × h(방전 시간) = Ah

② 용량 결정: 극판 수와 극판 크기 및 전해액의 비중으로 결정

3 충전 및 방전 시 화학반응식

<완전 충전>　[충전]　　<완전 방전>

$$PbO_2 + 2H_2SO_4 + Pb \leftrightarrows PbSO_4 + 2H_2O + PbSO_4$$

과산화납　묽은 황산　납　[방전]　황산납　　물　　황산납

05 축전지 자기방전

배터리를 사용하지 않아도 스스로 방전되는 것을 말하며, 온도와 비중에 비례해서 자기방전율이 높아진다.

1 자기방전의 원인

① 전해액에 포함된 불순물이 국부 전지를 형성한다.

② 탈락한 극판 작용 물질이 축전지 내부에 축적되어 먼지 등에 의해 (+)극판과 (-)극판에 전기 회로를 형성하기 때문에 발생한다.

2 축전지의 자기 방전량이 증가하는 원인

① 전해액의 온도가 증가할수록 증가

② 충전 후 시간의 경과에 따라 증가

③ 전해액의 비중이 증가할수록 증가

CHAPTER 06

3 자기방전 축전지 관리

납산 축전지는 자기방전으로 축전지 극판에 있는 영구황산납이 변화할 수 있는데, 이를 방지하기 위해 약 15~30일마다 정기적으로 충전해야 축전지의 수명을 유지할 수 있다.

영구황산납
방전 후 황산납으로 변화한 극판은 충전 과정에서 (+)극판은 과산화납, (-)극판을 해면상납으로 복원되어야 하는데, 충전을 하여도 화학반응이 발생되지 않아 황산납으로 남게 되어 충전되지 않는 상태를 말함

06 축전지의 충전

1 충전 종류

① 정전류 충전 방법: 충전 시작부터 끝까지 일정한 전류로 충전하는 방법
② 단계 전류 충전 방법: 충전 중 전류를 단계적으로 감소시키는 충전 방법
③ 정전압 충전 방법: 충전 시작부터 끝까지 일정한 전압으로 충전하는 방법

급속충전법
» 축전지 용량의 약 50%의 전류로 충전하는 방법
» 1시간 이내로 충전
» 환기가 잘 되는 곳에서 충전을 해야 폭발의 위험을 피할 수 있다.
» 충전 시 온도가 45℃ 이상 올라가지 않도록 주의한다.

2 충전 시 주의사항

① 접속 시 순서

$$(+)단자 \rightarrow (-)단자$$

② 탈거 시 순서

$$(-)단자 \rightarrow (+)단자$$

③ 과충전 및 급속 충전을 피함
④ 충전 시 가스가 발생하므로 화기에 주의
⑤ 충전 시 전해액 온도는 45℃ 이하로 유지
⑥ 완전 방전 상태로 방치하지 않고, 25% 정도 방전되었을 때 충전

SECTION 02 핵심테마 시동장치

01 기동전동기 개요

① 내연기관은 스스로 움직일 수 없기 때문에 외력으로 크랭크축을 회전시켜야 한다.
② 구동 초기에 크랭크축을 회전시키는 것을 기동전동기라 하며, 이를 기동장치가 담당한다.

 기동전동기의 원리
전기에너지를 운동에너지로 변화시키는 플레이밍의 왼손 법칙을 이용한 것이다.

02 기동전동기 종류

직권식 전동기	• 계자 코일과 전기자 코일이 직렬로 접속된 형식 • 기동력이 크지만 회전속도의 변화가 심한 것이 단점이다.
분권식 전동기	• 계자 코일과 전기자 코일이 병렬로 접속된 형식 • 회전속도는 일정하지만 회전력이 약한 것이 단점이다.
복권식 전동기	• 계자 코일과 전기자 코일이 직렬과 병렬의 혼합으로 접속된 형식 • 회전속도가 일정하고 회전력이 크지만 구조가 복잡하다는 단점이 있다.

[직권식]

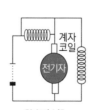
[분권식]

[복권식]

03 동력 전달 방식에 따른 분류

① 벤딕스 형식: 피니언 기어의 관성을 이용한 형식
② 전기자 섭동 형식: 전기자 및 피니언 기어가 동력을 직접 전달하는 형식
③ 피니언 섭동 형식: 전자석 스위치로 피니언 기어를 섭동시키는 형식

04 전동기 구조

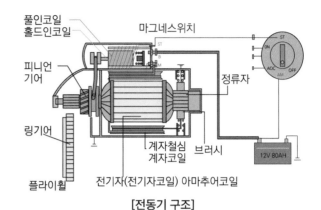

[전동기 구조]

1 전기자(Armature)
회전하는 부분으로 전기자코일, 전기자 철심, 정류자 및 회전축 등으로 구성되어 있다.

2 전기자 철심(Armature Core)
전기자 코일을 지지하고, 맴돌이 전류를 감소시켜 자력선이 잘 통하도록 한다.

3 정류자(Commutator)
브러시로부터 공급된 전류를 코일에 일정한 방향으로 흐르게 한다.

4 계철
고정되는 부분으로, 계자 코일과 계자 철심, 원통으로 구성된다.

① 계자 코일: 브러시로부터 전류를 공급 받는 코일
② 계자 철심: 계자 코일로 감싸진 부분으로, 계자 코일에 전류가 흘러 자석이 되는 부분
③ 원통: 기동전동기의 기초 구조물로, 계자 코일과 철심을 지지

5 전자석 스위치

전기자 피니언 기어를 플라이휠 링 기어에 섭동시키는 장치로, 전기자 및 계자 코일에 큰 전류를 전달한다. 풀인 코일과 홀드인 코일 등이 있으며 솔레노이드 스위치라고도 한다.

    ① 풀인 코일: ST단자에서 M단자로 접속하는 코일
    ② 홀드인 코일: ST단자에서 몸체에 접속하는 코일

6 오버러닝 클러치

시동 후, 피니언 기어와 링 기어가 맞물리지 않도록 하여 피니언 기어의 파손을 방지하는 장치이다.

05 기동전동기 진단

1 기동전동기의 회전이 느린 원인

    ① 축전지 불량
    ② 축전지 케이블의 접속 불량
    ③ 브러시의 마모 및 접촉 불량
    ④ 전기자 코일의 접지 불량

2 기동전동기가 회전하지 못하는 원인

    ① 축전지의 완전 방전
    ② 솔레노이드 스위치 불량
    ③ 전기자 코일 및 계자코일의 단선
    ④ 브러시와 정류자의 접촉 불량

SECTION 03 · 핵심테마 충전장치와 등화장치

01 충전장치 개요

① 자동차 시동 시 방전된 배터리 충전
② 주행 시 자동차에 필요한 전력 공급
③ 발전기와 레귤레이터 등으로 구성
④ 발전기는 플레밍의 오른손 법칙 및 렌츠의 법칙 원리를 따름

02 발전기 원리

1 직류발전기

자계가 고정되고, 도체가 회전하는 방식이며, 플레이밍의 오른손 법칙 원리를 따른다.

2 교류발전기

(1) 교류 발전기 개요

도체가 고정되고, 자계가 회전하는 방식이다. 렌츠의 법칙 원리를 따른다.

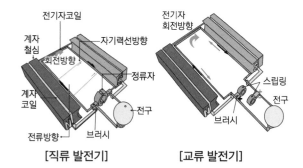

[직류 발전기]   [교류 발전기]

» 플레밍의 오른손 법칙: 자계에서 도체를 운동시키면 도체에서 유도기전력이 발생하는 법칙
» 렌츠의 법칙: 코일 내에서 유도기전력은 자속 변화를 방해하는 방향으로 유도기전력이 발생하는 법칙

(2) 교류발전기의 구조

① 로터: 양 철심 안쪽에 코일이 감겨 있고, 풀리에 의해 회전하는 부분이며, 슬립링으로 공급된 전류로 코일이 자기장을 형성할 때 전자석이 된다.
② 스테이터: 3개 코일이 철심에 고정되는 부분이며, 3개의 코일인 스테이터 코일이 로터 철심의 자기장을 자르며 교류가 발생한다.

스테이터의 결선 방식
» Y 결선 방식: 선간전압 = $\sqrt{3}$상전압 (Y결선은 선간 전압이 상전압 보다 $\sqrt{3}$배 많이 출력되는 발전기)
» Δ결선 방식: 선간전류 = $\sqrt{3}$상전류(Δ결선은 선간전류가 상전류 보다 $\sqrt{3}$배 많이 출력되는 발전기)

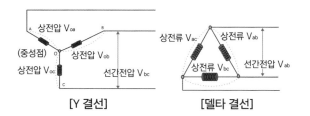

[Y 결선]   [델타 결선]

③ 정류 다이오드: 스테이터 코일에 발생된 교류 전기를 정류하여 직류로 변환시키는 장치이다. 또한, 발전기로 전류가 역류하는 것을 방지한다.
④ 슬립링: 브러시와 접촉하여 회전하는 로터코일에 전류를 공급하는 접촉 링을 말한다.
⑤ 브러시: 슬립링에 접촉하여 로터코일에 전류를 공급하는 기능을 수행한다.
⑥ 전압조정기: 로터코일에 공급되는 전류를 제어하여, 엔진의 회전수에 관계없이 발전기의 출력 전압이 13.5V~14.5V으로 일정하게 유지되도록 하는 전자회로
⑦ 히트 싱트(Heat Sink): 실리콘 다이오드가 정류 작용 시 발생되는 열을 외부로 방출하기 위한 방열판으로, 방열판에 다이오드가 붙어 있다.

구분	직류(DC)발전기	교류(AC) 발전기
여자 방식	자여자방식	타여자방식
조정기	전압조정기, 전류조정기, 컷아웃릴레이(역류방지기)	전압조정기만 필요
공전 시 충전 능력	공전 시 발전이 어려움	공전 시 발전이 가능
교류가 발생하는 곳	전기자 코일	스테이터 코일
교류를 직류로 정류	정류자	다이오드
회전체	전기자	로터
전자석	계차철심	로터

발전기가 충전되지 않는 원인
» 다이오드의 단선 및 단락
» 전압 조정기의 불량
» 스테이터 코일 또는 로터 코일의 단선
» 발전기가 충전되지 않으면 계기판의 충전 경고등이 점등

04 등화장치

1 등화장치의 의미

자동차 주행에 필요한 전조등, 미등, 안개등, 후진등, 실내등 및 각종 외부 표시를 하는 차폭등, 번호등 등을 말한다.

2 등화장치의 종류

(1) 전조등

① 전조등의 3대 구성 부품: 렌즈, 반사경, 필라멘트로 구성되어 있으며 양쪽 전조등은 병렬로 연결된 복선식으로 구성된다.

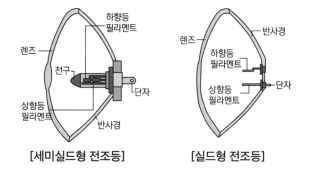

[세미실드형 전조등] [실드형 전조등]

② 전조등의 종류

세미 실드식 (Semi-Sealed type)	• 렌즈와 반사경은 일체형 • 전구만 분리 가능 • 반사경이 흐려져 빛이 어두워지는 단점이 있음
실드식 (Sealed Type)	• 렌즈, 반사경, 필라멘트가 모두 일체형 • 내부는 진공으로 알곤, 질소 등의 불활성 가스를 넣어 밝음 • 반사경이 어두워지는 것을 방지할 수 있음 • 필라멘트가 단선되면 전구 전체를 교환해야 하는 단점이 있음

(2) 방향 지시등

방향 지시등은 차량의 진행 방향을 바꿀 때 사용하며, 점멸 횟수는 1분에 60~120회의 일정한 속도로 점멸해야 하므로 플래셔 유닛(Flasher Unit)을 이용하고 있다.

좌우 점멸 횟수가 다르거나 한쪽이 작동되지 않는 경우
» 좌·우 전구의 용량이 다른 경우
» 접지 불량인 경우
» 한쪽 전구의 단선인 경우

05 계기판 경고등의 종류

① 오일 경고등: 엔진오일 압력이 낮을 때 점등
② 전류계
   • 엔진 회전 시, 발전기가 정상적으로 축전지를 충전할 때는 전류계의 지침이 (+) 방향을 가리키고, 정상적으로 충전이 되지 않을 때는 지침이 (-) 방향을 가리킴
   • 엔진 정지된 상태에서 전류를 소모하지 않으면 지침은 (+), 소모되면 (-) 방향을 가리킴
③ 충전경고등: 발전기가 충전되지 않을 경우에 점등
④ 변속기 오일 온도 경고등: 변속기 오일의 온도가 높은 경우에 점등
⑤ 엔진경고등: 엔진의 각종 센서 및 액추에이터에 이상이 있는 경우에 점등
⑥ 안전벨트 경고등: 안전벨트를 착용하지 않은 경우에 점등
⑦ 냉각수 온도 경고등: 냉각수 온도가 높은 경우에 경고등이 점등

전기장치

★ 개수는 빈출도와 중요도를 의미합니다.

전기와 축전지(배터리)

01 ★★★ 전류에 관한 설명으로 옳지 않은 것은?

① 전류는 전압크기에 비례한다.
② 전류는 저항크기에 반비례한다.
③ E=IR(E: 전압, I: 전류, R: 저항)이다.
④ 전류는 전력크기에 반비례한다.

해설 전류는 전압에 비례하고 저항에 반비례한다.

02 ★★★ 전류의 3대 작용이 아닌 것은?

① 발열작용 　　　② 자기작용
③ 원심작용 　　　④ 화학작용

해설 전류의 3대작용: 발열작용, 화학작용, 자기작용

03 ★★★ 도체 내의 전류의 흐름을 방해하는 성질은?

① 전류 　　　② 전하
③ 전압 　　　④ 저항

04 ★ 전기단위 환산으로 옳은 것은?

① 1kV=1000V 　　　② 1A=10mA
③ 1kV=100V 　　　④ 1A=100mA

해설 1kV=1000V, 1A=1000mA

05 ★★★ 전류의 크기를 측정하는 단위로 옳은 것은?

① V 　　　② A
③ R 　　　④ K

해설
• 전압: 볼트(V)
• 전류: 암페어(A)
• 저항: 옴(Ω)

06 ★★★ 회로 중의 어느 한 점에 흘러 들어오는 전류의 총합과 흘러 나가는 전류의 총합은 서로 같다는 법칙은 무엇인가?

① 렌츠의 법칙
② 줄의 법칙
③ 키르히호프 제1법칙
④ 플레밍의 왼손법칙

해설 키르히호프 제1법칙: '회로 내의 어떤 한 점에 유입된 전류의 총합과 유출한 전류의 총합은 같다'라는 법칙이다.

07 ★★ 전압(voltage)에 대한 설명으로 적절한 것은?

① 자유전자가 도선을 통하여 흐르는 것을 말한다.
② 전기적인 높이, 즉 전기적인 압력을 말한다.
③ 물질에 전류가 흐를 수 있는 정도를 나타낸다.
④ 도체의 저항에 의해 발생되는 열을 나타낸다.

| 정답 | 01 ④　02 ③　03 ④　04 ①　05 ②　06 ③　07 ②

08 전선의 저항에 대한 설명 중 옳은 것은?

① 전선이 길어지면 저항이 감소한다.
② 전선의 지름이 커지면 저항이 감소한다.
③ 모든 전선의 저항은 같다.
④ 전선의 저항은 전선의 단면적과 관계없다.

해설 전선의 지름과 저항은 반비례하고, 길이와 저항은 비례한다.

09 건설기계에서 사용되는 전기장치에서 과전류에 의한 화재를 예방하기 위해 사용하는 부품으로 가장 적절한 것은?

① 콘덴서　　　　　② 퓨즈
③ 저항기　　　　　④ 전파방지기

해설 퓨즈는 회로에 직렬로 설치되어 과전류에 의한 화재예방을 위해 사용하는 부품이다.

10 축전지의 역할을 설명한 것으로 옳지 <u>않은</u> 것은?

① 기동장치의 전기적 부하를 담당한다.
② 발전기 출력과 부하와의 언밸런스를 조정한다.
③ 기관시동 시 전기적 에너지를 화학적 에너지로 바꾼다.
④ 발전기 고장 시 주행을 확보하기 위한 전원으로 작동한다.

해설 **축전지의 역할**
• 발전기가 고장 났을 때 주행을 확보하기 위한 전원으로 작동한다.
• 기동장치의 전기적 부하를 담당한다.
• 기관을 시동할 때 화학적 에너지를 전기적 에너지로 바꾼다.
• 발전기 출력과 부하와의 언밸런스를 조정한다.

11 축전지 내부의 전류 작용으로 가장 알맞은 것은?

① 화학작용　　　　② 탄성작용
③ 물리작용　　　　④ 기계작용

해설 축전지는 화학작용을 이용한 것이다.

12 건설기계 기관에 사용되는 축전지의 가장 중요한 역할은?

① 주행 중 점화장치에 전류를 공급한다.
② 주행 중 등화장치에 전류를 공급한다.
③ 주행 중 발생하는 전기부하를 담당한다.
④ 기동장치에 전기적 부하를 담당한다.

해설 축전지는 기관의 시동과 작동을 주 목적으로 하며, 전원 공급과 전기적 부하를 담당하는 기능을 한다.

13 축전지의 전해액으로 알맞은 것은?

① 순수한 물　　　　② 과산화납
③ 해면상납　　　　④ 묽은 황산

해설 전해액은 증류수에 황산을 혼합한 묽은 황산이다.

14 납산 축전지의 전해액을 만들 때 황산과 증류수의 혼합방법에 대한 설명으로 옳지 <u>않은</u> 것은?

① 조금씩 혼합하며, 잘 저어서 냉각시킨다.
② 증류수에 황산을 부어 혼합한다.
③ 전기가 잘 통하는 금속제 용기를 사용하여 혼합한다.
④ 추운 지방인 경우 비중이 1.280이 되게 측정하면서 작업을 끝낸다.

해설 전해액을 만들 때에는 유리그릇 또는 질그릇 등의 절연체 용기를 준비하여 증류수에 황산을 조금씩 넣으면서 혼합한다.

| **정답** | 08 ② 09 ② 10 ③ 11 ① 12 ④ 13 ④ 14 ③ |

15 건설기계에 사용되는 12V 납산 축전지의 구성은?

① 셀(cell) 3개를 병렬로 접속
② 셀(cell) 3개를 직렬로 접속
③ 셀(cell) 6개를 병렬로 접속
④ 셀(cell) 6개를 직렬로 접속

해설 12V 축전지는 2.1V의 셀(cell) 6개가 직렬로 연결되어 있다.

16 축전지 전해액에 관한 내용으로 옳지 않은 것은?

① 전해액의 온도가 1℃ 변화함에 따라 비중은 0.0007씩 변한다.
② 온도가 올라가면 비중은 올라가고 온도가 내려가면 비중이 내려간다.
③ 전해액은 증류수에 황산을 혼합하여 희석시킨 묽은 황산이다.
④ 축전지 전해액 점검은 비중계로 한다.

해설 축전지 전해액은 온도가 상승하면 비중은 내려가고, 온도가 내려가면 비중은 올라간다.

17 축전지 격리판의 구비조건으로 옳지 않은 것은?

① 기계적 강도가 있을 것
② 다공성이고 전해액에 부식되지 않을 것
③ 극판에 좋지 않은 물질을 내뿜지 않을 것
④ 전도성이 좋으며 전해액의 확산이 잘 될 것

해설 **격리판의 구비조건**
• 기계적 강도가 있고, 비전도성일 것
• 다공성이어서 전해액의 확산이 잘 될 것
• 전해액에 부식되지 않을 것
• 극판에 좋지 못한 물질을 내뿜지 않을 것

18 건설기계에 사용되는 납산 축전지에 대한 내용 중 옳지 않은 것은?

① 음(-)극판이 양(+)극판보다 1장 더 많다.
② 격리판은 비전도성이며 다공성이어야 한다.
③ 축전지 케이스 하단에 엘리먼트 레스트 공간을 두어 단락을 방지한다.
④ (+)단자기둥은 (-)단자기둥보다 가늘고 회색이다.

해설 (+)단자기둥이 (-)단자기둥보다 굵어 단자의 구별이 가능하다.

19 납산 축전지의 충전상태를 판단할 수 있는 계기로 옳은 것은?

① 온도계   ② 습도계
③ 점도계   ④ 비중계

해설 축전지의 충전상태를 알 수 있는 게이지가 비중계이다.

20 축전지를 교환 및 장착할 때 연결순서로 옳은 것은?

① (+)나 (-)선 중 편리한 것부터 연결하면 된다.
② 축전지의 (-)선을 먼저 부착하고, (+)선을 나중에 부착한다.
③ 축전지의 (+), (-)선을 동시에 부착한다.
④ 축전지의 (+)선을 먼저 부착하고, (-)선을 나중에 부착한다.

해설 축전지를 장착할 때에는 (+)케이블을 먼저 부착하고, (-)케이블을 나중에 부착하는 순서를 꼭 지켜야 안전하다.

21 납산 축전지 전해액이 자연 감소되었을 때 보충에 가장 적합한 것은?

① 증류수   ② 황산
③ 수돗물   ④ 경수

해설 전해액이 자연 감소되었을 경우에는 증류수를 보충한다.

| 정답 |　15 ④　16 ②　17 ④　18 ④　19 ④　20 ④　21 ①

22 건설기계의 축전지 케이블 탈거에 대한 설명으로 옳은 것은?

① 절연되어 있는 케이블을 먼저 탈거한다.
② 아무 케이블이나 먼저 탈거한다.
③ "+" 케이블을 먼저 탈거한다.
④ 접지되어 있는 케이블을 먼저 탈거한다.

해설 축전지에서 케이블을 탈거할 시에는 먼저 접지케이블을 탈거하고 절연케이블을 나중에 탈거하는 순서를 지켜야 안전하다.

23 일반적인 축전지 터미널의 식별방법으로 적절하지 않은 것은?

① (+), (-)의 표시로 구분한다.
② 터미널의 요철로 구분한다.
③ 굵고 가는 것으로 구분한다.
④ 적색과 흑색 등 색깔로 구분한다.

해설 **축전지 단자(터미널) 식별방법**
• 양극 단자는 굵고 음극단자는 가는 것으로 표시
• 양극 단자는 (+), 음극단자는 (-)의 부호로 표시
• 양극 단자는 P(positive), 음극단자는 N(negative)의 문자로 표시
• 양극 단자는 적색, 음극단자는 흑색으로 표시

24 축전지의 케이스와 커버를 청소할 때 사용하는 용액으로 가장 옳은 것은?

① 비누와 물
② 소금과 물
③ 소다와 물
④ 오일과 가솔린

해설 축전지 커버나 케이스의 청소는 소다와 물 또는 암모니아수를 사용하여 청결을 유지한다.

25 다음 중 축전지의 용량 표시방법이 아닌 것은?

① 25시간율
② 25암페어율
③ 20시간율
④ 냉간율

해설 축전지의 용량표시 방법: 20시간율, 25암페어율, 냉간율

26 납산 축전지의 충·방전 상태를 나타낸 것이 아닌 것은?

① 축전지가 방전되면 양극판은 과산화납이 황산납으로 된다.
② 축전지가 방전되면 전해액은 묽은 황산이 물로 변하여 비중이 낮아진다.
③ 축전지가 충전되면 음극판은 황산납이 해면상납으로 된다.
④ 축전지가 충전되면 양극판에서 수소를, 음극판에서 산소를 발생시킨다.

해설 충전 시 양극판에서 산소를, 음극판에서 수소를 발생시킨다.

27 납산 축전지를 오랫동안 방전상태로 방치해 두면 사용하지 못하게 되는 원인은?

① 극판이 영구황산납이 되기 때문이다.
② 극판에 산화납이 형성되기 때문이다.
③ 극판에 수소가 형성되기 때문이다.
④ 극판에 녹이 슬기 때문이다.

해설 납산 축전지를 오랫동안 방전상태로 두면 극판이 영구 황산납으로 변화된다.

28 축전지 용량의 단위는?

① W
② AV
③ V
④ AH

해설 축전지 용량 단위로는 암페어시(Ah)를 사용한다.

| 정답 | 22 ④ 23 ② 24 ③ 25 ① 26 ④ 27 ① 28 ④

29 축전지가 방전될 때 일어나는 현상이 <u>아닌</u> 것은?

① 양극판은 과산화납이므로 황산납으로 변한다.
② 전해액은 황산이 물로 변한다.
③ 음극판은 황산납이 해면상납으로 변한다.
④ 전압과 비중은 점차 낮아진다.

해설 **납산 축전지 방전 중의 화학작용**
· 양극판의 과산화납은 황산납으로 변한다.
· 음극판의 해면상납은 황산납으로 변한다.
· 전해액은 묽은 황산이 물로 변하여 비중이 낮아진다.

30 축전지의 용량을 결정짓는 인자가 <u>아닌</u> 것은?

① 셀 당 극판 수   ② 극판의 크기
③ 단자의 크기   ④ 전해액의 양

해설 축전지의 용량을 결정짓는 인자는 셀 당 극판 수, 극판의 크기, 전해액의 양이다.

31 건설기계에 사용되는 12볼트(V) 80암페어(A) 축전지 2개를 직렬연결하면 전압과 전류는?

① 24볼트(V) 160암페어(A)가 된다.
② 12볼트(V) 160암페어(A)가 된다.
③ 24볼트(V) 80암페어(A)가 된다.
④ 12볼트(V) 80암페어(A)가 된다.

해설 12V-80A 축전지 2개를 직렬로 연결 시 전압은 증가하고 용량은 변화가 없는 24V-80A가 된다.

32 축전지의 방전종지전압에 대한 설명으로 잘못된 것은?

① 축전지의 방전 끝(한계) 전압이다.
② 한 셀 당 1.7~1.8V 이하로 방전되는 현상이다.
③ 방전종지 전압 이하로 방전시키면 축전지의 성능이 저하된다.
④ 20시간율 전류로 방전하였을 경우 방전종지 전압은 한 셀 당 2.1V이다.

해설 방전종지전압은 1셀 당 1.7~1.8V 이하이다.

33 12V 동일한 용량의 축전지 2개를 직렬로 접속하면?

① 전류가 증가한다.
② 전압이 높아진다.
③ 저항이 감소한다.
④ 용량이 감소한다.

34 12V용 납산 축전지의 1일 방전량은 실용량의 몇 %인가?

① 0.1~0.3%   ② 0.3~1.5%
③ 1.5~2.0%   ④ 2.0~2.5%

해설 축전지 1셀 당 방전량은 0.3~1.5%이다.

35 충전된 축전지라도 방치해두면 사용하지 않아도 조금씩 자연 방전하여 용량이 감소하는 현상은?

① 급속방전   ② 자기방전
③ 화학방전   ④ 강제방전

해설 자기방전이란 배터리를 사용하지 않아도 조금씩 자연 방전하여 용량이 감소하는 현상을 말한다.

| 정답 |　29 ③　30 ③　31 ③　32 ④　33 ②　34 ②　35 ②

36 MF(Maintenance Free) 축전지에 대한 설명으로 적절하지 <u>않은</u> 것은?

① 격자의 재질은 납과 칼슘합금이다.
② 무보수용 축전지이다.
③ 밀봉촉매 마개를 사용한다.
④ 증류수는 매 15일마다 보충한다.

> 해설 ☞ MF(Maintenance Free) 축전지는 보수가 필요 없는 배터리이다.

37 납산 축전지에 대한 설명으로 옳은 것은?

① 전해액이 자연 감소된 축전지의 경우 증류수를 보충하면 된다.
② 축전지의 방전이 계속되면 전압은 낮아지고, 전해액의 비중은 높아지게 된다.
③ 축전지의 용량을 크게 하려면 별도의 축전지를 직렬로 연결하면 된다.
④ 축전지를 보관할 때에는 되도록 방전시키는 것이 좋다.

> 해설 ☞ ② 축전지 방전이 되면 전압은 낮아지고, 전해액의 비중도 낮아지게 된다.
> ③ 축전지의 용량을 크게 하기 위해서는 별도의 축전지를 병렬로 연결해야 한다.
> ④ 축전지를 보관 시에는 충전시키는 것이 좋다.

38 배터리의 자기방전의 원인으로 옳지 <u>않은</u> 것은?

① 전해액 중에 불순물이 혼입되어 있을 때
② 배터리 케이스의 표면에 전기누설이 없을 때
③ 이탈된 작용물질이 극판의 아랫부분에 퇴적되어 있을 때
④ 배터리의 구조상 부득이할 때

> 해설 ☞ 배터리 케이스의 표면의 이물질 등은 전기누설의 원인이 되어 배터리 자기방전의 원인이 된다.

39 축전지의 자기방전량 설명으로 적절하지 <u>않은</u> 것은?

① 전해액의 온도가 높을수록 자기 방전량은 작아진다.
② 전해액의 비중이 높을수록 자기 방전량은 크다.
③ 날짜가 경과할수록 자기 방전량은 많아진다.
④ 충전 후 시간의 경과에 따라 자기 방전량의 비율은 점차 낮아진다.

> 해설 ☞ 자기방전량은 전해액의 온도와 비례하여 발생한다.

시동장치

40 건설기계에 사용되는 전기장치 중 플레밍의 왼손법칙이 적용된 부품은?

① 발전기　　　　　② 점화코일
③ 릴레이　　　　　④ 기동전동기

> 해설 ☞ 기동전동기의 원리는 플레밍의 왼손법칙이 적용된다.

41 직류직권식 전동기에 대한 설명 중 옳지 <u>않은</u> 것은?

① 기동 회전력이 분권전동기에 비해 크다.
② 부하에 따른 회전속도의 변화가 크다.
③ 부하를 크게 하면 회전속도는 낮아진다.
④ 부하에 관계 없이 회전속도가 일정하다.

> 해설 ☞ 직류직권 전동기는 기동 회전력이 크고, 부하 증가 시 회전속도는 낮으나 회전력이 큰 장점이 있으나 회전속도의 변화가 큰 점이 단점이다.

42 전기자 코일, 정류자, 계자코일, 브러시 등으로 구성되어 기관을 가동시킬 때 사용되는 것으로 옳은 것은?

① 발전기　　　　　② 기동전동기
③ 오일펌프　　　　④ 액추에이터

> 해설 ☞ 기동전동기의 구조는 전기자 코일 및 철심, 정류자, 계자코일 및 계자철심, 브러시와 홀더, 피니언, 오버러닝 클러치, 솔레노이드 스위치 등으로 구성되어 있다.

CHAPTER 06

| 정답 | 36 ④ 37 ① 38 ② 39 ① 40 ④ 41 ④ 42 ②

43 기관시동 시 전류의 흐름으로 옳은 것은?

① 축전지 → 전기자 코일 → 정류자 → 브러시 → 계자코일
② 축전지 → 계자코일 → 브러시 → 정류자 → 전기자 코일
③ 축전지 → 전기자 코일 → 브러시 → 정류자 → 계자코일
④ 축전지 → 계자코일 → 정류자 → 브러시 → 전기자 코일

해설 기동전동기의 전류 흐름 순서는 '축전지 → 계자코일 → 브러시 → 정류자 → 전기자 코일'이다.

44 건설기계에 주로 사용되는 기동전동기로 옳은 것은?

① 직류분권 전동기
② 직류직권 전동기
③ 직류복권 전동기
④ 교류 전동기

해설 엔진의 시동 전동기는 직류직권 전동기이다.

45 기동전동기 전기자 코일에 항상 일정한 방향으로 전류가 흐르도록 하기 위해 설치한 것은?

① 슬립링
② 로터
③ 정류자
④ 다이오드

해설 기동전동기의 정류자는 전기자 코일에 항상 일정한 방향으로 전류가 흐르도록 하는 작용을 한다. 따라서 정류자의 마모는 기동전동기의 회전력이 낮아지는 원인이다.

46 건설기계의 시동장치 취급 시 주의사항으로 옳지 않은 것은?

① 기동전동기의 연속사용 시간은 3분 정도로 한다.
② 기관이 시동된 상태에서 시동스위치를 켜서는 안 된다.
③ 기동전동기의 회전속도가 규정이하이면 오랜 시간 연속 회전시켜도 시동이 되지 않으므로 회전속도에 주의한다.
④ 전선 굵기는 규정이하의 것을 사용하면 안 된다.

해설 기동전동기의 연속사용 시간은 10~15초 정도로 한다. 최대 30초이다.

47 엔진이 시동된 다음에는 기동전동기 피니언이 공회전하여 플라이휠 링 기어에 의해 엔진의 회전력이 기동전동기에 전달되지 않도록 하는 장치는?

① 피니언
② 전기자
③ 정류자
④ 오버러닝 클러치

해설 오버러닝 클러치는 엔진이 시동된 다음에 기동전동기 피니언이 공회전하여 플라이휠 링 기어에 의해 엔진의 회전력이 기동전동기에 전달되지 않도록 하여 피니언기어의 파손을 방지하는 기능을 한다.

48 기동전동기의 동력전달 기구를 동력전달 방식으로 구분한 것이 아닌 것은?

① 벤딕스 방식
② 피니언 섭동방식
③ 계자 섭동방식
④ 전기자 섭동방식

해설 기동전동기의 피니언을 엔진의 플라이휠 링 기어에 물리는 방식에는 벤딕스 방식, 피니언 섭동방식, 전기자 섭동방식 등을 사용하며 가장 많이 사용하고 있는 것은 전기자 섭동방식이다.

| 정답 | 43 ② 44 ② 45 ③ 46 ① 47 ④ 48 ③

49 엔진이 시동되었는데도 시동스위치를 계속 ON 위치로 할 때 미치는 영향으로 옳은 것은?

① 크랭크축 저널이 마멸된다.
② 클러치 디스크가 마멸된다.
③ 기동전동기의 수명이 단축된다.
④ 엔진의 수명이 단축된다.

해설 엔진이 기동되었을 때 시동스위치를 계속 ON 위치로 하면 기동전동기 피니언이 플라이휠의 링기어에 맞물려 소음, 진동, 기어의 파손을 발생시켜 전동기의 수명이 단축된다.

충전장치와 등화장치

50 건설기계에 사용되는 전기장치 중 플레밍의 오른손 법칙이 적용되어 사용되는 부품은?

① 발전기　　　　② 기동전동기
③ 릴레이　　　　④ 점화코일

해설 발전기의 원리는 플레밍의 오른손 법칙이다.

51 교류 발전기의 설명으로 옳지 않은 것은?

① 타려자 방식의 발전기다.
② 고정된 스테이터에서 전류가 생성된다.
③ 정류자와 브러시가 정류작용을 한다.
④ 발전기 조정기는 전압조정기만 필요하다.

해설 AC발전기는 실리콘 다이오드가 정류작용을 한다.

52 충전장치에서 발전기는 어떤 축과 연동되어 구동되는가?

① 크랭크축　　　　② 캠축
③ 추진축　　　　　④ 변속기 입력축

해설 발전기는 기관의 크랭크축의 구동력을 벨트로 연결되어 구동된다.

53 교류(AC) 발전기의 장점이 <u>아닌</u> 것은?

① 소형 경량이다.
② 저속 시 충전특성이 양호하다.
③ 정류자를 두지 않아 풀리의 지름비를 작게 할 수 있다.
④ 반도체 정류기를 사용하므로 전기적 용량이 크다.

해설 AC발전기는 회전부분에 정류자를 두지 않아 회전속도 허용한계가 높기 때문에 벨트나 베어링이 허용하는 범위 내에서 풀리비를 크게 할 수 있는 장점이 있다.

54 충전장치의 역할로 옳지 <u>않은</u> 것은?

① 각종 램프에 전력을 공급한다.
② 에어컨 장치에 전력을 공급한다.
③ 축전지에 전력을 공급한다.
④ 기동장치에 전력을 공급한다.

해설 충전장치는 축전지, 각종 램프, 각종 전장부품에 전력을 공급하는 기능을 한다.

55 건설기계의 충전장치에서 가장 많이 사용하고 있는 발전기는 무엇인가?

① 단상 교류발전기
② 3상 교류발전기
③ 와전류 발전기
④ 직류발전기

해설 건설기계의 충전장치에서 가장 많이 사용하고 있는 발전기는 3상 교류발전기이다.

| 정답 | 49 ③　50 ①　51 ③　52 ①　53 ③　54 ④　55 ②

56 교류(AC) 발전기의 특성이 아닌 것은?

① 저속에서도 충전성능이 우수하다.
② 소형 경량이고 출력도 크다.
③ 소모 부품이 적고 내구성이 우수하며 고속회전에 견딘다.
④ 전압조정기, 전류조정기, 컷 아웃 릴레이로 구성된다.

해설 교류발전기는 다이오드에 의해 교류를 직류로 정류하고 역전류를 차단하기 때문에 전압조정기만 필요하다.

57 교류발전기에서 마모성 부품은 무엇인가?

① 스테이터　　　　② 슬립링
③ 다이오드　　　　④ 엔드 프레임

해설 슬립링은 브러시와 접촉되어 회전하므로 마모성이 있다.

58 건설기계의 발전기가 충전작용을 하지 못하는 경우에 점검사항이 아닌 것은?

① 레귤레이터
② 솔레노이드 스위치
③ 발전기 구동벨트
④ 충전회로

해설 솔레노이드 스위치는 기동전동기의 전자석 스위치이며 발전기의 구조가 아니다.

59 교류발전기의 부품이 아닌 것은?

① 다이오드　　　　② 슬립링
③ 전류조정기　　　④ 스테이터 코일

해설 AC 발전기는 스테이터(stator), 다이오드, 로터(rotor), 슬립링, 브러시, 엔드 프레임, 전압조정기 등으로 구성됨

60 교류발전기의 다이오드가 하는 역할은?

① 전류를 조정하고, 교류를 정류한다.
② 전압을 조정하고, 교류를 정류한다.
③ 교류를 정류하고, 역류를 방지한다.
④ 여자전류를 조정하고, 역류를 방지한다.

해설 AC발전기 다이오드의 역할은 교류를 정류하고, 역류를 방지하는 기능을 한다.

61 교류발전기에서 회전체에 해당하는 것은?

① 스테이터
② 브러시
③ 엔드프레임
④ 로터

해설 교류발전기의 회전체는 전류가 흐를 때 전자석이 되는 로터이다.

62 AC발전기에서 전류가 흐를 때 전자석이 되는 것은?

① 계자철심
② 로터
③ 아마추어
④ 스테이터 철심

63 교류 발전기의 유도전류는 어디에서 발생하는가?

① 계자코일　　　　② 전기
③ 스테이터 코일　　④ 로터

해설 AC 발전기 스테이터(stator)에서 유도전류가 발생한다.

| 정답 | 56 ④ 57 ② 58 ② 59 ③ 60 ③ 61 ④ 62 ② 63 ③

64 충전장치에서 축전지 전압이 낮을 때의 원인으로 옳지 <u>않은</u> 것은?

① 조정 전압이 낮을 때
② 다이오드가 단락되었을 때
③ 축전지 케이블 접속이 불량할 때
④ 충전회로의 부하가 적을 때

해설 충전회로의 부하가 클 때 축전지 전압이 낮아진다.

65 교류발전기에 사용되는 반도체인 다이오드를 냉각하기 위한 것은?

① 엔드 프레임에 설치된 오일장치
② 히트싱크
③ 냉각튜브
④ 유체클러치

해설 다이오드는 열에 약한 반도체이므로 항상 열을 방열해 주어야 하는데 발전기 뒷면의 히트싱크에서 다이오드의 정류작용 시 다이오드를 냉각시켜주는 작용을 한다.

66 전기회로에 대한 설명 중 옳지 <u>않은</u> 것은?

① 노출된 전선이 다른 전선과 접촉하는 것을 단락이라 한다.
② 회로가 절단되거나 커넥터의 결합이 해제되어 회로가 끊어진 상태를 단선이라 한다.
③ 접촉 불량은 스위치의 접점이 녹거나 단자에 녹이 발생하여 저항 값이 증가하는 것을 말한다.
④ 절연불량은 절연물의 균열, 물, 오물 등에 의해 절연이 파괴되는 현상을 말하며, 이때 전류가 차단된다.

해설 절연불량은 절연물의 균열, 물, 오물 등에 의해 절연이 파괴되는 현상을 말하며 이러한 원인으로 전류가 누전된다.

67 건설기계의 전조등 성능을 유지하기 위하여 가장 좋은 방법은?

① 단선으로 한다.
② 복선식으로 한다.
③ 축전지와 직결시킨다.
④ 굵은 선으로 갈아 끼운다.

해설 복선식은 접지 쪽에도 전선을 사용하는 것으로 주로 전조등과 같이 큰 전류가 흐르는 회로에서 사용된다.

68 배선 회로도에서 표시된 0.85RW의 "R"은 무엇을 나타내는가?

① 단면적   ② 바탕색
③ 줄 색   ④ 전선의 재료

해설 0.85RW: 0.85는 전선의 단면적, R은 바탕색, W는 줄 무늬색을 나타낸다.

69 다음 중 광속의 단위는 무엇인가?

① 칸델라   ② 럭스
③ 루멘   ④ 와트

해설 • 칸델라: 광도의 단위
 • 럭스(룩스): 조도의 단위
 • 루멘: 광속의 단위

70 전조등의 구성품으로 옳지 <u>않은</u> 것은?

① 전구   ② 반사경
③ 렌즈   ④ 플래셔 유닛

해설 플래셔 유닛은 방향지시등 스위치를 조작하였을 때 방향지시등을 점멸시키는 전자IC회로를 갖는 릴레이다.

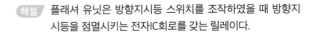

| 정답 | 64 ④ 65 ② 66 ④ 67 ② 68 ② 69 ③ 70 ④

71 전조등 형식 중 내부에 불활성 가스가 들어 있으며, 광도의 변화가 적은 것은?

① 로우 빔 방식
② 하이 빔 방식
③ 실드 빔 방식
④ 세미실드 빔 방식

해설 실드 빔 형식 전조등내부에는 불활성 가스를 넣어 그 자체가 1개의 전구가 되도록 한 것이다.

72 헤드라이트에서 세미실드 빔 형에 대한 설명으로 옳은 것은?

① 렌즈, 반사경 및 전구를 분리하여 교환이 가능한 것
② 렌즈, 반사경 및 전구가 일체인 것
③ 렌즈와 반사경은 일체이고, 전구는 교환이 가능한 것
④ 렌즈와 반사경을 분리하여 제작한 것

해설 세미실드 빔 형은 렌즈와 반사경은 일체이나, 전구는 교환이 가능한 형식이다.

73 좌·우측 전조등 회로의 연결 방법으로 옳은 것은?

① 직렬 연결
② 단식 배선
③ 병렬 연결
④ 직·병렬 연결

해설 전조등 회로는 병렬회로이다.

74 건설기계의 등화장치 종류 중에서 조명용 등화가 아닌 것은?

① 전조등
② 안개등
③ 번호등
④ 후진등

해설 번호등은 외부 표시등화 장치이다.

75 방향지시등의 한쪽 등 점멸이 빠르게 작동하고 있을 때, 운전자가 가장 먼저 점검하여야 할 곳은?

① 전구
② 플래셔 유닛
③ 콤비네이션스위치
④ 배터리

76 방향지시등이나 제동등의 작동 확인은 언제해야 하는가?

① 운행 전
② 운행 중
③ 운행 후
④ 일몰직전

77 방향지시등 스위치 작동 시 한쪽은 정상이고, 다른 한쪽은 점멸작용이 정상과 다르게(빠르게, 느리게, 작동불량) 작용할 때, 고장 원인으로 가장 거리가 먼 것은?

① 플래셔 유닛이 고장났을 때
② 한쪽 전구소켓에 녹이 발생하여 전압강하가 있을 때
③ 전구 1개가 단선되었을 때
④ 한쪽 램프 교체 시 규정 용량의 전구를 사용하지 않았을 때

해설 플래셔 유닛이 고장나면 모든 방향지시등이 작동되지 않는다.

78 한쪽의 방향지시등만 점멸속도가 빠른 원인으로 옳은 것은?

① 전조등 배선접촉 불량
② 플래셔 유닛 고장
③ 한쪽 램프의 단선
④ 비상등 스위치 고장

해설 한쪽 램프(전구)가 단선되면 회로의 전체 저항이 증가하여 한쪽의 방향지시등만 점멸속도가 빨라진다.

| 정답 | 71 ③ 72 ③ 73 ③ 74 ③ 75 ① 76 ① 77 ① 78 ③

전 · 후진 주행장치

단원별 기출 분석

✓ 학습 분량 난이도에 비해 출제 비율이 높지 않은 단원입니다.

✓ 기출문제 위주로 개념을 정리하시고, 시간을 효율적으로 안배하며 문제를 푸시기 바랍니다.

동력전달장치

01 동력전달장치

1 정의

주행을 위해 기관에서 발생된 동력을 구동 바퀴에 전달하는 모든 장치를 뜻한다.

2 동력전달 순서

피스톤 → 토크 컨버터 또는 클러치 → 변속기 → 드라이브 라인 → 종감속 장치 및 차동장치 → 액슬축 → 바퀴

02 클러치

기관의 동력을 변속기에 전달 및 차단하는 장치이다.

1 클러치 필요성

① 엔진 시동 시 무부하 상태를 위해 동력을 차단
② 변속 시 기관 동력을 차단
③ 관성운전을 가능하게 함

2 클러치의 종류

① 마찰클러치
② 유체클러치
③ 전자클러치

3 마찰클러치 구조

① 클러치판: 압력판과 플라이 휠 사이에 설치되어 있고, 기관의 동력을 변속기 입력축으로 회전력을 전달시킬 수 있는 마찰판

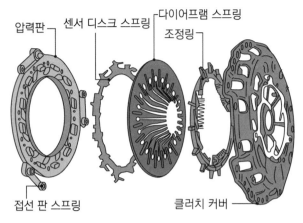

[마찰클러치 구조]

압력판 ─ 센서 디스크 스프링 ─ 다이어프램 스프링 ─ 조정링 ─
접선 판 스프링 ─ 클러치 커버 ─

클러치판의 구성 요소
» 쿠션스프링: 직선 충격을 흡수
» 댐퍼스프링(토션스프링): 클러치판의 비틀림 충격을 흡수

② 압력판: 클러치 스프링 장력으로 클러치판을 밀어서 플라이 휠에 압착시키는 장치이며, 플라이 휠과 항상 같이 회전
③ 릴리스 실린더: 유압에너지를 기계적 에너지로 변환하여 릴리스 포크를 작동시키는 장치
④ 릴리스 포크: 릴리스 베어링에 끼워져 릴리스 베어링을 작동시키는 장치
⑤ 릴리스 레버: 릴리스 베어링에 의해 한쪽이 눌리면 지렛대 원리로 클러치판을 누르고 있는 압력판을 분리시키는 장치
⑥ 릴리스 베어링: 릴리스 포크에 의해 클러치 축 방향으로 움직여 회전 중인 릴리스 레버를 눌러 동력을 차단하는 장치

4 클러치의 자유 간극

클러치 페달을 밟았을 때 릴리스 베어링이 릴리스 레버에 닿을 때까지 페달이 움직인 거리를 말하며, 클러치의 미끄러짐을 방지하고 원활하게 동력을 차단하여 기어의 물림을 좋게 한다.

⑤ 클러치가 미끄러지는 원인

① 클러치의 자유간극이 작은 경우(자유간극이 크면 클러치의 차단 불량)
② 클러치판에 오일이 부착된 경우
③ 클러치판이나 압력판의 마멸
④ 클러치 압력판의 스프링 장력이 약화된 경우

03 수동변속기

① 수동변속기의 필요성

① 기관의 회전력을 증가시키기 위해
② 기관을 무부하 상태로 만들기 위해
③ 후진하기 위해

② 수동변속기의 용어 정리

① 록킹볼(Locking Ball): 기어변속 후 기어가 빠지는 것을 방지하는 기능
② 인터록(Inter Lock): 이중 기어가 물리는 것을 방지
③ 싱크로나이즈 링(Synchronaise ring): 기어를 넣을 때 허브기어와 단기어의 속도를 일치시키며, 고장 시 기어가 들어가지 않고 소음과 진동이 발생

③ 수동변속기 소음의 원인

① 변속기의 오일 부족
② 클러치의 유격이 너무 클 때
③ 변속기의 기어, 변속기 베어링 등의 마모
④ 기어의 백래시 과다

④ 수동변속기의 기어가 빠지는 원인

① 변속기 기어의 마모가 심한 경우
② 기어의 물림이 불량한 경우
③ 변속기의 록킹볼이 불량한 경우

04 자동변속기

① 자동변속기의 장점

① 클러치 조작 없이 자동 출발이 가능
② 기관에 전달되는 충격이 적어 기관 수명이 길어짐
③ 저속 구동력이 좋음
④ 조종자의 기어 변속 없이 자동으로 변속이 가능

② 자동변속기의 유성기어

자동변속기는 기어의 구조가 매우 간결한 유성기어로 동력 차단 없이 변속이 가능하다.

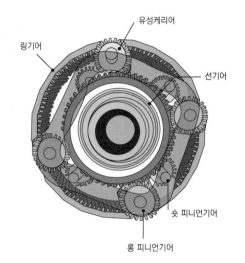

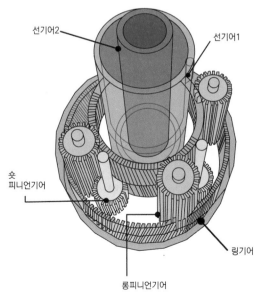

[유성기어 구조]

05 토크 컨버터(Torque Converter)

❶ 토크 컨버터

① 기관의 동력을 유체에너지로 변환하고, 이 유체에너지를 다시 회전력으로 전환시키는 장치
② 펌프, 스테이터, 터빈, 가이드링 등으로 구성됨

펌프	크랭크축에 연결되어 회전
스테이터	오일이 흐르는 방향을 바꾸어 회전력을 증가시킴
터빈	변속기 입력축의 스플라인에 결합
가이드링	유체 클러치의 와류를 감소시킴

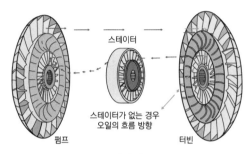

[토크 컨버터 구조]

❷ 유체 클러치

① 오일을 이용하여 엔진의 회전력을 변속기에 전달하는 클러치
② 펌프, 터빈, 가이드 링 등으로 구성되어 있음

06 드라이브 라인(Drive Line)

변속기에서 나오는 동력을 바퀴까지 전달하는 추진축이다.

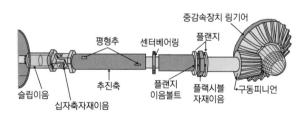

[추진축 구조]

❶ 프로펠라 샤프트

변속기로부터 구동축에 동력을 전달하는 추진축이다.

❷ 자재 이음

두 개의 축 각도에 유연성을 주는 장치이며, 축이 특정 각도로 교차할 때 자유롭게 동력을 전달하기 위한 이음매이다.

❸ 슬립 이음

차량의 하중이 증가할 때 변속기 중심과 후차축 중심 길이가 변하는 것을 신축시켜 추진축 길이의 변동을 흡수하는 장치이다.

07 종감속 장치 및 차동장치

❶ 종감속 기어

① 기관 동력을 구동력으로 증가시키는 장치
② 추진축에서 받은 동력을 직각으로 바꾸어 뒷바퀴에 전달하고, 알맞은 감속비로 감속하여 회전력을 높임

종감속비
» 종감속비는 나누어서 떨어지지 않는 값으로 함
» 종감속비 = $\dfrac{\text{링기어 잇수}}{\text{구동기어 잇수}}$

❷ 하이포이드 기어

링 기어 중심선 아래쪽에 구동피니언 기어의 중심이 오도록 설계한 기어이다.

① 추진축의 높이를 낮춰 차고가 낮아짐
② 기어의 강도가 증가
③ 특수 기어 오일을 사용해야 함
④ 기어의 물림률이 크기 때문에 회전이 정숙

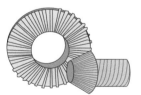

[하이포이드 기어]

08 차동기어

커브를 돌 때 선회를 원활하게 해주는 장치이다.
- ① 험로 주행이나 선회 시에 좌우 구동바퀴의 회전속도를 달리하여 무리한 동력전달을 방지
- ② 보통 차동기어장치는 노면의 저항을 작게 받는 쪽의 바퀴 회전속도가 빠름
- ③ 선회 시 바깥쪽 바퀴의 회전속도를 증대시킴
- ④ 빙판이나 수렁을 지날 때 구동력이 한쪽 바퀴에만 전달되며 진행을 방해할 수 있기 때문에 4륜 구동 형식을 채택하거나 차동제한 장치를 두기도 함

09 타이어

노면으로부터의 충격 등을 흡수하여 제동력과 구동력 및 견인력을 확보하는 장치이다.

1 타이어의 구조
- ① 트레드(Tread): 노면과 접촉하는 두꺼운 고무층으로, 마모에 잘 견디고 미끄럼 방지 및 열 발산 기능을 함
- ② 브레이커(Breaker): 트레드와 카커스 사이에 있으며, 여러 겹의 코드 층을 고무로 감싼 구조
- ③ 카커스(Carcass): 타이어의 골격을 형성하는 부분으로, 강도가 강한 합성섬유에 고무를 입힌 층이다. 골격과 공기압을 유지시켜주는 역할을 함
- ④ 사이드월(Side Wall): 카커스를 보호하고 승차감을 좋게 한다. 타이어의 사이즈와 생산년도, 규정공기압, 하중 등의 정보가 표기되어 있음
- ⑤ 비드(Bead): 휠림과 접촉하는 부분으로, 타이어를 림에 고정시키는 기능이 있으며 공기가 새는 경우를 방지하는 기능을 함
- ⑥ 튜브리스 타이어: 타이어 내부에 튜브 대신 이너 라이너라는 고무 층을 둔다. 펑크 발생 시, 급격한 공기 누설이 없기 때문에 안정성이 좋고, 방열이 좋으며 수리가 간편함

2 트레드의 패턴
- ① 타이어의 마찰력을 증가시켜 미끄럼을 방지한다.
- ② 구동력, 조향성, 안정성 및 견인력 등을 향상시킨다.
- ③ 타이어 내부의 열을 발산한다.
- ④ 리브형, 러그형, 블록형, 오프더로드형 등이 있다.

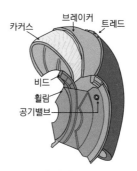

[타이어의 구조]

3 타이어의 분류
- ① 고압 타이어: 4.2kgf/cm² 공기압을 사용하는 타이어로, 대형 트럭이나 버스 등에 사용한다.
- ② 저압 타이어: 1.4~2.8kgf/cm² 공기압을 사용하는 타이어로, 승용차에 사용한다.
- ③ 초저압 타이어: 1.4~1.7kgf/cm² 공기압을 사용하는 타이어로, 폭이 넓고 공기량이 많다.
- ④ 튜브리스 타이어: 타이어 내부에 튜브가 없어 방열이 좋고 수리가 간단하며, 못이 막혀도 공기가 쉽게 새어나가지 않고, 고속주행에 의한 발열이 적다.

4 타이어의 표기 호칭 순서
- ① 저압 타이어: 타이어폭(Inch)-타이너 내경(Inch)-플라이 수
- ② 고압 타이어: 타이어폭(Inch) × 타이어 내경(Inch)-플라이 수

조향장치

01 조향장치

1 조향 원리

① 조향장치는 운전자가 건설기계 주행 중 선회하려는 방향으로 조향 휠과 각도를 변화시키는 장치

② 조향의 원리는 애커먼장토식의 원리를 이용

2 조향장치 구비 조건

① 주행 중 발생되는 충격에 조향 조작이 영향을 받으면 안 됨

② 조작하기 쉽고 최소 회전 반경이 적어야 함

③ 정비가 편리해야 하고 수명이 길어야 함

④ 조향 휠의 회전과 바퀴 회전수 차이가 크지 않아야 함

⑤ 방향 전환이 쉽게 진행되어야 함

3 조향장치의 구성 부품

① 핸들 및 조향축: 바퀴의 조향을 하는 핸들과 회전력을 전달하는 연결 부위인 조향 축을 말한다.

② 조향기어 박스

• 렉기어와 피니언 기어의 조향 기어로 구성되며, 감속비로 조작력을 증가시킨다.

• 조향기어의 종류에는 웜 섹터형, 볼 너트형, 래크오 피니언형 등이 있다.

③ 피트먼 암: 조향 기어의 섹터에 고정되어 조향 휠의 움직임을 드래그에 전달한다.

④ 드래그 링크: 피트먼 암과 너클암을 연결하는 연결 부위

⑤ 타이로드

• 너클암의 회전운동을 바퀴 좌우 조향 너클에 전달하여 바퀴를 조향

• 타이로드와 타이로드 엔드는 너트형태로 조립되어 있어서 타이로드 길이를 조정하여 휠얼라인먼트의 토우 조정이 가능하다.

⑥ 타이로드 엔드: 타이로드 끝부분에 연결되어 너클암과 연결된 부분을 말한다.

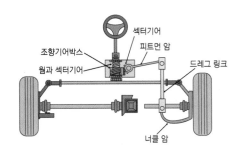

[조향장치의 구성]

4 조향핸들이 무거워지는 원인

① 타이어의 마모가 심한 경우

② 오일펌프의 작동이 불량한 경우

③ 타이어 공기압이 낮은 경우

④ 조향기어 박스에 기어오일이 부족한 경우

⑤ 바퀴 정렬이 불량한 경우

5 조향핸들의 유격이 커지는 원인

① 피트먼 암이 헐거운 경우

② 조향바퀴 허브베어링의 베어링 마모가 심한 경우

③ 타이로드 엔드 볼 조인트의 마모가 심한 경우

④ 조향기어, 링키지의 조정이 불량한 경우

6 조향핸들이 한쪽으로 쏠리는 원인

① 한쪽 타이어의 공기압이 낮은 경우

② 바퀴 정렬이 불량한 경우

③ 허브 베어링의 마모가 심한 경우

02 동력식 조향장치

1 동력 조향장치의 장점

① 작은 조작력으로 조향 조작이 가능하다.

② 제작 시 조향 기어비를 조작력에 관계없이 설정할 수 있다.

③ 굴곡진 노면으로부터 발생한 충격을 흡수하여 조향 핸들에 충격이 전달되는 것을 방지한다.

2 유압식 동력 조향장치

유압 에너지를 이용하여 조향 조작력을 가볍게 하는 장치

① 동력부는 기관 동력으로 펌프를 구동한다.

② 제어부는 오일의 흐름을 제어한다.

③ 작동부는 실린더 내의 피스톤에 유압을 보내어 작동하게 한다.

④ 유압식 동력 조향장치는 저속과 고속에서 모두 조향력이 가벼워 고속 시 주행 안전성이 떨어질 수 있다.

03 조향바퀴 정렬

각 바퀴가 차체나 노면에 일정한 방향이나 각도에 맞춰 정렬한다.

1 캠버(Camber)

① 자동차를 앞에서 보았을 때 노면 수직선과 바퀴의 중심선이 이루는 각도

② 앞바퀴가 하중에 의해 아래로 벌어지는 것을 방지한다.

③ 조향 휠의 조작력을 가볍게 한다.

[캠버]

2 캐스터(Caster)

① 자동차를 옆에서 보았을 때 노면 수직선과 킹핀 중심선(조향축)이 이루는 각

② 바퀴의 직진 안정성을 높임

③ 조향 후 바퀴를 직진 방향으로 돌아오게 하는 복원력을 높임

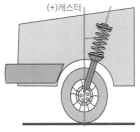

[캐스터]

3 토(Toe)

바퀴를 위에서 보았을 때 좌우 바퀴의 간격이 뒤쪽보다 앞쪽이 좁은 경우(토 인) 또는 큰 경우(토 아웃)를 말한다.

① 조향을 가볍게 하고 직진성을 좋게 함

② 옆 방향으로 미끄러지지 않도록 함

③ 바퀴를 평행하게 회전하도록 함

④ 토가 잘못되면 타이어 트레드에 마모가 발생할 수 있음

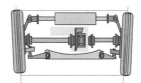 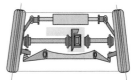

[토인]   [토 아웃]

4 킹핀 경사각(King Pin Inclination Angle)

① 자동차를 앞에서 보았을 때 노면 수직선과 킹핀 중심선(조향축)이 이루는 각도

② 바퀴의 방향 안정성과 복원성을 높임

③ 핸들의 조작력을 줄임

④ 바퀴의 시미현상을 방지

킹핀의 중심선

노면의 수직선

[킹핀 경사각]

> 시미현상(Shimmy)
> » 바퀴가 옆으로 흔들리는 현상
> » 타이어의 동적평형이 잡혀있지 않으면 시미 현상이 발생

CHAPTER 07

SECTION 03 핵심테마 제동장치

01 제동장치

① 주행 중인 건설기계를 정지 또는 감속시키거나 주차 상태를 유지하는 장치
② 제동장치는 '밀폐 용기 내에서 액체를 채우고 그 용기에 힘을 가하면 유체 속에서 발생하는 압력은 용기 내의 모든 면에 같은 압력이 작용한다.'라는 파스칼의 원리를 이용

02 유압식 제동장치

1 유압식 제동장치의 특징

① 파스칼의 원리 이용
② 작동 장치의 원격 제어 가능
③ 모든 바퀴에 균일한 압력 전달 가능
④ 작동 시 마찰 손실이 작음
⑤ 유압 계통이 파손되면 제동력이 상실되며, 유압라인 내에 공기가 차거나 베이퍼록 현상이 발생할 수 있음
⑥ 드럼식과 디스크식이 있음

2 유압식 제동장치 구성품

① 마스터 실린더: 브레이크 페달을 밟아서 유압을 발생시키는 부분이다. 안정성 확보를 위해 2개의 유압회로를 구성하고 있는 탠덤마스터 실린더가 주로 사용되고 있음
② 브레이크 페달: 지렛대의 원리를 이용하여 밟는 힘보다 더 큰 힘을 마스터 실린더에 가함
③ 체크밸브: 브레이크 파이프 내의 잔압을 형성하여 베이퍼록을 방지하고 재제동성을 높임

» 베이퍼록 현상: 유압 라인 내에 마찰열이나 압력 변화로 오일에서 기포가 발생하고, 그 기포가 오일 흐름을 방해하여 제동력이 떨어지는 현상
» 페이드 현상: 브레이크 드럼과 라이닝 사이에 마찰열로 마찰계수가 작아져 브레이크가 밀리는 현상

3 유압식 브레이크의 종류

① 드럼식 브레이크
   • 브레이크 드럼 안쪽으로 라이닝을 부착한 브레이크슈를 압착하는 방식으로 제동한다.
   • 휠 실린더, 브레이크슈 및 브레이크 드럼, 백 플레이트 등으로 이루어져 있다.
② 디스크 브레이크
   • 바퀴에 디스크가 붙어 있어서 브레이크 패드가 디스크에 마찰을 주는 방식으로 제동한다.
   • 패드의 마찰 면적이 작기 때문에 제동 배력 장치가 필요하다.
   • 패드는 높은 강도의 재질로 구성되어야 한다.

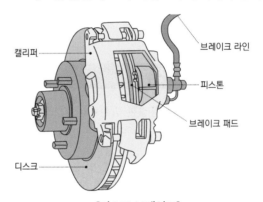

캘리퍼 ⋯⋯⋯
브레이크 라인
피스톤
브레이크 패드
디스크 ⋯⋯⋯

[디스크 브레이크]

공기 브레이크
» 압축 공기로 제동력을 얻는 장치
» 큰 제동력이 가능하므로 건설기계 또는 대형 차량에 사용 가능

전·후진 주행장치

★ 개수는 빈출도와 중요도를 의미합니다.

01 ★★★ 동력을 전달하는 계통의 순서를 바르게 나타낸 것은?

① 피스톤 → 커넥팅로드 → 클러치 → 크랭크축
② 피스톤 → 클러치 → 크랭크축 → 커넥팅로드
③ 피스톤 → 크랭크축 → 커넥팅로드 → 클러치
④ 피스톤 → 커넥팅로드 → 크랭크축 → 클러치

02 ★★★ 기계식 변속기가 장착된 건설기계에서 클러치 스프링의 장력이 약하면 발생하는 현상은?

① 주 속도가 빨라진다.
② 기관의 회전속도가 빨라진다.
③ 기관이 정지된다.
④ 클러치가 미끄러진다.

> 해설 클러치 스프링의 장력이 약하면 클러치를 지지하기가 어려워지므로, 클러치가 미끄러진다.

03 ★★★ 기관의 플라이휠과 항상 같이 회전하는 부품은?

① 압력판
② 릴리스 베어링
③ 클러치 축
④ 디스크

04 클러치의 필요성으로 옳지 <u>않은</u> 것은?

① 전·후진을 위해
② 관성운동을 하기 위해
③ 기어 변속 시 기관의 동력을 차단하기 위해
④ 기관 시동 시 기관을 무부하 상태로 하기 위해

05 ★★★ 클러치에 대한 설명으로 옳지 <u>않은</u> 것은?

① 클러치는 수동식 변속기에 사용된다.
② 클러치 용량이 너무 크면 엔진이 정지하거나 동력 전달 시 충격이 일어나기 쉽다.
③ 엔진 회전력보다 클러치의 용량이 적어야 한다.
④ 클러치 용량이 너무 작으면 클러치가 미끄러진다.

> 해설 클러치의 용량은, 클러치가 엔진으로부터 변속기축에 전달할 수 있는 회전력의 크기를 의미하여, 엔진 회전력보다 약 2~3배 정도 커야 한다.

06 ★★ 클러치 차단이 불량한 원인이 <u>아닌</u> 것은?

① 릴리스 레버의 마멸
② 페달 유격이 과대
③ 클러치판의 흔들림
④ 토션 스프링의 약화

> 해설 토션 스프링은 클러치 디스크가 플라이휠과 접속할 때 회전 충격을 흡수하는 역할을 하는 것으로 클러치 차단 불량의 원인이 아니다.

| 정답 | 01 ④ 02 ④ 03 ① 04 ① 05 ③ 06 ④

07 수동식 변속기가 장착된 장비에서 클러치 페달에 유격을 두는 이유는?

① 클러치 용량을 크게 하기 위해
② 클러치의 미끄럼을 방지하기 위해
③ 엔진 출력을 증가시키기 위해
④ 제동 성능을 증가시키기 위해

> 해설 클러치 유격은 릴리스 베어링이 릴리스 레버에 접촉할 때 까지 페달이 움직인 거리를 말하는데 클러치의 미끄러짐을 방지하기 위해 클러치페달에 적당한 유격을 두게 된다.

08 수동변속기가 설치된 건설기계에서 클러치가 미끄러지는 원인으로 가장 거리가 먼 것은?

① 클러치 페달의 자유간극 과소
② 압력판의 마멸
③ 클러치판에 오일부착
④ 클러치판의 런아웃 과다

> 해설 클러치판의 런아웃(Run out)은 클러치판이 떨리는 현상을 말한다.

09 수동식 변속기 건설기계를 운행 중 급가속 시켰더니 기관의 회전은 상승하는데 차속이 증속되지 않았다. 그 원인에 해당하는 것은?

① 클러치 파일럿 베어링의 파손
② 릴리스 포크의 마모
③ 클러치 페달의 유격 과대
④ 클러치 디스크 과대 마모

> 해설 클러치가 마모되면 클러치가 미끄러지기 때문에 급가속을 하여도 차속이 증속되지 않는 증상이 발생한다.

10 토크 컨버터에서 오일 흐름 방향을 바꾸어 주는 것은?

① 펌프
② 변속기축
③ 터빈
④ 스테이터

11 토크 컨버터에 대한 설명으로 옳은 것은?

① 구성품 중 펌프(임펠러)는 변속기 입력축과 기계적으로 연결되어 있다.
② 펌프, 터빈, 스테이터 등이 상호 운동하여 회전력을 변환시킨다.
③ 엔진 회전속도가 일정한 상태에서 건설기계의 속도가 줄어들면 토크는 감소한다.
④ 구성품 중 터빈은 기관의 크랭크축과 기계적으로 연결되어 구동된다.

> 해설 토크 컨버터는 펌프(임펠러), 터빈(러너), 스테이터 등이 상호 운동하여 회전력을 변환시키는 장치이다.

12 유체 클러치(Fluid coupling)에서 가이드 링의 역할은?

① 와류를 감소시킨다.
② 터빈(Turbine)의 손상을 줄이는 역할을 한다.
③ 마찰을 증대시킨다.
④ 플라이휠(fly wheel)의 마모를 감소시킨다.

> 해설 유제 클러치에서 가이드 링은 유체의 와류(소용돌이)를 감소시켜 동력의 전달효율을 증대시킨다.

| 정답 | 07 ② 08 ④ 09 ④ 10 ④ 11 ② 12 ①

13 유성기어 장치의 주요 부품은? ★★★

① 유성기어, 베벨기어, 선기어
② 선기어, 클러치기어, 헬리컬기어
③ 유성기어, 베벨기어, 클러치기어
④ 선기어, 유성기어, 링기어, 유성캐리어

> **해설** 유성기어 장치는 중심에 선 기어가 고정되어 있고 가장 바깥쪽에 커다란 링기어가 있으며, 선기어와 링 기어 중간에 유성기어가 설치되고 유성기를 동일한 간격으로 설치된 유성기어 캐리어로 구성된다.

14 동력전달장치에서 토크 컨버터에 대한 설명으로 옳지 않은 것은?

① 기계적인 충격을 흡수하여 엔진의 수명을 연장한다.
② 조작이 용이하고 엔진에 무리가 없다.
③ 부하에 따라 자동적으로 변속한다.
④ 일정 이상의 과부하가 걸리면 엔진이 정지한다.

> **해설** 토크컨버터는 일정 이상의 과부하가 걸려도 엔진의 가동이 정지하지 않는다.

15 토크 컨버터의 3대 구성요소가 아닌 것은? ★★★

① 터빈
② 스테이터
③ 펌프
④ 오버러닝 클러치

> **해설** 토크 컨버터는 터빈, 스테이터, 펌프 임펠러로 구성된다.

16 변속레버를 중립에 위치하였는데도 불구하고 전진 또는 후진으로 움직이고 있을 때 고장으로 판단되는 곳은? ★

① 컨트롤 밸브
② 유압펌프
③ 토크컨버터
④ 트랜스퍼케이스

> **해설** 컨트롤 밸브가 고장나면 변속레버를 중립에 위치하였는데도 불구하고 전진 또는 후진으로 움직인다.

17 토크변환기에 사용되는 오일의 구비조건으로 옳은 것은? ★★★

① 착화점이 낮을 것
② 비중이 작을 것
③ 비점이 낮을 것
④ 점도가 낮을 것

> **해설** 토크 컨버터 오일의 구비조건: 점도가 낮고, 착화점이 높을 것, 빙점이 낮고, 비점이 높을 것, 비중이 크고, 유성이 좋을 것, 윤활성과 내산성이 클 것

18 자동변속기의 과열원인이 아닌 것은? ★★★

① 메인압력이 높다.
② 과부하 운전을 계속하였다.
③ 오일이 규정량보다 많다.
④ 변속기 오일쿨러가 막혔다.

> **해설** **자동변속기가 과열하는 원인**
> • 오일이 부족할 때
> • 메인압력(유압)이 높을 때
> • 과부하 운전을 계속하였을 때
> • 오일쿨러가 막혔을 때

| 정답 | 13 ④ 14 ④ 15 ④ 16 ① 17 ④ 18 ③

19 건설기계에서 변속기의 구비조건으로 가장 적절한 것은?

① 대형이고, 고장이 없어야 한다.
② 조작이 쉬우므로 신속할 필요는 없다.
③ 연속적 변속에는 단계가 있어야 한다.
④ 전달효율이 좋아야 한다.

> 해설 변속기는 소형, 경량이고 고장이 없으며, 조작이 쉽고 신속, 정확하게 변속되어야 한다. 또한 단계가 없이 연속적인 변속 조작이 가능하고, 전달 효율이 좋아야 한다.

20 수동변속기가 장착된 건설기계에서 기어의 이중 물림을 방지하는 장치는?

① 인젝션 장치　　② 인터록 장치
③ 인터클러치 장치　④ 인터널 기어 장치

> 해설 변속기 기어가 이중으로 물리는 것을 방지하는 장치는 인터록 장치이다.

21 운행 중 변속레버가 빠지는 원인에 해당되는 것은?

① 기어가 충분히 물리지 않았을 때
② 클러치 조정이 불량할 때
③ 릴리스 베어링이 파손되었을 때
④ 클러치 연결이 분리되었을 때

> 해설 변속레버는 기어가 제대로 물리지 않거나, 변속기 록 장치가 불량하거나, 록스프링의 장력이 약할 경우 빠지게 된다

22 수동식 변속기가 장착된 건설기계에서 기어의 이상음이 발생하는 이유가 아닌 것은?

① 기어 백래시 과다　② 변속기의 오일부족
③ 변속기 베어링의 마모　④ 웜과 웜기어의 마모

> 해설 웜과 웜기어는 나사모양의 휠이 직각방향으로 웜기어에 연결되어 회전력을 전달하는데 사용된다. 웜과 웜기어는 조향 기어의 종류이므로 수동변속기와는 관계가 없다.

23 추진축의 각도변화를 가능하게 하는 이음은?

① 등속이음
② 자재이음
③ 플랜지 이음
④ 슬립이음

> 해설 자재이음(유니버설 조인트)은 추진축의 각도변화를 가능하게 하는 부품이다.

24 슬립이음과 자재이음을 설치하는 곳은?

① 드라이브 라인
② 종 감속기어
③ 차동기어
④ 유성기어

> 해설 추진축의 길이변화를 가능하게 해주는 슬립이음과 추진축의 각도변화를 가능하게 해주는 자재이음은 드라이브 라인에 설치된다.

25 타이어식 건설기계의 동력전달장치에서 추진축의 밸런스 웨이트에 대한 설명으로 옳은 것은?

① 추진축의 비틀림을 방지한다.
② 추진축의 회전수를 높인다.
③ 변속조작 시 변속을 용이하게 한다.
④ 추진축의 회전 시 진동을 방지한다.

> 해설 밸런스 웨이트(평형추)는 추진축이 회전할 때 진동을 방지한다.

| 정답 |　19 ④　20 ②　21 ①　22 ④　23 ②　24 ①　25 ④

26 십자축 자재이음을 추진축 앞뒤에 둔 이유를 가장 적절하게 설명한 것은?

① 추진축의 진동을 방지하기 위해
② 회전 각속도 변화를 상쇄하기 위해
③ 추진축의 굽음을 방지하기 위해
④ 길이의 변화를 가능하게 하기 위해

해설 십자축 자재이음을 추진축 앞뒤에 둔 이유는 회전 각속도의 변화를 상쇄하기 위함이다.

27 엔진에서 발생한 회전동력을 바퀴까지 전달할 때 마지막으로 감속작용을 하는 것은?

① 클러치
② 트랜스미션
③ 프로펠러 샤프트
④ 파이널 드라이브 기어(종감속기어)

해설 파이널 드라이브 기어(종감속 기어)는 엔진의 동력을 바퀴까지 전달할 때 마지막으로 감속하여 전달한다.

28 타이어식 건설기계의 추진축 구성품이 <u>아닌</u> 것은?

① 실린더   ② 요크
③ 평형추   ④ 센터베어링

해설 추진축은 요크, 평형추, 센터베어링으로 구성되어 있다.

29 종감속비에 대한 설명으로 옳지 <u>않은</u> 것은?

① 종감속비는 링기어 잇수를 구동피니언 잇수로 나눈 값이다.
② 종감속비가 크면 가속성능이 향상된다.
③ 종감속비가 적으면 등판능력이 향상된다.
④ 종감속비는 나누어서 떨어지지 않는 값으로 한다.

해설 종감속비를 크게 하면 가속성능과 등판능력은 향상되나 고속성능이 저하한다.

30 동력전달장치에 사용되는 차동기어장치에 대한 설명으로 옳지 <u>않은</u> 것은?

① 선회할 때 좌·우 구동바퀴의 회전속도를 다르게 한다.
② 선회할 때 바깥쪽 바퀴의 회전속도를 증대시킨다.
③ 보통 차동기어장치는 노면의 저항을 작게 받는 구동바퀴가 더 많이 회전하도록 한다.
④ 기관의 회전력을 크게 하여 구동바퀴에 전달한다.

해설 기관의 회전력을 크게 하여 구동바퀴에 전달하는 것은 종감속기어이다.

31 차축의 스플라인 부는 차동장치 어느 기어와 결합되어 있는가?

① 링 기어
② 차동사이드 기어
③ 차동피니언
④ 구동피니언

해설 차축의 스플라인 부는 차동장치의 차동사이드 기어와 결합되어 있다.

32 엔진에서 발생한 회전동력을 바퀴까지 전달할 때 마지막으로 감속작용을 하는 것은?

① 클러치
② 프로펠러샤프트
③ 트랜스미션
④ 파이널 드라이버 기어

해설 종감속기어(파이널 드라이버 기어, 최종 감속기어)는 추진축의 회전력을 직각이나 직각에 가까운 각도로 바꾸어서 뒤차축에 전달하고, 최종적인 감속을 통해 회전력을 증대시키기 위해 설치하는 장치이다.

| 정답 | 26 ② 27 ④ 28 ① 29 ③ 30 ④ 31 ② 32 ④

33 하부 추진체가 휠로 되어 있는 건설기계 장비로 커브를 돌때 선회를 원활하게 해주는 장치는? ***

① 변속기
② 차동장치
③ 최종 구동장치
④ 트랜스퍼케이스

해설 차동장치란 하부 추진체가 휠로 되어 있는 건설기계장비로 커브를 돌 때 쪽 바퀴의 회전수를 다르게 하여 원활한 주행을 가능하게 하는 장치이다.

34 사용압력에 따른 타이어의 분류에 속하지 <u>않는</u> 것은? ***

① 고압타이어
② 초고압타이어
③ 저압타이어
④ 초저압타이어

해설 사용압력에 따른 타이어의 분류에는 고압타이어, 저압타이어, 초저압타이어가 있다.

35 타이어에서 고무로 피복된 코드를 여러 겹으로 겹친 층에 해당되며 타이어 골격을 이루는 부분은? ***

① 카커스(carcass)부분
② 트레드(tread)부분
③ 숄더 (should)부분
④ 비드(bead)부분

해설 카커스 부분은 고무로 피복된 코드를 여러겹 겹친 층에 해당되며, 타이어 골격을 이루는 부분이다.

36 타이어식 건설기계 주행 중 발생할 수도 있는 히트 세퍼레이션 현상에 대한 설명으로 옳은 것은? ***

① 물에 젖은 노면을 고속으로 달리면 타이어와 노면 사이에 수막이 생기는 현상
② 고속으로 주행 중 타이어가 터져버리는 현상
③ 고속 주행 시 차체가 좌·우로 밀리는 현상
④ 고속 주행할 때 타이어 공기압이 낮아져 타이어가 찌그러지는 현상

해설 히트 세퍼레이션(heat separation)이란 고속으로 주행할 때 열에 의해 타이어의 고무나 코드가 용해 및 분리되어 터지는 현상이다.

37 타이어의 트레드에 대한 설명으로 옳지 <u>않은</u> 것은? ***

① 트레드가 마모되면 구동력과 선회능력이 저하된다.
② 트레드가 마모되면 지면과 접촉 면적이 크게 됨으로써 마찰력이 증대되어 제동 성능은 좋아진다.
③ 타이어의 공기압이 높으면 트레드의 양단부보다 중앙부의 마모가 크다.
④ 트레드가 마모되면 열의 발산이 불량하게 된다.

해설 타이어의 트레드는 타이어에서 노면과 직접 접촉되어 마모에 견디며, 적은 슬립으로 견인력을 증대시키는 부분으로, 만약에 트레드가 마모된다면 노면과의 접촉 마찰력이 감소하게 되어 잘 미끄러진다.

38 타이어에서 트레드 패턴과 관련이 <u>없는</u> 것은? ***

① 제동력
② 편평율
③ 구동력 및 견인력
④ 타이어의 배수효과

해설 트레드 패턴은 트레드에 새겨진 홈의 모양을 말하며 제동력 향상, 구동력, 견인력 등의 성능 향상, 타이어의 배수효과 향상 등의 기능을 담당한다. 편평율은 타원체의 편평한 정도를 의미하여, 이는 트레드 패턴과는 상관이 없다.

| 정답 | 33 ② 34 ② 35 ① 36 ② 37 ② 38 ②

39 튜브리스타이어의 장점이 <u>아닌</u> 것은?

① 펑크 수리가 간단하다.
② 못이 박혀도 공기가 잘 새지 않는다.
③ 고속 주행하여도 발열이 적다
④ 타이어 수명이 길다

> 해설 튜브리스(tubeless)타이어란 튜브가 없고 대신에 공기가 누설되지 않는 고무막을 타이어 내부에 설치하는 방식의 타이어로 최근에 많이 사용하며, 타이어의 수명은 운전 조건에 따른 트레드의 마모 상태로 판단하는 것이므로 튜브리스타이어라고 해서 수명이 길다고 할 수 없다.

40 동력조향장치의 장점으로 적절하지 <u>않은</u> 것은?

① 작은 조작력으로 조향조작을 할 수 있다.
② 조향기어 비율을 조작력에 관계없이 선정할 수 있다.
③ 굴곡노면에서의 충격을 흡수하여 조향핸들에 전달되는 것을 방지한다.
④ 조작이 미숙하면 엔진이 자동으로 정지된다.

> 해설 **동력조향장치의 장점**
> • 조향기어 비율을 조작력에 관계없이 선정할 수 있다.
> • 작은 조작력으로 조향조작을 할 수 있다.
> • 굴곡노면에서의 충격을 흡수하여 조향핸들에 전달되는 것을 방지한다.
> • 조향핸들의 시미현상을 줄일 수 있다.

41 조향 핸들의 유격이 커지는 원인과 관계가 <u>없는</u> 것은?

① 피트면 암의 헐거움
② 타이어 공기압 과대
③ 조향기어, 링키지 조정불량
④ 앞바퀴 베어링 과대 마모

42 타이어형 건설기계에서 동력조향장치 구성을 열거한 것으로 적절하지 <u>않은</u> 것은?

① 유압펌프   ② 복동 유압실린더
③ 제어밸브   ④ 하이포이드 피니언

> 해설 동력조향장치는 작동장치(유압실린더), 유압발생장치(유압펌프), 유압제어장치(제어밸브)로 구성되어 있다.

43 조향기어의 백래시가 클 경우 발생할 수 있는 현상은?

① 핸들의 유격이 커진다.
② 조향핸들의 축방향 유격이 커진다.
③ 조향각도가 커진다.
④ 핸들이 한쪽으로 쏠린다.

> 해설 백래시란 한 쌍의 기어가 맞물렸을 때, 치면 기어의 이가 접촉하는 면 사이에 생기는 틈새를 말한다. 조향기어의 백래시가 작으면 핸들이 무거워지고, 백래시가 커지면 핸들의 유격이 커지게 된다.

44 유압식 조향장치의 핸들의 조작력이 무거운 원인과 가장 거리가 <u>먼</u> 것은?

① 유압이 낮다.
② 오일이 부족하다.
③ 유압 계통 내에 공기가 혼입되었다.
④ 펌프의 회당 회전수가 빠르다.

> 해설 타이어의 공기압이 낮을 때, 오일펌프의 회전이 느릴 때, 오일이 부족할 때 등의 이유로 유압 조향장치의 핸들 조작은 무거워진다.

45 타이어식 건설기계에서 조향바퀴의 토인을 조정하는 것은?

① 조향핸들   ② 타이로드
③ 웜 기어   ④ 드래그 링크

> 해설 토인은 타이로드에서 조정할 수 있다.

| 정답 | 39 ④   40 ④   41 ②   42 ④   43 ①   44 ④   45 ②

46 건설기계 조향바퀴 정렬의 요소가 <u>아닌</u> 것은?

① 캐스터(caster)
② 부스터(booster)
③ 캠버(camber)
④ 토인(toe-in)

해설 조향바퀴 얼라인먼트의 요소에는 캠버, 캐스터, 토인, 킹핀 경사각 등이 있다.

47 앞바퀴 정렬 요소 중 캠버의 필요성에 대한 설명으로 옳지 <u>않은</u> 것은?

① 앞차축의 휨을 적게 한다.
② 조향 휠의 조작을 가볍게 한다.
③ 조향 시 바퀴의 복원력이 발생한다.
④ 토(Toe)와 관련성이 있다.

해설 캠버의 필요성: 앞차축의 휨을 적게 하고 조향 휠(핸들)의 조작을 가볍게 하며, 토(Toe)와 토인 토아웃의 상태에 따라 정의 캠버와 부의 캠버를 두고 있다.

48 타이어식 건설기계의 휠 얼라인먼트에서 토인의 필요성이 <u>아닌</u> 것은?

① 조향바퀴의 방향성을 준다.
② 타이어 이상마멸을 방지한다.
③ 조향바퀴를 평행하게 회전시킨다.
④ 바퀴가 옆 방향으로 미끄러지는 것을 방지한다.

해설 **토인의 필요성**
• 조향바퀴를 평행하게 회전시킨다.
• 조향바퀴가 옆 방향으로 미끄러지는 것을 방지한다.
• 타이어 이상 마멸을 방지한다.
• 조향 링키지 마멸에 따라 토 아웃(toe-out)이 되는 것을 방지한다.

49 타이어식 건설 기계에서 앞바퀴 정렬의 역할과 거리가 <u>먼</u> 것은?

① 브레이크의 수명을 길게 한다.
② 타이어 마모를 최소로 한다.
③ 방향 안정성을 준다.
④ 조향핸들의 조작을 작은 힘으로 쉽게 할 수 있다.

해설 앞바퀴 정렬이란 차량의 바퀴 위치 방향 및 다른 부품들과의 밸런스 등을 올바르게 유지하는 정렬상태로 휠 얼라인먼트(wheel alignment)라고도 하며 브레이크 수명과는 관계가 없다.

제동장치

50 제동장치의 구비 조건 중 옳지 <u>않은</u> 것은?

① 점검 및 조정이 용이해야 한다.
② 작동이 확실하고 잘되어야 한다.
③ 마찰력이 작아야 한다.
④ 신뢰성과 내구성이 뛰어나야 한다.

해설 제동장치란 주행 중인 차량을 감속 또는 정지시키거나 정지된 차량이 더 이상 움직이지 않도록 하기 위한 장치로 마찰력이 커야 한다.

51 제동장치의 기능을 설명한 것으로 옳지 <u>않은</u> 것은?

① 주행속도를 감속시키거나 정지시키기 위한 장치이다.
② 독립적으로 작동시킬 수 있는 2계통의 제동장치가 있다.
③ 급제동 시 노면으로부터 발생되는 충격을 흡수하는 장치이다.
④ 경사로에서 정지된 상태를 유지할 수 있는 구조이다.

| 정답 | 46 ② 47 ③ 48 ① 49 ① 50 ③ 51 ③

52 유압 브레이크에서 잔압을 유지시키는 것은?

① 부스터
② 체크밸브
③ 실린더
④ 피스톤 스프링

해설 유압 브레이크에서 잔압을 유지시키는 것은 체크밸브이다.

53 긴 내리막길을 내려갈 때 베이퍼록을 방지하려고 하는 좋은 운전방법은?

① 변속레버를 중립으로 놓고 브레이크 페달을 밟고 내려간다.
② 엔진시동을 끄고 브레이크 페달을 밟고 내려간다.
③ 엔진 브레이크를 사용한다.
④ 클러치를 끊고 브레이크 페달을 계속 밟고 속도를 조정하면서 내려간다.

해설 경사진 내리막길을 내려갈 때 베이퍼록을 방지하려면 엔진 브레이크를 사용한다.

54 타이어식 건설기계에서 브레이크 장치의 유압회로에 베이퍼록이 생기는 원인이 아닌 것은?

① 마스터 실린더 내의 잔압 저하
② 비점이 높은 브레이크 오일 사용
③ 브레이크 드럼과 라이닝의 끌림에 의한 가열
④ 긴 내리막길에서 과도한 브레이크 사용

해설 베이퍼록(vapor lock)이 발생하는 원인
• 긴 내리막길에서 과도한 브레이크 사용
• 브레이크 회로 내의 잔압 저하
• 라이닝과 드럼의 간극과소로 끌림에 의한 가열
• 브레이크 오일의 변질에 의한 비등점 저하
• 불량한 브레이크 오일사용

55 제동장치의 페이드 현상 방지책으로 옳지 않은 것은?

① 브레이크 드럼의 냉각성능을 크게 한다.
② 브레이크 드럼은 열팽창률이 적은 재질을 사용한다.
③ 온도상승에 따른 마찰계수 변화가 큰 라이닝을 사용한다.
④ 브레이크 드럼은 열팽창률이 적은 형상으로 한다.

해설 페이드 현상을 방지하려면 온도상승에 따른 마찰계수 변화가 작은 라이닝을 사용하여야 한다.

56 진공제동 배력 장치의 설명 중에서 옳은 것은?

① 진공밸브가 새면 브레이크가 전혀 작동되지 않는다.
② 릴레이 밸브의 다이어프램이 파손되면 브레이크가 작동되지 않는다.
③ 릴레이 밸브 피스톤 컵이 파손되어도 브레이크는 작동된다.
④ 하이드로릭 피스톤의 체크 볼이 밀착 불량이면 브레이크가 작동되지 않는다.

해설 ① 진공제동 배력 장치의 원리 : 초기에는 배력장치의 피스톤 양쪽에 진공압력이 작동되어 있으며 브레이크 작동시 배력장치 내의 릴레이밸브 피스톤이 브레이크 유압에 의해 밀려 공기밸브를 열고, 대기압을 배력장치의 피스톤 한쪽에 공급되면 배력장치 피스톤 양쪽에 압력차가 발생되고 브레이크 제동력이 크게 배력되어 운전자는 브레이크 페달의 힘을 적게 하더라도 브레이크 작동이 원활하게 되는 원리이다.
② 릴레이 밸브 피스톤 컵 파손시 작동 : 외부의 공기(대기압) 밸브를 열어 주는 기능을 하는 릴레이밸브 피스톤 컵의 파손으로 제동배력이 발생하지 않더라도 브레이크는 작동되지만 브레이크 페달에 전달되는 제동시 발 조작력에 매우 큰 힘을 요하게 된다.

| 정답 | 52 ② 53 ③ 54 ② 55 ③ 56 ③

유압장치

단원별 기출 분석

✓ 학습 내용이 어려운 편이며, 출제 비율도 높은 단원입니다.

✓ 수험생들이 어려워하는 단원이기 때문에 이론과 기출문제 위주로 꼼꼼하게 학습해야 합니다.

핵심테마
유압일반 및 유압펌프와 실린더

01 유압장치

유체에너지를 기계적 에너지로 바꾸는 장치이다.

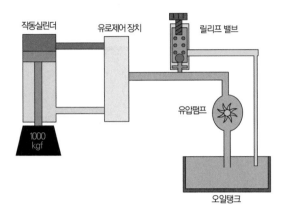

[유압장치 회로]

1 유압장치의 장점

① 작은 동력으로 큰 힘을 낼 수 있다.
② 과부하 방지가 간단하다.
③ 운동 방향을 쉽게 변경할 수 있다.
④ 정확한 위치제어가 가능하다.
⑤ 동력의 전달 및 증폭을 연속적으로 제어할 수 있다.
⑥ 무단변속이 가능하고 작동이 원활하다.
⑦ 원격 제어가 가능하고 속도 제어가 쉽다.
⑧ 윤활성, 내마멸성, 방청성이 좋다.
⑨ 에너지 축적이 가능하다.

2 유압장치의 단점

① 유압유의 온도에 따라서 점도 및 위치 제어가 어려워질 수 있다.
② 구조가 복잡하여 고장 원인을 파악하기 어렵다.
③ 회로 구성이 어렵고 관로 이음에서 누설이 발생할 수 있다.
④ 유압유는 가연성이 있어 화재에 위험하다.
⑤ 폐유에 의해 주변 환경이 오염될 수 있다.
⑥ 에너지의 손실이 크고, 유압오일의 누출 가능성이 있다.
⑦ 고압을 사용하기 때문에 위험성이 있다.

3 파스칼의 원리

① 밀폐용기 내의 한 부분에 가해진 압력은 액체 내의 전부분에 같은 압력으로 전달한다.
② 정지된 액체에 접하고 있는 면에 가해진 압력은 그 면에 수직으로 작용한다.
③ 정지된 액체의 한 점에 있어서의 압력의 크기는 전 방향으로 동일하다.

> » 압력의 단위: psi, kgf/cm^2, kPa, mmHg, bar, atm
> » 압력: 힘(kgf)/단면적(cm^2)

02 유압펌프

① 동력원으로부터 기계적 에너지를 유체에너지를 바꾸는 장치
② 동력원과 커플링으로 연결되어 동력원과 함께 회전하면서 오일탱크 내의 유압오일을 흡입하여 제어밸브로 보낸다.
③ 종류에는 기어 펌프, 베인 펌프, 플런저 펌프 등이 있다.

03 기어펌프(Gear pump)

기어펌프는 회전속도에 따라 흐름용량(유량)이 변화하는 정용량형이다.

(1) 기어펌프의 장·단점

장점	단점
• 소형이며 구조가 간단 • 고속회전 가능 • 저렴한 가격 • 우수한 흡입성능과 펌프 내 기포발생이 적음	• 수명이 짧음 • 소음과 진동이 큼 • 펌프효율이 낮음 • 초고압 펌프사용이 어려움

(2) 기어펌프의 종류

- 외접식, 내접식, 트로코이드식 등

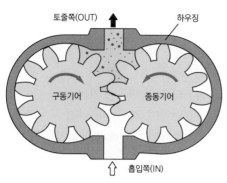

[외접식 기어펌프]

기어 펌프의 폐입 현상

토출된 유압오일 일부가 입구 쪽으로 귀환하여 토출 유량 감소, 축동력 증가 및 케이싱 마모, 기포 발생 등을 유발하는 현상

04   베인펌프(Vane Pump)

1 베인펌프의 개요

① 베인 펌프는 캠링(케이스), 로터(회전자), 베인(날개)으로 구성
② 정용량형과 가변용량형이 있음

2 베인펌프의 장·단점

장점	단점
• 수명이 길고 구조가 간단 • 토출 압력의 맥동과 소음이 적음 • 수리와 관리가 쉬운 편	• 제작 시 높은 정밀도가 요구됨 • 유압유의 점도에 제한을 받음

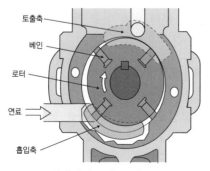

[베인펌프의 구조]

05   플런저 펌프(피스톤 펌프)

1 플린저 펌프의 특징

① 실린더에서 플런저(피스톤)이 왕복 운동을 하면서 유체 흡입 및 송출 등의 펌프 작용을 함
② 최고 압력 토출이 가능하고 높은 평균 효율로 고압 대출력에 사용 가능
③ 높은 압력에 잘 견디며 가변용량이 가능
④ 구조가 복잡하고 가격이 비싼 편
⑤ 오일 오염에 민감

2 플런저 펌프의 종류

① 액시얼 플런저 펌프
- 플런저가 유압펌프 축과 평행하게 설치되어 있다.
- 플런저(피스톤)가 경사판에 연결되어 회전한다.
- 경사판의 기능은 유압 펌프의 용량 조절이다.
- 유압 펌프 중에서 유압이 가장 높다.
② 레이디얼 플런저 펌프
- 플런저가 유압펌프 축에 직각인 평면에 방사상으로 배열되어 있다.
- 작동은 간단하지만 구조가 복잡하다.

06   유압펌프의 용량 표시방법

① 주어진 압력과 그 때의 토출유량으로 표시한다.
② 토출유량의 단위는 LPM(ℓ/min)이나 GPM(Gallon Per Minute)을 사용한다.

07 유압 실린더

❶ 유압실린더(hydraulic cylinder)의 정의
유압을 직선운동으로 전환하는 장치이다.

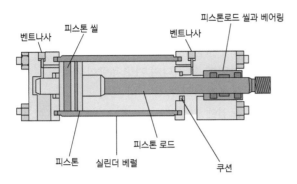

[유압 실린더의 구조]

❷ 유압 실린더의 종류
① 단동 실린더: 피스톤 한쪽에만 유압이 발생하고 제어되는 단방향 형식의 실린더
② 복동 실린더: 피스톤 양쪽에 유압이 발생하고 제어되는 교대 형식의 실린더
③ 다단 실린더: 실린더 내부에 실린더가 내장되어 있으며, 압착된 유체가 유입되면 실린더가 차례로 나오는 형식의 실린더

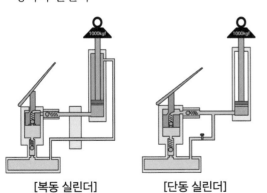

[복동 실린더]　　　[단동 실린더]

액추에이터(Actuator)
» 유압유의 압력 에너지(힘)를 기계적 에너지(일)로 변환시키는 작용을 하는 장치
» 유압펌프를 통해 송출된 유압 에너지를 직선운동(유압 실린더)이나 회전운동(유압모터)으로 기계적 일을 하는 장치

08 유압모터

유압모터는 유압 에너지에 의해 연속으로 회전운동을 하면서 기계적인 일을 하는 장치

❶ 유압모터의 장점
① 넓은 범위의 무단 변속이 가능
② 구조가 간단하며, 과부하에 안전
③ 자동원격 조작이 가능하고 작동이 정확
④ 속도나 방향 제어가 용이
⑤ 소형, 경량으로 큰 출력을 낼 수 있음
⑥ 관성이 작아 응답성이 빠름
⑦ 정·역회전 변화가 쉬움
⑧ 급속정지가 쉬움

❷ 유압모터의 단점
① 작동유에 먼지나 공기가 침입하지 않도록 특히 보수에 주의해야 함
② 작동유의 점도 변화에 따라 유압모터의 사용이 제약
③ 공기와 먼지 등이 혼입되면 성능에 영향을 줌
④ 유압유는 인화하기 쉬움

❸ 유압모터의 종류
(1) 기어 모터(Gear Motor)
① 토크의 크기가 일정하다.
② 베인모터나 플런저 모터보다 구조가 간단하며, 소형 경량형이다.
③ 모터 효율은 70% 정도이다.

(2) 베인 모터(Vane Motor)
① 토크의 크기가 일정하다.
② 역전 및 무단 변속기 등 가혹한 조건에서도 사용이 가능하다.

(3) 플런저 모터(Plunger Motor, 피스톤 모터)
① 구조가 복잡하고 대형이다.
② 고속 고압용 모터를 요구하는 장치에 적합하다.
③ 펌프의 최고 토출압력 및 평균 효율이 가장 높은 장점을 가진다.

CHAPTER **08**

핵심테마

SECTION 02 유압유·컨트롤 밸브 및 그 밖의 부속장치

01 유압유

유압유는 펌프 형식, 사용 압력 및 온도 범위, 회로의 내화성과 저항 등 필요 여부에 따라 선정해야 한다.

1 유압유의 기능

① 윤활 및 냉각 작용
② 유압장치 내의 열을 흡수
③ 압력에너지를 옮기며 동력을 전달
④ 기계 요소의 마모를 방지
⑤ 필요한 요소 사이를 밀봉

2 유압유의 점도

점도는 점성의 정도를 나타내는 척도이다. 유압유의 점도는 온도가 상승하면 저하되고, 온도가 내려가면 높아진다.

3 유압유의 점도가 높을 때의 영향

① 유압이 높아지므로 유동저항이 커져 압력손실이 증가한다.
② 내부마찰이 증가하므로 동력손실이 증가한다.
③ 열 발생의 원인이 될 수 있다.

4 유압유의 점도가 낮을 때의 영향

① 유압장치(회로)내의 유압이 낮아진다.
② 유압펌프의 효율이 저하된다.
③ 유압 실린더와 유압모터의 작동속도가 늦어진다.
④ 유압 실린더 및 유압모터, 제어밸브에서 누출 현상이 발생한다.

5 유압유의 구비조건

① 내열성이 크고, 인화점 및 발화점이 높아야 한다.
② 점성과 적절한 유동성이 있어야 한다.
③ 기포분리 성능(소포성)이 커야 한다.
④ 압축성, 밀도, 열팽창 계수가 작아야 한다.
⑤ 화학적 안정성(산화 안정성)이 커야 한다.
⑥ 점도지수 및 체적탄성계수가 커야 한다.

체적탄성계수
» 물질이 압축에 저항하는 정도를 나타내는 값
» 체적탄성계수 값이 크면 압력을 가하여 물체 부피를 변화시키기가 어려움

6 유압유 첨가제

유압유 첨가제에는 산화방지제, 유성향상제, 마모방지제, 소포제(거품 방지제), 유동점 강하제, 점도지수 향상제 등이 있다.

7 유압유에 수분이 미치는 영향

① 유압유의 산화와 열화를 촉진시킨다.
② 유압장치의 내마모성을 저하시킨다.
③ 유압유의 윤활성 및 방청성을 저하시킨다.
④ 수분함유 여부는 가열한 철판 위에 유압유를 떨어뜨려 점검한다.

8 유압유 열화 판정방법

① 자극적인 악취 유무로 확인
② 수분이나 침전물의 유무로 확인
③ 점도 상태 및 색깔의 변화로 확인
④ 흔들었을 때 생기는 거품 발생 여부로 확인
⑤ 유압유 교환을 판단하는 조건은 점도의 변화, 색깔의 변화, 수분의 함유 여부로 확인

9 유압유의 온도

① 유압유의 정상작동 온도범위는 40~80℃ 정도
② 난기운전 후 유압유의 온도범위는 25~30℃ 정도
③ 최저허용 유압유의 온도범위는 40℃ 정도
④ 최고허용 유압유의 온도범위는 80℃ 정도
⑤ 열화가 발생하기 시작하는 유압유의 온도 범위는 100℃ 이상

02 유압장치의 정비

1 실린더의 자연하강(Cyliner Drift) 현상의 원인

① 릴리프 밸브가 불량한 경우
② 컨트롤 밸브 스풀에 마모가 발생한 경우
③ 실린더 내부의 마모가 심한 경우
④ 실린더 내의 피스톤 실(seal)의 마모

2 유압 실린더의 작동 속도가 느리거나 불규칙한 원인

① 오일량이 부족한 경우
② 피스톤 링의 마모가 심한 경우
③ 유압유의 점도가 높은 경우
④ 회로내 공기가 유입된 경우

3 유압펌프의 숨돌리기 현상의 원인

유압 회로에 공기의 유입으로 기계가 작동하다가 순간적으로 멈추고 다시 작동하는 현상을 말한다.

① 피스톤 링의 심한 마모
② 유압이 낮은 경우
③ 회로내의 공기가 유입된 경우
④ 유압유의 점도가 높은 경우

유압모터 작동 시 진동 및 소음 발생의 원인
» 회로 내에 공기가 유입된 경우
» 각종 작동부의 마모 또는 파손된 경우
» 오일의 누설
» 모터의 체결이 불량한 경우

03 컨트롤 밸브

유압유의 압력, 유량 또는 방향을 제어하는 밸브이다.

압력제어 밸브	유압으로 일의 크기를 제어
유량제어 밸브	유량으로 일의 속도를 제어
방향제어 밸브	유압의 방향을 제어하면서 일의 방향을 결정

04 압력 제어밸브

① 유압장치에서 유압을 일정하게 유지하거나 최고 압력을 제한하는 밸브
② 종류에는 릴리프 밸브, 리듀싱(감압) 밸브, 시퀀스 밸브, 무부하(언로드) 밸브, 카운터 밸런스 밸브 등이 있다.

1 릴리프 밸브(Relief Valve)

① 유압펌프와 방향 제어밸브 사이에 위치
② 유압회로 전체의 압력을 일정하게 유지
③ 과부하 방지와 유압기기의 보호를 위하여 최고압력을 제한
④ 유압 계통에서 릴리프 밸브의 스프링 장력이 약해지면 채터링 현상이 발생

» 채터링 현상: 릴리프 밸브에서 압력 차이로 볼이 밸브 시트를 때리는 현상
» 과부하(포트) 릴리프 밸브: 유압장치의 방향 전환밸브에서 실린더가 외력으로 충격을 받았을 때 발생되는 고압을 릴리프 시키는 밸브

2 리듀싱 밸브(Reducing Valve, 감압 밸브)

① 상시 개방 상태로 되어 있다가 2차측 압력이 감압밸브의 설정압력보다 높아지면 유압회로를 닫음
② 메인 유압보다 낮은 압력으로 유압 액추에이터를 동작시키고자 할 때 사용
③ 1차측에서 2차측의 감압 회로로 유압유가 흐름

3 시퀀스 밸브(Sequence Valve)

2개 이상의 분기회로에서 유압회로 압력으로 각 유압 실린더를 일정한 순서로 작동시킨다.

4 무부하 밸브(Unloader Valve, 언로드 밸브)

① 유압회로 내의 압력이 설정압력에 도달하면 유압펌프에서 토출된 유압유를 전부 오일탱크로 회송시켜 유압펌프를 무부하 상태로 만드는 데 사용된다.
② 고압소용량, 저압대용량 유압펌프를 조합 운전할 경우, 회로 내의 압력이 설정압력에 도달하면 저압대용량 유압펌프의 토출 유량을 오일탱크로 귀환시키는 작용을 한다.

③ 유압장치에서 2개의 유압펌프를 사용할 때 펌프 전체 송출량을 필요로 하지 않을 경우, 동력의 절감과 유온 상승을 방지한다.

5 카운터밸런스 밸브(Counter Balance Valve)

① 체크밸브가 내장된 밸브이며, 유압회로의 한 방향 흐름에 배압을 생기게 하고, 다른 한 방향 흐름은 자유롭게 흐르도록 한다.
② 중력 및 자체 중량에 의한 자유낙하 등을 방지하기 위하여 회로에 배압을 유지한다.

05 유량 제어 밸브

액추에이터의 운동속도를 제어하기 위하여 사용한다.
① 교축 밸브(Throttle Valve): 밸브의 통로 면적을 변경하여 유량을 제어
② 오리피스 밸브(Orifice Valve): 유압유가 통하는 작은 지름의 구멍으로, 소량의 유량 측정에 사용
③ 분류 밸브(Low Dividing Valve): 2개 이상의 액추에이터에 동일한 유량을 분배하는 데 사용
④ 니들 밸브(Needle Valve): 밸브가 바늘모양으로 되어 있으며, 노즐 또는 파이프 속의 유량을 제어
⑤ 속도 제어밸브(Speed Control Valve): 액추에이터의 작동 속도를 제어하기 위하여 사용

06 방향 제어밸브

유압유가 흐르는 방향을 제어하여 유압 실린더나 유압모터의 작동방향을 바꾸는 데 사용한다.
① 스풀 밸브(Spool Valve): 유압유가 흐르는 방향을 바꾸기 위해 사용하며, 원통형 슬리브 면에 내접하여 축 방향으로 이동하여 유압회로를 개폐하는 형식의 밸브
② 체크 밸브(Check Valve): 유압유의 흐름을 한쪽으로만 허용하고, 역방향 흐름을 제어하여 유압회로에서 역류를 방지하고 회로의 잔류압력을 유지
③ 셔틀 밸브(Shuttle Valve): 2개 이상의 입구와 1개의 출구가 설치되어 있으며, 출구가 최고 압력의 입구를 선택하는 기능을 가진 밸브

07 부속기기

1 어큐뮬레이터(Accumulator, 축압기)

① 유압의 압력 에너지를 저장
② 펌프의 맥동(충격)을 흡수하여 일정하게 유지시킴
③ 비상용 및 보조 유압원으로 사용
④ 스프링형, 기체 압축형(질소 사용), 기체와 기름 분리형(피스톤, 블래더, 다이어프램으로 구분)

[어큐뮬레이터]

2 오일 여과기(Oil Filter)

① 오일여과기는 유압유 내에 금속의 마모된 찌꺼기나 카본 덩어리 등의 이물질을 제거하는 장치
② 종류에는 흡입 여과기, 고압 여과기, 저압 여과기 등이 있음
③ 스트레이너는 유압펌프의 흡입 쪽에 설치되어 여과 작용을 함
④ 여과입도가 너무 조밀하면 캐비테이션 현상이 발생
⑤ 유압장치의 수명 연장을 위해 가장 중요한 요소는 유압유 및 오일여과기의 점검과 교환

3 오일 냉각기(Oil Cooler)

① 공랭식과 수랭식으로 작동유를 냉각시키며, 작동유 온도를 알맞게 유지하기 위한 장치

② 유압유의 양은 정상인데 유압장치가 과열하면 가장 먼저 오일 냉각기를 점검해야 함

오일 냉각기의 구비조건

» 촉매작용이 없을 것
» 오일 흐름에 저항이 작을 것
» 온도 조정이 용이할 것
» 정비 및 청소 등이 편리할 것

4 배관

① 펌프 및 밸브, 실린더를 연결하여 유압을 전달

② 금속관: 움직이지 않는 부분에 사용하며, 가스관 및 강관, 구리관, 알루미늄관, 스테인리스관 등이 있다.

③ 비금속관(고무호스): 움직이는 부분에 사용하며, 직물 브레이드 및 단일 와이어 브레이드, 이중 와이어 브레이드, 나선 와이어 브레이드 등이 있다.

④ 이음: 관을 연결하는 부분으로, 진동이나 충격 등에 의한 오일 누출에 유의해야 한다. 플레어 이음 및 슬리브 이음이 있다.

5 오일 실(Oil seal)

① 유압유의 누출을 방지하며, 유압유가 누출되면 오일 실을 가장 먼저 점검해야 한다.

② 구비조건
- 탄성이 양호하고, 압축변형이 적을 것
- 정밀가공면을 손상시키지 않을 것
- 내압성과 내열성이 클 것
- 설치하기가 쉬울 것
- 피로 강도가 크고, 비중이 적을 것

SECTION 03 유압탱크와 유압기호 및 회로

01 유압탱크의 기능

① 스트레이너가 설치되어 있어 유압장치 내로 불순물이 혼입되는 것을 방지한다.
② 유압탱크 외벽으로의 열 방출에 의해 적정온도를 유지할 수 있다.
③ 격리판(배플)을 설치하여 유압유의 출렁거림을 방지하고, 기포 발생을 방지하거나 제거한다.

02 유압탱크 구조

① 유압탱크는 주입구 캡, 유면계, 격리판(배플), 스트레이너, 드레인 플러그 등으로 구성되어 있으며, 유압유를 저장하는 장치
② 유압펌프 흡입관에는 스트레이너를 설치하며, 흡입관은 유압탱크 가장 밑면과 어느 정도 공간을 두고 설치해야 한다.
③ 유압펌프 흡입관과 복귀관 사이에는 격리판(배플)을 설치한다.
④ 유압펌프 흡입관은 복귀관으로부터 가능한 한 멀리 떨어진 위치에 설치한다.

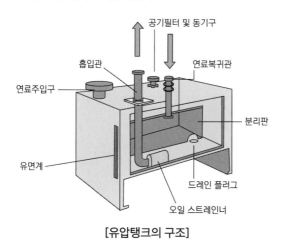

[유압탱크의 구조]

03 유압기호의 표시방법

① 기호에는 흐름의 방향을 표시한다.
② 각 기기의 기호는 정상상태 또는 중립상태를 표시한다.
③ 오해의 위험이 없는 경우에는 기호를 회전하거나 뒤집어도 된다.
④ 기호에는 각 기기의 구조나 작용압력을 표시하지 않는다.
⑤ 기호가 없어도 바르게 이해할 수 있는 경우에는 드레인 관로를 생략해도 된다.

04 빈출 유압기호

정용량형 유압펌프	
가변용량형 유압펌프	
복동 실린더	
무부하 밸브	
어큐뮬레이터	
압력계	
유압동력원	
입력스위치	
무부하 밸브	
직접 파일럿 조작방식	
기계 조작방식	
드레인 배출기	

압력 스위치	--〔　〕M
단동 실린더	
릴리프 밸브	
체크밸브	
공기 유압변환기	
오일탱크	
오일여과기	
유압유 탱크	
솔레노이드 조작방식	
레버 조작방식	
복동 실린더 양 로드형	
공기 탱크	

유압의 기본회로에는 오픈(개방)회로, 클로즈(밀폐)회로, 병렬회로, 직렬회로, 탠덤회로 등이 있다.

1 언로드 회로(무부하 회로)

유압펌프의 유량이 필요하지 않을 때 유압유를 탱크에 귀환시킨다.

2 속도제어 회로

유압회로에서 유량 제어로 작업 속도를 조절하는 회로에는 미터인 회로, 미터 아웃 회로, 블리드 오프 회로, 카운터밸런스 회로 등이 있다

① 미터-인 회로(Meter-in Circuit): 액추에이터의 입구 쪽 관로에 직렬로 된 유량제어 밸브로, 유량으로 속도를 제어

② 미터-아웃 회로(Meter-out Circuit): 액추에이터의 출구 쪽 관로에 직렬로 된 유량제어 밸브로, 유량으로 속도를 제어

③ 블리드 오프 회로(Bleed off Circuit)
• 유량 제어밸브를 실린더와 병렬로 설치하여 유압 펌프 토출량 중 일정한 양을 탱크로 되돌림
• 릴리프 밸브에서 과잉압력을 줄일 필요가 없는 장점이 있으나, 부하 변동이 심한 경우에는 정확한 유량 제어가 어려움

06　기호회로도

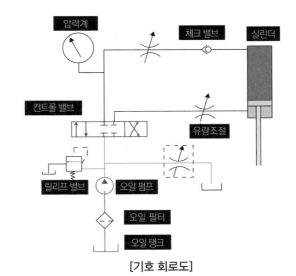

[기호 회로도]

1 기호 회로도에 사용되는 유압 기호의 표시방법

① 기호에는 흐름의 방향을 표시한다.
② 각 기기의 기호는 정상상태 또는 중립상태를 표시한다.
③ 오해의 위험이 없는 경우에는 기호를 회전하거나 뒤집어도 된다.
④ 기호에는 각 기기의 구조나 작용압력을 표시하지 않는다.
⑤ 기호가 없어도 바르게 이해할 수 있는 경우에는 드레인 관로를 생략해도 된다.

CHAPTER 08

2 장치별 유압기호

① 탱크의 기호

오일탱크	
공기탱크	

② 오일 필터의 종류

배수기 없는 필터	
배수기 있는 필터	
배수기 자동 필터	

③ 동력원 펌프 및 모터

정용량 유압펌프	
가변용량 유압펌프	
정용량 유압모터	
가변용량 유압모터	
전기모터 회전 동력	

④ 유압제어 밸브

릴리프 밸브	
감압 밸브	
무부하 밸브	

⑤ 방향 제어 밸브 기본

체크밸브	
고정형 조리개 체크밸브	

⑥ 제어 밸브 기본

4포트 3위치 전환밸브	
2포트 2위치 전환밸브	

⑦ 유량 조절기

고정유량 조리개	
가변유량 조리개밸브	
유량조절밸브	

⑧ 유압실린더

단동실린더	
복동실린더	
램형실린더	
더블로드 실린더	

CHAPTER 08

유압일반

01 파스칼의 원리와 관련된 설명이 아닌 것은?
★★★

① 정지된 액체에 접하고 있는 면에 가해진 압력은 그 면에 수직으로 작용한다.
② 정지된 액체의 한 점에 있어서의 압력의 크기는 전 방향에 대하여 동일하다.
③ 점성이 없는 비압축성 유체에서 압력에너지, 위치에너지, 운동에너지의 합은 같다.
④ 밀폐용기 내의 한 부분에 가해진 압력은 액체 내의 전부분에 같은 압력으로 전달된다.

해설 파스칼의 원리: 밀폐용기 내에 힘을 가하면 용기 내의 모든 면에 같은 압력이 작용한다.

02 유압장치의 특징 중 가장 거리가 먼 것은?
★★★

① 진동이 작고 작동이 원활하다.
② 고장원인 발견이 어렵고 구조가 복잡하다.
③ 에너지의 저장이 불가능하다.
④ 동력의 분배와 집중이 쉽다.

해설 유압장치는 진동이 적고 작동이 원활하며, 동력의 분배와 집중이 쉽고 에너지의 저장이 용이한 장점이 있으며, 고장원인 발견이 어렵고 구조가 복잡한 단점이 있다.

03 건설기계의 유압장치를 가장 적절히 표현한 것은?
★★★

① 오일을 이용하여 전기를 생산하는 것
② 기체를 액체로 전환시키기 위하여 압축하는 것
③ 오일의 연소 에너지를 통해 동력을 생산하는 것
④ 오일의 유체 에너지를 이용하여 기계적인 일을 하도록 하는 것

해설 유체의 압력 에너지를 이용하여 기계적인 일을 하도록 하는 것을 유압장치라 한다.

04 유압장치의 장점이 아닌 것은?
★★★

① 속도제어가 용이하다.
② 힘의 연속적 제어가 용이하다.
③ 온도의 영향을 많이 받는다.
④ 윤활성, 내마멸성, 방청성이 좋다.

해설 유압장치는 온도에 따른 오일의 점도 영향을 많이 받는 단점이 있다.

05 유압장치의 작동원리는 어느 이론에 바탕을 둔 것인가?
★★★

① 열역학 제1법칙   ② 보일의 법칙
③ 파스칼의 원리   ④ 가속도 법칙

해설 유압장치는 파스칼의 원리를 이용한다.

06 유압장치의 단점에 대한 설명 중 옳지 않은 것은?
★★★

① 관로를 연결하는 곳에서 작동유가 누출될 수 있다.
② 고압사용으로 인한 위험성이 존재한다.
③ 작동유 누유로 인해 환경오염을 유발할 수 있다.
④ 전기·전자의 조합으로 자동제어가 곤란하다.

해설 유압장치는 전기·전자의 조합으로 자동제어가 가능한 장점을 갖고 있다.

유압펌프

07 유압장치의 구성요소가 아닌 것은?
★★★

① 오일탱크   ② 유압제어밸브
③ 유압펌프   ④ 차동장치

해설 유압장치는 유압 실린더와 유압모터, 오일여과기, 유압펌프, 유압제어밸브, 배관, 오일탱크, 오일냉각기 등으로 구성되어 있다.

| 정답 | 01 ③ 02 ③ 03 ④ 04 ③ 05 ③ 06 ④ 07 ④

08 일반적으로 건설기계의 유압펌프는 무엇에 의해 구동되는가?

① 엔진의 플라이휠에 의해 구동된다.
② 엔진의 캠축에 의해 구동된다.
③ 전동기에 의해 구동된다.
④ 에어 컴프레서에 의해 구동된다.

해설 건설기계의 유압펌프는 엔진의 플라이휠에 의해 구동되는 시스템을 갖추고 있다.

09 유압펌프에서 사용되는 GPM의 의미는?

① 분당 토출하는 작동유의 양
② 복동 실린더의 치수
③ 계통 내에서 형성되는 압력의 크기
④ 흐름에 대한 저항

해설 GPM(Gallons per minute)은 유압계통 내에서 이동되는 유체(오일)의 양을 토출량의 단위로 활용하고 있다.

10 유압장치에 주로 사용하는 유압펌프 형식이 <u>아닌</u> 것은?

① 베인 펌프   ② 플런저 펌프
③ 분사펌프   ④ 기어펌프

해설 유압펌프는 베인 펌프, 기어펌프, 피스톤(플런저)펌프, 나사펌프, 트로코이드 펌프 등이 있다.

11 그림과 같이 2개의 기어와 케이싱으로 구성되어 오일을 토출하는 펌프는?

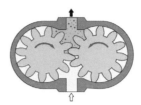

① 내접 기어펌프
② 외접 기어펌프
③ 스크루 기어펌프
④ 트로코이드 기어펌프

12 유압펌프에서 토출량에 대한 설명으로 옳은 것은?

① 유압펌프가 단위시간 당 토출하는 액체의 체적
② 유압펌프가 임의의 체적 당 토출하는 액체의 체적
③ 유압펌프가 임의의 체적 당 용기에 가하는 체적
④ 유압펌프 사용 최대시간 내에 토출하는 액체의 최대 체적

해설 유압펌프의 토출량이란 펌프가 단위시간 당 토출하는 액체의 체적을 말한다.

13 유압펌프의 기능을 설명한 것으로 가장 적절한 것은?

① 유압회로 내의 압력을 측정하는 기구이다.
② 어큐뮬레이터와 동일한 기능을 한다.
③ 유압에너지를 동력으로 변환한다.
④ 원동기의 기계적 에너지를 유압에너지로 변환한다.

해설 유압펌프는 원동기의 기계적 에너지를 유압에너지로 변환하는 장치를 말한다.

14 유압펌프의 토출량을 표시하는 단위로 옳은 것은?

① L/min   ② kgf · m
③ kgf/cm²   ④ kW 또는 PS

해설 유압펌프의 토출 량의 단위는 ℓ/min(LPM)이나 GPM을 사용한다.

| 정답 | 08 ①   09 ①   10 ③   11 ②   12 ①   13 ④   14 ①

15 기어형 유압펌프에 대한 설명으로 옳은 것은?

① 가변용량형 펌프이다.
② 날개로 펌핑작용을 한다.
③ 효율이 좋은 특징을 가진 펌프이다.
④ 정용량형 펌프이다.

> **해설** 기어펌프는 회전속도에 따라 용량이 변화하는 정용량형 펌프이다.

16 유압펌프의 최고토출 압력, 평균효율이 가장 높아, 고압 대출력에 사용하는 유압펌프로 가장 적절한 것은?

① 기어 펌프 　　　② 트로코이드 펌프
③ 베인 펌프 　　　④ 피스톤 펌프

> **해설** 피스톤 펌프는 최고토출 압력, 평균효율이 가장 높아서 고압 대출력 펌프로 사용된다.

17 기어펌프에 대한 설명으로 옳지 <u>않은</u> 것은?

① 플런저 펌프에 비해 효율이 낮다.
② 초고압에는 사용이 곤란하다.
③ 플런저 펌프에 비해 흡입력이 나쁘다.
④ 소형이며 구조가 간단하다.

> **해설** 기어펌프는 흡입저항이 작아 공동현상 발생이 적은 것이 특징이다.

18 유압펌프에서 회전수가 같을 때 토출량이 변하는 펌프는?

① 가변 용량형 피스톤 펌프
② 기어펌프
③ 프로펠러 펌프
④ 정용량형 베인 펌프

> **해설** 회전수가 같을 때 토출량이 변화하는 펌프를 가변 용량형 피스톤 펌프라 한다.

19 기어형 유압펌프에서 소음이 나는 원인으로 가장 거리가 <u>먼</u> 것은?

① 오일량의 과다
② 유압펌프의 베어링 마모
③ 흡입라인의 막힘
④ 오일의 과부족

20 베인 펌프의 일반적인 특징이 <u>아닌</u> 것은?

① 대용량, 고속 가변형에 적합하지만 수명이 짧다.
② 맥동과 소음이 적다.
③ 간단하고 성능이 좋다.
④ 소형, 경량이다.

> **해설** 베인 펌프는 소형, 경량이고, 수명이 길며, 구조가 간단하고 성능이 좋고, 맥동과 소음이 적으나 대용량, 고속 가변형으로는 부적합하다.

21 기어펌프에 비해 플런저 펌프의 특징이 <u>아닌</u> 것은?

① 효율이 높다.
② 최고 토출압력이 높다.
③ 구조가 복잡하다.
④ 수명이 짧다.

| 정답 | 15 ④ 16 ④ 17 ③ 18 ① 19 ① 20 ① 21 ④

22 날개로 펌핑 동작을 하며, 소음과 진동이 적은 유압 펌프는?

① 기어 펌프　　　　　② 플런저 펌프
③ 베인 펌프　　　　　④ 나사펌프

> 해설　베인 펌프는 로터에는 홈이 있고, 그 홈 속에 판 모양의 날개 (vane)가 끼워져 자유롭게 작동유가 출입할 수 있도록 되어 있다.

23 유압펌프에서 경사판의 각을 조정하여 토출유량을 변환시키는 펌프는?

① 기어 펌프　　　　　② 로터리 펌프
③ 베인 펌프　　　　　④ 플런저 펌프

> 해설　경사판의 각을 조정하여 토출유량을 변환하는 펌프는 액시 얼형 플런저 펌프이다.

24 유압펌프 내의 내부누설은 무엇에 반비례하여 증가 하는가?

① 작동유의 오염　　　② 작동유의 점도
③ 작동유의 압력　　　④ 작동유의 온도

> 해설　유압펌프 내의 내부누설은 작동유의 점도에 반비례하여 증 가하게 된다.

25 유압기기의 작동속도를 높이기 위해 무엇을 변화시 켜야 하는가?

① 유압모터의 크기를 작게 한다.
② 유압펌프의 토출압력을 높인다.
③ 유압모터의 압력을 높인다.
④ 유압펌프의 토출유량을 증가시킨다.

> 해설　유압기기의 작동속도를 높이려면 유압펌프의 토출유량이 증 가되어야 한다.

26 유압펌프에서 토출압력이 가장 높은 것은?

① 베인 펌프　　　　　② 기어펌프
③ 엑시얼 플런저 펌프　④ 레이디얼 플런저 펌프

> 해설　유압펌프의 최고압력
> • 액시얼 플런저 펌프: $210 \sim 400 \, kgf/cm^2$
> • 베인 펌프: $35 \sim 140 \, kgf/cm^2$
> • 레이디얼 플런저 펌프: $140 \sim 250 \, kgf/cm^2$
> • 기어펌프: $10 \sim 250 \, kgf/cm^2$

27 유압펌프가 오일을 토출하지 않는 경우는?

① 유압펌프의 회전이 너무 빠를 때
② 유압유의 점도가 낮을 때
③ 흡입관으로부터 공기가 흡입되고 있을 때
④ 릴리프 밸브의 설정압력이 낮을 때

> 해설　흡입관으로부터 공기의 흡입은 유압펌프가 오일을 토출하지 못하는 현상이 발생한다.

28 유압펌프의 작동유 유출여부 점검방법에 해당하지 않는 것은?

① 정상작동 온도로 난기운전을 실시하여 점검하는 것이 좋다.
② 고정 볼트가 풀린 경우에는 추가 조임을 한다.
③ 작동유 유출점검은 운전자가 관심을 가지고 점검 하여야 한다.
④ 하우징에 균열이 발생되면 패킹을 교환한다.

> 해설　하우징에 균열이 발생되면 하우징을 수리하거나 교체한다.

| 정답 |　22 ③　23 ④　24 ②　25 ④　26 ③　27 ③　28 ④

29 유압 실린더 중 피스톤의 양쪽에 유압유를 교대로 공급하여 양방향의 운동을 유압으로 작동시키는 형식은?

① 단동식　　　　② 복동식
③ 다동식　　　　④ 편동식

해설　① 단동식: 한쪽 방향에 대해서만 유효한 일을 하고, 복귀는 중력이나 복귀스프링에 의한 실린더를 말한다.
② 복동식: 유압 실린더 피스톤의 양쪽에 유압유를 교대로 공급하여 양방향의 운동을 유압으로 작동시키는 실린더를 말한다.

30 유압장치에서 액추에이터의 종류에 속하지 <u>않는</u> 것은?

① 감압밸브　　　　② 유압실린더
③ 유압모터　　　　④ 플런저 모터

해설　유압에너지를 기계적 에너지로 변환하는 것을 액추에이터라고 하며, 감압밸브는 압력을 다운시키는 밸브이다.

31 유압 실린더의 지지방식이 <u>아닌</u> 것은?

① 유니언형　　　　② 푸트형
③ 트러니언형　　　　④ 플랜지형

해설　유압 실린더 지지방식: 플랜지형, 트러니언형, 클레비스형 푸트형이 있다.

32 유압 실린더의 주요 구성 품이 <u>아닌</u> 것은?

① 피스톤 로드　　　　② 피스톤
③ 커넥팅 로드　　　　④ 실린더

해설　유압실린더의 구조에는 실린더, 피스톤, 피스톤 로드 등이 있다.

33 유압모터와 유압실린더의 설명으로 옳은 것은?

① 둘 다 회전운동을 한다.
② 둘 다 왕복운동을 한다.
③ 유압모터는 직선운동, 유압실린더는 회전운동을 한다.
④ 유압모터는 회전운동, 유압실린더는 직선운동을 한다.

해설　유압모터는 회전운동을 하고, 유압실린더는 직선운동을 한다.

34 유압 실린더의 종류에 해당하지 <u>않는</u> 것은?

① 복동 실린더 더블로드형
② 복동 실린더 싱글로드형
③ 단동 실린더 램형
④ 단동 실린더 배플형

해설　**유압 실린더의 종류**
단동실린더, 복동 실린더(싱글로드형과 더블로드형), 다단 실린더, 램형 실린더 등

35 유압 액추에이터의 설명으로 옳은 것은?

① 유체에너지를 기계적인 일로 변환
② 유체에너지를 생성
③ 유체에너지를 축적
④ 기계적인 에너지를 유체에너지로 변환

해설　유압 액추에이터는 유압펌프에서 발생된 유압을 기계적 에너지(직선운동이나 회전운동)로 바꾸는 장치를 말한다.

| 정답 |　29 ②　30 ①　31 ①　32 ③　33 ④　34 ④　35 ①

36 유압 복동 실린더에 대한 설명으로 옳지 **않은** 것은?

① 싱글 로드형이 있다.
② 더블 로드형이 있다.
③ 수축은 자중이나 스프링에 의해서 이루어진다.
④ 피스톤의 양방향으로 유압을 받아 늘어난다.

해설 단동 실린더는 자중이나 스프링에 의해서 수축이 이루어지는 방식이다.

37 유압 실린더에서 피스톤 행정이 끝날 때 발생하는 충격을 흡수하기 위해 설치하는 장치는?

① 쿠션기구 　　　② 압력보상장치
③ 서보밸브 　　　④ 스로틀 밸브

해설 쿠션기구는 유압실린더에서 피스톤 행정이 끝날 때 발생하는 충격을 흡수하는 기능을 한다.

38 유압 실린더를 교환하였을 경우 조치해야 할 작업으로 가장 거리가 **먼** 것은?

① 오일필터 교환
② 공기 빼기 작업
③ 누유 점검
④ 시운전하여 작동상태 점검

해설 액추에이터(작업 장치)를 교환하였을 경우에는 기관을 시동하여 공회전 시킨 후 작동상태 점검, 공기빼기 작업, 누유점검, 오일보충을 해야 한다.

39 <보기> 중 유압 실린더에서 발생되는 피스톤 자연하강 현상(cylinder drift)의 발생 원인으로 옳은 것을 모두 고르면?

┌─────────── 보기 ───────────┐
│ ⊙ 작동압력이 높은 때 │
│ ○ 유압실린더 내부 마모 │
│ © 컨트롤 밸브의 스풀 마모 │
│ ② 릴리프 밸브의 불량 │
└───────────────────────────┘

① ⊙, ○, ©
② ⊙, ○, ②
③ ○, ©, ②
④ ⊙, ©, ②

40 유압모터를 선택할 때 고려사항과 가장 거리가 **먼** 것은?

① 동력 　　　② 부하
③ 효율 　　　④ 점도

해설 점도는 유압유 선택 시 고려 사항이다.

41 유압 실린더의 로드 쪽으로 오일이 누출되는 결함이 발생하는 원인이 **아닌** 것은?

① 실린더 로드 패킹 손상
② 실린더 헤드 더스트 실(seal) 손상
③ 실린더 로드의 손상
④ 실린더 피스톤 패킹 손상

해설 유압 실린더의 로드 쪽으로 오일이 누출되는 원인: 실린더 로드 패킹 손상, 실린더 헤드 더스트 실(seal) 손상, 실린더 로드의 손상

| 정답 |　36 ③　37 ①　38 ①　39 ③　40 ④　41 ④

42 유압 실린더에서 숨 돌리기 현상이 생겼을 때 일어나는 현상이 아닌 것은?

① 작동지연 현상이 생긴다.
② 피스톤 동작이 정지된다.
③ 오일의 공급이 과대해진다.
④ 작동이 불안정하게 된다.

해설 숨 돌리기 현상은 유압유의 공급이 부족한 경우에 발생한다.

43 유압 실린더의 작동속도가 정상보다 느릴 경우, 예상되는 원인으로 가장 적절한 것은?

① 유압계통 내의 흐름용량이 부족하다.
② 작동유의 점도가 약간 낮아짐을 알 수 있다.
③ 작동유의 점도지수가 높다.
④ 릴리프 밸브의 설정압력이 너무 높다.

해설 유압 실린더의 작동속도가 정상보다 느린 원인은 유압계통 내의 흐름용량(유량)이 부족한 경우에 발생하게 된다.

44 유압모터에 대한 설명 중 옳은 것은?

① 유압발생장치에 속한다.
② 압력, 유량, 방향을 제어한다.
③ 직선운동을 하는 작동기(actuator)이다.
④ 유압에너지를 기계적 일로 변환한다.

해설 유압모터는 유압 에너지에 의해 회전축을 연속적으로 회전운동 함으로서 기계적인 일로 변환하는 장치이다.

45 기어모터의 장점에 해당하지 않는 것은?

① 구조가 간단하다.
② 토크변동이 크다.
③ 가혹한 운전조건에서 비교적 잘 견딘다.
④ 먼지나 이물질에 의한 고장발생률이 낮다.

해설 기어모터의 장점
• 가혹한 운전조건에서 비교적 잘 견딘다.
• 구조가 간단하고 가격이 싸다.
• 먼지나 이물질에 의한 고장발생률이 적다.
• 먼지나 이물질이 많은 곳에서도 사용이 가능하다.

46 유압모터의 장점이 아닌 것은?

① 작동이 신속·정확하다.
② 관성력이 크며, 소음이 크다.
③ 전동모터에 비하여 급속정지가 쉽다.
④ 광범위한 무단변속을 얻을 수 있다.

해설 유압모터는 광범위한 무단변속을 얻을 수 있고, 작동이 신속·정확하며, 전동모터에 비하여 급속정지가 쉽고, 관성력 및 소음이 작은 장점을 갖고 있다.

47 유압모터의 단점에 해당되지 않는 것은?

① 작동유에 먼지나 공기가 침입하지 않도록 특히 보수에 주의해야 한다.
② 작동유가 누출되면 작업 성능에 지장이 있다.
③ 작동유의 점도변화에 의하여 유압모터의 사용에 제약이 있다.
④ 릴리프 밸브를 부착하여 속도나 방향을 제어하기가 곤란하다.

| 정답 | 42 ③ 43 ① 44 ④ 45 ② 46 ② 47 ④

48 유압모터의 회전속도가 규정 속도보다 느릴 경우, 그 원인이 <u>아닌</u> 것은?

① 유압펌프의 유압유 토출량 과다
② 각 작동부의 마모 또는 파손
③ 유압유의 유입량 부족
④ 유압유의 내부누설

해설 유압모터의 회전속도 증가 현상은 유압펌프의 유압유 토출량 과다 시 발생한다.

49 유압모터의 종류에 해당하지 <u>않는</u> 것은?

① 기어 모터　　　　② 베인 모터
③ 플런저 모터　　　④ 직권형 모터

해설 유압모터의 종류에는 기어 모터, 베인 모터, 플런저 모터 등이 있다.

50 플런저가 구동축의 직각방향으로 설치되어 있는 유압모터는?

① 캠형 플런저 모터
② 액시얼형 플런저 모터
③ 블래더형 플런저 모터
④ 레이디얼형 플런저 모터

해설 레이디얼형 플런저 모터는 플런저가 구동축의 직각방향으로 설치되어 있는 구조이다.

51 유압모터의 일반적인 특징으로 가장 적절한 것은?

① 넓은 범위의 무단변속이 용이하다.
② 직선운동 시 속도조절이 용이하다.
③ 각도에 제한 없이 왕복 각운동을 한다.
④ 운동량을 자동으로 직선 조작할 수 있다.

52 유압모터의 회전력이 변화하는 것에 영향을 미치는 것은?

① 유압유 압력　　　② 유량
③ 유압유 점도　　　④ 유압유 온도

해설 유압유의 압력은 유압모터의 회전력 변화에 영향을 미치게 된다.

53 유압모터에서 소음과 진동이 발생할 때의 원인이 <u>아닌</u> 것은?

① 내부부품의 파손
② 작동유 속에 공기의 혼입
③ 체결 볼트의 이완
④ 유압펌프의 최고 회전속도 저하

54 유압모터와 연결된 감속기의 오일수준을 점검할 때의 유의사항으로 옳지 <u>않은</u> 것은?

① 오일이 정상 온도일 때 오일수준을 점검해야 한다.
② 오일량은 영하(-)의 온도상태에서 가득 채워야 한다.
③ 오일수준을 점검하기 전에 항상 오일 수준 게이지 주변을 깨끗하게 청소한다.
④ 오일량이 너무 적으면 모터 유닛이 올바르게 작동하지 않거나 손상될 수 있으므로 오일량은 항상 정량유지가 필요하다.

해설 유압모터의 감속기 오일양 뿐만 아니라 모든 유압유의 오일량은 정상작동 온도에서 Full 선 가까이 있어야 한다.

| 정답 |　48 ①　49 ④　50 ④　51 ①　52 ①　53 ④　54 ②

55 일반적으로 유압장치에서 릴리프 밸브가 설치되는 위치는?

① 유압펌프와 오일탱크 사이
② 오일여과기와 오일탱크 사이
③ 유압펌프와 제어밸브 사이
④ 유압실린더와 오일여과기 사이

해설 릴리프 밸브의 설치위치는 유압펌프 출구와 제어밸브 입구 사이에 설치되어 유압을 제어하게 된다.

56 유압회로에 사용되는 제어밸브의 역할과 종류의 연결사항으로 옳지 <u>않은</u> 것은?

① 일의 속도제어: 유량조절밸브
② 일의 시간제어: 속도제어밸브
③ 일의 방향제어: 방향전환밸브
④ 일의 크기제어: 압력제어밸브

해설 **제어밸브의 기능**
• 유량제어밸브: 일의 속도결정
• 압력제어밸브: 일의 크기결정
• 방향제어밸브: 일의 방향결정

57 릴리프 밸브에서 포핏 밸브를 밀어 올려 기름이 흐르기 시작할 때의 압력은?

① 설정압력
② 크랭킹 압력
③ 허용압력
④ 전량 압력

해설 크랭킹 압력이란 릴리프 밸브에서 포핏밸브를 밀어올려 오일이 흐르기 시작할 때의 기동 시 압력이다.

58 유압회로 내의 압력이 설정압력에 도달하면 유압펌프에서 토출된 오일의 일부 또는 전량을 직접 탱크로 돌려보내 회로의 압력을 설정 값으로 유지하는 밸브는?

① 시퀀스 밸브
② 릴리프 밸브
③ 언로드 밸브
④ 체크밸브

59 유체의 압력, 유량 또는 방향을 제어하는 밸브의 총칭은?

① 안전밸브
② 제어밸브
③ 감압밸브
④ 측압기

해설 제어밸브는 유체의 압력, 유량 또는 방향을 제어하는 밸브의 총칭을 말한다.

60 유압계통에서 릴리프 밸브의 스프링 장력이 약화될 때 발생될 수 있는 현상은?

① 채터링 현상
② 노킹 현상
③ 블로바이 현상
④ 트램핑 현상

해설 채터링이란 릴리프 밸브에서 스프링 장력이 약할 때 볼이 밸브의 시트를 때려 소음을 내는 밸브의 진동현상이다.

61 유압유의 압력을 제어하는 밸브가 <u>아닌</u> 것은?

① 릴리프 밸브
② 체크밸브
③ 리듀싱 밸브
④ 시퀀스 밸브

해설 압력을 제어하는 밸브의 종류에는 릴리프 밸브, 리듀싱(감압) 밸브, 시퀀스(순차) 밸브, 언로드(무부하) 밸브, 카운터밸런스 밸브 등이 있다.

| 정답 | 55 ③ 56 ② 57 ② 58 ② 59 ② 60 ① 61 ②

62 유압회로에서 어떤 부분회로의 압력을 주회로의 압력보다 저압으로 해서 사용하고자 할 때 사용하는 밸브는?

① 릴리프 밸브
② 리듀싱 밸브
③ 카운터밸런스 밸브
④ 체크밸브

63 유압으로 작동되는 작업 장치에서 작업 중 힘이 떨어질 때의 원인과 가장 밀접한 밸브는?

① 메인 릴리프 밸브
② 체크(check)밸브
③ 방향전환밸브
④ 메이크업 밸브

해설 유압장치에서 작업 중 힘이 떨어지면 유압의 최대 압력을 제어하는 메인 릴리프 밸브를 점검한다.

64 액추에이터를 순서에 맞추어 작동시키기 위하여 설치한 밸브는?

① 메이크업 밸브(make up valve)
② 리듀싱 밸브(reducing valve)
③ 시퀀스 밸브(sequence valve)
④ 언로드 밸브(unload valve)

65 유압회로 내의 압력이 설정압력에 도달하면 유압펌프에서 토출된 오일을 전부 탱크로 회송시켜 펌프를 무부하로 운전시키는데 사용하는 밸브는?

① 체크밸브(check valve)
② 시퀀스 밸브(sequence valve)
③ 언로드 밸브(unloader valve)
④ 카운터밸런스 밸브(count balance valve)

해설 언로드(무부하)밸브는 유압회로 내의 압력이 설정압력에 도달하면 유압펌프에서 토출된 오일을 전부 탱크로 회송시켜 펌프를 무부하로 운전시키는 밸브이다.

66 유압장치에서 고압 소용량, 저압 대용량 유압펌프를 조합 운전할 때, 작동압력이 규정압력 이상으로 상승 시 동력절감을 하기 위해 사용하는 밸브는?

① 릴리프 밸브
② 감압밸브
③ 시퀀스 밸브
④ 무부하 밸브

67 유압 실린더 등이 중력에 의한 자유낙하를 방지하기 위해 배압을 유지하는 압력 제어밸브는?

① 감압밸브
② 시퀀스 밸브
③ 언로드 밸브
④ 카운터 밸런스 밸브

해설 유압 실린더 등이 중력 및 자체중량에 의한 자유낙하를 방지하기 위해 배압을 유지하는 밸브를 카운터 밸런스 밸브라 한다.

68 유압장치에서 방향제어밸브 설명으로 옳지 <u>않은</u> 것은?

① 유체의 흐름방향을 변환한다.
② 액추에이터의 속도를 제어한다.
③ 유체의 흐름방향을 한쪽으로만 허용한다.
④ 유압실린더나 유압모터의 작동방향을 바꾸는데 사용된다.

해설 액추에이터의 속도제어는 유량제어밸브로 할 수 있다.

| 정답 | 62 ② 63 ① 64 ③ 65 ③ 66 ④ 67 ④ 68 ②

69 유압장치에서 유량제어밸브가 <u>아닌</u> 것은?

① 교축밸브　　　　② 유량조정밸브
③ 분류밸브　　　　④ 릴리프밸브

해설　유량제어밸브의 종류: 니들밸브, 급속배기밸브, 분류밸브, 속도제어밸브, 오리피스 밸브, 교축밸브(스로틀 밸브), 스톱밸브, 스로틀 체크밸브 등

70 유압장치에서 작동체의 속도를 바꿔주는 밸브는?

① 압력제어밸브　　② 유량제어밸브
③ 방향제어밸브　　④ 체크밸브

해설　유량제어밸브는 액추에이터의 운동속도를 조정하기 위하여 사용한다.

71 방향제어밸브에서 내부누유에 영향을 미치는 요소가 <u>아닌</u> 것은?

① 관로의 유량
② 밸브간극의 크기
③ 밸브 양단의 압력차이
④ 유압유 점도

해설　방향제어밸브에서 내부누유에 영향을 미치는 요소는 밸브간극의 크기, 밸브 양단의 압력차이, 유압유의 점도 등을 들 수 있다.

72 유압장치에서 방향제어밸브에 해당하는 것은?

① 셔틀밸브　　　　② 릴리프 밸브
③ 시퀀스 밸브　　　④ 언로더 밸브

해설　방향제어밸브의 종류에는 셔틀밸브, 스풀밸브, 체크밸브, 등이 있다.

73 유압 컨트롤 밸브 내에 스풀형식의 밸브 기능은?

① 축압기의 압력을 바꾸기 위해
② 유압펌프의 회전방향을 바꾸기 위해
③ 유압유의 흐름방향을 바꾸기 위해
④ 유압계통 내의 압력을 상승시키기 위해

해설　스풀밸브는 원통형의 밸브로서 오일의 흐름 방향을 바꾸는 기능을 한다.

74 방향제어밸브를 동작시키는 방식이 <u>아닌</u> 것은?

① 수동방식　　　　② 스프링 방식
③ 전자방식　　　　④ 유압 파일럿 방식

해설　방향제어밸브를 동작시키는 방식에는 수동방식, 유압 파일럿 방식, 전자방식 등이 있다.

75 유압모터의 속도를 감속하는 데 사용하는 밸브는?

① 체크밸브
② 디셀러레이션 밸브
③ 변환밸브
④ 압력 스위치

해설　디셀러레이션 밸브는 캠(cam)으로 조작되는 유압밸브이며 리턴 유량을 제어함으로써 액추에이터의 속도를 서서히 감속시키는 밸브이다.

| 정답 |　69 ④　70 ②　71 ①　72 ①　73 ③　74 ②　75 ②

76 유압 작동기의 방향을 전환시키는 밸브에 사용되는 형식 중 원통형 슬리브 면에 내접하여 축 방향으로 이동하면서 유로를 개폐하는 형식은?

① 스풀형식

② 포핏 형식

③ 베인 형식

④ 카운터밸런스 밸브 형식

해설 스풀밸브는 원통형 슬리브 면에 내접하여 축 방향으로 이동하여 유로를 개폐하여 오일의 흐름방향을 바꾸는 밸브이다.

77 일반적으로 캠(cam)으로 조작되는 유압 밸브로써 액추에이터의 속도를 서서히 감속시키는 밸브는?

① 디셀러레이션 밸브 ② 카운터밸런스 밸브

③ 방향 제어밸브 ④ 프레필 밸브

해설 디셀러레이션 밸브는 캠(cam)으로 조작되는 유압밸브이며 리턴 유량을 제어함으로써 액추에이터의 속도를 서서히 감속시키는 밸브이다.

유압탱크

78 유압유에 포함된 불순물을 제거하기 위해 유압펌프 흡입관에 설치하는 것은?

① 어큐뮬레이터 ② 스트레이너

③ 공기청정기 ④ 부스터

해설 스트레이너(strainer)는 유압펌프의 흡입관에 설치되어 1차로 불순물을 여과하는 여과기이다.

79 유압유 탱크의 기능이 <u>아닌</u> 것은?

① 유압회로에 필요한 압력설정

② 유압회로에 필요한 유량확보

③ 격판에 의한 기포분리 및 제거

④ 스트레이너 설치로 회로 내 불순물 혼입방지

해설 오일탱크의 기능: 유압회로에 필요한 유량확보, 격판에 의한 기포분리 및 제거, 스트레이너 설치로 회로 내 불순물의 혼입을 방지하는 기능을 한다.

80 오일탱크 내의 오일을 전부 배출시킬 때 사용하는 것은?

① 드레인 플러그 ② 배플

③ 어큐뮬레이터 ④ 리턴라인

해설 오일탱크 내의 오일 및 수분 배출 시 드레인 플러그를 풀어 배출하게 된다.

81 유압장치의 오일 유압펌프 흡입구의 설치에 대한 설명으로 옳지 <u>않은</u> 것은?

① 유압펌프 흡입구는 반드시 탱크 가장 밑면에 설치한다.

② 유압펌프 흡입구에는 스트레이너(오일여과기)를 설치한다.

③ 유압펌프 흡입구와 탱크로의 귀환구멍(복귀구멍) 사이에는 격리판(baffle plate)을 설치한다.

④ 유압펌프 흡입구는 탱크로의 귀환구멍(복귀구멍)로부터 될 수 있는 한 멀리 떨어진 위치에 설치한다.

해설 유압펌프 흡입구는 탱크 밑면과 어느 정도 공간을 두고 설치해야 이물질 흡입을 방지할 수 있다.

| 정답 | 76 ① 77 ① 78 ② 79 ① 80 ① 81 ①

82 일반적인 오일탱크의 구성품이 <u>아닌</u> 것은?

① 유압 실린더   ② 스트레이너

③ 드레인 플러그   ④ 배플 플레이트

> 해설 오일탱크는 주입구, 스트레이너, 유면계, 배플 플레이트(격판) 드레인 플러그로 구성되어 있다.

유압유

83 <보기>에서 유압 작동유가 갖추어야 할 조건으로 옳은 것을 모두 고르면?

> **보기**
> ㉠ 압력에 대해 비압축성일 것
> ㉡ 밀도가 작을 것
> ㉢ 열팽창계수가 작을 것
> ㉣ 체적탄성계수가 작을 것
> ㉤ 점도지수가 낮을 것
> ㉥ 발화점이 높을 것

① ㉠, ㉡, ㉢, ㉣   ② ㉡, ㉢, ㉤, ㉥

③ ㉡, ㉣, ㉤, ㉥   ④ ㉠, ㉡, ㉢, ㉥

> 해설 유압유의 구비조건: 압력에 대해 비압축성일 것, 밀도가 작을 것, 열팽창계수가 작을 것, 체적탄성계수가 클 것, 점도지수가 높을 것, 인화점 발화점이 높을 것, 내열성이 크고, 거품이 없을 것 등

84 유압유의 주요기능이 <u>아닌</u> 것은?

① 열을 흡수한다.

② 동력을 전달한다.

③ 필요한 요소 사이를 밀봉한다.

④ 움직이는 기계요소를 마모시킨다.

85 유압오일에서 온도에 따른 점도변화 정도를 표시하는 것은?

① 점도분포   ② 관성력

③ 점도지수   ④ 윤활성

> 해설 점도지수는 유압유가 온도에 따른 점도변화 정도를 표시하는 수치를 말한다.

86 유압유의 첨가제가 <u>아닌</u> 것은?

① 마모방지제   ② 유동점 강하제

③ 산화 방지제   ④ 점도지수 방지제

> 해설 유압유 첨가제에는 마모방지제, 점도지수 향상제, 산화방지제, 소포제(기포 방지제), 유동점 강하제 등을 사용하고 있다.

87 유압유의 압력이 낮아지는 원인과 가장 거리가 <u>먼</u> 것은?

① 유압펌프의 성능이 불량할 때

② 유압유의 점도가 높아졌을 때

③ 유압유의 점도가 낮아졌을 때

④ 유압계통 내에서 누설이 있을 때

> 해설 유압유의 압력이 낮아지는 원인: 유압유의 점도가 낮아졌을 때, 유압계통 내에서 누설이 있을 때, 유압펌프가 마모되었을 때, 유압펌프 성능이 노후 되었을 때, 유압펌프의 성능이 불량할 때

88 유압유의 점도가 지나치게 높았을 때 나타나는 현상이 <u>아닌</u> 것은?

① 오일누설이 증가한다.

② 유동저항이 커져 압력손실이 증가한다.

③ 동력손실이 증가하여 기계효율이 감소한다.

④ 내부마찰이 증가하고, 압력이 상승한다.

> 해설 유압유의 점도가 너무 높으면 유동저항이 커져 압력손실이 증가하고, 동력손실이 증가하여 기계효율이 감소하며, 내부마찰이 증가하고, 압력이 상승한다.

| 정답 | 82 ①   83 ④   84 ④   85 ③   86 ④   87 ②   88 ①

89 유압장치에서 사용하는 작동유의 정상작동 온도범위로 가장 적절한 것은?

① 120~150℃　　② 40~80℃
③ 90~110℃　　④ 10~30℃

해설 작동유의 정상작동 온도범위는 40~80℃이다.

90 유압유(작동유)의 온도상승 원인에 해당하지 <u>않는</u> 것은?

① 작동유의 점도가 너무 높을 때
② 유압모터 내에서 내부마찰이 발생될 때
③ 유압회로 내의 작동압력이 너무 낮을 때
④ 유압회로 내에서 공동현상이 발생될 때

해설 유압유의 온도가 상승하는 원인: 유압유의 점도가 너무 높을 때, 유압장치 내에서 내부마찰이 발생될 때, 유압회로 내의 작동압력이 너무 높을 때, 유압회로 내에서 캐비테이션이 발생될 때

91 현장에서 오일의 오염도 판정방법 중 가열한 철판 위에 오일을 떨어뜨리는 방법은 오일의 무엇을 판정하기 위한 방법인가?

① 먼지나 이물질 함유
② 오일의 열화
③ 수분함유
④ 산성도

해설 오일의 수분함유 여부를 판정하기 위한 방법으로 가열한 철판 위에 오일을 떨어뜨려 수분의 증발 여부를 확인한다.

92 유압유 교환을 판단하는 조건이 <u>아닌</u> 것은?

① 점도의 변화　　② 색깔의 변화
③ 수분의 함량　　④ 유량의 감소

93 서로 <u>다른</u> 두 종류의 유압유를 혼합하였을 경우에 대한 설명으로 옳은 것은?

① 서로 보완 가능한 유압유의 혼합은 권장 사항이다.
② 열화현상을 촉진시킨다.
③ 유압유의 성능이 혼합으로 인해 월등해진다.
④ 점도가 달라지나 사용에는 전혀 지장이 없다.

해설 서로 다른 종류의 유압유를 혼합하면 열화현상을 촉진시키게 된다.

94 공동(Cavitation)현상이 발생하였을 때의 영향 중 가장 거리가 <u>먼</u> 것은?

① 체적효율이 감소한다.
② 고압부분의 기포가 과포화상태로 된다.
③ 최고압력이 발생하여 급격한 압력파가 일어난다.
④ 유압장치 내부에 국부적인 고압이 발생하여 소음과 진동이 발생된다.

해설 공동현상이 발생하면 유압장치 내부에 국부적인 고압이 발생하여 소음과 진동이 발생된다.

95 현장에서 오일의 열화를 찾아내는 방법이 <u>아닌</u> 것은?

① 색깔의 변화나 수분, 침전물의 유무 확인
② 흔들었을 때 생기는 거품이 없어지는 양상 확인
③ 자극적인 악취유무 확인
④ 오일을 가열하였을 때 냉각되는 시간 확인

해설 작동유의 열화를 판정하는 방법: 점도상태로 확인, 색깔의 변화나 수분, 침전물의 유무확인, 자극적인 악취 유무 확인(냄새로 확인), 흔들었을 때 생기는 거품이 없어지는 양상을 확인하여 열화의 판정을 할 수 있다.

| 정답 |　89 ②　90 ③　91 ③　92 ④　93 ②　94 ②　95 ④

96 유압회로 내의 밸브를 갑자기 닫았을 때, 오일의 속도 에너지가 압력 에너지로 변하면서 일시적으로 큰 압력증가가 생기는 현상을 무엇이라 하는가?

① 캐비테이션(cavitation) 현상
② 서지(surge) 현상
③ 채터링(chattering) 현상
④ 에어레이션(aeration) 현상

> 해설 서지현상은 유압회로 내의 밸브를 갑자기 닫았을 때, 오일의 속도에너지가 압력에너지로 변하면서 일시적으로 큰 압력증가가 생기는 현상을 말하며 유압회로의 이상증상 중 하나이다.

97 현장에서 오일의 열화를 확인하는 인자가 아닌 것은?

① 오일의 점도
② 오일의 냄새
③ 오일의 색깔
④ 오일의 유동

> 해설 오일의 열화를 확인하는 방법에는 오일의 점도, 오일의 냄새, 오일의 색깔 등으로 열화 상태를 확인할 수 있다.

98 건설기계에 사용하고 있는 필터의 종류가 아닌 것은?

① 배출필터
② 흡입필터
③ 고압필터
④ 저압필터

99 기체-오일방식 어큐뮬레이터에 가장 많이 사용되는 가스는?

① 산소
② 질소
③ 아세틸렌
④ 이산화탄소

> 해설 가스형 어큐뮬레이터(축압기)에는 질소가스가 들어있다.

유압 기호 및 회로

100 유압회로에서 속도제어회로에 속하지 않는 것은?

① 시퀀스 회로
② 미터-인 회로
③ 블리드 오프 회로
④ 미터-아웃 회로

> 해설 속도제어 회로의 종류에는 미터-인(meter in)회로, 미터-아웃(meter out)회로, 블리드 오프(bleed off)회로가 있다.

101 유압장치의 기호회로도에 사용되는 유압기호의 표시방법으로 적절하지 않은 것은?

① 기호에는 각 기기의 구조나 작용압력을 표시하지 않는다.
② 기호에는 흐름의 방향을 표시한다.
③ 각 기기의 기호는 정상상태 또는 중립상태를 표시한다.
④ 기호는 어떠한 경우에도 회전하여 표시하지 않는다.

> 해설 기호 회로도에 사용되는 유압 기호는 오해의 위험이 없는 경우에는 기호를 회전하거나 뒤집어 사용해도 된다.

102 유량제어밸브를 실린더와 병렬로 연결하여 실린더의 속도를 제어하는 회로는?

① 미터-인 회로
② 미터-아웃 회로
③ 블리드 오프 회로
④ 블리드 온 회로

> 해설 블리드 오프 회로는 유량제어밸브를 실린더와 병렬로 연결하여 실린더의 속도를 제어하는 기능을 한다.

| 정답 | 96 ② 97 ④ 98 ① 99 ② 100 ① 101 ④ 102 ③

103 유압장치에서 가장 많이 사용되는 유압 회로도는?

① 조합 회로도   ② 그림 회로도
③ 단면 회로도   ④ 기호 회로도

해설 일반적으로 많이 사용하는 유압회로도는 기호 회로도이다.

104 액추에이터의 입구 쪽 관로에 유량 제어 밸브를 직렬로 설치하여 작동유의 유량을 제어함으로서 액추에이터의 속도를 제어하는 회로는?

① 시스템 회로(system circuit)
② 블리드 오프 회로(bleed-off circuit)
③ 미터 인 회로(meter-in circuit)
④ 미터 아웃 회로(meter-out circuit)

해설 미터 인 회로
유압 액추에이터의 입구 쪽에 유량제어밸브를 직렬로 연결하여 액추에이터로 유입되는 유량을 제어하여 액추에이터의 속도를 제어한다.

105 그림과 같은 유압 기호에 해당하는 밸브는?

① 체크밸브
② 카운터밸런스 밸브
③ 릴리프 밸브
④ 무부하밸브

106 다음 유압 도면기호의 명칭은?

① 스트레이너
② 유압모터
③ 유압펌프
④ 압력계

107 그림의 유압기호가 나타내는 것은?

① 유압밸브
② 차단밸브
③ 오일탱크
④ 유압실린더

108 가변용량형 유압펌프의 기호 표시는?

①   ②

③   ④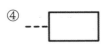

109 다음 유압기호가 나타내는 것은?

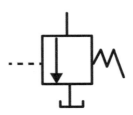

① 릴리프 밸브
② 감압밸브
③ 순차밸브
④ 무부하 밸브

110 그림의 유압 기호는 무엇을 표시하는가?

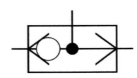

① 고압우선형 셔틀밸브
② 저압우선형 셔틀밸브
③ 급속배기 밸브
④ 급속흡기 밸브

| 정답 | 103 ④ 104 ③ 105 ③ 106 ③ 107 ③ 108 ① 109 ④ 110 ①

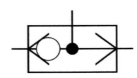CHAPTER 08

111 그림에서 체크밸브를 나타낸 것은?

①

②

③

④

112 복동 실린더 양 로드형을 나타내는 유압 기호는?

①

②

③

④

113 그림과 같은 실린더의 명칭은?

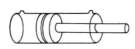

① 단동 실린더
② 단동 다단실린더
③ 복동 실린더
④ 복동 다단실린더

114 그림의 유압 기호는 무엇을 표시하는가?

① 유압실린더
② 어큐뮬레이터
③ 오일탱크
④ 유압실린더 로드

|정답| 111 ① 112 ④ 113 ③ 114 ②

CBT 적중모의고사

최신 출제기준에 따라 출제 빈도가 높은 기출문제 엄선

CBT 적중모의고사

해설

01 엔진오일 압력이 떨어지는 원인으로 가장 거리가 먼 것은?

① 오일펌프 마모 및 파손되었을 때
② 오일이 과열되고 점도가 낮을 때
③ 압력조절밸브 고장으로 열리지 않을 때
④ 오일 팬 속에 오일량이 부족할 때

01 ▶ 엔진구조

엔진오일의 압력조절을 하는 압력조절기의 닫힘 고장은 엔진 오일압력을 상승시키는 원인이다.

02 기관이 작동되는 상태에서 점검 가능한 사항이 아닌 것은?

① 냉각수의 온도 ② 충전상태
③ 기관 오일의 압력 ④ 엔진 오일량

02 ▶ 엔진구조

엔진 오일량 점검은 엔진을 정지한 상태에서 엔진오일 레벨게이지를 뽑아서 점검한다.

03 다음 중 흡기 장치의 요구 조건으로 옳지 않은 것은?

① 전 회전 영역에 걸쳐서 흡입효율이 좋아야 한다.
② 균일한 분배성을 가져야 한다.
③ 흡입부에 와류가 발생할 수 있는 돌출부를 설치해야 한다.
④ 연소속도를 빠르게 해야 한다.

03 ▶ 엔진구조

흡입부는 공기의 흐름을 방해하지 않도록 돌출부가 없이 매끄러워야 한다.

04 기관에서 연료압력이 너무 낮을 때 그 원인이 아닌 것은?

① 연료필터가 막혔다.
② 리턴호스에서 연료가 누설된다.
③ 연료펌프의 공급압력이 누설되었다.
④ 연료압력 레귤레이터에 있는 밸브의 밀착이 불량하여 리턴포트 쪽으로 연료가 누설되었다.

04 ▶ 엔진구조

리턴호스는 연료압력 조절기를 지나 연료압력이 해제되는 호스이기 때문에 연료압력 형성과는 관련이 없다.

05 4행정 사이클 기관의 행정 순서로 옳은 것은?

① 압축 → 동력 → 흡입 → 배기
② 흡입 → 동력 → 압축 → 배기
③ 압축 → 흡입 → 동력 → 배기
④ 흡입 → 압축 → 동력 → 배기

05 ▶ 엔진구조

4행정 사이클 기관의 행정 순서는 흡입, 압축, 폭발(동력), 배기 순이다.

06 기관의 냉각팬이 회전할 때 공기가 불어가는 방향은?

① 방열기 방향
② 엔진 방향
③ 상부 방향
④ 하부 방향

06 ▶ 엔진구조
냉각팬의 공기 흐름은 엔진 방향으로 불어가게 하여 엔진의 온도를 낮춘다.

07 디젤기관에서 터보차저의 기능으로 옳은 것은?

① 실린더 내에 공기를 압축 공급하는 장치이다.
② 냉각수 유량을 조절하는 장치이다.
③ 기관 회전수를 조절하는 장치이다.
④ 윤활유 온도를 조절하는 장치이다.

07 ▶ 엔진구조
디젤기관의 터보차저는 실린더 내에 공기를 압축하여 기관의 출력을 상승시키는 기능을 한다.

08 다음 중 커먼레일 디젤기관의 연료장치 구성품이 아닌 것은?

① 고압펌프
② 커먼레일
③ 인젝터
④ 공급펌프

08 ▶ 엔진구조
공급펌프는 기계식 디젤엔진에서 연료탱크의 연료를 분사펌프에 연료를 공급하는 펌프이므로 커먼레일의 부품이 아니다.

09 수냉식 기관이 과열되는 원인이 아닌 것은?

① 규정보다 적게 냉각수를 넣었을 때
② 방열기의 코어가 20% 이상 막혔을 때
③ 수온조절기가 열린 채로 고정되었을 때
④ 규정보다 높은 온도에서 수온 조절기가 열릴 때

09 ▶ 엔진구조
냉각수의 양을 조절하는 수온조절기의 열림 고장은 기관의 과냉 원인이 된다.

10 라이너식 실린더에 비교한 일체식 실린더의 특징 중 옳지 않은 것은?

① 냉각수 누출 우려가 적다.
② 라이너 형식보다 내마모성이 높다.
③ 부품 수가 적고 중량이 가볍다.
④ 강성 및 강도가 크다.

10 ▶ 엔진구조
일체식 실린더의 특징으로는 냉각수 누출 우려가 적고, 부품 수가 적어 가벼우며 강성 및 강도가 큰 것이 특징이다.

CHAPTER 09

11 다음 중 광속의 단위는?

① 칸델라　　　　　　　　② 럭스
③ 루멘　　　　　　　　　④ 와트

12 축전지 전해액의 비중 측정에 대한 설명으로 틀린 것은?

① 전해액의 비중을 측정하면 축전지 충전 여부를 판단할 수 있다.
② 유리 튜브 내에 전해액을 흡입하여 뜨개의 눈금을 읽는 흡입식 비중계가 있다.
③ 측정 면에 전해액을 바른 후 렌즈 내로 보이는 맑고 어두운 경계선을 읽는 광학식 비중계가 있다.
④ 전해액은 황산에 물을 조금씩 혼합하도록 하며 유리 막대 등으로 천천히 저어서 냉각한다.

13 '유도기전력의 방향은 코일 내의 자속의 변화를 방해하려는 방향으로 발생한다.'는 법칙은?

① 플레밍의 왼손 법칙
② 플레밍의 오른손 법칙
③ 렌츠의 법칙
④ 자기유도 법칙

14 기동전동기 동력전달 기구인 벤딕스식의 설명으로 적절한 것은?

① 전자력을 이용하여 피니언 기어의 이동과 스위치를 개폐시킨다.
② 피니언의 관성과 전동기의 고속회전을 이용하여 전동기의 회전력을 엔진에 전달한다.
③ 오버런닝 클러치가 필요하다.
④ 전기자 중심과 계자 중심을 옵셋시켜 자력선이 가까운 거리를 통과하려는 성질을 이용한다.

15 축전지(battery) 내부에 들어가는 것이 아닌 것은?

① 단자기둥　　　　　　　② 음극판
③ 양극판　　　　　　　　④ 격리판

16 장비 기동 시에 충전 계기의 확인 점검은 언제 하는가?

① 기관 가동 중
② 주간 및 월간 점검 시
③ 현장관리자 입회 시
④ 램프에 경고등이 점등되었을 때

16 ▶ 작업 전·후 점검
충전계기는 발전기의 충전상태를 확인하는 등의 계기이므로 기관 운전 중에 점검해야 할 사항이다.

17 건설기계의 운전 전 점검 사항을 나타낸 것으로 적절하지 <u>않은</u> 것은?

① 라디에이터의 냉각수량 확인 및 부족 시 보충
② 엔진 오일량 확인 및 부족 시 보충
③ V벨트 상태 확인 및 장력 부족 시 조정
④ 배출가스의 상태 확인 및 조정

17 ▶ 작업 전·후 점검
배출가스 상태 확인은 운전 전 점검사항이 아닌 엔진 가동 후 점검 사항이다.

18 굴착기의 일일점검 사항이 <u>아닌</u> 것은?

① 엔진 오일 점검
② 배터리 전해액 점검
③ 연료량 점검
④ 냉각수 점검

18 ▶ 작업 전·후 점검
배터리 전해액의 점검은 주기점검 사항이다.

19 수동변속기에서 클러치의 필요성으로 옳지 <u>않은</u> 것은?

① 속도를 빠르게 하기 위해
② 변속을 위해
③ 기동의 동력을 전달 또는 차단하기 위해
④ 엔진 기동 시 무부하 상태로 놓기 위해

19 ▶ 전·후진 주행장치
클러치는 엔진의 동력을 변속기에 전달 및 차단하는 장치며, 변속기의 변속, 동력차단 및 변속기의 무부하 상태를 만들기 위해 필요하다.

20 수동변속기가 장착된 건설기계장비에서 주행 중 기어가 빠지는 원인이 <u>아닌</u> 것은?

① 기어의 물림이 덜 물렸을 때
② 기어의 마모가 심할 때
③ 클러치의 마모가 심할 때
④ 변속기의 록 장치가 불량할 때

20 ▶ 전·후진 주행장치
클러치의 마모가 심한 경우에는 동력전달이 잘 되지 않아 엔진rpm만 상승하고 차속은 나지 않게 된다.

CHAPTER 09

21 트랙장치의 트랙 유격이 너무 커졌을 때 발생하는 현상으로 가장 적절한 것은?

① 주행속도가 빨라진다.
② 슈 판 마모가 급격해진다.
③ 주행속도가 아주 느려진다.
④ 트랙이 벗겨지기 쉽다.

22 도로를 주행할 때 포장 노면의 파손을 방지하기 위해 주로 사용하는 트랙 슈는?

① 평활 슈
② 단일돌기 슈
③ 습지용 슈
④ 스노 슈

23 장비에 부하가 걸릴 때 토크 컨버터의 터빈 속도는 어떻게 되는가?

① 빨라진다.   ② 느려진다.
③ 일정하다.   ④ 관계없다.

24 타이어식 건설기계로 길고 급한 경사 길을 운전할 때 반 브레이크를 사용하면 어떤 현상이 생기는가?

① 라이닝은 페이드, 파이프는 스팀 록
② 라이닝은 페이드, 파이프는 베이퍼 록
③ 파이프는 스팀 록, 라이닝은 베이퍼 록
④ 파이프는 베이퍼 록, 라이닝은 스팀 록

25 타이어타입 건설기계를 조종하여 작업을 할 때 주의하여야 할 사항으로 옳지 <u>않은</u> 것은?

① 노견의 붕괴 방지 여부
② 지반의 침하 방지 여부
③ 작업 범위 내에 물품과 사람 배치하기
④ 낙석의 우려가 있으면 운전실에 헤드가이드를 부착하기

---

21 ▶ 하부장치
트랙의 유격이 너무 커졌을 경우 주행 중 또는 선회 시 트랙이 벗겨지기 쉽다.

22 ▶ 하부장치
도로의 포장 노면의 파손을 방지하기 위해서는 평활 슈를 착용한다.

23 ▶ 전·후진 주행장치
토크 컨버터의 터빈은 변속기 입력축과 연결되므로 장비의 부하는 터빈의 속도를 느리게 회전하게 한다.

24 ▶ 전·후진 주행장치
급한 경사길 운행 시 반 브레이크를 사용할 경우 라이닝은 열에 의한 마찰력 저하 현상인 페이드 현상이 발생하고 브레이크 파이프에는 열로 인한 오일의 증기현상이 발생하여 오일 흐름을 방해하는 베이퍼 록 현상이 발생한다.

25 ▶ 작업안전
작업 범위 내에는 물품과 사람을 배치해서는 안 된다.

26 건설기계조종사 면허증 발급 신청 시 첨부하는 서류와 가장 거리가 먼 것은?

① 국가기술자격 수첩
② 신체검사서
③ 주민등록등본
④ 소형건설기계조종교육 이수증

26 ▶ 건설기계관리법
건설기계조종사 면허증 발급 신청 시 서류
• 신체검사서
• 주민등록등본
• 국가기술자격 수첩

27 건설기계관리법령상 건설기계의 주요 구조를 변경 또는 개조할 수 있는 범위에 포함되지 않는 것은?

① 조향장치의 형식변경
② 동력전달장치의 형식변경
③ 적재함의 용량 증가를 위한 구조변경
④ 건설기계의 길이, 너비 및 높이 등의 변경

27 ▶ 건설기계관리법
기종변경, 육상작업용 건설기계 규격의 증가 또는 적재함의 용량 증가를 위한 구조변경은 불가하다.

28 과실로 경상 6명의 인명피해를 입힌 건설기계를 조종한 자의 처분기준은?

① 면허효력정지 10일
② 면허효력정지 20일
③ 면허효력정지 30일
④ 면허효력정지 60일

28 ▶ 건설기계관리법
과실로 경상 1명당 5일의 면허효력정지의 행정처분을 받게 되므로 6명은 30일의 면허효력정지의 행정처분을 받게 된다.

29 건설기계 등록신청에 대한 설명으로 옳은 것은? (단, 전시, 사변 등 국가비상사태 하의 경우 제외)

① 시·군·구청장에게 취득한 날로부터 10일 이내에 등록신청을 한다.
② 시·도지사에게 취득한 날로부터 15일 이내에 등록신청을 한다.
③ 시, 군, 구청장에게 취득한 날로부터 1개월 이내에 등록신청을 한다.
④ 시·도지사에게 취득한 날로부터 2개월 이내에 등록신청을 한다.

29 ▶ 건설기계관리법
건설기계 소유자는 건설기계를 취득한 날로부터 2개월 이내에 등록신청을 해야 한다. (단, 전시, 사변 등 국가비상사태 하의 경우에는 5일 이내이다.)

30 건설기계 등록 전에 임시 운행 사유에 해당되지 않는 것은?

① 등록신청을 하기 위하여 건설기계를 등록지로 운행하고자 할 때
② 등록신청 전에 건설기계 공사를 하기 위하여 임시로 운행하고자 할 때
③ 수출을 하기 위해 건설기계를 선적지로 운행할 때
④ 신개발 건설기계를 시험 운행하고자 할 때

30 ▶ 건설기계관리법
등록신청을 하기 전에 공사를 하기 위한 임시 운행은 할 수 없도록 되어있다.

31 건설기계대여업 등록신청서에 첨부하여야 할 서류가 <u>아닌</u> 것은?

① 건설기계 소유사실을 증명하는 서류

② 사무실의 소유권 또는 사용권이 있음을 증명하는 서류

③ 주민등록표등본

④ 주기장 소재지를 관할하는 시장·군수·구청장이 발급한 주기장 시설 보유 확인서

31 ▶ 건설기계관리법

건설기계대여업의 등록신청서 첨부 목록
- 소유 사실 증명 서류
- 사무실의 소유권, 사용권 증명서류
- 주기장 소재지 관할의 시장, 군수, 구청장이 발급한 주기장 시설보유 확인서
- 건설기계대여업 등록신청서

32 등록되지 아니한 건설기계를 사용하거나 운행한 자에 대한 벌칙은?

① 50만원 이하의 벌금

② 100만원 이하의 벌금

③ 1년 이하 징역 또는 100만원 이하의 벌금

④ 2년 이하 징역 또는 1000만원 이하의 벌금

32 ▶ 건설기계관리법

2년 이하의 징역 또는 1천만원 이하의 벌금
① 미등록 건설기계 운행
② 등록말소된 건설기계 운행

33 과태료 처분에 불복이 있는 자는 그 처분의 고지를 받은 날로부터 며칠 이내에 이의를 제기해야 하는가?

① 5일

② 10일

③ 20일

④ 30일

33 ▶ 건설기계관리법

이의 신청 기간은 30일 이내이다.

34 특별표지판을 부착해야 하는 건설기계가 <u>아닌</u> 것은?

① 높이가 3m인 건설기계

② 너비가 3m인 건설기계

③ 길이가 17m인 건설기계

④ 총중량이 45t인 건설기계

34 ▶ 건설기계관리법

특별표지판 부착 차량
- 길이16.7m 초과
- 너비 2.5m 초과
- 높이 4m 초과
- 최소회전반경 12m 초과
- 총중량 40t 초과
- 축하중 10t 초과 건설기계

35 공유압 기호 중 그림이 나타내는 것은?

① 복동 가변식 전자 액추에이터

② 회전형 전기 액추에이터

③ 단동 가변식 액추에이터

④ 직접 파일럿 조작 액추에이터

35 ▶ 유압장치

회전형 전기 액추에이터 기호이다.

36 유압장치에서 방향제어 밸브에 해당하는 것은?

① 셔틀 밸브
② 릴리프 밸브
③ 시퀀스 밸브
④ 언로드 밸브

37 액체의 일반적인 성질이 <u>아닌</u> 것은?

① 액체는 힘을 전달할 수 있다.
② 액체는 운동을 전달할 수 있다.
③ 액체는 압축할 수 있다.
④ 액체는 운동방향을 바꿀 수 있다.

38 유압실린더 교환 후 우선적으로 시행하여야 할 사항은?

① 엔진을 저속 공회전 시킨 후 공기빼기 작업 실시
② 엔진을 고속 공회전 시킨 후 공기빼기 작업 실시
③ 유압장치를 최대한 부하 상태로 유지한다.
④ 압력을 측정한다.

39 유압모터의 특징으로 옳은 것은?

① 가변체인구동으로 유량 조정을 한다.
② 오일의 누출이 많다.
③ 밸브오버랩으로 회전력을 얻는다.
④ 무단 변속이 용이하다.

40 유압장치의 구성요소 중 유압발생장치가 <u>아닌</u> 것은?

① 유압펌프
② 엔진 또는 전기모터
③ 오일탱크
④ 유압실린더

41 다음 중 유압회로 내의 열 발생 원인이 <u>아닌</u> 것은?

① 작동유 점도가 너무 높을 때
② 모터 내에서 내부마찰이 발생될 때
③ 유압회로 내의 작동 압력이 너무 낮을 때
④ 유압회로 내에서 캐비테이션이 발생될 때

---

36 ▶ 유압장치
• 방향제어 밸브: 셔틀 밸브
• 압력제어 밸브: 언로드 밸브
• 순서제어 밸브: 시퀀스 밸브
• 무부하 밸브: 언로드 밸브

37 ▶ 유압장치
기체는 압축할 수 있으나 액체는 압축할 수 없기 때문에 손실 없이 힘을 전달할 수 있다.

38 ▶ 유압장치
유압실린더를 교환한 후에는 실린더 내 공기빼기를 위해 공전 저속엔진 상태에서 공기빼기 작업을 실시해야 한다.

39 ▶ 유압장치
유압모터는 오일의 압력과 시간당 유량의 크기에 따라 회전력을 전달할 수 있어 무단 변속이 가능하다.

40 ▶ 유압장치
유압실린더는 발생된 유압에너지가 기계적 에너지로 변환되는 실질적인 일을 하는 부품이다.

41 ▶ 유압장치
유압회로 내 압력이 낮으면, 열 발생이 적다.

42 릴리프 밸브(relief valve)에서 볼(ball)이 밸브의 시트(seat)를 때려 소음을 발생시키는 현상은?

① 채터링(chattering) 현상
② 베이퍼 록(vaper lock) 현상
③ 페이드(fade) 현상
④ 노킹(knock) 현상

42 ▶ 유압장치
릴리프 밸브에서 볼(ball)이 밸브의 시트를 때려 소음을 발생시키는 현상을 채터링(chattering) 현상이라고 한다.

43 유압장치에서 내구성이 강하고 작동 및 움직임이 있는 곳에 사용하기 적합한 호스는?

① 플렉시블 호스
② 구리 파이프 호스
③ 강 파이프 호스
④ PVC 호스

43 ▶ 유압장치
유압장치에서 진동이 있거나 움직임이 있는 곳에 사용되는 호스는 내구성이 있으며 유연한 '플렉시블 호스'이다.

44 유압장치의 오일탱크에서 펌프 흡입구의 설치에 대한 설명으로 옳지 <u>않</u>은 것은?

① 펌프 흡입구는 반드시 탱크 가장 밑면에 설치한다.
② 펌프 흡입구는 스트레이너(오일 여과기)를 설치한다.
③ 펌프 흡입구와 탱크로의 귀환구(복귀구) 사이에는 격리판(baffle plate)을 설치한다.
④ 펌프 흡입구는 탱크로의 귀환구(복귀구)로부터 될 수 있는 한 멀리 떨어진 위치에 설치한다.

44 ▶ 유압장치
펌프 흡입구를 탱크 가장 밑면에 설치하면 이물질이 유입될 수 있기 때문에, 바닥면에서 약간 떨어진 곳에 설치하는 것이 안전하다.

45 재해의 복합 발생 요인이 <u>아닌</u> 것은?

① 환경의 결함　　　　② 사람의 결함
③ 품질의 결함　　　　④ 시설의 결함

45 ▶ 산업안전
재해의 발생 원인에는 환경, 사람, 시설의 결함에 의해 복합적으로 발생한다.

46 납산 배터리 액체를 취급하기에 가장 좋은 것은?

① 가죽으로 만든 옷
② 무명으로 만든 옷
③ 화학섬유로 만든 옷
④ 고무로 만든 옷

46 ▶ 전기장치
납산 배터리 전해액은 묽은 황산이므로 고무로 만든 옷이나 앞치마를 두르고 작업하는 것이 안전하다.

47 화재 발생 시 소화기를 사용하여 소화 작업을 하고자 할 때 올바른 방법은?

① 바람을 안고 우측에서 좌측을 향해 실시한다.
② 바람을 등지고 좌측에서 우측을 향해 실시한다.
③ 바람을 안고 아래쪽에서 위쪽을 향해 실시한다.
④ 바람을 등지고 위쪽에서 아래쪽을 향해 실시한다.

48 벨트를 풀리에 걸 때는 어떤 상태에서 해야 하는가?

① 저속 상태   ② 고속 상태
③ 정지 상태   ④ 중속 상태

49 복스렌치가 오픈엔드렌치보다 비교적 많이 사용되는 이유로 옳은 것은?

① 두 개를 한 번에 조일 수 있다.
② 마모율이 적고 가격이 저렴하다.
③ 다양한 볼트, 너트의 크기를 사용할 수 있다.
④ 볼트와 너트 주위를 감싸 힘의 균형을 이루어 미끄러지지 않는다.

50 작업장 내의 안전한 통행을 위하여 지켜야 할 사항이 <u>아닌</u> 것은?

① 주머니에 손을 넣고 보행하지 말 것
② 좌측 또는 우측통행 규칙을 엄수할 것
③ 운반차를 이용할 때에는 가능한 빠른 속도로 주행할 것
④ 물건을 든 사람과 만났을 때는 즉시 길을 양보할 것

51 수공구 사용상의 재해의 원인이 <u>아닌</u> 것은?

① 잘못된 공구 선택   ② 사용법의 미숙지
③ 공구의 점검 소홀   ④ 규격에 맞는 공구 사용

52 산업안전을 통한 기대효과로 옳은 것은?

① 기업의 생산성이 저하된다.
② 근로자의 생명이 보호된다.
③ 기업의 재산만 보호된다.
④ 근로자와 기업의 발전이 도모된다.

---

47 ▶ 작업안전
화재 발생 시 소화기 사용은 바람을 등지고 위쪽에서 아래쪽을 향해 실시하는 것이 안전하다.

48 ▶ 기계, 기구, 공구 안전
벨트를 각종 풀리에 걸 때는 풀리가 정지한 상태에서 거는 것이 가장 안전한 방법이다.

49 ▶ 기계, 기구, 공구 안전
복스렌치는 볼트 및 너트 주위를 감싸 힘의 균형을 이루어 조이기 때문이 안전하다.

50 ▶ 작업안전
작업장 내에서 운반차를 이용할 때는 가능한 천천히 주행함으로써 사고를 미연에 방지할 수 있다.

51 ▶ 기계, 기구, 공구 안전
규격에 맞는 공구 사용을 습관화하여 재해 발생을 줄일 수 있다.

52 ▶ 산업안전
산업안전은 근로자와 기업 양쪽 모두의 발전을 위한 안전 법규이다.

53 가스배관 파손 시 긴급조치 요령으로 <u>잘못된</u> 것은?

① 소방서에 연락한다.
② 주변의 차량을 통제한다.
③ 누출된 가스배관의 라인마크를 확인하여 후면 밸브를 차단한다.
④ 천공기 등으로 도시가스 배관을 뚫었을 경우에는 그 상태에서 기계를 정지시킨다.

53 ▶ 도시가스공사 안전관리
가스배관 파손 시에는 그 상태에서 기계를 정지시키고 도시가스 관리자 및 소방서 등에 연락하고 주변 차량의 사람들을 통제해야 한다.

54 기동전동기가 회전하지 않는 경우가 <u>아닌</u> 것은?

① 기동전동기 손상
② 축전지 전압이 낮을 때
③ 연료가 없을 때
④ 브러시와 정류자 밀착 불량

54 ▶ 전기장치
기동전동기는 축전지의 전기신호를 받아 작동하는 것으로 연료와는 상관이 없다.

55 어큐뮬레이터(축압)의 용도로 적절하지 <u>않은</u> 것은?

① 압력 보상
② 유압 에너지 축적
③ 충격 흡수
④ 릴리프 밸브 제어

55 ▶ 유압장치
질소가스를 사용하는 어큐뮬레이터는 유압회로 내의 압력 보상, 유압에너지 축척, 맥동압력 흡수 등의 기능을 한다.

56 직선 왕복운동을 하는 유압기기는?

① 유압모터
② 유압펌프
③ 유압실린더
④ 축압기

56 ▶ 유압장치
유압실린더는 유압에너지를 활용하여 직선 운동을 하는 액추에이터이다.

57 유압모터의 종류가 <u>아닌</u> 것은?

① 베인 모터
② 나사 모터
③ 플런저 모터
④ 기어 모터

57 ▶ 유압장치
베인 모터, 플런저 모터, 기어 모터 등의 유압모터를 사용하고 있다.

58 타이어식 굴착기의 장점이 <u>아닌</u> 것은?

① 주행저항이 적다.
② 자력으로 이동한다.
③ 견인력이 약하다.
④ 기동성이 좋다.

58 ▶ 작업장치
견인력은 무한궤도식 굴착기가 좋다. 견인력이 약한 것은 타이어식 굴착기의 단점이다.

59 도로교통법에서 정하는 주차금지 장소가 <u>아닌</u> 곳은?

① 전신주로부터 20m 이내인 곳
② 화재경보기로부터 3m 이내인 곳
③ 터널 안 및 다리 위
④ 소방용 방화 물통으로부터 5m 이내인 곳

60 다음 기초번호판에 대한 설명으로 옳지 <u>않은</u> 것은?

① 건물이 없는 도로에 설치되는 기초번호판이다.
② 도로의 시작점에서 끝 지점 방향으로 기초번호를 부여 한다.
③ 표지판이 설치된 곳은 '병목안로'이다.
④ 도로명과 건물번호를 지시하는 기초번호판이다.

59 ▶ 도로교통법

5m 이내 주정차금지 장소
• 소방용 기계, 기구가 설치된 곳
• 도로공사를 하고 있는 공사 구역의 양쪽 가장자리
• 지역 경찰청장이 인정하는 곳

60 ▶ 도로교통법

기초번호판은 도로명과 기초번호를 부여한 건물이 없는 도로에 설치되는 도로명판이다.

CHAPTER 09

CBT 적중 모의고사 제1회 정답									
01 ③	02 ④	03 ③	04 ②	05 ④	06 ②	07 ①	08 ④	09 ③	10 ②
11 ③	12 ④	13 ③	14 ②	15 ①	16 ①	17 ④	18 ②	19 ①	20 ③
21 ④	22 ①	23 ②	24 ②	25 ③	26 ④	27 ③	28 ③	29 ④	30 ②
31 ③	32 ④	33 ④	34 ①	35 ②	36 ①	37 ③	38 ①	39 ④	40 ④
41 ③	42 ①	43 ①	44 ①	45 ③	46 ④	47 ④	48 ③	49 ④	50 ③
51 ④	52 ④	53 ③	54 ③	55 ④	56 ③	57 ②	58 ③	59 ①	60 ④

해설

01
엔진에서 라디에이터의 방열기 캡을 열어 냉각수를 점검했더니 기름이 떠 있었다. 그 원인으로 옳은 것은?

① 피스톤링과 실린더 마모
② 밸브 간격 과다
③ 피스톤의 이음 간극이 큼
④ 실린더 헤드 가스켓 파손

01 ▶ 엔진구조
라디에이터 캡을 열어 기름이 떠있다면 실린더 헤드 가스켓 파손 및 실린더 헤드의 균열을 예측할 수 있다.

02
작업 후 탱크에 연료를 가득 채워주는 이유가 <u>아닌</u> 것은?

① 연료의 기포 방지를 위해서
② 내일의 작업을 위해서
③ 연료탱크에 수분이 생기는 것을 방지하기 위해서
④ 연료의 압력을 높이기 위해서

02 ▶ 작업 전·후 점검
작업 후 탱크에 연료를 가득 채워주는 것은 연료의 기포 방지, 다음 작업을 위한 사전 준비, 특히 겨울철에 외부온도 변화에 따른 탱크 내의 수분 발생 방지를 위한 것이다.

03
작업 중 운전자가 확인해야 할 것으로 <u>틀린</u> 것은?

① 온도계기   ② 전류계기
③ 오일압력계기   ④ 실린더 압력

03 ▶ 작업 전·후 점검
실린더 압력 점검은 운전자가 할 수 있는 것이 아니고 건설기계 정비업자가 점검해야 할 부분이다.

04
기관이 과열되는 원인이 <u>아닌</u> 것은?

① 분사시기의 부적당
② 냉각수 부족
③ 팬벨트의 장력 과다
④ 물재킷 내의 물때 형성

04 ▶ 엔진구조
팬벨트의 장력 과다는 팬의 속도를 높여주므로 기관 과냉의 원인이 되며, 워터펌프 축 베어링의 조기 파손을 발생시킬 수 있다.

05
기관에서 터보차저에 대한 설명으로 <u>틀린</u> 것은?

① 흡기관과 배기관 사이에 설치된다.
② 과급기라고도 한다.
③ 배기가스 배출을 위한 일종의 블로워(blower)이다.
④ 기관 출력을 증가시킨다.

05 ▶ 엔진구조
터보차저는 흡기관과 배기관 사이에 설치되어 배기압력을 이용하여 회전력을 얻으며, 흡입공기를 압축하여 공급함으로써 엔진의 출력을 증대시킬 목적으로 설치되며 과급기라고도 한다.

06 축전지의 용량만을 크게 하는 방법으로 옳은 것은?

① 직렬 연결법
② 병렬 연결법
③ 직·병렬 연결법
④ 논리회로 연결법

06 ▶ 전기장치
축전지의 용량만 크게 하려면 배터리를 병렬로 연결하고, 전압만 크게 하려면 직렬로 연결하여 사용한다.

07 엔진오일에 대한 설명으로 옳은 것은?

① 엔진을 시동한 상태에서 점검한다.
② 겨울보다 여름에 점도가 높은 오일을 사용한다.
③ 엔진오일에는 거품이 많이 들어있는 것이 좋다.
④ 엔진오일 순환상태는 오일레벨게이지로 확인한다.

07 ▶ 엔진구조
엔진오일 점검은 엔진 정지상태에서 점검하며 오일레벨게이지로 오일의 양을 점검한다. 오일에는 거품이 없어야 하며, 겨울보다는 여름에 온도에 잘 견디는 높은 점도의 오일을 사용한다.

08 냉각장치에서 수온조절기가 열림 상태로 고장난 경우 나타나는 현상으로 옳은 것은?

① 엔진의 회전속도가 빨라진다.
② 엔진이 과열되기 쉽다.
③ 워밍업 시간이 길어지기 쉽다.
④ 물 펌프에 부하가 걸리기 쉽다.

08 ▶ 엔진구조
냉각수의 양을 온도에 따라 조절하는 수온조절기의 열림 고장으로 인해 워밍업 시간이 길어지게 된다.

09 디젤기관에서 노킹의 원인이 <u>아닌</u> 것은?

① 연료의 세탄가가 높다.
② 연료의 분사압력이 낮다.
③ 연소실의 온도가 낮다.
④ 착화지연 시간이 길다.

09 ▶ 엔진구조
디젤기관의 노킹의 원인에는 연소실의 낮은 온도로 인해 착화지연 시간이 길어지면 디젤기관의 노킹이 발생하며, 낮은 세탄가의 연료 사용 시에도 노킹이 발생하므로 연료의 높은 세탄가를 사용하여 노킹을 방지한다.

10 예열플러그가 15~20초에서 완전히 가열되었을 경우에 대한 설명으로 옳은 것은?

① 정상상태이다.
② 접지되었다.
③ 단락되었다.
④ 다른 플러그가 모두 단선되었다.

10 ▶ 엔진구조
예열플러그는 디젤기관의 시동보조 장치로서 Key-on 시 15~20초 내에 완전히 가열되어야 정상상태이다.

CHAPTER 09

11 다음 중 팬벨트와 연결되지 <u>않은</u> 것은?

① 발전기 풀리   ② 기관 오일펌프 풀리
③ 워터펌프 풀리   ④ 크랭크축 풀리

11 ▶ 엔진구조
팬벨트는 크랭크축 풀리와 워터펌프 풀리, 발전기 풀리 등이 함께 연결되어 구동된다.

12 전류의 자기작용을 응용한 것은?

① 전구   ② 축전지
③ 예열플러그   ④ 발전기

12 ▶ 전기장치
① 전구: 발열작용
② 축전지: 화학작용
③ 예열플러그: 발열작용
④ 발전기: 자기작용

13 기관을 회전시키고 있을 때 축전지의 전해액이 넘쳐흐른다. 그 원인에 해당하는 것은?

① 전해액 양이 규정보다 5mm 낮게 들어있다.
② 기관의 회전이 너무 빠르다.
③ 팬벨트의 장력이 너무 팽팽하다.
④ 축전지가 과충전되고 있다.

13 ▶ 전기장치
축전지 충전 시 축전지는 화학반응에 의해 열을 방출하게 되고, 과충전 시에는 전해액이 단자 주변의 틈으로 넘쳐흐르게 되므로 과충전이 되지 않도록 주의해야 한다.

14 디젤기관이 시동되지 않을 때의 원인과 가장 거리가 <u>먼</u> 것은?

① 연료가 부족하다.   ② 연료계통에 공기가 차 있다.
③ 기관의 압축압력이 높다.   ④ 연료 공급펌프가 불량하다.

14 ▶ 엔진구조
기관의 압축압력이 높은 경우에는 연료의 압축 착화 온도에 충분히 도달하기 때문에 오히려 디젤기관의 시동이 수월해진다.

15 건설기계장비 작업 시 계기판에서 냉각수의 경고등이 점등되었을 때 운전자로서 가장 적절한 조치는?

① 오일량을 점검한다.
② 작업이 모두 끝나면 바로 냉각수를 보충한다.
③ 작업을 중지하고 점검 및 정비를 받는다.
④ 라디에이터를 교환한다.

15 ▶ 작업 전·후 점검
계기판에서 냉각수 경고등이 점등되었다면 냉각수 부족이므로 엔진의 과열로 인한 파손을 방지하기 위해 작업을 중지하고 점검 및 정비를 받아야 한다.

16 무한궤도식 굴착기의 부품이 <u>아닌</u> 것은?

① 유압펌프   ② 오일쿨러
③ 자재이음   ④ 주행모터

16 ▶ 작업장치
자재이음은 타이어식 굴착기의 구동력을 변속기에서 종감속장치로 연결하는 추진축의 각도 변화를 위한 부품이므로 주행유압모터로 주행하는 무한궤도식 굴착기에는 없는 부품이다.

17 기관을 시동하여 공전 시 점검할 사항이 <u>아닌</u> 것은?

① 기관의 팬벨트 장력 점검
② 오일 누출 여부 점검
③ 냉각수 누출 여부 점검
④ 배기가스 색깔 점검

17 ▶ 작업 전·후 점검
기관의 팬벨트 점검은 엔진이 정지한 상태에서 점검해야 안전하다.

18 기관 출력을 저하시키는 직접적인 원인이 <u>아닌</u> 것은?

① 실린더 내의 압력이 낮을 때
② 클러치가 불량할 때
③ 노킹이 일어날 때
④ 연료 분사량이 적을 때

18 ▶ 엔진구조
클러치는 엔진의 출력에 관계된 부품이 아니고 엔진과 변속기 사이에서 엔진의 동력을 변속기에 전달 및 차단하는 기능을 하므로 엔진 출력의 직접적인 원인에 해당하지 않는다.

19 기관에 온도를 일정하게 유지하기 위해 설치된 물 통로에 해당하는 것은?

① 오일팬
② 밸브
③ 워터 자켓
④ 실린더 헤드

19 ▶ 엔진구조
엔진 온도를 일정하게 유지하기 위해 냉각수를 담는 통로를 '워터 자켓'이라고 한다.

20 기관의 연소실 방식에서 흡기가열식 예열장치를 사용하는 것은?

① 직접분사실식
② 와류실식
③ 예연소실식
④ 공기실식

20 ▶ 엔진구조
흡기가열식 예열장치는 공기가 흡입되는 흡입관의 공기 온도를 올려주는 방식이며, 부연소실이 없는 직접분사실식에서 주로 사용되고 있다.

21 오일의 여과방식이 <u>아닌</u> 것은?

① 자력식
② 전류식
③ 분류식
④ 샨트식

21 ▶ 엔진구조
오일의 여과방식에는 전류식, 분류식, 샨트식 등이 있다.

22 굴착기 하부구동체 기구의 구성요소와 관련된 사항이 <u>아닌</u> 것은?

① 트랙 프레임
② 주행용 유압 모터
③ 트랙 및 롤러
④ 붐 실린더

22 ▶ 하부장치
붐 실린더는 굴착기의 상부 작업 장치이다.

23 다음 중 액추에이터의 입구 쪽 관로에 설치한 유량제어 밸브로 흐름을 제어하여 속도를 제어하는 회로는?

① 시스템 회로(system circuit)
② 블리드오프 회로(bleed-off circuit)
③ 미터인 회로(meter-in circuit)
④ 미터아웃 회로(meter-out circuit)

24 차마 서로 간의 통행 우선순위로 바르게 연결된 것은?

① 긴급자동차 → 긴급자동차 외의 자동차 → 자동차 및 원동기장치자전거 외의 차마 → 원동기장치자전거
② 긴급자동차 외의 자동차 → 긴급자동차 → 자동차 및 원동기장치자전거 외의 차마 → 원동기장치자잔거
③ 긴급자동차 외의 자동차 → 긴급자동차 → 원동기장치자전거 → 자동차 및 원동기장치자전거 외의 차마
④ 긴급자동차 → 긴급자동차 외의 자동차 → 원동기장치자전거 → 자동차 및 원동기장치자전거 외의 차마

25 다음 설명에서 올바르지 <u>않은</u> 것은?

① 장비의 그리스 주입은 정기적으로 하는 것이 좋다.
② 엔진오일 교환 시 여과기도 같이 교환한다.
③ 최근의 부동액은 4계절 모두 사용하여도 무방하다.
④ 장비운전 작업 시 기관회전수를 낮추어 운전한다.

26 건설기계관리법상 건설기계조종사 면허를 받지 아니하고 건설기계를 조종한 자에 대한 벌금은?

① 70만 원 이하　　　　　② 100만 원 이하
③ 300만 원 이하　　　　　④ 500만 원 이하

27 최고 속도의 100분의 20을 줄인 속도로 운행하여야 할 경우는?

① 노면이 얼어붙은 때
② 폭우, 폭설, 안개 등으로 가시거리가 100m 이내일 때
③ 눈이 20밀리미터 이상 쌓인 때
④ 비가 내려 노면이 젖어있을 때

---

23 ▶ 유압장치
액추에이터의 입구 쪽 관로에 설치한 유량제어 밸브로 흐름을 제어하여 속도를 제어하는 회로는 '미터인 회로'이다.

24 ▶ 도로교통법
차마의 통행 우선순위는 긴급자동차 → 긴급자동차 외의 자동차 → 원동기장치자전거 → 자동차 및 원동기장치자전거 외의 차마이다.

25 ▶ 작업점검
장비운전 작업 시 기관회전수는 작업에 적당한 기관회전수를 유지해야 한다.

26 ▶ 건설기계관리법
건설기계조종사 면허를 받지 아니하고 건설기계를 조종한 자에 대한 처벌은 1년 이하의 징역, 300만 원 이하의 벌금에 처한다.

27 ▶ 도로교통법
①, ②, ③은 최고 속도의 100분의 50을 줄여 운행해야 하는 상황이다.

28 노면표지 중 진로 변경 제한선으로 옳은 것은?

① 황색 점선은 진로 변경을 할 수 없다.
② 백색 점선은 진로 변경을 할 수 없다.
③ 황색 실선은 진로 변경을 할 수 있다.
④ 백색 실선은 진로 변경을 할 수 없다.

29 건설기계를 등록 전에 일시적으로 운행할 수 있는 경우가 <u>아닌</u> 것은?

① 등록신청을 위하여 건설기계를 등록지로 운행하는 경우
② 신규등록검사 및 확인검사를 받기 위하여 건설기계를 검사장소로 운행하는 경우
③ 건설기계를 대여하고자 하는 경우
④ 수출하기 위하여 건설기계를 선적지로 운행하는 경우

30 그림의 유압기호는 무엇을 의미하는가?

① 오일쿨러
② 유압탱크
③ 유압펌프
④ 유압모터

31 출발지 관할 경찰서장이 안전기준을 초과하여 운행할 수 있도록 허가하는 사항에 해당하지 <u>않는</u> 것은?

① 적재중량
② 운행속도
③ 승차인원
④ 적재용량

32 무한궤도식 건설기계에서 트랙 장력 조정은 무엇으로 하는가?

① 스프로킷의 조정 볼트로 한다.
② 긴도조정 실린더로 한다.
③ 상부롤러의 베어링으로 한다.
④ 하부롤러의 시임을 조정한다.

---

28 ▶ 도로교통법
도로교통법상 노면표지 색 황색과 백색 실선은 진로를 변경할 수 없다.

29 ▶ 건설기계관리법
건설기계임시운행 사유
• 등록신청을 위해 등록지로 운행하는 경우
• 신규등록검사 및 확인검사를 받기 위하여 검사장소로 운행하는 경우
• 수출하기 위하여 선적지로 운행하는 경우
• 신개발 건설기계를 시험·연구의 목적으로 운행하는 경우
• 판매 또는 전시를 위하여 일시적으로 운행하는 경우

30 ▶ 유압장치
그림의 기호는 유압펌프를 의미한다.

31 ▶ 도로교통법
적재중량, 적재용량, 승차정원 등을 초과하여 운행하는 경우에는 출발지 관할 경찰서장의 허가를 받아야 한다.

32 ▶ 하부장치
트랙의 장력 조정은 트랙 장력 조정용 실린더(긴도조정 실린더)의 인밸브(In valve) 또는 아웃밸브(Out valve)에 그리스를 넣거나 빼서 조정한다.

33 무한궤도식 건설기계에서 트랙이 벗겨지는 원인이 <u>아닌</u> 것은?

① 상부롤러가 파손되었을 경우
② 리코일 스프링의 장력이 약할 경우
③ 트랙의 장력이 팽팽할 경우
④ 프론트 아이들러와 스프로킷의 중심이 어긋난 경우

34 유압모터와 유압실린더의 설명으로 옳은 것은?

① 둘 다 회전운동을 한다.
② 모터는 직선운동, 실린더는 회전운동을 한다.
③ 둘 다 왕복운동을 한다.
④ 모터는 회전운동, 실린더는 직선운동을 한다.

35 공동현상이라고도 하며 이 현상이 발생하면 소음과 진동이 발생하고 양정과 효율이 저하되는 현상은?

① 캐비테이션 현상
② 스크로크
③ 제로랩
④ 오버랩

36 정기검사를 받지 아니하고 정기검사 신청기간 만료일로부터 30일 이내인 때의 과태료는?

① 20만 원
② 10만 원
③ 5만 원
④ 2만 원

37 도로교통법상 도로에 해당하지 <u>않는</u> 것은?

① 해상도로법에 의한 항로
② 차마의 통행을 위한 도로
③ 유료도로법에 의한 유료도로
④ 도로법에 의한 도로

---

33 ▶ 하부장치
트랙 장력의 팽팽함은 트랙이 벗겨지는 원인과는 관계가 없으며, 트랙을 구성하고 있는 아이들러, 스프로킷, 상부롤러, 하부롤더 등의 마모를 일으키는 원인이 된다.

34 ▶ 유압장치
유압모터는 회전운동, 실린더는 직선운동을 한다.

35 ▶ 유압장치
공동현상(캐비테이션)은 유압회로 내의 압력이 저하되어 기포가 발생하는 현상을 말하며, 소음과 진동이 발생하고 펌프의 양정과 효율이 저하된다.

36 ▶ 건설기계관리법
정기검사를 받지 아니하고 정기검사 신청기간 만료일로부터 30일 이내인 때의 과태료는 2만 원이다.

37 ▶ 도로교통법
"도로"란 다음 각 목에 해당하는 곳을 말한다.
① 「도로법」에 따른 도로
② 「유료도로법」에 따른 유료도로
③ 「농어촌도로 정비법」에 따른 농어촌도로
④ 그 밖에 현실적으로 불특정 다수의 사람 또는 차마가 통행할 수 있도록 공개된 장소로서 안전하고 원활한 교통을 확보할 필요가 있는 장소

38 전기화재에 적합하며 화재 때 화점에 분사하는 소화기로 산소를 차단하는 소화기는?

① 포말 소화기 ② 이산화탄소 소화기
③ 분말 소화기 ④ 증발 소화기

39 트랙의 스프로킷 이상 마모의 원인으로 옳은 것은?

① 유압유의 부족
② 유압이 너무 높다.
③ 리코일 스프링의 장력 약화
④ 트랙의 심한 이완 또는 장력 과대

40 유압장치에서 고압 소용량, 저압 대용량 펌프를 조합운전할 때 작동암이 규정 압력 이상으로 상승 시 동력절감을 위해 사용하는 밸브는?

① 감압 밸브 ② 릴리프 밸브
③ 시퀀스 밸브 ④ 무부하 밸브

41 <보기>에서 유압 작동유가 갖추어야 할 조건으로 옳은 것은?

┌──────────── 보기 ────────────┐
│ ㄱ. 압축성이 작을 것   ㄴ. 밀도가 작을 것   │
│ ㄷ. 열팽창계수가 작을 것 ㄹ. 체적탄성계수가 작을 것 │
│ ㅁ. 점도지수가 낮을 것   ㅂ. 발화점이 높을 것   │
└────────────────────────────┘

① ㄱ, ㄴ, ㄷ, ㄹ ② ㄴ, ㄷ, ㅁ, ㅂ
③ ㄴ, ㄹ, ㄷ, ㅂ ④ ㄱ, ㄴ, ㄷ, ㅂ

42 가스가 새어나오는 것을 검사할 때 가장 적절한 행동은?

① 비눗물을 발라본다.
② 순수한 물을 발라본다.
③ 기름을 발라본다.
④ 촛불을 대여본다.

---

38 ▶ 작업안전

이산화탄소 소화기는 이산화탄소(CO_2)를 높은 압력으로 압축 액화시켜 단단한 철제 용기에 넣은 것이다. 이 소화기는 통상 B, C급 화재에 쓸 수 있고 물을 뿌리면 안되는 전기화재, 유류화재에 사용하면 효과적이며 냉각 효과와 질식 효과가 큰 특성을 가진다.

39 ▶ 하부장치

트랙의 장력의 과대 혹은 과소는 트랙 스프로킷의 이상 마모 원인이 된다.

40 ▶ 유압장치

릴리프밸브는 유압장치에서 고압 소용량, 저압 대용량 펌프를 조합운전 할 때 작동암이 규정 압력 이상으로 상승 시 동력절감을 위해 사용하는 밸브이다.

41 ▶ 유압장치
유압유의 구비조건
• 압력에 대해 비압축성일 것
• 밀도가 작을 것
• 열팽창계수가 작을 것
• 체적탄성계수가 클 것
• 점도지수가 높을 것
• 인화점, 발화점이 높을 것
• 내열성이 크고, 거품이 없을 것

42 ▶ 도시가스공사 안전관리

가스장치누출여부는 가스감지기를 활용하여 누출여부를 확인한 후에, 해당 부위에 비눗물을 사용하면 정확한 위치 확인이 가능하다.

43 다음 중 지하에 매설된 도시가스 배관의 최고 사용압력이 저압인 경우 배관의 표면색은?

① 적색   ② 갈색

③ 황색   ④ 회색

43 ▶ 도시가스공사 안전관리

도시가스 배관의 색상 종류
- 최고압력이 저압인 경우: 황색
- 최고압력이 중압 이상인 경우: 적색

---

44 전기용접 작업 시 보안경을 사용하는 이유로 옳지 <u>않은</u> 것은?

① 유해 광선으로부터 눈을 보호하기 위하여

② 유해 약물로부터 눈을 보호하기 위하여

③ 중량물의 추락 시 머리를 보호하기 위하여

④ 분진으로부터 눈을 보호하기 위하여

44 ▶ 안전보호구

중량물의 추락 시 머리를 보호하기 위해서는 보호구를 착용해야 한다.

---

45 도시가스배관을 지하에 매설 시 중압 이상인 경우 배관의 표면 색상은?

① 적색

② 백색

③ 청색

④ 검정색

45 ▶ 도시가스공사 안전관리

도시가스 배관의 색상 종류
① 지상배관: 황색
② 매설배관: 중압은 황색, 중압 이상은 적색

---

46 도로폭이 8m 이상의 큰 도로에서 장애물 등이 없을 경우 일반 도시가스 배관의 최소 매설 깊이는?

① 0.6m 이상

② 1.2m 이상

③ 1.5m 이상

④ 2m 이상

46 ▶ 도시가스공사 안전관리

도로 폭	심도
폭 8m 이상 도로	1.2m 이상
폭 4m 이상 8m 미만의 도로	1m 이상
폭 4m 또는 공동주택 등의 부지 이내	0.6m 이상

---

47 도로상의 한전 맨홀에 근접하여 굴착작업 시 가장 올바른 것은?

① 맨홀 뚜껑을 경계로 하여 뚜껑이 손상되지 않도록 하고 나머지는 임의로 작업한다.

② 교통에 지장이 되므로 주인 및 관련기관이 모르게 야간에 신속히 작업하고 되메운다.

③ 한전 직원의 입회하에 안전하게 작업한다.

④ 접지선이 노출되면 제거한 후 계속 작업한다.

47 ▶ 굴착작업

한전 맨홀 근접 작업 시에는 한전 직원의 입회하에 안전하게 작업한다.

48 발전소 상호간, 변전소 상호간 또는 발전소와 변전소 간에 설치된 전선로를 무엇이라고 하는가?

① 배전선로 송전
② 가공선로
③ 발전선로
④ 송전선로

48 ▶ 전기공사 안전관리
송전선로는 발전소 상호간, 변전소 상호간 또는 발전소와 변전소 간에 설치된 전선로를 의미한다.

49 아세틸렌 용접기에서 가스 누설 여부를 검사하는 방법으로 가장 좋은 것은?

① 비눗물 검사
② 기름 검사
③ 촛불 검사
④ 물 검사

49 ▶ 가스 안전관리
아세틸렌, LPG, LNG 등 대부분의 가스 검사는 비눗물 검사가 가장 효과적이고 안전하다.

50 유류 화재 시 소화기 이외의 소화 재료로 가장 적당한 것은?

① 모래
② 시멘트
③ 진흙
④ 물

50 ▶ 작업안전
유류 화재 시 소화기 이외의 소화 재료로는 모래가 가장 적당하다.

51 차량이 남쪽에서 북쪽으로 진행 중일 때, 그림에 대한 설명으로 옳지 않은 것은?

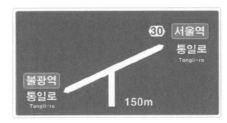

① 차량을 우회전하는 경우 서울역 쪽 '통일로'로 진입할 수 있다.
② 차량을 좌회전하는 경우 불광역 쪽 '통일로'로 진입할 수 있다.
③ 차량을 좌회전하는 경우 불광역 쪽 '통일로'로 건물번호가 커진다.
④ 차량을 좌회전하는 경우 불광역 쪽 '통일로'의 건물번호가 작아진다.

51 ▶ 도로교통법
남쪽에서 북쪽으로 진행하고 있으면 좌측(불광역)이 서쪽이고, 우측(서울역)이 동쪽이 된다. 도로 구간의 시작점과 끝 지점은 '서 → 동', '남 → 북'쪽 방향으로 건물번호 순서를 정하고 있기 때문에 불광역 쪽에서 서울역 쪽으로 가면서 건물번호가 커진다. 이에 차량을 좌회전하는 경우 불광역 쪽 '통일로'의 건물번호가 점차적으로 작아지게 됨을 알 수 있다.

CHAPTER 09

52 이미 소화하기 힘든 정도로 화재가 진행된 화재 현장에서 제일 먼저 하여야 할 조치로 가장 올바른 것은?

① 소화기 사용　　　　② 화재 신고
③ 인명 구조　　　　　④ 분말 소화기 사용

52 ▶ 작업안전
화재 시 인명 구조를 가장 먼저 해야 한다.

53 중량물 운반에 대한 설명으로 옳지 <u>않은</u> 것은?

① 무거운 물건을 운반할 경우, 주위 사람이 인지하도록 한다.
② 무거운 물건을 상승시킨 채 오랫동안 방치하지 않는다.
③ 규정 용량을 초과해서 운반하지 않는다.
④ 흔들리는 중량물은 사람이 붙잡아서 이동한다.

53 ▶ 안전관리
흔들리는 중량물은 로프 등으로 결착한 후 안전하게 이동해야 한다.

54 맥동적 토출을 하지만 다른 펌프에 비해 일반적으로 최고압 토출이 가능하고 펌프 효율에서도 전압력 범위가 높아 최근에 많이 사용되고 있는 펌프는?

① 피스톤 펌프　　　　② 베인 펌프
③ 나사 펌프　　　　　④ 기어 펌프

54 ▶ 유압장치
최고압 토출이 가능하고 펌프 효율에서도 전압력 범위가 높아 최근에 많이 사용되고 있는 펌프는 피스톤 펌프(플런저 펌프)이다.

55 스패너를 사용할 때 올바른 것은?

① 스패너 입이 너트의 치수보다 큰 것을 사용해야 한다.
② 스패너를 해머로 사용한다.
③ 너트를 스패너에 깊이 물리고 조금씩 앞으로 당기는 식으로 풀고 조인다.
④ 너트에 스패너를 깊이 물리고 조금씩 밀면서 풀고 조인다.

55 ▶ 기계, 기구, 공구 안전
스패너 및 소켓 공구는 너트 또는 나사를 조이고 풀 때 작업자의 몸 앞으로 당기면서 사용해야 안전한 작업이다.

56 유압실린더에서 실린더의 과도한 자연 낙하 현상이 발생할 수 있는 원인이 <u>아닌</u> 것은?

① 작동 압력이 높을 때
② 실린더 내의 피스톤 실링이 마모
③ 컨트럴 밸브 스풀 마모
④ 릴리프 밸브의 조정 불량

56 ▶ 유압장치
실린더의 과도한 낙하 현상은 작동 실린더 내의 유압이 낮아지기 때문이며, 실린더 내의 피스톤 실링 마모, 컨트롤 밸브 스풀 마모, 릴리프 밸브의 압력 설정 조정 불량 등이 그 원인이 된다.

57 유압유가 과열되는 원인과 가장 거리가 먼 것은?

① 릴리프 밸브(relief valve)가 닫힌 상태로 고장일 때
② 오일 냉각기의 냉각핀이 오손되었을 때
③ 유압유가 부족할 때
④ 유압유량이 규정보다 많을 때

57 ▶ 유압장치
유압유의 유량이 규정보다 많은 경우에는 유압유의 과열의 원인과는 거리가 멀다.

58 다음 <보기>에서 작업자의 안전 자세로 올바른 것을 고르면?

─────── 보기 ───────

a. 자신의 안전과 타인의 안전을 고려한다.
b. 작업에 임해서는 아무런 생각 없이 작업한다.
c. 작업장 환경 조정을 위해 노력한다.
d. 작업 안전사항을 준수한다.

① a, b, c
② a, c, d
③ a, b, d
④ a, b, c, d

58 ▶ 안전관리
작업자는 자신의 안전과 타인의 안전을 함께 고려하고, 작업 시 항상 안전사항에 주의하며, 작업장 환경 조정을 위해 노력해야 한다.

59 유압회로에서 역류를 방지하고 회로 내의 잔류압력을 유지하는 밸브는?

① 체크 밸브
② 셔틀 밸브
③ 메뉴얼 밸브
④ 스로틀 밸브

59 ▶ 유압장치
회로 내의 역류를 방지하고 회로 내의 잔류압력(잔압)을 유지하는 밸브는 체크 밸브이다.

60 산업재해의 분류에서 사람이 평면상으로 넘어졌을 때(미끄러짐 포함)를 말하는 것은?

① 낙하
② 충돌
③ 전도
④ 추락

60 ▶ 산업안전
① 낙하: 물체가 떨어짐
② 충돌: 서로 맞부딪침
③ 전도: 엎어져 넘어짐
④ 추락: 높은 곳에서 떨어짐

CBT 적중 모의고사 제2회 정답									
01 ④	02 ④	03 ④	04 ③	05 ③	06 ②	07 ②	08 ③	09 ①	10 ①
11 ②	12 ④	13 ④	14 ③	15 ③	16 ③	17 ①	18 ②	19 ③	20 ①
21 ①	22 ④	23 ③	24 ④	25 ④	26 ③	27 ④	28 ④	29 ③	30 ③
31 ②	32 ②	33 ③	34 ④	35 ①	36 ④	37 ①	38 ②	39 ④	40 ②
41 ④	42 ①	43 ③	44 ③	45 ①	46 ②	47 ③	48 ④	49 ①	50 ①
51 ③	52 ③	53 ④	54 ①	55 ③	56 ①	57 ④	58 ②	59 ①	60 ③

01 기관에서 워터펌프의 역할로 옳은 것은?

① 정온기 고장 시 자동으로 작동하는 펌프이다.
② 기관의 냉각수 온도를 일정하게 유지한다.
③ 기관의 냉각수를 순환시킨다.
④ 냉각수 수온을 자동으로 조절한다.

02 디젤엔진 시동을 멈추기 위한 방법으로 가장 적절한 것은?

① 연료공급을 차단한다.
② 축전지에 연결된 전선을 끊는다.
③ 기어를 넣어서 기관을 정지시킨다.
④ 초크밸브를 닫는다.

03 디젤기관에서만 사용되는 장치는?

① 분사펌프 　　　　　② 발전기
③ 오일펌프 　　　　　④ 연료펌프

04 4행정 기관에서 크랭크축 기어와 캠축 기어와의 지름 비 및 회전 비는 각각 얼마인가?

① 2 : 1 및 1 : 2 　　　② 2 : 1 및 2 : 1
③ 1 : 2 및 2 : 1 　　　④ 1 : 2 및 1 : 2

05 기관 방열기에 연결된 보조탱크의 역할을 설명한 것으로 가장 적절하지 <u>않은</u> 것은?

① 냉각수의 체적 팽창을 흡수한다.
② 장기간 냉각수 보충이 필요없다.
③ 오버플로(over flow)되어도 증기만 방출된다.
④ 냉각수 온도를 적절하게 조절한다.

해설

01 ▶ 엔진구조
엔진의 크랭크축 풀리와 벨트로 연결된 워터펌프 풀리는 엔진의 회전력을 전달받아 기관의 냉각수를 순환시키는 기능을 한다.

02 ▶ 엔진구조
디젤엔진의 시동 정지는 연료공급을 차단함으로써 가능하다.

03 ▶ 엔진구조
연료를 고압으로 형성 후 분사 순서에 맞게 연료를 분배하는 장치는 디젤기관에서만 사용되는 분사펌프이다.

04 ▶ 엔진구조
크랭크축 기어와 캠축 기어의 지름 비는 1 : 2이며, 회전 비는 반대로 2 : 1이 된다.

05 ▶ 엔진구조
냉각수 보조탱크는 엔진고온 시 냉각시스템 내의 팽창된 여분의 냉각수를 오버플로 파이프를 통해 보조탱크에 저장(흡수)하고, 엔진 냉각 시 다시 오버플로 파이프를 통해 내부로 냉각수가 보충되어 냉각수의 온도를 적절하게 조절하는 기능을 한다.

06 크랭크 케이스를 환기하는 목적은?

① 출력 손실을 막기 위하여
② 오일 증발을 막으려고
③ 오일의 슬러지 형성을 막으려고
④ 크랭크 케이스의 청소를 쉽게 하기 위해

07 4행정 기관에서 많이 쓰이는 오일펌프의 종류는?

① 로터리식, 나사식, 베인식
② 로터리식, 기어식, 베인식
③ 기어식, 플런저식, 나사식
④ 플런저식, 기어식, 베인식

08 디젤기관에서 흡입밸브와 배기밸브가 모두 닫혀 있을 때는?

① 소기행정　　　　② 배기행정
③ 흡입행정　　　　④ 동력행정

09 기관에서 흡입효율을 높이는 장치는?

① 과급기　　　　② 발전기
③ 토크컨버터　　　　④ 터빈

10 연료탱크의 배출 콕을 열었다가 잠그는 작업을 하는 것은 무엇을 배출하기 위한 작업인가?

① 수분과 오물　　　　② 엔진오일
③ 유압오일　　　　④ 공기

11 엔진에서 진동 소음이 발생하는 원인이 <u>아닌</u> 것은?

① 분사기의 불량
② 분사압력의 불량
③ 분사량의 불량
④ 프로펠러 샤프트의 불량

---

06 ▶ 엔진구조

크랭크 케이스를 환기하는 PCV는 오일탱크 내의 엔진오일이 HC(미연소탄화수소)에 의한 슬러지 형성을 방지한다.

07 ▶ 엔진구조

4행정 기관에서 많이 쓰이는 펌프의 종류에는 로터리식, 기어식, 베인식 등이 있다.

08 ▶ 엔진구조

흡배기 밸브가 모두 닫혀 있는 구간은 동력행정(폭발행정)이다.

09 ▶ 엔진구조

과급기는 흡입공기를 압축하여 기관의 출력을 증대시키는 기능을 한다.

10 ▶ 엔진구조

추운 겨울철에는 연료탱크 내의 공기 속에 포함된 수분이 응축되어 연료탱크 아래로 쌓인 수분과 오물을 배출하기 위해 연료탱크의 배출 콕을 열었다 잠그는 작업을 하게 된다.

11 ▶ 엔진구조

디젤엔진은 분사되는 연료의 상태에 따라 엔진의 출력에 큰 영향을 미치게 되므로 연료와 관련된 불량 시 엔진소음의 발생하며, 프로펠러 샤프트(추진축)의 불량은 주행 시 차체 진동을 발생시키는 원인이다.

12 전압이 12V인 배터리를 저항 3Ω, 4Ω, 5Ω을 직렬로 연결할 때의 전류는 얼마인가?

① 1A ② 2A
③ 3A ④ 4A

12 ▶ 전기장치
옴의 법칙 V=IR 에서 I=V/R이다.
직렬합성저항은 $R=R_1+R_2+R_3$이므로
$R=3Ω+4Ω+5Ω=12Ω$
$I=12V/12Ω=1A$

13 축전지 전해액의 온도가 상승하면 비중은 어떻게 되는가?

① 올라간다. ② 내려간다.
③ 변화가 없다. ④ 내려가다가 올라간다.

13 ▶ 전기장치
전해액의 온도가 상승하면 화학적 반응이 활성화되어 전기 발생이 증가하고, 황산이 극판으로 이동하므로 축전지 전해액의 비중은 내려가게 된다.

14 12V 배터리의 셀 연결 방법으로 옳은 것은?

① 3개를 병렬로 연결한다.
② 3개를 직렬로 연결한다.
③ 6개를 직렬로 연결한다.
④ 6개를 병렬로 연결한다.

14 ▶ 전기장치
12V 배터리는 셀 당 완전 충전 전압이 1.75V인 6개의 셀을 직렬로 연결한 12.6V의 전압이 형성된 배터리를 사용하고 있다.

15 20℃ 에서 완전충전 시 축전지의 전해액 비중은?

① 2,260 ② 0.128
③ 1.280 ④ 0.0007

15 ▶ 전기장치
20℃에서 완전충전 시 축전지의 전해액 비중은 1.280이며 완전 방전 시 비중은 1.0이 된다. 사용가능한 비중은 약 1.23~1.280의 비중 값을 갖는다.

16 다음 중 전조등 회로의 구성으로 옳은 것은?

① 전조등 회로는 직렬 연결
② 전조등 회로는 병렬 연결
③ 퓨즈는 직렬로 연결
④ 전조등 회로는 직·병렬로 연결

16 ▶ 전기장치
차량에 사용되는 대부분의 등화장치는 회로와 병렬로 연결되어 있다.

17 축전지 전해액을 만들 때 용기로 무엇을 사용하는가?

① 철재
② 알루미늄
③ 구리합금
④ 질그릇

17 ▶ 전기장치
축전지 전해액은 증류수와 황산을 7 : 3의 비율로 증류수에 황산을 천천히 부어 희석시키며 만들게 되는데 황산과 화학적 반응이 없는 그릇에 담가야 하므로 질그릇이 적당하다.

18 다이오드의 냉각장치로 옳은 것은?

① 냉각 팬
② 냉각 튜브
③ 히트 싱크
④ 엔드 프레임에 설치된 오일장치

18 ▶ 전기장치
발전기의 다이오드의 열을 밖으로 배출시키는 냉각장치를 히트싱크(방열기)가 담당하고 있다.

19 토크 컨버터의 최대 회전력의 값을 무엇이라 하는가?

① 회전력
② 토크 변환 비
③ 종감속 비
④ 변속기어 비

19 ▶ 전·후진 주행장치
토크 컨버터의 최대 회전력의 값을 '토크 변환 비'라고 한다.

20 록킹볼이 불량하면 어떻게 되는가?

① 변속할 때 소리가 난다.
② 변속레버의 유격이 커진다.
③ 기어가 빠지기 쉽다.
④ 기어가 이중으로 물린다.

20 ▶ 전·후진 주행장치
수동변속기에는 기어가 빠지는 것을 방지하기 위한 록킹볼과 이중 기어방지를 위한 인터록이 있다.

21 다음 중 트랙 슈의 종류가 <u>아닌</u> 것은?

① 2중 돌기 슈
② 3중 돌기 슈
③ 4중 돌기 슈
④ 고무 슈

21 ▶ 하부장치
트랙 슈의 종류에 4중 돌기 슈는 없다.

22 고압 전선로 주변에서 작업 시 건설기계와 전선로의 이격거리에 대한 설명 중 <u>틀린</u> 것은?

① 여름철에는 겨울보다 많이 늘어난다.
② 애자 수가 많을수록 전압이 높다.
③ 철탑간의 거리가 짧을수록 흔들림이 적다.
④ 전선이 굵을수록 전압이 높다.

22 ▶ 전기공사 안전관리
애자 수가 많을수록, 전선이 굵을수록 전압이 높으므로, 이격거리를 더 많이 두어야 하며 철탑간의 거리가 짧으면 바람에 의한 전선의 흔들림이 적다.

23 굴착 공사 중 적색으로 된 도시가스 배관을 손상하였으나 다행히 가스는 누출되지 않고 피복만 벗겨졌다. 조치사항으로 옳은 것은?

① 해당 도시가스 회사 직원에게 그 사실을 알려 보수하도록 한다.
② 벗겨지거나 손상된 피복은 고무판이나 비닐테이프로 감은 후에 되메운다.
③ 가스가 누출되지 않았으므로 그냥 되메운다.
④ 벗겨진 피복은 부식 방지를 위하여 아스팔트를 칠하고 비닐테이프로 감은 후 되메운다.

23 ▶ 도시가스공사 안전관리
피복만 벗겨졌어도 해당 도시가스 회사 직원에게 그 사실을 알려 보수 후 직원의 안내에 따라 작업을 실시하도록 하고 있다.

24 고압 전력선 부근의 작업 장소에서 굴착기의 붐이 고압선에 근접할 우려가 있을 때 조치사항으로 옳은 것은?

① 우선 줄자를 이용하여 전력선과의 거리를 측정한다.
② 관할 시설물 관리자에게 연락을 취한 후 지시를 받는다.
③ 현장의 작업반장에게 도움을 청한다.
④ 고압 전력선에 접촉만 하지 않으면 된다.

24 ▶ 도시가스공사 안전관리
굴착기의 붐이 고압선에 근접할 우려가 있을 때는 관할 시설물 관리자에게 연락을 취한 후 지시를 받는다.

25 굴착기의 주행레버를 한쪽으로 당겨 회전하는 방식을 무엇이라고 하는가?

① 피벗 턴
② 스핀 턴
③ 급회전
④ 원 웨이 회전

25 ▶ 굴착기 주행
한쪽은 고정하고 한쪽의 주행레버를 당겨 회전하는 방법은 피벗 턴(Pivot turn)이다.

26 굴착장비를 이용하여 도로굴착작업 중 "고압선위험" 표지시트가 발견되었다. 다음 중 옳은 것은?

① 표지시트 좌측에 전력케이블이 묻혀있다.
② 표지시트 우측에 전력케이블이 묻혀있다.
③ 표지시트와 직각방향에 전력케이블이 묻혀있다.
④ 표지시트 직하에 전력케이블이 묻혀있다.

26 ▶ 도시가스공사 안전관리
표지시트는 고압선 직상 30cm 부근에 설치하므로 표지시트의 발견은 직하에 전력케이블이 묻혀있음을 뜻한다.

27 타이어에서 고무로 피복된 코드를 여러 겹으로 겹친 층에 해당하며 타이어 골격을 이루는 부분은?

① 카커스(carcass)부
② 트레드(tread)부
③ 숄더(shoulder)부
④ 비드(bead)부

27 ▶ 전·후진 주행장치
① 카커스(carcass): 타이어골격 유지
② 트레드(tread): 타이어가 노면에 접촉되는 부위
③ 숄더부(shoulder): 타이어의 어깨부분
④ 비드(bead): 림에 끼우는 타이어의 가장자리

28 변속기의 필요성이 <u>아닌</u> 것은?

① 회전력 증대
② 무부하
③ 회전수 증대
④ 역전 가능

28 ▶ 전·후진 주행장치
변속기의 필요성에는 회전력의 증대, 무부하, 역전 등이 있다.

29 타이어식 굴착기의 정기검사는 몇 년인가?

① 2년
② 1년
③ 3년
④ 4년

29 ▶ 건설기계관리법
대부분의 건설기계 정기검사는 1년이며, 로우더(타이어식), 지게차 1톤 이상, 모우터 그레이더, 천공기는 2년이다.

30 긴 내리막길을 내려갈 때 베이퍼 록을 방지하려고 하는 좋은 운전 방법은?

① 변속레버를 중립으로 놓고 브레이크 페달을 밟고 내려간다.
② 시동을 끄고 브레이크 페달을 밟고 내려간다.
③ 엔진 브레이크를 사용한다.
④ 클러치를 끊고 브레이크 페달을 계속 밟고 속도를 조정하며 내려간다.

31 15km 이하의 건설기계가 갖추지 않아도 되는 조명은?

① 전조등   ② 번호등
③ 후부반사판   ④ 차폭등

32 주행 중 앞지르기 금지장소가 <u>아닌</u> 곳은?

① 교차로   ② 터널 안
③ 버스정류장 부근   ④ 다리 위

33 도로교통법상 주·정차 금지구역이 <u>아닌</u> 곳은?

① 전신주로부터 10m   ② 소화전으로부터 5m
③ 교차로에서부터 5m   ④ 화재경보기로부터 3m

34 도로를 통행하는 자동차가 야간에 켜야 하는 등화의 구분 중 견인되는 자동차가 켜야 하는 등화는?

① 전조등, 차폭등, 미등   ② 차폭등, 미등, 번호등
③ 전조등, 미등, 번호등   ④ 차폭등, 미등

35 교차로에서 먼저 진입한 좌회전하는 건설기계와 직진하는 버스 중 우선순위는?

① 버스가 우선한다.
② 건설기계가 우선 주행한다.
③ 서로 양보한다.
④ 속도가 빠른 차가 우선한다.

---

30 ▶ 전·후진 주행장치

베이퍼 록은 잦은 브레이크 사용으로 인한 열이 브레이크 파이프 내에 있는 브레이크 오일을 비등시키고, 이로 인해 유압호스 내에 공기가 발생하여 브레이크가 밀리는 현상을 의미하므로 긴 내리막길에서는 브레이크 페달을 자주 밟는 것보다 저단으로 운행하는 엔진 브레이크를 사용하는 것이 안전하다.

31 ▶ 건설기계관리법

최고주행속도 15km/h 미만의 건설기계는 전조등, 제동등, 후부반사기, 후부반사판 또는 후부반사지를 설치한다.

32 ▶ 도로교통법

앞지르기 금지 장소
• 교차로·터널 안 또는 다리 위
• 도로의 구부러진 곳
• 비탈길의 고개마루부근 또는 가파른 비탈길의 내리막
• 지방경찰청장이 필요하다고 인정하여 안전표지로 지정한 곳

33 ▶ 도로교통법

주·정차 금지지역
• 소화전 5m 이내
• 교차로모퉁이 5m 이내
• 초등학교 정문 앞 어린이보호구역
• 버스정류소 10m 이내
• 횡단보도 10m 이내

34 ▶ 도로교통법

야간에 견인되는 자동차가 켜야하는 등화에는 차폭등, 미등, 번호등이다.

35 ▶ 도로교통법

교차로에서는 먼저 진입한 차량이 우선순위에 해당한다.

36 1종 대형면허로 운전할 수 없는 장비는?

① 덤프트럭
② 3톤 미만의 지게차
③ 아스팔트 살포기
④ 콘크리트 피니셔

36 ▶ 건설기계관리법
1종 대형면허 운전 가능 차량
덤프트럭, 아스팔트 살포기, 노상안전기, 콘크리트 믹서트럭, 콘크리트 펌프, 천총기, 특수건설기계 중 국토교통부장관이 지정하는 건설기계

37 건설기계 등록신청은 누구에게 할 수 있는가?

① 지방경찰청장
② 해양부장관
③ 서울특별시장
④ 읍·면·동장

37 ▶ 건설기계관리법
건설기계 등록신청은 건설기계 소유자의 주소지 또는 건설기계 사용본거지를 관할하는 시·도지사에게 등록한다.

38 유압실린더 등이 중력에 의한 자유낙하를 방지하기 위해 배압을 유지하는 압력제어 밸브는?

① 시퀀스 밸브
② 언로드 밸브
③ 카운터 밸런스 밸브
④ 감압 밸브

38 ▶ 유압장치
하강 시 저항을 만들어 자유낙하를 못하게 만들어 주는 밸브를 '카운터 밸런스 밸브'라고 한다.

39 제어밸브에 대한 설명으로 옳지 않은 것은?

① 일의 크기 → 압력제어밸브
② 일의 방향 → 방향제어밸브
③ 일의 속도 → 유량제어밸브
④ 일의 시간 → 속도제어밸브

39 ▶ 유압장치
일의 시간 → 순서제어밸브(시퀀스 밸브) 이다.

40 어큐뮬레이터(축압기)의 사용 목적이 아닌 것은?

① 유압회로 내의 압력상승
② 충격압력 흡수
③ 유체의 맥동 감소
④ 압력보상

40 ▶ 유압장치
축압기의 기능
• 유압에너지 축적
• 충격파 흡수(충격완화)
• 압력보상
• 펌프의 압력 맥동수의 흡수(유체의 맥동감소)

41 유압장치 중에서 회전운동을 하는 것은?

① 유압모터
② 유압실린더
③ 축압기
④ 급속배기밸브

41 ▶ 유압장치
유압장치에서 회전운동을 하는 것은 유압모터이다.

42 다음 기호 중 압력계를 나타내는 것은?

① ②

③ ④

43 유압실린더의 피스톤에서 많이 쓰는 링은?

① O링 ② U링
③ V링 ④ C링

44 제한된 회전각도 이내에서 유체가 회전요동 운동력으로 변환시키는 요동 모터의 피스톤 형에 속하지 <u>않는</u> 것은?

① 링크형 ② 기어형
③ 래크와 피니언형 ④ 체인형

45 유압회로의 압력을 점검하는 위치로 가장 적당한 것은?

① 유압 오일탱크에서 유압펌프 사이
② 유압펌프에서 컨트롤 밸브 사이
③ 실린더에서 유압 오일탱크 사이
④ 유압 오일탱크에서 직접 점검

46 유압실린더에서 피스톤 행정이 끝날 때 발생하는 충격을 흡수하기 위해 설치하는 장치는?

① 서보밸브 ② 압력보상 장치
③ 쿠션기구 ④ 스로틀 밸브

47 블래드식 축압기(어큐뮬레이터)의 고무주머니에 들어가는 물질은?

① 메탄 ② 그리스
③ 질소 ④ 에틸렌글린콜

---

42 ▶ 유압장치
① 동력원
② 압력계
③ 온도계
④ 유량계

43 ▶ 유압장치
유압실린더 피스톤에는 O링이 가장 많이 쓰인다.

44 ▶ 유압장치
기어형 요동 모터는 회전각도에 제한이 없으며, 기어를 이용하여 유체의 회전운동을 변환시키는 방식으로 작동하기 때문에 제한된 회전각도 이내에서 유체를 변환시키는 피스톤형 요동 모터와는 구조적으로 차이가 있다.

45 ▶ 유압장치
유압펌프에서 컨트롤 밸브 사이가 유압회로의 압력을 점검하는 위치로 가장 적당하다.

46 ▶ 유압장치
유압실린더에서 피스톤 행정이 끝날 때 발생하는 충격을 흡수하는 장치는 쿠션기구이다.

47 ▶ 유압장치
질소는 산화반응이 없는 안정적인 가스이기 때문에 산업 분야에서 많이 쓰이고 축압기 역시 질소 가스를 넣어 유압의 충격을 흡수하는 데 이용되고 있다

48 공동 주택 부지 내에서 굴착 작업 시 황색의 가스 보호포가 나왔다. 도시가스 배관은 그 보호포가 설치된 위치로부터 최소한 몇 m이상 깊이에 매설되어 있는가? (단, 배관의 심도는 0.6m이다.)

① 0.2m
② 0.3m
③ 0.4m
④ 0.5m

49 자동차를 운행할 때 어린이가 타는 이동수단 중 주의하여야 할 것은?

㉠ 퀵보드	㉡ 인라인 스케이트
㉢ 롤러스케이트	㉣ 스노보드

① ㉠, ㉡
② ㉠, ㉡, ㉢
③ ㉡, ㉢, ㉣
④ ㉠, ㉡, ㉢, ㉣

50 도시가스 작업 중 브레이커로 도시가스관을 파손했다면, 가장 먼저 해야 할 일과 거리가 먼 것은?

① 차량을 통제한다.
② 브레이커를 빼지 않고 도시가스 관계자에게 연락한다.
③ 소방서에 연락한다.
④ 라인마크를 따라가 파손된 가스관과 연결된 가스밸브를 잠근다.

51 재해의 간접 원인이 아닌 것은?

① 신체적 원인
② 자본적 원인
③ 교육적 원인
④ 기술적 원인

52 연삭기의 안전한 사용 방법이 아닌 것은?

① 숫돌과 덮개 설치 후 작업
② 숫돌 측면 사용 제한
③ 보안경과 방진마스크 착용
④ 숫돌과 받침대 간격을 가능한 넓게 유지

53 용접 시 주의사항으로 옳지 <u>않은</u> 것은?

① 가열된 용접봉 홀더는 물에 넣어 냉각시킨다.
② 슬러지를 제거할 때는 보안경을 착용한다.
③ 피부 노출이 없어야 한다.
④ 우천 시 옥외 작업을 하지 않는다.

53 ▶ 기계, 기구, 공구 안전
가열된 용접봉 홀더는 물에 넣어 급냉해서는 안 된다.

54 보호구 구비조건으로 옳지 <u>않은</u> 것은?

① 착용이 간편해야 한다.
② 작업에 방해가 되지 않아야 한다.
③ 구조와 끝마무리가 양호해야 한다.
④ 유해 위험요소에 대한 방호성능이 경미해야 한다.

54 ▶ 안전보호구
• 착용이 간편할 것
• 작업에 방해를 주지 않을 것
• 유해 위험 요소에 대한 방호가 완전할 것
• 재료의 품질이 우수할 것
• 구조 및 표면 가공이 우수할 것
• 외관상 보기 좋을 것

55 차량이 남쪽에서 북쪽으로 진행 중일 때 그림에 대한 설명으로 옳지 <u>않</u>은 것은?

① 150m 전방에서 직진하면 '성결대' 방향으로 갈 수 있다.
② 150m 전방에서 좌회전하면 경수대로 도로 구간의 끝지점과 만날 수 있다.
③ 150m 전방에서 우회전하면 경수대로 도로 구간의 시작점과 만날 수 있다.
④ 150m 전방에서 우회전하면 '의왕' 방향으로 갈 수 있다.

55 ▶ 도로교통법
150m 전방에서 우회전하면 '서울' 방향으로 갈 수 있다.

56 매몰된 배관의 침하여부는 침하관측공을 설치하여 관측한다. 침하관측공은 줄파기를 하는 때에 설치하고 침하측정은 며칠에 1회 이상을 원칙으로 하는가?

① 3일
② 7일
③ 10일
④ 15일

56 ▶ 도시가스공사 안전관리
침하관측공은 줄파기를 하는 때에 설치하고 침하측정은 10일에 1회 이상 측정한다.

CHAPTER 09

57 근로자가 안전하게 작업을 할 수 있는 세부 작업행동 지침은?

① 작업지시　　　　　　② 안전표지
③ 안전수칙　　　　　　④ 작업수칙

58 작업 중 보호포가 발견되었을 때 보호포로부터 몇 m 밑에 배관이 있는가?

① 30cm　　　　　　② 60cm
③ 1m　　　　　　④ 1.5m

59 도시가스배관 중 중압의 압력은 얼마인가?

① 1MPa 이상　　　　　　② 0.1MPa~1MPa 미만
③ 0.1MPa 미만　　　　　　④ 1MPa 미만

60 전선을 철탑의 완금(ARP)에 고정시키고 전기적으로 절연하기 위하여 사용하는 것은?

① 가공전선　　　　　　② 애자
③ 완철　　　　　　④ 클램프

---

57 ▶ 산업안전

근로자가 안전하게 작업을 할 수 있는 세부 작업행동 지침은 안전수칙이다.

58 ▶ 도시가스공사 안전관리

보호포는 배관 직상 60cm 위에 설치한다.

59 ▶ 도시가스공사 안전관리

도시가스 공급 압력 구분
• 고압: 1MPa 이상
• 중압: 0.1MPa 이상 1MPa 미만
• 저압: 0.1MPa 미만

60 ▶ 전기공사 안전관리

완금이란 가공선로를 지지하기 위해 전주에 가로로 설치하여 전선을 가설할 수 있게 만든 구조물이며, 완금 주변에 전기적으로 절연하기 위한 것을 애자(insulator)라고 한다.

CBT 적중 모의고사 제3회 정답									
01 ③	02 ①	03 ①	04 ③	05 ②	06 ③	07 ②	08 ④	09 ①	10 ①
11 ④	12 ①	13 ②	14 ③	15 ③	16 ②	17 ④	18 ③	19 ②	20 ③
21 ③	22 ①	23 ①	24 ②	25 ①	26 ④	27 ①	28 ③	29 ②	30 ③
31 ②	32 ③	33 ①	34 ②	35 ②	36 ④	37 ③	38 ③	39 ④	40 ①
41 ①	42 ②	43 ①	44 ②	45 ②	46 ③	47 ③	48 ③	49 ②	50 ①
51 ②	52 ④	53 ①	54 ④	55 ④	56 ③	57 ③	58 ②	59 ②	60 ②

01 기관이 과열되는 원인이 <u>아닌</u> 것은?

① 라디에이터가 막혔다.
② 물 재킷에 스케일이 많이 쌓였다.
③ 엔진 오일량이 부족하다.
④ 수온조절기가 열려있다.

02 오일 펌프에서의 압송된 오일의 압력을 일정한 압력으로 조정하는 유압 조절기(Oil Pressure Regulator)의 설치 위치가 바른 것은?

① 오일 필터 안
② 오일 스트레이너
③ 오일 펌프 커버
④ 오일 팬

03 기관의 온도를 측정하기 위해 냉각수의 수온을 측정하는 곳으로 가장 적절한 곳은?

① 실린더 헤드 물재킷 부
② 엔진 크랭크케이스 내부
③ 라디에이터 하부
④ 수온조절기 내부

04 기관의 온도가 과도하게 낮은 상태에서 운전 시 나타나는 현상으로 가장 적합한 것은?

① 연료소비량 증가
② 연료소비량 감소
③ 엔진오일 변질
④ 재료의 강도저하

05 엔진오일의 압력이 낮은 원인이 <u>아닌</u> 것은?

① 오일파이프의 파손
② 오일펌프의 고장
③ 오일에 다량의 연료 혼입
④ 플라이밍 펌프의 파손

해설

01 ▶ 엔진구조
수온조절기의 열림은 반대로 기관 과냉의 원인이 된다.

02 ▶ 엔진구조
유압조절기는 오일 펌프 커버에 설치되어 있다.

03 ▶ 엔진구조
기관의 온도 측정은 엔진의 냉각수가 밖으로 나오는 실린더 헤드 물재킷 부에 설치되어있다.

04 ▶ 엔진구조
과냉 상태에서 기관 운전 시에는 정상적인 연소가 어려워 연료소비량이 증가하게 된다.

05 ▶ 엔진구조
플라이밍 펌프는 디젤 연료 필터 부근에 설치되어 연료파이프 내의 공기를 배출하기 위한 수동 공기빼기 펌프이므로 엔진오일의 압력과는 상관이 없다.

06 다음 중 추운 겨울철에 엔진을 시동하여 보다 빨리 공전회전 속도가 되도록 난기운전을 촉진하는 것으로 옳은 것은?

① 아이들 어저스트 스크류
② 콜드 스타트 밸브
③ 패스트 아이들 기구
④ 스로틀 포지션 센서

06 ▶ 엔진구조

추운 겨울철에 엔진을 시동하여 보다 빨리 공전 회전 속도가 되도록 난기운전을 촉진하는 기구를 패스트 아이들이라고 한다.

07 건설기계 디젤기관에서 직접 분사식 엔진의 장점 중 틀린 것은?

① 구조가 간단하므로 열효율이 높다.
② 연료의 분사 압력이 낮다.
③ 실린더 헤드의 구조가 간단하다.
④ 냉각에 의한 열 손실이 적다.

07 ▶ 엔진구조

직접 분사식 디젤기관은 압축압력이 높기 때문에 연료분사 압력이 높아야 한다.

08 디젤기관의 연료장치 구성품이 아닌 것은?

① 예열플러그
② 분사노즐
③ 연료공급펌프
④ 연료여과기

08 ▶ 엔진구조

예열플러그는 엔진 시동 보조 장치이므로 연료 장치 구성품이 아니다.

09 디젤기관에서 노킹이 발생하였을 때 미치는 영향이 아닌 것은?

① 출력이 낮아진다.
② 회전수가 높아진다.
③ 과열 또는 과냉된다.
④ 흡기 효율이 저하된다.

09 ▶ 엔진구조

디젤기관의 노킹 발생 시 엔진의 부조 발생으로 회전수는 낮아지게 된다.

10 디젤기관의 출력이 저하되는 원인이 아닌 것은?

① 연료분사 시기가 부정확할 때
② 실린더 압축 압력이 부족할 때
③ 연료펌프 작동 불량 또는 연료여과기가 막혔을 때
④ 연료 오버플로우 파이프가 파손되었을 때

10 ▶ 엔진구조

연료 오버플로우 파이프는 고압 노즐에 연료를 분사 후 연분의 연료를 연료탱크로 되돌리는 부품이므로 디젤기관의 출력에는 영향이 없다.

11 공기 청정기의 종류 중 특히 먼지가 많은 지역에 적합한 공기 청정기는?

① 건식
② 습식
③ 유조식
④ 복합식

11 ▶ 엔진구조
유조식 공기청정기는 특히 먼지가 많은 지역에 적합한 공기 청정기이다.

12 직접 분사실식 연소실에 대한 설명 중 잘못된 것은?

① 열효율이 높고 연료소비율이 적다.
② 분사펌프와 노즐의 수명이 길다.
③ 사용 연료 변화에 민감하다.
④ 다공형 노즐을 사용한다.

12 ▶ 엔진구조
직접 분사실식은 높은 압축비와 높은 폭발력을 발휘하므로 분사펌프와 노즐의 수명은 그리 길지 않다.

13 다음의 전조등을 설명한 내용 중 틀린 것은?

① 조립식은 렌즈, 반사경, 전구들이 분리되는 구조로 되어있다.
② 세미 실드빔식은 전구를 갈아 끼울 수 있다.
③ 전조등은 상향등을 켜면 하향등은 꺼진다.
④ 실드빔식은 내부에 불활성 가스가 들어 있다.

13 ▶ 전기장치
전조등은 하향등 상향등 순으로 켜지면 하향등이 켜진 상태에서 상향등이 더해 켜지므로 상향등 조작 시에는 상향등과 하향등이 동시에 점등된다.

14 건설기계에 사용되고 있는 교류발전기는 처음에 타여자식으로 작동하는데 타여자식을 사용하는 이유로 가장 알맞은 것은?

① 소형, 경량으로 제작되어 있기 때문
② 회전속도가 높기 때문
③ 다이오드를 사용하여 정류하기 때문
④ 교류발전기가 3상 Y결선으로 되어있기 때문

14 ▶ 엔진구조
타여자식은 외부의 배터리 전원을 공급받아 발전하는 방식을 말하며 다이오드 정류방식이 이용되면서 타여자식이 사용되고 있다.

15 기관 시동장치에서 링기어를 회전시키는 구동 피니언은 어느 곳에 부착되어 있는가?

① 클러치
② 변속기
③ 기동전동기
④ 뒷차축

15 ▶ 전기장치
엔진 크랭크축과 연결된 플라이휠 주위에 링기어가 장착되어 있고 이곳에 기동전동기의 구동 피니언기어가 링기어에 물리면서 기관 시동을 시작하게 된다.

16 정전압 회로에서 일정한 전압을 유지하기 위해 사용되는 반도체는?

① 발광다이오드　　　　② 트랜지스터
③ 포토다이오드　　　　④ 제너다이오드

17 축전지(battery)에 대한 설명으로 **틀린** 것은?

① 방전종지전압일 때 급속충전을 하면 사용이 가능하다.
② 전기적 에너지를 화학적 에너지로 바꾸어 저장한다.
③ 원동기를 시동할 때 전력을 공급한다.
④ 전기가 필요할 때는 전기적 에너지로 바꾸어 공급한다.

18 축전지 충전 방법 중에서 **틀린** 방법은?

① 정전류 충전법　　　　② 정전압 충전법
③ 단별전류 충전법　　　④ 정저항 충전법

19 자동변속기의 구성품이 **아닌** 것은?

① 토크 변환기　　　　② 유압제어 장치
③ 싱크로메시 기구　　④ 유성기어 유닛

20 미끄러운 노면이 아닌 일반 작업조건에서 건설기계 운전 중장비를 멈추었다가 출발하려고 하는데 전, 후진이 되질 않아 점검하려고 한다. 가장 먼저 점검해보아야 하는 장치는?

① 스티어링 장치　　　　② 트랜스미션 장치
③ 디퍼렌셜 장치　　　　④ 서스펜션 장치

21 다음 그림은 안전표지의 어떠한 내용을 나타내는가?

① 지시표지
② 금지표지
③ 경고표지
④ 안내표지

CHAPTER 09

22 무한궤도식 건설기계에서 주행 불량 현상의 원인이 <u>아닌</u> 것은?

① 한쪽 주행모터의 브레이크 작동이 불량할 때
② 유압펌프의 토출 유량이 부족할 때
③ 트랙에 오일이 묻었을 때
④ 스프로킷이 손상되었을 때

23 튜브리스타이어의 장점이 <u>아닌</u> 것은?

① 펑크수리가 간단하다.
② 못이 박혀도 공기가 새지 않는다.
③ 튜브 조립이 없어 작업성이 향상된다.
④ 주행 중에 열 발산이 좋지 않다

24 타이어식 건설기계장비에서 조향 핸들의 조작을 가볍고 원활하게 하는 방법으로 <u>틀린</u> 것은?

① 동력조향을 사용한다.
② 바퀴의 정렬을 정확히 한다.
③ 타이어의 공기압을 적정압으로 한다.
④ 종감속장치를 사용한다.

25 겨울철 연료탱크 내에 연료를 가득 채워두는 이유는?

① 연료가 적으면 휘발하여 손실되므로
② 공기 중의 수증기가 응축되어 물이 생기므로
③ 연료가 적으면 출렁거리므로
④ 연료 게이지가 고장 날 수 있으므로

26 굴착기 트랙 장력이 느슨해졌을 때 주입하여 팽팽하게 만드는 것은?

① 기어오일
② 그리스
③ 브레이크오일
④ 유압오일

27 도로교통법상 술에 취한 상태의 기준으로 옳은 것은?

① 혈중알콜농도 0.03% 이상일 때
② 혈중알콜농도 0.1% 이상일 때
③ 혈중알콜농도 0.05% 이상일 때
④ 혈중알콜농도 0.2% 이상일 때

27 ▶ 도로교통법
혈중알콜농도가 0.03% 이상일 때 술에 취한 상태로 본다.

28 건설기계의 하체 구성부품에서 마모가 증가하는 원인이 <u>아닌</u> 것은?

① 부품끼리 접촉이 증가할 때
② 부품끼리 상대 운동이 증가할 때
③ 부품에 윤활막이 유지될 때
④ 부품에 부하(힘)가 가해졌을 때

28 ▶ 하부장치
부품의 윤활막 유지는 마모를 최소화하여 부품의 수명을 연장시키는 가장 이상적인 상태이다.

29 무한궤도식 건설기계의 트랙장력 조정은 어느 것으로 하는가?

① 상부롤러의 이동으로
② 하부롤러의 이동으로
③ 스프로킷의 이동으로
④ 아이들러의 이동으로

29 ▶ 하부장치
트랙 조정 실린더에 그리스를 주입하거나 배출하면 아이들러가 이동되어 트랙의 장력이 조정된다.

30 굴착기 운전 시 작업안전 사항으로 적절하지 <u>않은</u> 것은?

① 굴착하면서 주행하지 않는다.
② 안전한 작업 반경을 초과해서 하중을 이동시킨다.
③ 작업을 중지할 때는 파낸 모서리로부터 장비를 이동시킨다.
④ 스윙하면서 버킷으로 암석을 부딪쳐 파쇄하는 작업을 하지 않는다.

30 ▶ 작업안전
안전한 작업 반경을 초과하여 하중을 이동시키거나 초과중량의 물건을 들어올리지 않아야 한다.

31 건설기계 조종사 면허를 취소하거나 정지시킬 수 있는 사유에 해당하지 <u>않는</u> 것은?

① 부당한 방법으로 면허를 취득하였음이 밝혀졌을 때
② 면허증을 타인에게 대여한 때
③ 조종 중 과실로 중대한 사고를 일으킨 때
④ 여행을 목적으로 1개월 이상 해외로 출국하였을 때

31 ▶ 건설기계관리법
조종사 면허 취소 사유
• 부당한 방법으로 면허취득
• 효력정지 기간 중 운전
• 면허 결격 사유 해당
• 과실로 중대한 사고 발생

32 등록이전 신고는 어느 경우에 하는가?

① 건설기계 등록지가 시, 도로 변경되었을 때
② 건설기계 소재지에 변동이 있을 때
③ 건설기계 등록사항을 변경하고자 할 때
④ 건설기계 소유권을 이전하고자 할 때

33 다음 중 등록지를 관할하는 검사대행자가 시행할 수 <u>없는</u> 것은?

① 정기검사   ② 신규등록검사
③ 수시검사   ④ 정비명령

34 다음 건설기계 중 도로교통법에 의한 1종 대형면허로 조종할 수 <u>없는</u> 것은?

① 아스팔트살포기   ② 노상안정기
③ 트럭적재식 천공기   ④ 골재살포기

35 건설기계매매업의 등록을 하고자 하는 자의 구비서류로 옳은 것은?

① 건설기계매매업 등록필증
② 건설기계 보험증서
③ 건설기계 등록증
④ 하자보증금예치증서 또는 보증보험증서

36 건설기계관리법상 조종사가 주소, 성명 등 신상에 변동이 있을 때 그 사실이 발생한 날로부터 며칠 이내에 신고해야 하는가?

① 7일   ② 15일
③ 20일   ④ 30일

37 등록되지 아니한 건설기계를 사용하거나 운행한 자의 벌칙은?

① 1년 이하의 징역 또는 100만 원 이하의 벌금
② 2년 이하의 징역 또는 1000만 원 이하의 벌금
③ 20만 원 이하의 벌금
④ 10만 원 이하의 벌금

---

32 ▶ 건설기계관리법
등록이전 신고는 건설기계 등록지가 시, 도로 변경되었을 때 실시하는 것을 말한다.

33 ▶ 건설기계관리법
시·도지사는 검사에 불합격된 건설기계에 대해서는 31일 이내의 기간을 정하여 해당 건설기계의 소유자에게 검사를 완료한 날(검사를 대행하게 한 경우에는 검사결과를 보고받은 날)부터 10일 이내에 별지 제20호의 4서식에 따라 정비명령을 해야 한다.

34 ▶ 건설기계관리법
1종 대형면허 운전가능 차량
덤프트럭, 아스팔트살포기, 노상안전기, 콘트리트 믹서트럭, 콘트리트 펌프, 천총기, 특수건설기계 중 국토교통부장관이 지정하는 건설기계

35 ▶ 건설기계관리법
건설기계매매업 등록서류
• 건설기계 소유사실 증명서류
• 사무실의 소유권 또는 사용권이 있음을 증명하는 서류
• 주기장보유시설 확인서
• 5천만 원 이상의 하자보증금 예치증서 또는 보증보험증서(매매업 등록 시)

36 ▶ 건설기계관리법
건설기계관리법상 조종사가 주소, 성명 등 신상에 변동이 있을 때 그 사실이 발생한 날로부터 30일 이내에 신고해야 한다.

37 ▶ 건설기계관리법
등록되지 아니한 건설기계를 사용하거나 운행한 자의 벌칙은 2년 이하의 징역 또는 1000만 원 이하의 벌금이다.

38 건설기계 등록말소 사유 중 반드시 시·도지사가 직권으로 등록 말소하여야 하는 것은?

① 건설기계의 용도를 폐지한 때
② 건설기계를 수출하는 때
③ 검사최고를 받고도 정기검사를 받지 아니한 때
④ 거짓, 그 밖의 부정한 방법으로 등록을 한 때

39 건설기계관리법상 건설기계형식의 정의로 옳은 것은?

① 건설기계의 구조, 규격 및 성능 등에 관하여 일정하게 정한 것
② 건설기계의 크기를 말한다.
③ 건설기계의 종류를 말한다.
④ 건설기계의 제작번호를 말한다.

40 건설기계 구조변경범위에 포함되지 <u>않는</u> 사항은?

① 원동기 형식변경
② 제동장치의 형식변경
③ 조종장치의 형식변경
④ 충전장치의 형식변경

41 유압모터에 장착되어 있는 릴리프 밸브의 기능 중 옳지 <u>않은</u> 것은?

① 고압에 대한 회로 보호
② 모터의 속도 증가
③ 설정 압력 유지
④ 모터 내의 쇼크 방지 기능

42 유압장치에서 비정상 소음이 나는 원인으로 가장 적합한 것은?

① 유압장치에 공기가 들어있다.
② 유압펌프의 회전속도가 적절하다.
③ 무부하 운전 중이다.
④ 점도 지수가 높다.

---

38 ▶ 건설기계관리법
시·도지사는 등록된 건설기계를 소유자의 신청이나 직권으로 등록말소 할 수 있다. 다만, 가목의 경우에는 직권으로 말소하여야 한다.
가. 사위 기타 부정한 방법으로 등록을 한 때
나. 건설기계의 차대가 등록시의 차대와 다른 때
다. 건설기계가 법 제12조의 규정에 의한 기준에 적합하지 아니하게 된 때
라. 법 제13조제5항의 규정에 의한 최고를 받고 지정된 기한까지 정기검사를 받지 아니한 때
마. 법 제13조제7항의 규정에 의한 신고를 계속하여 2회 이상 하지 아니한 때

39 ▶ 건설기계관리법
'건설기계형식'이란 건설기계의 구조·규격 및 성능 등에 관하여 일정하게 정한 것을 말한다.

40 ▶ 건설기계관리법
건설기계 구조변경범위
• 원동기의 형식변경
• 동력전달장치의 형식변경
• 제동장치의 형식변경
• 주행장치의 형식변경
• 유압장치의 형식변경
• 조종장치의 형식변경
• 조향장치의 형식변경
• 작업장치의 형식변경
• 건설기계의 길이, 너비, 높이 등의 변경
• 수상작업용 건설기계의 선체의 형식변경 등

41 ▶ 유압장치
모터의 속도 증가는 유압모터 내로 흐르는 유량의 변화로 이루어진다.

42 ▶ 유압장치
유압장치 내에 공기가 들어가면 비정상적 소음의 발생 원인이 된다.

43 가변용량형 유압펌프의 기호 표시는?

①

②

③

④

43 ▶ 유압장치
① 가변용량형 펌프
② 정용량형 펌프
③ 유압모터
④ 유압계

44 건설기계에서 유압 작동기(액추에이터)의 방향전환 밸브로서 원통형 슬리브 면에 내접하여 축방향으로 이동하여 유로를 개폐하는 형식의 밸브는?

① 스플 형식
② 포핏 형식
③ 베인 형식
④ 카운터밸런스 밸브 형식

44 ▶ 유압장치
스플 형식 스풀 밸브는 원통형의 내측에 가동 홈이 있는 막대 형태의 스풀을 끼워 넣어 이것이 축방향으로 이동하게 되면서 유로방향을 전환하게되는 형식의 밸브이다.

45 작동유에서 점도의 단위로 옳은 것은?

① Kg
② cm
③ mm²/s
④ S

45 ▶ 유압장치
작동유의 공업용 윤활유는 절대 점도를 밀도로 나눈 동점도를 주로 사용하며 단위는 일반적으로 ㎟/s가 이용되고 있다.

46 유압장치에 사용되는 배관의 종류에 해당하지 <u>않는</u> 것은?

① 강 관
② 플라스틱 관
③ 스테인레스 관
④ 알루미늄 관

46 ▶ 유압장치
유압장치에 쓰이는 배관은 주로 강 관이나 철밋 고압호스, 알루미늄 관, 스테인레스 관 등이 사용되며, 내구성이 약한 플라스틱 관은 사용하지 않는다.

47 유압장치에서 기기 속에 혼입되는 불순물을 제거하기 위해 사용되는 것은?

① 스트레이너
② 패킹
③ 배수기
④ 필리프 밸브

47 ▶ 유압장치
일반적으로 오일의 불순물 제거는 필터로 이루어지며, 1차 거름망을 스트레이너라고 하고, 2차 거름망은 엘리먼트 필터이다.

48 2개 이상의 분기회로에서 작동순서를 자동적으로 제어하는 밸브는?

① 시퀀스 밸브
② 릴리프 밸브
③ 언로드 밸브
④ 감압 밸브

48 ▶ 유압장치
작동순서를 정하는 밸브는 시퀀스 밸브이다.

49 유압장치에서 피스톤 펌프의 특징이 <u>아닌</u> 것은?

① 펌프 전체 효율이 기어 펌프보다 나쁘다.
② 구조가 복잡하고 가변용량 제어가 가능하다.
③ 가격이 고가이며 펌프 용량이 크다.
④ 고압, 초고압에 사용된다.

49 ▶ 유압장치
피스톤 펌프(플런저 펌프)는 펌프 중 가장 큰 토출력을 보이며 효율또한 우수하다.

50 강철제의 용기에 기체를 봉입한 고무주머니를 넣은 구조로 되어있는 축압기는?

① 블레더식   ② 피스톤식
③ 다이어프램식   ④ 스프링가압식

50 ▶ 유압장치
강철제의 용기에 기체를 봉입한 고무주머니를 넣은 구조로 되어있는 축압기는 블레더식 축압기 이다.

51 운반작업 시 안전수칙 중 옳지 <u>않은</u> 것은?

① 무리한 자세로 장시간 운반하지 않는다.
② 화물은 될 수 있는 대로 중심을 높게 한다.
③ 정격하중을 초과하여 권상하지 않도록 한다.
④ 무거운 물건을 이동할 때 호이스트 등을 활용한다.

51 ▶ 작업 운반안전
화물은 될 수 있는 대로 중심을 낮게 해야 화물의 떨어짐을 방지할 수 있다.

52 다음 중 안전표지 분류에 해당하지 <u>않는</u> 것은?

① 금지표지   ② 녹십자표지
③ 경고표지   ④ 안내표지

52 ▶ 안전표지
안전표지의 종류에는 금지표지, 경고표지, 안내표지, 지시표지 등이 있다.

53 안전관리의 목적이 <u>아닌</u> 것은?

① 인명의 존중   ② 생산성의 향상
③ 경제성의 향상   ④ 안전사고 수습

53 ▶ 산업안전
안전사고 수습이 안전관리의 목적은 아니다.

54 재해발생 과정에서 하인리히 연쇄반응이론의 발생 순서로 옳은 것은?

① 사회적 환경과 선천적 결함 - 개인적 결함 - 불안전 행동 - 사고 - 재해
② 개인적 결함 - 사회적 환경과 선천적 결함 - 사고 - 불안전 행동 - 재해
③ 불안전 행동 - 사회적 환경과 선천적 결함 - 개인적 결함 - 사고 - 재해
④ 사회적 환경과 선천적 결함 - 개인적 결함 - 재해 - 불안전 행동 – 사고

54 ▶ 산업안전
하인리히 연쇄반응이론의 발생 순서는 '사회적 환경과 선천적 결함 - 개인적 결함 - 불안전 행동 - 사고 - 재해'순이다.

55 화재의 분류에서 전기화재에 해당하는 것은?

① A급 화재

② B급 화재

③ C급 화재

④ D급 화재

55 ▶ 작업안전
① A급 화재: 일반화재
② B급 화재: 유류화재
③ C급 화재: 전기화재
④ D급 화재: 금속화재

56 재해의 간접 원인이 <u>아닌</u> 것은?

① 기술적 원인

② 교육적 원인

③ 관리적 원인

④ 자본적 원인

56 ▶ 산업안전
재해의 간접적 원인으로는 기술적 원인, 교육적 원인, 관리적 원인이 있다.

57 추락물의 위험이 있는 작업장에서 갖추어야 할 가장 적절한 보호구는?

① 안전모

② 귀마개

③ 보안경

④ 안전장갑

57 ▶ 안전관리
안전모는 추락물의 위험이 있는 작업장에서 근로자의 머리를 보호해 준다.

58 다음 중 관공서용 건물번호판에 해당하는 것은?

①

②

③

④
안양로 3길
71
Anyaing-ro 3gil

58 ▶ 도로교통법
①은 문화재 건물
②는 관공서 건물
③은 주택 건물
④는 상가 건물번호판 표지이다.

59 수공구 취급 시 지켜야 하는 안전수칙으로 옳은 것은?

① 해머 작업 시 손에 장갑을 끼고 한다.

② 줄질 후 쇳가루는 입으로 불어 낸다.

③ 사용 전에 충분한 사용법을 숙지하고 익히도록 한다.

④ 큰 회전력이 필요한 경우 스패너에 파이프를 끼워서 사용한다.

59 ▶ 기계, 기구, 공구 안전
① 해머 작업 시 장갑을 끼지 않는다. ② 줄질 후 쇳가루는 솔로 제거한다. ④ 스패너는 파이프를 끼워 사용하지 않는 것이 안전하다.

60 특고압 전력선 주변 작업 중 건설기계의 전력선 근접으로 감전사고가 발생하였을 때의 조치사항으로 가장 거리가 <u>먼</u> 것은?

① 사고 발생 후 추가적인 사고발생이 없도록 하였다.

② 감전사고 시 외상의 인명 피해가 없으면 별도의 조치는 하지 않았다.

③ 즉시 한전사업소에 연락하여 전원을 차단한 후 장비를 철수하였다.

④ 전기재해는 인체에 치명적인 영향을 초래하므로 작은 사고라도 즉시 병원으로 후송하여 치료하도록 하였다.

60 ▶ 전기공사 안전관리

전기재해는 인체에 치명적인 영향을 초래하므로 작은 사고라도 즉시 병원으로 후송하여 치료해야 한다.

CBT 적중 모의고사 제4회 정답									
01 ④	02 ③	03 ①	04 ①	05 ④	06 ③	07 ②	08 ①	09 ②	10 ④
11 ③	12 ②	13 ③	14 ③	15 ③	16 ④	17 ①	18 ④	19 ③	20 ②
21 ①	22 ③	23 ④	24 ④	25 ②	26 ②	27 ①	28 ③	29 ④	30 ②
31 ④	32 ①	33 ④	34 ④	35 ④	36 ④	37 ②	38 ④	39 ①	40 ④
41 ②	42 ①	43 ①	44 ①	45 ③	46 ②	47 ①	48 ①	49 ①	50 ①
51 ②	52 ②	53 ④	54 ①	55 ③	56 ④	57 ①	58 ②	59 ③	60 ②

01 건설기계 등록사항 변경이 있을 때, 소유자는 건설기계등록사항 변경신고서를 누구에게 제출하여야 하는가?

① 관할검사소장
② 고용노동부 장관
③ 행정자치부장관
④ 시 · 도지사

02 건설기계관리법령상 특별 표지판을 부착하여야 할 건설기계의 범위에 해당하지 <u>않는</u> 것은?

① 높이가 4m를 초과하는 건설기계
② 길이가 10m를 초과하는 건설기계
③ 총중량이 40t을 초과하는 건설기계
④ 최소회전반경이 12m를 초과하는 건설기계

03 건설기계의 정기검사 유효기간이 1년이 되는 것은 신규등록일로부터 몇 년 이상 경과 되었을 때인가?

① 5년
② 10년
③ 15년
④ 20년

04 건설기계조종사 면허가 취소되었을 경우 그 사유가 발생한 날부터 며칠 이내에 면허증을 반납해야 하는가?

① 7일 이내
② 10일 이내
③ 14일 이내
④ 30일 이내

05 건설기계조종사의 면허취소 사유에 해당하는 것은?

① 고의로 인명피해를 입힌 때
② 과실로 1명 이상을 사망하게 한때
③ 과실로 3명 이상에게 중상을 입힌 때
④ 과실로 10명 이상에게 경상을 입힌 때

해설

01 ▶ 건설기계관리법
건설기계의 등록사항 중 변경사항이 있는 때에 그 소유자·점유자가 30일 이내에 시·도지사에게 신고하여야 한다.

02 ▶ 건설기계관리법
길이는 16.7m를 초과하는 건설기계이다.

03 ▶ 건설기계관리법
건설기계의 정기검사 유효기간이 1년이 되는 것은 신규등록일로부터 20년 이상 경과 되었을 때이다.

04 ▶ 건설기계관리법
건설기계조종사 면허가 취소되었을 경우 그 사유가 발생한 날부터 10일 이내에 면허증을 반납해야 한다.

05 ▶ 건설기계관리법
면허취소 사유
① 고의로 인명피해를 입힌 때
② 과실로 3명 이상 사망
③ 과실로 7명 이상 중상
④ 과실로 19명 이상 경상

06 건설기계의 정기검사 신청기간 내에 정기검사를 받은 경우, 다음 정기검사 유효기간의 산정방법으로 옳은 것은?

① 정기검사를 받은 날부터 기산한다.
② 정기검사를 받은 날의 다음날부터 기산한다.
③ 종전 검사유효기간 만료일부터 기산한다.
④ 종전 검사유효기간 만료일의 다음날부터 기산한다.

07 소유자의 신청이나 시·도지사의 직권으로 건설기계의 등록을 말소할 수 있는 경우가 <u>아닌</u> 것은?

① 건설기계를 수출하는 경우
② 건설기계를 도난당한 경우
③ 건설기계 정기검사에 불합격된 경우
④ 건설기계의 차대가 등록 시의 차대와 다른 경우

08 건설기계조종사면허를 받지 아니하고 건설기계를 조종한 자에 대한 벌칙 기준은?

① 2년 이하의 징역 또는 1천만 원 이하의 벌금
② 1년 이하의 징역 또는 1천만 원 이하의 벌금
③ 2백만 원 이하의 벌금
④ 1백만 원 이하의 벌금

09 건설기계관리법령상 구조변경검사를 받지 아니한 자에 대한 처벌은?

① 100만 원 이하의 벌금　　② 150만 원 이하의 벌금
③ 200만 원 이하의 벌금　　④ 250만 원 이하의 벌금

10 건설기계관리법상 건설기계의 구조를 변경할 수 있는 범위에 해당하는 것은?

① 원동기의 형식 변경
② 건설기계의 기종 변경
③ 육상작업용 건설기계의 규격을 증가시키기 위한 구조 변경
④ 육상작업용 건설기계의 적재함 용량을 증가시키기 위한 구조 변경

---

06 ▶ 건설기계관리법
건설기계의 정기검사 신청기간 내에 정기검사를 받은 경우, 종전 검사유효기간 만료일의 다음날부터 기산한다.

07 ▶ 건설기계관리법
건설기계의 등록 말소
• 거짓이나, 부정 등록
• 건설기계가 천재지변 등으로 사용할 수 없게 되거나 멸실
• 차대(車臺)가 다름
• 건설기계안전기준 부적합
• 정기검사 명령, 수시검사 명령 또는 정비 명령 불응
• 건설기계를 수출하는 경우
• 건설기계를 도난당한 경우
• 건설기계를 폐기한 경우

08 ▶ 건설기계관리법
1년 이하의 징역 또는 1천만 원 이하의 벌금은 면허를 받지 아니하고 조종하거나 면허취소, 효력정지처분 중 조종, 도로나 타인 토지에 건설기계를 버려둔 자 등이다.

09 ▶ 건설기계관리법
100만 원 이하의 벌금
• 등록번호 식별 곤란
• 구조변경검사, 수시검사를 받지 않은 자
• 정비명령 불이행한 자
• 형식승인 받지 아니하고 건설기계를 제작한 자
• 사후관리 명령 불이행

10 ▶ 건설기계관리법
구조변경 불가사항
• 건설기계기종 변경
• 육상작업용 건설기계의 규격 증가
• 적재함 용량 증가
• 등록된 차대의 변경
• 전보다 성능 또는 보안상의 안전도가 저하될 우려가 있는 경우의 변경

11 실린더와 피스톤 사이에 유막을 형성하여 압축 및 연소가스가 누설되지 않도록 기밀을 유지하는 작용으로 옳은 것은?

① 밀봉작용　　　　　　② 감마작용

③ 냉각작용　　　　　　④ 방청작용

12 교류발전기의 부품이 <u>아닌</u> 것은?

① 다이오드　　　　　　② 슬립링

③ 스테이터 코일　　　　④ 전류조정기

13 기관에 사용되는 여과장치가 <u>아닌</u> 것은?

① 공기청정기　　　　　② 오일 필터

③ 오일 스트레이너　　　④ 인젝션 타이머

14 기관의 동력을 전달하는 계통의 순서를 바르게 나타낸 것은?

① 피스톤 → 커넥팅로드 → 클러치 → 크랭크축

② 피스톤 → 클러치 → 크랭크축 → 커넥팅로드

③ 피스톤 → 크랭크축 → 커넥팅로드 → 클러치

④ 피스톤 → 커넥팅로드 → 크랭크축 → 클러치

15 4행정 사이클 기관의 행정 순서로 옳은 것은?

① 압축 → 동력 → 흡입 → 배기

② 흡입 → 동력 → 압축 → 배기

③ 압축 → 흡입 → 동력 → 배기

④ 흡입 → 압축 → 동력 → 배기

16 건설기계에 주로 사용되는 기동전동기로 옳은 것은?

① 직류분권 전동기

② 직류직권 전동기

③ 직류복권 전동기

④ 교류 전동기

11 ▶ 엔진구조

① 밀봉작용: 기밀유지

② 감마작용: 마모감소

③ 냉각작용: 열냉각

④ 방청작용: 녹방지

12 ▶ 전기장치

직류발전기에는 전류조정기가 필요하지만 다이오드를 이용하는 교류발전기에는 전류조정기가 필요없다.

13 ▶ 엔진구조

연료 분사시기를 조절할 목적으로 인젝션 펌프의 구동축과 캠축의 위상각을 변화시켜 주는 기구인 인젝션 타이머는 여과장치가 아니다.

14 ▶ 엔진구조

기관 동력전달 순서는 '피스톤 → 커넥팅로드 → 크랭크축 → 클러치' 순이다.

15 ▶ 엔진구조

4행정 사이클 기관 행정 순서는 '흡입 → 압축 → 동력 → 배기' 순이다.

16 ▶ 엔진구조

건설기계에 사용되는 기동전동기는 주로 직류 직권 전동기가 사용되고 있다.

17 퓨즈에 대한 설명 중 옳지 <u>않은</u> 것은?

① 퓨즈는 정격용량을 사용한다.
② 퓨즈 용량은 A로 표시한다.
③ 퓨즈는 가는 구리선으로 대용된다.
④ 퓨즈는 표면이 산화되면 끊어지기 쉽다.

18 가압식 라디에이터의 장점으로 옳지 <u>않은</u> 것은?

① 방열기를 작게 할 수 있다.
② 냉각수의 비등점을 높일 수 있다.
③ 냉각수의 순환 속도가 빠르다.
④ 냉각장치의 효율을 높일 수 있다.

19 건설기계운전 작업 후 탱크에 연료를 가득 채워주는 이유와 가장 관련이 적은 것은?

① 다음의 작업을 준비하기 위해서
② 연료의 기포방지를 위해서
③ 연료탱크에 수분이 생기는 것을 방지하기 위해서
④ 연료의 압력을 높이기 위해서

20 축전지 내부의 충·방전 작용으로 가장 알맞은 것은?

① 화학 작용
② 탄성 작용
③ 물리 작용
④ 기계 작용

21 유압유의 온도가 과열되었을 때 유압계통에 미치는 영향으로 옳지 <u>않은</u> 것은?

① 온도변화에 의해 유압기기가 열변형 되기 쉽다.
② 오일의 점도 저하에 의해 누유되기 쉽다.
③ 유압펌프의 효율이 높아진다.
④ 오일의 열화를 촉진한다.

---

17 ▶ 전기장치
퓨즈는 과전류에 의한 화재 방지를 위한 안전장치이므로 구리나 철선으로 대용하여서는 안 된다.

18 ▶ 엔진구조
압력식 라디에이터 장점
• 방열기를 작게 할 수 있다.
• 냉각수 비등점 높일 수 있다.
• 장치의 효율을 높일 수 있다.

19 ▶ 작업 전·후 점검
추운 겨울철에는 연료탱크 내의 공기 속에 포함된 수분이 응축되는 것을 방지하기 위해 연료를 가득 채워둔다.

20 ▶ 전기장치
축전지는 화학 작용으로 화학에너지를 전기에너지로 변화시키는 기능을 한다.

21 ▶ 유압장치
유압유의 온도가 과열되었다면 유압펌프의 효율은 낮아진다.

22 유압실린더 등의 중력에 의한 자유낙하 방지를 위해 배압을 유지하는 압력제어 밸브는?

① 감압 밸브

② 시퀀스 밸브

③ 언로더 밸브

④ 카운터 밸런스 밸브

23 유압장치에서 오일 여과기에 걸러지는 오염 물질의 발생 원인으로 가장 거리가 먼 것은?

① 유압장치의 조립과정에서 먼지 및 이물질 혼입

② 작동 중인 기관의 내부 마찰에 의하여 생긴 금속가루의 혼입

③ 유압장치를 수리하기 위하여 해체하였을 때 외부로부터 이물질 혼입

④ 유압유를 장기간 사용하여 생긴 고온·고압 하에서 산화생성물이 생김

24 유압장치에서 일일 점검사항이 아닌 것은?

① 필터의 오염여부 점검

② 탱크의 오일량 점검

③ 호스의 손상여부 점검

④ 이음 부분의 누유 점검

25 유압유 관내에 공기가 혼입되었을 때 일어날 수 있는 현상이 아닌 것은?

① 공동현상

② 기화현상

③ 열화현상

④ 숨 돌리기 현상

26 축압기(어큐뮬레이터)의 기능과 관계가 없는 것은?

① 충격 압력 흡수

② 유압에너지 축척

③ 릴리프 밸브 제어

④ 유압펌프의 맥동 흡수

27 유압유의 압력을 제어하는 밸브가 아닌 것은?

① 릴리프 밸브

② 체크 밸브

③ 리듀싱 밸브

④ 시퀀스 밸브

22 ▶ 유압장치
유압실린더 등의 중력에 의한 자유낙하 방지를 위해 배압을 유지하는 것은 카운터 밸런스 밸브이다.

23 ▶ 유압장치
유압장치의 유압유는 기관 내부에 존재하는 것이 아닌, 기관의 동력을 받아 유압펌프가 작동되므로 기관 내부 마찰로 생긴 금속가루는 엔진오일에 혼입될 수 있으나 유압유에는 혼입되지 않는다.

24 ▶ 유압장치
유압유 오일 필터의 오염여부는 연간(2000시간) 점검사항이다.

25 ▶ 유압장치
유압유 공기유입 시 공동현상, 오일의 열화현상, 펌프 및 오일관의 숨 돌리기 현상(공기가 실린더에 혼입되면 피스톤의 작동이 불량해져서 작동시간의 지연을 초래하는 현상) 등이 발생할 수 있다.

26 ▶ 유압장치
축압기의 기능
• 충격 압력 흡수
• 유압에너지 축척
• 맥동 흡수 등

27 ▶ 유압장치
시퀀스 밸브는 압력제어밸브가 아닌 작동순서 제어밸브이다.

28 유체 에너지를 이용하여 외부에 기계적인 일을 하는 유압기기는?

① 유압모터
② 근접 스위치
③ 유압탱크
④ 기동 전동기

28 ▶ 유압장치
유압모터는 유체의 유량에 따라 회전 운동(기계적 운동)을 하는 장치이다.

29 유압장치 내부에 국부적으로 낮은 압력이 발생하여 소음과 진동이 발생하는 현상은?

① 노이즈
② 벤트포트
③ 캐비테이션
④ 오리피스

29 ▶ 유압장치
캐비테이션(공동현상)은 유압장치 내부의 국부적으로 압력이 낮아 소음과 진동이 발생하는 현상이다.

30 유압장치에서 주로 사용하는 펌프 형식이 <u>아닌</u> 것은?

① 베인 펌프
② 플런저 펌프
③ 분사 펌프
④ 기어 펌프

30 ▶ 유압장치
분사 펌프는 디젤엔진의 연료를 고압으로 형성하고 시동순서에 맞게 연료를 분사하는 펌프이다.

31 다음 중 재해발생 원인이 <u>아닌</u> 것은?

① 잘못된 작업방법
② 관리감독 소홀
③ 방호장치의 기능제거
④ 작업 장치 회전반경 내 출입금지

31 ▶ 산업안전
작업장치 회전반경 내 출입금지 조치는 안전사항을 지키는 항목이므로 재해발생을 예방하는 사항이다.

32 안전하게 공구를 취급하는 방법으로 적절하지 <u>않은</u> 것은?

① 공구를 사용한 후 제자리에 정리하여 둔다.
② 끝 부분이 예리한 공구 등을 주머니에 넣고 작업을 하여서는 안 된다.
③ 공구를 사용 전에 손잡이에 묻은 기름 등은 닦아내어야 한다.
④ 숙달되면 옆 작업자에게 공구를 던져서 전달하여 작업능률을 올린다.

32 ▶ 기계, 기구, 공구 안전
공구를 던져 전달하는 행동은 금해야 한다.

33 공구 및 장비 사용에 대한 설명으로 옳지 <u>않은</u> 것은?

① 공구는 사용 후 공구상자에 넣어 보관한다.
② 볼트와 너트는 가능한 소켓 렌치로 작업한다.
③ 토크 렌치는 볼트와 너트를 푸는 데 사용한다.
④ 마이크로미터를 보관할 때는 직사광선에 노출하지 않는다.

33 ▶ 기계, 기구, 공구 안전
토크 렌치는 볼트와 너트를 규정 토크(회전력)으로 조이는 데 사용되는 측정 장비이다.

CHAPTER 09

34 안전모에 대한 설명으로 바르지 <u>못한</u> 것은?

① 알맞은 규격으로 성능시험 합격품이어야 한다.
② 구멍을 뚫어서 통풍이 잘되게 하여 착용한다.
③ 각종 위험으로부터 보호할 수 있는 종류의 안전모를 선택해야 한다.
④ 가볍고 성능이 우수하며 머리에 꼭 맞고 충격 흡수성이 좋아야 한다.

34 ▶ 안전관리
안전모 선택 시 알맞은 규격의 성능시험의 합격품, 각종 위험으로부터 보호할 수 있는 안전모를 선택해야 한다. 가볍고 성능이 우수하며 머리에 꼭 맞는 것을 선택해야 하며, 안전모는 충격 흡수성이 좋아야 한다.

35 작업장에서 작업복을 착용하는 이유로 가장 옳은 것은?

① 작업장의 질서를 확립시키기 위해
② 작업자의 직책과 직급을 알리기 위해
③ 재해로부터 작업자의 몸을 보호하기 위해
④ 작업자의 복장 통일을 위해

35 ▶ 안전관리
작업복은 재해로부터 작업자의 몸을 보호하기 위한 것이다.

36 중량물 운반 작업 시 착용하여야 할 안전화로 가장 적절한 것은?

① 중 작업용 ② 보통 작업용
③ 경 작업용 ④ 절연용

36 ▶ 안전관리
• 중 작업용 - 중량이 큰 물체를 취급
• 보통 작업용 - 손으로 취급 작업 또는 차량사업장 취급
• 경 작업화 - 경량 물체 취급

37 작업 시 보안경 착용에 대한 설명으로 옳지 <u>않은</u> 것은?

① 가스 용접 시에는 보안경을 착용해야 한다.
② 절단하거나 깎는 작업을 할 때는 보안경을 착용해서는 안 된다.
③ 아크 용접할 때는 보안경을 착용해야 한다.
④ 특수 용접할 때는 보안경을 착용해야 한다.

37 ▶ 안전관리
보안경 착용은 비산하는 물질과 용접 시 발생하는 빛으로부터 눈을 보호하는 보호구의 일종이다.

38 구동 벨트를 점검할 때 기관의 상태는?

① 공회전 상태 ② 급가속 상태
③ 정지 상태 ④ 급감속 상태

38 ▶ 안전관리
벨트 점검은 기관 정지 상태에서 점검하는 것이 가장 안전하다.

39 사고를 일으킬 수 있는 직접적인 재해의 원인은?

① 기술적 원인 ② 교육적 원인
③ 작업관리의 원인 ④ 작업자의 불안전한 행동

39 ▶ 산업안전
산업재해의 직접적인 원인은 기계설비 등이 불안전한 상태에 있었거나, 작업자가 불안전한 행동을 범한 결과로 발생한 것이 대부분이다.

40 안전수칙을 지킴으로써 발생할 수 있는 효과와 거리가 가장 먼 것은?

① 기업의 신뢰도를 높여준다.
② 기업의 이직률이 감소된다.
③ 기업의 투자경비가 늘어난다.
④ 상하 동료 간의 인간관계가 개선된다.

41 무한궤도식 굴착기의 조향작용은 무엇으로 행하는가?

① 브레이크 페달
② 유압모터
③ 유압펌프
④ 조향클러치

42 타이어 굴착기의 주차 시 안전사항으로 틀린 것은?

① 가능한 평탄한 지면을 택한다.
② 부득이하게 경사지에 주차할 때는 경사지에 대하여 직각 주차한다.
③ 경사지에 주차하더라도 주차 제동장치만 체결하면 안전하다.
④ 주차할 때 깃발이나 점멸등과 같은 경고용 신호 장치를 설치한다.

43 굴착기의 동력전달 순서가 올바른 것은?

① 기관 → 클러치 → 차동장치 → 변속기 → 뒤 차축 → 뒤 차륜
② 기관 → 변속기 → 종감속장치 → 클러치 → 뒤 차축 → 뒤 차륜
③ 기관 → 클러치 → 차동장치 → 변속기 → 종감속장치 → 뒤 차륜
④ 기관 → 클러치 → 변속기 → 감속기어 → 차동장치 → 최종감속기어 → 뒤 차륜

44 도로의 굴착공사로 인하여 가스 배관이 20m 이상 노출되면 가스 누출 경보기를 설치하도록 규정되어 있다. 이때 가스 누출 경보기의 검지부의 수는 몇 m마다 한 개 이상 비율로 계산한 수 이상으로 설치하도록 되어 있는가?

① 25m   ② 20m
③ 10m   ④ 15m

---

40 ▶ 안전관리
안전수칙은 위험이 생기거나 사고가 발생하지 않도록 행동이나 절차에서 지켜야 할 사항을 정한 규칙이다. 사고를 미연에 방지하고 줄이는 효과를 얻을 수 있기 때문에 기업의 신뢰도를 높여주고, 근로자의 이직률이 감소하며 상하 동료 간의 인간관계가 개선되는 효과가 있다.

41 ▶ 하부장치
무한궤도식 굴착기의 조향작용은 유압(주행)모터로 한다.

42 ▶ 작업 전·후 점검
경사지에 주차하더라도 주차 제동장치를 체결하고 고임목을 같이 설치하면 안전하다.

43 ▶ 작업장치
굴착기의 동력전달 순서는 '기관 → 클러치 → 변속기 → 감속기어 → 차동장치 → 최종감속기어 → 뒤 차륜'이다.

44 ▶ 도시가스공사 안전관리
굴착공사로 인하여 가스 배관이 20m이상 노출되면 가스 누출 경보기를 설치하도록 규정되어 있다. 이때 가스 누출 경보기의 검지부의 수는 20m마다 한 개 이상 설치한다.

45 굴착기의 엔진오일이 갖춰야 할 기능이 <u>아닌</u> 것은?

① 마모 방지성이 있어야 한다.
② 엔진의 배기가스 농도 조정과 출력증대 성분이 있어야 한다.
③ 마찰 감소, 녹과 부식의 방지성이 있어야 한다.
④ 냉각성, 밀봉성, 기포 발생 방지성이 있어야 한다.

45 ▶ 엔진구조
엔진오일의 조건
· 점도가 적당할 것
· 점도지수가 적당할 것
· 인화점 및 발화점이 높을 것
· 유성이 좋을 것
· 응고점이 낮을 것
· 비중이 적당할 것
· 기포발생 및 카본생성이 적을 것
· 열과산에 대해 안전성이 있을 것

46 굴착기의 프론트 아이들러와 스프로킷이 일치되게 하기 위해서는 브라켓 옆에 무엇으로 조정하는가?

① 시어핀
② 쐐기
③ 편심볼트
④ 심(shim)

46 ▶ 작업장치
프론트 아이들러와 스프로킷이 일치되게 하기 위해서는 브라켓 옆 심(shim)으로 조정한다.

47 도시가스 굴착기가 굴착 공사 전에 이행할 사항에 대한 설명으로 옳지 <u>않은</u> 것은?

① 도면에 표시된 가스배관과 기타 지장물 매설 유무를 조사하여야 한다.
② 굴착 용역회사의 안전관리자가 지정하는 일정에 시험 굴착을 수립하여야 한다.
③ 조사된 자료로 시험 굴착 위치 및 굴착 개소 등을 정하여 가스배관 매설 위치를 확인하여야 한다.
④ 위치 표시용 페인트와 표지판 및 황색 깃발 등을 준비하여야 한다.

47 ▶ 도시가스공사 안전관리
굴착 도시가스 안전관리자가 지정하는 일정에 시험 굴착을 수립한다.

48 트랙에 있는 롤러에 대한 설명으로 옳지 <u>않은</u> 것은?

① 상부 롤러는 보통 1~2개가 설치되어있다.
② 하부 롤러는 트랙프레임의 한쪽 아래에 3~7개가 설치되어있다.
③ 상부 롤러는 스프로켓과 아이들러 사이에 트랙이 처지는 것을 방지한다.
④ 하부 롤러는 트랙의 마모를 방지해 준다.

48 ▶ 하부장치
하부 롤러는 하중을 분산해주며 주행 시 트랙이 잘 굴러갈 수 있게 도움을 준다.

49 건설기계장비 운전 시 작업자가 안전을 위해 지켜야 할 사항으로 옳지 않은 것은?

① 건물 내부에서 장비 가동 시 적절한 환기조치를 한다.
② 작업 중에는 운전자 한 사람만 승차하도록 한다.
③ 시동된 장비에서 잠시 내릴 때에는 변속기 선택 레버를 중립으로 하지 않는다.
④ 엔진을 가동한 상태로 장비에서 내려서는 안 된다.

50 브레이크 드럼의 구비 조건 중 옳지 않은 것은?

① 회전 불평형이 유지되어야 한다.
② 충분한 강성을 가지고 있어야 한다.
③ 방열이 잘 되어야 한다.
④ 가벼워야 한다.

51 연삭 칩의 비산을 막기 위하여 연삭기에 부착하여야 하는 안전 방호장치는?

① 안전 덮개
② 광전식 안전 방호장치
③ 급정지 장치
④ 양수 조작식 방호장치

52 굴착기의 3대 구성부품이 아닌 것은?

① 하부 주행체
② 상부회전체
③ 작업장치
④ 공기압장치

53 작업장에서 작업복을 착용하는 주된 이유는?

① 작업 속도를 높이기 위해서
② 작업자의 복장 통일을 위해서
③ 작업장의 질서를 확립시키기 위해서
④ 재해로부터 작업자의 몸을 보호하기 위해서

49 ▶ 작업 전·후 점검
시동된 장비에서 잠시 내릴 때에는 변속기 선택 레버를 중립이나 P에 놓는다.

50 ▶ 전·후진 주행장치
브레이크 드럼 구비조건
• 정적, 동력 평형이 잡혀있을 것
• 충분한 강성이 있을 것
• 마찰면에 충분한 내마멸성이 있을 것
• 방열이 잘 될 것
• 무게가 가벼울 것

51 ▶ 기계, 기구, 공구 안전
연삭 칩의 비산을 막기 위하여 연삭기에 부착하여야 하는 안전 방호장치는 안전덮개이다.

52 ▶ 굴착기 구조
굴착기의 3대 구성부품은 작업장치, 상부 회전체, 하부 주행체로 구성되어 있다.

53 ▶ 안전보호구
작업 상황에 따른 알맞은 작업복 착용은 재해로부터 작업자의 몸을 안전하게 보호하는 기능을 한다.

54 정비공장의 정리 정돈 시 안전수칙으로 <u>틀린</u> 것은?

① 소화기구 부근에 장비를 세워두지 말 것
② 바닥에 먼지가 나지 않도록 물을 뿌릴 것
③ 잭 사용 시 반드시 안전작동으로 2중 안전장치를 할 것
④ 사용이 끝난 공구는 즉시 정리하여 공구 상자 등에 보관할 것

54 ▶ 안전관리
바닥에 먼지가 나지 않도록 물을 뿌리지 않는다.

55 굴착기의 시동 전 점검 사항이 <u>아닌</u> 것은?

① 냉각수량
② 연료량
③ 기관의 출력 상태
④ 작동유 누유 상태

55 ▶ 작업 전·후 점검
시동 전 기관의 출력은 확인하기 어렵다.

56 굴착 작업 후 점검 및 관리사항이 <u>아닌</u> 것은?

① 깨끗하게 유지·관리할 것
② 부족한 연료량을 보충할 것
③ 작업 후 항상 모든 타이어를 로테이션 할 것
④ 볼트, 너트 등의 풀림 상태를 점검할 것

56 ▶ 작업 전·후 점검
작업 후 항상 모든 타이어를 로테이션 할 필요는 없다.

57 기계 및 기계장치 취급 시 사고 발생 원인이 <u>아닌</u> 것은?

① 불량 공구를 사용할 때
② 안전장치 및 보호장치가 잘 되어있지 않을 때
③ 정리 정돈 및 조명장치가 잘 되어있지 않을 때
④ 기계 및 기계장치가 넓은 장소에 설치되어 있을 때

57 ▶ 기계, 기구, 공구 안전
기계 및 기계장치가 넓은 장소에 설치되어 있을 때는 사고 발생의 원인이 아니다.

58 액체약품 취급 시 비산물로부터 눈을 보호하기 위한 보안경은?

① 고글형
② 스펙타클형
③ 프론트형
④ 일반형

58 ▶ 안전보호구
액체약품 취급 시 비산물로부터 눈을 보호하기 위한 고글 보안경은 강한 바람이나 먼지, 물, 기타 이물질로부터 눈을 보호한다.

59 안전표지의 종류만으로 나열된 것은?

① 경고표지, 지시표지, 금지표지, 인도표지
② 경고표지, 금지표지, 지도표지, 안내표지
③ 금지표지, 경고표지, 지시표지, 안내표지
④ 지시표지, 경적표지, 지도표지, 인도표지

59 ▶ 안전표지
안전표지의 종류에는 금지표지, 경고표지, 지시
표지, 안내표지 등이 있다.

60 다음 도로명판에 대한 설명으로 옳지 <u>않은</u> 것은?

① '강남대로'는 도로명이다.
② '1 → '의 위치는 도로의 마지막 지점이다.
③ 강남대로는 6.99km 이다.
④ 도로명판은 한쪽 진행 방향이다.

60 ▶ 도로교통법
'1→'은 도로의 시작 지점을 의미한다.

CBT 적중 모의고사 제5회 정답									
01 ④	02 ②	03 ④	04 ②	05 ①	06 ④	07 ③	08 ②	09 ①	10 ①
11 ①	12 ④	13 ④	14 ④	15 ④	16 ②	17 ③	18 ③	19 ④	20 ①
21 ③	22 ④	23 ②	24 ①	25 ②	26 ③	27 ④	28 ①	29 ③	30 ③
31 ④	32 ④	33 ③	34 ②	35 ③	36 ①	37 ②	38 ③	39 ④	40 ③
41 ②	42 ③	43 ④	44 ②	45 ②	46 ④	47 ②	48 ④	49 ③	50 ①
51 ①	52 ④	53 ④	54 ②	55 ③	56 ③	57 ④	58 ①	59 ③	60 ②

제1장 굴착기 구조와 기능

01 굴착기 종류

무한궤도식 (크롤러 굴착기)	• 습지, 사지, 연약지에서 작업이 유리 • 작업장 이동이 곤란
타이어식 (휠 굴착기)	• 습지, 사지 등 작업이 곤란 • 작업장 이동이 용이
트럭탑재형	• 소형굴착기이며 트럭에 탑재하여 작업하는 형식

02 굴착기 구조

굴착기의 기본 구조	작업장치(전부장치)
	상부 회전체(상부 선회체)
	하부 추진체(하부 구동체)

03 무한궤도식 굴착기의 각 부분별 기능

	각 부 주요 명칭	기능
작업장치 (전부장치)	붐(Boom)	굴착 작업
	암(Arm)	굴착 작업
	버킷(Bucket)	굴착 작업
	붐 실린더 (Boom cylinder)	유압을 이용 붐 작동
	암 실린더 (Arm cylinder)	유압을 이용 붐 작동
	버킷 실린더 (Bucket cylinder)	유압을 이용 버킷 작동
상부장치	엔진부	동력 발생 장치
	유압부	유압 발생, 전달, 호스
	운전석	작업 조종, 주행 운전
	카운터 웨이트 (Countbalance weight)	작업 시 균형 유지
	선회장치	유압에 의해 360° 회전
하부 주행체	트랙(Track)	굴착기 작업 장소 이동
	지지롤러(Idle roller)	트랙 지지
	스프로킷(Sprocket)	트랙 구동

04 붐의 종류

오프셋 붐	• 상부 회전체는 고정한 후 붐을 좌우로 60° 회전할 수 있다. • 좁은 도로의 양쪽 배수로 구축 등 특수조건의 작업에 용이하다.
로터리 붐	회전모터가 붐과 암 사이에 연결되어 360° 회전시킬 수 있다.
원피스 붐	• 하나의 틀로 붐을 형성 • 일반적인 작업에 적합
투피스 붐	• 두 개의 틀로 붐을 형성 • 크렘셸 적재, 굴착 깊이를 깊게 할 수 있다.

05 작업장치 장착 종류

백호	• 버킷의 굴착 방향이 운전자 쪽으로 끌어당기는 작업을 함 • 장비보다 낮은 지면의 도랑 파기, 굴착 작업 및 토사를 싣는 작업 등이 가능한 장비
유압 셔블	• 버킷의 굴착 방향이 백호의 굴착 방향과 반대 • 장비보다 위쪽의 굴착 작업에 유리
브레이커	• 콘크리트, 암석, 아스팔트 파쇄, 말뚝 박기 등에 사용 • 암석이나 콘크리트를 직접 타격하는 부분의 장비를 치즐(chisel)이라고 함
크램셸	조개껍질 모양처럼 버킷이 양쪽으로 벌려지고 닫히는 작업이 가능하며 수직 굴토, 곡물 하역, 배수구 굴착 및 청소 작업에 유리
이젝터 버킷	진흙 작업 시 버킷 안에 붙어 있는 토사를 밀어내는 장치(이젝터)가 있어 점도가 높은 진흙 등의 굴착작업이 유리
우드 그램플	원목, 전신주 등의 작업식 집게를 이용하여 운반 및 하역하는 작업에 적합
크러셔	2개의 집게로 물체를 부수는 장치
컴팩터	땅을 고르게 다지는 지반 다짐이 필요할 때 적합
어스오거	파일 박기를 하기 전에 땅에 구멍을 파거나 유압모터를 사용하여 스크류를 돌려 전신주를 박을 때 사용하는 장치
파일 드라이버	주로 공사에서 흙막이 공사가 필요할 때 파일을 박거나 뺄 때 사용하는 장치

06 상부장치(상부 회전체)

카운터 웨이트	버킷에 중량물이 실릴 때 장비의 앞과 뒷부분의 무게 평형을 이루는 평형추
선회장치	스윙모터(선회모터), 피니언, 링기어, 스윙몰 레이스로 구성
컨트롤 밸브	작동유의 방향을 제어하는 메인 컨트롤 밸브
센터조인트	유압펌프에서 공급되는 작동유를 하부 주행체 주행모터로 공급해주는 관이음

07 무한궤도식 굴착기 하부

프론트 아이들러	• 좌우 트랙 프레임에 설치되어 트랙의 장력을 조정하면서 트랙의 진행 방향을 유도 • 아이들러는 스스로 구동하는 것이 아니라 트랙이 회전할 때 함께 회전
리코일 스프링	주행 시 전부 유동륜에서 오는 충격을 완화시켜 하부 주행체의 파손을 방지하고 트랙이 원활하게 회전하도록 함
균형 스프링	• 판스프링의 일종으로 양쪽 끝이 트랙 프레임에 얹혀 있음 • 요철이 있는 지면 주행 시 트랙 프레임의 상하 운동, 장애물 넘기, 급정차 시 충격을 흡수
스프로킷	• 주행 모터에 장착되어 모터의 동력을 트랙으로 전달 • 트랙 장력의 과대 혹은 과소는 스프로킷의 마모를 촉진
주행 모터	• 좌우 트랙에 각 1개씩 2개의 주행모터가 설치되어 있음 • 센터조인트를 통해 받은 유압에너지로 유압모터가 회전하면서 무한궤도 굴착기의 주행 및 조향의 기능을 수행
트랙 장력 조정장치	장력조정용 실린더에 그리스를 주입하는 방식과 조정나사를 돌려 조정하는 너트식이 있음
상부롤러	• 트랙 프레임에 1~2개 정도의 롤러가 설치됨 • 프론트 아이들러와 스프로킷 사이의 트랙이 늘어나 아래로 처지는 것을 방지 • 트랙의 행진을 바르게 유지하는 역할
하부 롤러	트랙 프레임에 4~5개 롤러가 설치되며, 굴착기의 무게를 지지
트랙 프레임	하부 구동체의 몸체로서 균형스프링, 스프로킷, 주행모터, 트랙 아이들러, 상하부 롤러 등이 결합하는 부분
트랙	트랙은 트랙 슈, 슈 고정볼트, 링크, 핀, 더스트 실, 부싱 등으로 구성됨

08 트랙이 벗겨지는 원인

① 트랙의 정렬이 불량할 때
② 트랙의 긴도가 너무 클 때(트랙의 유격이 너무 클 때)
③ 상부 롤러가 파손되거나 경사지에서 작업할 때
④ 리코일 스프링의 장력이 약할 때
⑤ 전부 유동륜, 스프로킷의 중심이 맞지 않을 때
⑥ 고속 주행 중 급선 시

09 트랙 장력 조정 시 유의사항

① 굴착기를 평지에 주차하고 전진하다가 정지시킨다.
② 정지할 때 브레이크가 있는 경우에는 브레이크를 사용해서는 안 된다.
③ 2~3회 반복 조정하여 양쪽 트랙의 유격을 똑같이 조정한다.
④ 트랙의 유격은 25~40mm 정도이다.
⑤ 굴착기의 경우 한쪽 트랙을 들고서 늘어지는 것을 점검하기도 한다.

10 트랙 장력 조정

트랙 장력의 조정은 장비를 지반이 평탄한 곳에 위치시키고 트랙 어저스터(track adjuster)로 조정하며 기계식과 주입식이 있다.
① 너트식 (기계식): 조정나사를 돌려 조정
② 그리스 주입식(그리스식): 트랙 프레임의 그리스 실린더에 그리스를 주입하면 전부 유동륜이 이동하여 트랙 장력이 조정됨

11 트랙 슈의 종류

단일돌기 슈	견인력이 좋고 일렬의 돌기를 가지고 있는 슈
반이중돌기 슈	단일 돌기의 견인력과 2중 돌기의 회전성을 갖추고 있어 굴착 및 적재작업에 적당하며, 높이가 다른 2열의 돌기를 가지고 있는 슈
이중돌기 슈	회전 성능이 굴착기의 무거운 하중에 대한 굽힘을 방지할 수 있는 높이가 같은 2열의 돌기를 가지고 있는 슈
3중돌기 슈	높이가 같은 3열의 돌기를 갖는 슈이며 지반이 견고한 작업 현장에 적당하고 회전성능이 좋다.
고무 슈	일반 슈에 볼트로 조립하여 사용되며 노면 보호와 소음과 진동을 줄일 수 있는 장점이 있다.
습지용 슈	슈의 단면을 삼각형이나 원형으로 만들어 연약한 지반의 습지 작업에 적합
평활 슈	슈를 편평하게 만들어 도로의 노면 파괴를 방지할 수 있다.
스노 슈	주행 시 트랙에 끼인 눈 등이 잘 빠져나올 수 있도록 구멍이 뚫려 있다.
암반용 슈	양쪽에 리브를 두어 슈의 강도가 높고 가로 방향의 미끄럼이 적어 암반 작업이 용이

제2장

굴착기 주행, 작업 및 점검

12 주행 시 동력 전달 순서

엔진 → 유압펌프 → 컨트롤 밸브(액셀레이터 페달) → 센터조인트 →
주행모터 → 변속기 → 드라이브라인 → 종감속기어 및 차동기어장치
→ 액슬축 → 주행감속기어 → 바퀴

13 무한궤도식 굴착기 주행

전·후진 주행 방법	• 주행 레버를 동시에 앞뒤로 하여 전·후진시킬 수 있음 • 속도는 레버 또는 페달의 조작량에 따라 조절할 수 있음 • 좌우의 양을 조절함에 따라 완만한 방향 전환이 가능
피봇회전 (Pivot)	한쪽의 트랙만을 구동시켜 방향을 전환하는 것으 로, 어느 한쪽의 레버 또는 페달만을 작동시켜 회전
스핀(Spin) 또는 스폿(Spot) 회전	좌우의 트랙을 서로 반대 방향으로 구동시켜 제자 리에서 방향을 전환하는 것으로 양쪽의 레버 또는 페달을 역으로 동시에 작동시켜 회전

14 전·후진 주행

전·후진 레버를 앞으로 밀거나 뒤로 당기면서 전진과 후진이 이루어
지며, 전진 시에는 아웃트리거 방향으로, 후진 시에는 베토판 방향으
로 주행한다.

15 굴착기 운반로 선정 시 우선 고려사항

① 차도와 보도의 구별이 없는 도로, 학교, 유치원, 병원, 도서관 등이
있는 도로나 보행자가 많은 도로는 가능한 피한다.
② 도로가 좁은 경우 장비가 들어가는 도로와 나가는 도로를 따로 선
정한다.
③ 포장도로나 폭이 넓은 도로를 선정하여 주변 소음 피해를 줄인다.
④ 운반로에 유지·보수가 필요한 경우 공사계획에 포함하여 대책을
세운다.

16 굴착기 주행 시 주의사항

① 급발진 및 급정지는 피한다.
② 주행 시 버킷이 높이는 30~50cm가 좋다.
③ 장거리 이동 시 선회 고정장치를 고정하고 이동한다.
④ 주행 중 작업장치의 레버를 조작해서는 안 된다.
⑤ 주행 중에 이상음, 냄새 등의 사항이 확인된 경우에는 엔진을 멈추
고 점검한다.
⑥ 주행 모터가 돌이나 요철 등에 부딪치지 않도록 주의한다.
⑦ 주행 중 승·하차를 하거나 운전자 이외의 사람을 승차시키지 않는다.

17 굴착 작업 순서

굴착 → 붐 상승 → 스윙 → 적재 → 스윙 → 굴착

18. 굴착기 일일 점검사항

구분	점검 항목
작업 전 점검	• 엔진오일, 연료 냉각수, 유압작동유의 양 점검 • 팬벨트 장력, 타이어 외관 상태, 축전지 점검 • 굴착기 외관 각부 누유, 누수 점검 • 공기청정기 엘리먼트 청소
작업 중 점검	• 굴착기에서 발생하는 냄새, 소음, 배기 색 등 점검
작업 후 점검	• 연료 보충, 각 부의 누유 및 누수 점검 • 굴착기 외관의 변형 및 균열 등 점검

안전관리

19 산업재해의 원인

직접적 원인	개인의 불안전한 행동(가장 많은 재해발생), 불안정한 상태
간접적 원인	기술적 원인, 교육적 원인, 작업관리상 원인
불가항력	천재지변

20 사고 발생 순

불안전 행위 ⇨ 불안전 조건 ⇨ 불가항력

21 산업안전의 3요소

① 교육적 요소 ② 기술적 요소 ③ 관리적 요소

22 안전보호구의 구비조건

① 유해, 위험 요소로부터 충분한 보호 기능이 있어야 한다.
② 품질과 끝마무리가 양호해야 한다.
③ 착용이 간단하고 착용 후 작업하기가 편리해야 한다.
④ 겉모양과 표면이 매끈하고 외관상 양호해야 한다.
⑤ 보호성능 기준에 적합해야 한다.

23 보호구의 종류

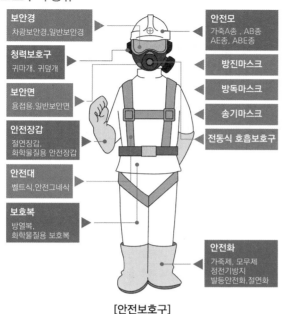

보안경
차광보안경,일반보안경

청력보호구
귀마개, 귀덮개

보안면
용접용,일반보안면

안전장갑
절연장갑,
화학물질용 안전장갑

안전대
벨트식,안전그네식

보호복
방열복,
화학물질용 보호복

안전모
가죽A종 , AB종
AE종, ABE종

방진마스크

방독마스크

송기마스크

전동식 호흡보호구

안전화
가죽제, 고무제
정전기방지
발등안전화,절연화

[안전보호구]

24 안전표지

색상	용도	사용
빨간색	금지	소화설비, 정지신호, 유해행위 금지
	경고	화학물질 취급 장소에서의 유해·위험을 경고
노란색	경고	화학물질 취급 장소에서의 유해·위험경고 이외의 위험경고, 주의표지 및 기계 방호물
파란색	지시	특정 행위의 지시 및 사실의 고지
녹색	안내	사람 또는 차량의 통행표지, 비상구 및 피난소
흰색		파란색 또는 녹색에 대한 보조색
검은색		문자 및 빨간색 또는 노란색에 대한 보조색
보라색		방사능 등의 표시에 사용

25 전기공사 용어 정의

배전선로	변전소에서 직접 수용가에 전력을 분배하는 선로
송전선로	발전소 상호간, 변전소 상호간 또는 발전소와 변전소 간을 연결하는 전선로
가공선로	높은 전주나 철탑을 세우고 전선을 절연 애자로 지지하여 전력을 보내거나 통신을 할 수 있도록 공중에 설치한 선로
애자	전선로나 전기기기의 나선 부분을 절연하고 동시에 기계적으로 유지 또는 지지하기 위하여 사용되는 절연체
지중선로	땅속에 매설한 전선로
표지시트	지중 케이블 등을 매설하는 경우, 굴착 시 사고방지를 위하여 케이블 부설선 위의 지상에 설치하는 콘크리트제의 표지 기둥이다. 지중에 설치하는 표지는 케이블 표지 시트라 한다.

26 전압의 구분

저압	직류(DC) 750V 이하, 교류(AC) 600V 이하
고압	직류(DC) 750V 이상, 교류(AC) 600V 이상 7,000V 이하
특고압	7,000V 초과

27 애자 개수에 따른 전압의 종류

애자 수	전압 크기
2~3개	22.9kV
4~5개	66kV
9~11개	154kV
19~22개	345kV

28 배관 구분 용어

도시정압기	정압기란 중압 또는 고압의 가스를 적정 압력으로 감압하기 위한 감압장치, 안전장치, 감시장치 등이 조합된 하나의 설비
본관	도시가스 제조사업소의 부지 경계에서 정압기까지 이르는 배관
공급관	일반적으로 정압기에서 가스사용자가 소유, 점유하는 건축물의 부지 경계까지 이르는 배관
사용자 공급관	가스사용자가 소유, 점유하고 있는 토지의 경계에서 가스사용자가 구분하여 소유, 점유하고 있는 건축물의 외벽까지 이르는 배관(계량기가 외부에 설치된 경우 계량기 전단밸브까지)
내관	가스 사용자가 소유하거나 점유하고 있는 토지의 경계에서 연소기까지 이르는 배관

29 도시가스 공급 압력 구분

① 고압: 1MPa 이상의 공급 압력
② 중압: 0.1MPa 이상 1MPa 미만의 공급 압력
③ 저압: 0.1MPa 미만의 공급 압력

30 도시가스배관의 지하매설 깊이

도로 폭	심도
폭 8m 이상 도로	1.2m 이상
폭 4m 이상 8m 미만의 도로	1m 이상
폭 4m 또는 공동주택 등의 부지이내	0.6m 이상

31 도시가스배관 손상 방지 종류

보호판	최고 사용압력이 중압(0.1MPa이상 1MPa이하)이상인 배관 매설 시 작업장비에 의한 배관 손상을 방지하기 위해 철판으로 제작된 보호판
라인마크	도로 및 공동주택 등의 부지 내 도로에 도시가스배관을 매설하는 경우에는 라인마크를 설치
보호포	• 저압인 배관의 경우에는 정상부로부터 60cm 이상인 곳에 설치 • 중압 이상인 배관의 경우에는 보호판의 상부로부터 30cm 이상 떨어진 곳에 설치
표지판	

32 수공구 사용 시 주의사항

① 수공구 사용 전에 이상 유무를 확인한다.
② 작업자는 필요한 안전보호구를 착용한다.
③ 용도 이외의 수공구는 사용하지 않는다.
④ 사용 전에 공구에 묻은 기름 등은 닦아낸다.
⑤ 수공구 사용 후에는 정해진 장소에 보관한다.
⑥ 작업대 위에서 떨어지지 않도록 안전한 곳에 보관한다.
⑦ 예리한 공구 등을 주머니에 넣고 작업하지 않는다.
⑧ 공구를 던져서 전달하지 않는다.

33 장갑을 착용하지 않는 작업의 종류

① 드릴작업 　　② 정밀기계작업
③ 연삭작업 　　④ 해머작업

34 전기장치 및 작업의 안전사항

① 전기장치는 반드시 접지설비를 구비하여 감전 사고를 방지한다.
② 퓨즈의 교체는 반드시 규정 용량의 퓨즈를 사용한다.
③ 작업 중 정전이 되었을 경우에는 즉시 전원스위치를 끄고 퓨즈의 단선 여부를 점검한다.
④ 전기장치는 사용을 마친 후에는 스위치를 끄도록 한다.
⑤ 전기장치의 전류 점검 시, 전류계는 부하에 직렬로 접속해야 한다.
⑥ 전기장치의 배선 작업 시, 제일 먼저 축전지의 접지 단자를 제거해야 한다.

⑦ 전선이나 코드의 접속부는 절연물로 완전히 피복한다.
⑧ 전선의 연결부(접촉부)는 최대한 저항을 적게해야 한다.
⑨ 퓨즈를 교체했음에도 지속적으로 단선이 발생하는 경우, 과전류가 의심되므로 고장개소를 찾아 수리해야 한다.

35 화재분류

A급 화재	일반 가연물질 화재
B급 화재	(유류 화재) 물사용 금지
C급 화재	(전기 화재) 물사용 금지
D급 화재	(금속 화재) 물사용 금지

36 소화설비의 종류

분말	미세한 분말인 제1인산 암모늄 방사
물 분무	냉각효과로 화재를 진화
이산화탄소	질식소화방식, 유류 및 전기 감전 위험이 높은 전기 화재

37 연소의 3요소

① 가연물　② 점화원　③ 산소

제4장 도로주행

38 도로교통법 용어

용어	정의
도로	도로교통법상 도로 •「유료도로법」에 따른 유료 도로 •「도로법」에 따른 도로 •「농어촌도로 정비법」에 따른 도로 • 차마의 통행을 위한 도로
고속도로	자동차의 고속운행에만 사용하기 위하여 지정된 도로
자동차 전용도로	자동차만 다닐 수 있도록 설치된 도로
긴급 자동차	소방차, 구급차, 혈액공급차량 그밖에 대통령령으로 정하는 자동차(긴급자동차는 긴급 용무 중일 때만 우선권과 특례의 적용을 받는다.)
정차	운전자가 5분을 초과하지 아니하고 차를 정지시키는 것으로서 주차 외의 정지상태
안전지대	도로를 횡단하는 보행자나 통행하는 차마의 안전을 위하여 안전표지 등으로 표시된 도로의 부분
어린이	13세 미만인 사람
안전표지	교통안전에 필요한 주의·규제·지시·보호·노면표지
서행	위험을 느끼고 즉시 정지할 수 있는 느린 속도로 운행하는 것

39 차로에 따른 통행차의 기준

도로		차로구분	통행할 수 있는 차종
고속도로 외 도로		왼쪽차로	승용자동차 및 경형·소형·중형 승합자동차
		오른쪽차로	건설기계·화물·특수·대형승합·이륜자동차 및 원동기장치자전거
고속도로	편도 2차로	1차로	• 앞지르기를 하려는 모든 자동차 • 도로상황이 시속 80km 미만으로 통행할 수밖에 없는 경우에는 통행 가능
		2차로	모든 자동차(건설 기계 포함)
	편도 3차로 이상	1차로	• 앞지르기를 하려는 승용·경형·소형·중형 승합자동차 • 도로상황이 시속 80km 미만으로 통행할 수밖에 없는 경우에는 통행 가능
		왼쪽차로	승용자동차 및 경형·소형·중형 승합자동차
		오른쪽차로	건설기계 및 화물, 대형 승합, 특수자동차

40 통행 우선순위

① 긴급자동차
② 긴급자동차 이외 차량
③ 원동기장치자전거
④ 자동차 및 원동기장치자전거 이외 차마

41 이상 기후에서의 운행 속도

도로의 상태	감속운행속도
• 비가 내려 노면에 습기가 있는 때 • 눈이 20mm 미만 쌓인 때	최고속도의 20/100
• 폭우·폭설·안개 등으로 가시거리가 100m 이내인 때 • 노면이 얼어붙는 때 • 눈이 20mm 이상 쌓인 때	최고속도의 50/100

42 앞지르기 금지 장소

① 교차로, 터널, 다리 위
② 급경사의 내리막
③ 경사로 정상 부근

43 도로의 주정차 금지장소

주정차 금지 장소	① 안전지대의 사방으로부터 각각 10m이내 ② 건널목의 가장자리 또는 횡단보도로부터 10m 이내 ③ 버스 정류지임을 표시하는 기둥이나 표지판 또는 선이 설치된 곳으로부터 10m 이내 ④ 교차로의 가장자리나 도로의 모퉁이로부터 5m이내 ⑤ 소방용수시설 또는 비상 소화장치가 설치된 곳으로부터 5m이내 ⑥ 지방 경찰청장이 필요하다고 인정하여 지정한 곳 ⑦ 교차로, 횡단보도, 건널목이나 보도와 차도가 구분된 도로의 보도
주차 금지 장소	① 터널 안 및 다리 위 ② 도로공사를 하고 있는 경우에는 그 공사 구역의 양쪽 가장자리로부터 5m 이내 ③ 다중이용업소의 영업장이 속한 건축물로, 소방본부장의 요청에 의하여 시·도 경찰청장이 지정한 곳으로부터 5m이내

44 건설기계 관리법 목적

건설기계를 효율적으로 관리하고 건설기계의 안전도를 확보하여 건설공사의 기계화를 촉진함

45 건설기계 용어 정리

용어	정의
건설기계 대여업	건설기계를 대여
건설기계 정비업	건설기계를 분해, 조립, 수리하고 그 부분품을 가공, 제작, 교체하는 등 건설기계를 원활하게 사용하기 위한 모든 행위
건설기계 매매업	중고건설기계의 매매 또는 그 매매의 알선과 그에 따른 등록사항에 관한 변경신고의 대행.
건설기계 폐기업	국토교통부령으로 정하는 건설기계 장치를 그 성능을 유지할 수 없도록 해체하거나 압축, 파쇄 절단 또는 용해를 업으로 하는 것
건설기계 형식	건설기계의 구조, 규격 및 성능 등에 관하여 일정하게 정하는 것

46 건설기계 등록

건설기계를 취득한 날부터 2월(60일) 이내에 소유자의 주소지 또는 건설기계 사용본거지를 관할하는 시·도지사에게 하여야 한다.(상속의 경우 상속 개시일부터 3개월, 전시, 사변 기타 이에 준하는 국가 비상 상태 하에 있어서는 5일 이내)

47 건설기계 등록 시 첨부 서류

① 건설기계의 출처를 증명하는 서류(건설기계 제작증, 수입면장, 매수증서)
② 건설기계의 소유자임을 증명하는 서류
③ 건설기계제원표
④ 자동차손해배상보장법에 따른 보험 또는 공제의 가입을 증명하는 서류

48 등록변경 신고

건설기계 등록사항에 변경이 있을 때(전시, 사변 기타 이에 준하는 비상사태 및 상속 시의 경우는 제외)에는 등록사항의 변경신고를 변경이 있는 날부터 30일 이내에 하여야 한다.

49 건설기계 등록말소 사유

① 거짓이나 그 밖의 부정한 방법으로 등록을 한 경우
② 건설기계가 천재지변 또는 이에 준하는 사고 등으로 사용할 수 없게 되거나 멸실된 경우
③ 건설기계의 차대(車臺)가 등록 시의 차대와 다른 경우
④ 건설기계안전기준에 적합하지 아니하게 된 경우
⑤ 최고(催告)를 받고 지정된 기한까지 정기검사를 받지 아니한 경우
⑥ 건설기계를 수출하는 경우
⑦ 건설기계를 도난당한 경우
⑧ 건설기계를 폐기한 경우
⑨ 건설기계 해체 재활용 업을 등록한 자에게 폐기를 요청한 경우
⑩ 구조적 제작 결함 등으로 건설기계를 제작자 또는 판매자에게 반품한 경우
⑪ 건설기계를 교육·연구 목적으로 사용하는 경우
⑫ 대통령령으로 정하는 내구연한을 초과한 건설기계. 다만, 정밀진단을 받아 연장된 경우는 그 연장기간을 초과한 건설기계

50 등록번호표 용도에 따른 색

비사업용	자가용	녹색 판에 흰색 문자
	관용	흰색 판에 검은색 문자
사업용	영업용	주황색 판에 흰색 문자
임시운행		흰색 판에 검은색 문자

51 기종별 기호표시

구분	색상	구분	색상
01	불도저	06	덤프트럭
02	굴착기	07	기중기
03	로더	08	모터 그레이더
04	지게차	09	롤러
05	스크레이퍼	10	노상 안정기

52 특별표지 부착대상 건설기계

① 길이가 16.7m를 초과하는 경우
② 너비가 2.5m를 초과하는 경우
③ 최소회전반경이 12m를 초과하는 경우
④ 높이가 4.0m를 초과하는 경우
⑤ 총중량이 40톤을 초과하는 경우
⑥ 총중량에서 축하중이 10톤을 초과하는 경우

53 등록번호표 반납

① 건설기계의 등록이 말소된 경우
② 건설기계 등록 사항 중 대통령령으로 정하는 사항이 변경된 경우
③ 등록번호표 또는 그 봉인이 떨어지거나 식별이 어려운 때 등록번호표의 부착 및 봉인을 신청한 경우
④ 반납 사유가 발생한 날로부터 10일 이내에 시·도지사에게 반납

54 임시운행의 요건

① 등록신청을 위한 등록지로 운행
② 신규 등록검사 및 확인검사를 받기 위하여 건설기계를 검사장으로 운행
③ 수출을 위한 선적지 운행
④ 수출을 위한 등록말소 한 건설기계의 점검·정비의 목적으로 운행
⑤ 신개발 시험·연구의 목적으로 운행
⑥ 판매 또는 전시를 위한 일시적으로 운행
⑦ 임시운행기간 15일 이내, 시험연구목적 3년 이내

55 건설기계검사 종류

신규등록검사	신규로 등록 시
정기검사	검사유효기간이 끝난 후 지속적으로 운행하려는 경우
구조변경검사	구조 변경 또는 개조한 경우
수시검사	성능이 불량하거나 사고 발생이 잦은 경우

56 정기검사 대상 건설기계 유효기간

건설기계명	유효기간	건설기계명	유효기간
굴착기 (타이어식)	1년	모우터그레이더	2년
로우더 (타이어식)	2년	콘크리트믹서트럭	1년
지게차 (1톤 이상)	2년	콘크리트 펌프 (트럭적재식)	1년
덤프트럭	1년	아스팔트 살포기	1년
기중기 (타이어식, 트럭적재식)	1년	천공기(트럭적재식)	2년

57 출장 검사가 가능한 경우

① 도서지역에 있는 경우
② 자체중량이 40t을 초과하거나 축중이 10t을 초과하는 경우
③ 너비가 2.5m를 초과하는 경우
④ 최고속도가 시간당 35km 미만인 경우

58 건설기계 사업의 종류

건설기계 대여업	건설기계를 대여를 업으로 하는 것을 말한다.
건설기계 정비업	건설기계를 분해, 조립, 수리하고 그 부분품을 가공, 제작, 교체하는 등 건설기계를 원활하게 사용하기 위한 모든 행위를 업으로 하는 것을 말한다. ① 종합건설기계 정비업 ② 부분건설기계 정비업 ③ 전문건설기계 정비업
건설기계 매매업	중고건설기계의 매매 또는 그 매매의 알선과 그에 따른 등록사항에 관한 변경신고의 대행을 업으로 하는 것을 말한다.
건설기계 폐기업	국토교통부령으로 정하는 건설기계 장치를 그 성능을 유지할 수 없도록 해체하거나 압축, 파쇄 절단 또는 용해를 업으로 하는 것을 말한다.

59 제1종 대형면허로 조종 가능한 건설기계

① 덤프트럭, 아스팔트살포기, 노상안정기
② 콘크리트믹서트럭, 콘크리트펌프, 천공기(트럭적재식을 말한다.)
③ 특수건설기계 중 국토교통부장관이 지정하는 건설기계이다.

60 조종사 면허 결격사유

① 18세 미만인 사람
② 건설기계 조종 상의 위험과 장해를 일으킬 수 있는 정신질환자 또는 뇌전증 환자
③ 앞을 보지 못하는 사람, 듣지 못하는 사람
④ 마약, 대마, 향정신성 의약품 또는 알코올 중독자

61 조종사 면허 반납 사유

① 건설기계 면허가 취소된 때
② 건설기계 면허의 효력이 정지된 때
③ 면허증의 재교부를 받은 후 잃어버린 면허증을 발견한 때에는 사유 발생한 날부터 10일 이내에 시장, 군수, 구청장에게 면허증을 반납

62 건설기계 관리법상 벌칙

① 2년 이하의 징역 또는 2천만 원 이하의 벌금
  • 등록되지 아니한 건설기계를 사용하거나 운행
  • 등록이 말소된 건설기계를 사용하거나 운행
  • 시·도지사의 지정을 받지 아니하고 등록번호표를 제작하거나 등록번호를 새긴 자
② 1년 이하의 징역 또는 1천만 원 이하의 벌금
  • 건설기계조종사면허를 받지 아니하고 건설기계를 조종한 자
  • 건설기계조종사 면허가 취소되거나 건설기계조종사면허의 효력정지처분을 받은 후에도 건설기계를 계속하여 조종한 자
  • 건설기계를 도로나 타인의 토지에 버려둔 자
③ 100만 원 이하의 벌금
  • 등록번호를 지워 없애거나 그 식별을 곤란하게 한 자
  • 구조변경검사 또는 수시검사를 받지 아니한 자
  • 정비명령을 이행하지 아니한 자
  • 형식승인, 형식변경승인 또는 확인검사를 받지 아니하고 건설기계의 제작 등을 한 자
  • 사후관리에 관한 명령을 이행하지 아니한 자
④ 50만원 이하의 과태료
  건설기계의 소유자 또는 점유자가 규정에 정하는 범위를 위반하여 건설기계를 정비한 경우 50만원 이하의 과태료를 부과한다.

63 도로명 주소

도로명주소(道路名住所)는 대한민국에서 1995년부터 시범사업, 2009년 전면개정, 2014년 전면 시행한 주소 표기 방법 중 하나이다. 도로 명을 주소 표기에 사용하기 때문에 '도로 명 주소'가 정식 명칭이다. 행정안전부에서 관장한다. 2014년 1월 1일부터는 토지대장을 제외한 모든 곳에 도로명 주소만을 쓸 수 있다. 도로명 주소의 빠른 정착의 대안으로 교통공단 및 한국산업인력관리공단에서 주관하는 국가 공인 시험에 도로명 주소에 관한 시험이 출제되고 있으며, 출제의 난이도는 매우 기초적인 쉬운 문제가 한 문제 정도 출제되거나 출제가 되지 않는 경우도 있다.

64 도로명 주소 소개

① 도로명주소는 도로명+건물번호로 이루어져 있다.
② 도로명은 도로구간마다 부여한 이름으로 명사+도로별 기준(대로/로/길)으로 구성되어 있다.

65 도로명 주소부여 원리 4원칙

1원칙	도로명은 도로 폭에 따라 ① 대로(8차로 이상) ② 로(2~7차로) ③ 길(그밖의 도로)로 구분
2원칙	도로시작점에서 20m 간격으로 왼쪽은 홀수, 오른쪽은 짝수를 부여하여 거리 예측이 가능하다.
3원칙	도로시점에서 건물까지의 거리는 건물번호×10m
4원칙	건물번호 부여 • 좌측: 홀수 • 우측: 짝수

66 상세주소

상세주소는 도로명주소의 건물번호 뒤에 표시되는 동·층·호 등의 정보를 말한다.

> 시/도 +시/군/구+읍/면 +도로명+건물번호+상세주소(동/층/호)+(참고항목:법정동, 공동주택)

67 도로표지판 의미

명사 도로 구별기준
병목안로 Byeongmogan-ro — 도로명
469 — 기초번호
덕천로 Deokcheon-ro — 로마자도로명(생략가능)
33 — 건물번호

68 도로명 주소 부여 원리

1 도로구간 설정
서→동, 남→북
직진성, 연속성

2 기초번호 부여
20m 간격
좌→홀수
우→짝수

3 도로명 부여
대로, 로, 길
길=숫자방식

4 건물번호 부여
주된 출입구

69 도로명 주소 표기 방법

공동주택 (아파트)	서울특별시 서초구 반포대로58, 105동301호(서초동, 서초아트자이)
주택, 상가	서울특별시 서초구 반포대로23길 6(서초동)

70 도로명판 종류

한 방향용	양방향용
강남대로 1~699 Gangnam-daero	92 안양로 96 Anang-ro
① 강남대로: 큰길 ② 1→ : 도로시작 현위치 ③ 1→ 699: 강남로 　6.69km(699×10m)	① 안양로: 앞교차로 ② 좌 92: 92번 이하 건물 ③ 우 96: 96번 이상 건물
한쪽 방향용	**진행방향**
1~65 반포대로23길 Banpo-daero 23-gil	안양로 250 Anang-ro 90
① 반포대로23길 ② 1←65: 현 위치가 종점65 에서 1번으로 진행	① 로: 2차로 ② 90: 현위치90 ③ 90→ 250: 남은 거리 1.6Km 　((250-90)×10)

71 건물번호판의 종류

주택	안양로4길 Anyang-ro 4gil **60**
상가	안양로 3길 **71** Anyaing-ro 3gil
관공서용	✉ **262** 안양로 1길 Anyang-ro 1gil
문화재, 관광	🏠 **35** 안양로2길 Anyang-ro 2gil
건물없는 도로	병목안로 Byeongmogan-ro **469**

72 기관(엔진)

① 열에너지를 기계적 에너지로 바꾸는 장치
② rpm(Revolution Per Minute): 분당회전수

73 디젤기관의 장·단점

건설 기계에 사용되는 엔진의 종류는 주로 디젤기관을 사용한다.

디젤기관의 장점	디젤기관의 단점
• 연료소비율이 적다 • 인화점이 높아 화재의 위험이 적다. • 전기점화장치가 없어 고장률이 적당하다. • 유해 배기가스 배출량이 적다.	• 압축압력, 폭발압력이 커서 마력당 중량이 크다(무겁다). • 소음 및 진동이 크다. • 제작비가 비싸다. • 압축착화방식을 이용하기 때문에 겨울철에는 시동보조 장치인 예열플러그가 필요하다.

74 4행정 사이클의 의미와 행정 순서

4행정 사이클: 크랭크축 2회전에 '흡입-압축-폭발-배기'의 행정 순으로 4행정에 1사이클을 완성하는 기관

75 엔진 용어 정리

※ 시험에 자주 출제되는 엔진 용어정리
① 블로우다운: 배기행정 초기에 배기가스의 잔압을 이용하여 배기가스가 배출되는 현상
② 블로우바이스: 피스톤과 실린더 사이의 간극 과대로 압축시 미연소가스가 새는 현상
③ 상사점(TDC: Top Dead Center): 피스톤의 위치가 가장 높은 곳에 위치한 상태
④ 하사점(BDC: Bottom Dead Center): 피스톤의 위치가 가장 아래에 위치한 상태
⑤ 행정(Stroke): 상사점과 하사점의 거리
⑥ 밸브오버랩(Valve over lap): 흡배기밸브가 동시에 열려 있는 구간이며 흡배기 효율을 높여 엔진의 출력을 증가시킬 목적으로 밸브오버랩을 둔다.

76 실린더 헤드

주철과 알루미늄 합금으로 제작되며, 헤드가스켓을 사이에 두고 실린더 블록에 볼트로 설치되며, 피스톤, 실린더와 함께 연소실을 형성하고 있으며 흡배기 밸브를 구동하기 위한 캠축, 캠, 로커암 등이 설치되어 있다.

※ 실린더 헤드 탈부착 시 주의사항
① 실린더 헤드 볼트를 풀 때: 바깥쪽에서 안쪽으로 대각선 방향으로 푼다.
② 실린더 헤드 볼트를 조일 때: 안쪽에서 바깥쪽으로 대각선 방향으로 조인다. (실린더헤드의 변형 방지를 위해 위와 같은 방법으로 풀거나 조여야 한다.)
③ 마지막 조임 시에는 볼트의 규정토크로 조이기 위해 토크 렌치를 사용하여 조인다.

77 실린더 블록(cylinder block)

위쪽은 실린더헤드가 부착되고 가운데는 실린더, 냉각수 통로, 오일 통로와 엔진의 각 부속품이 부착되어 있으며 아래쪽은 오일 팬이 설치되어 있다.

장행정기관	실린더내경 < 행정길이
단행정기관	실린더내경 > 행정길이
정방행정기관	실린더내경 = 행정길이

78 피스톤(Piston)

① 실린더 내에서 왕복 운동하며 흡입 공기 압축한다.
② 폭발행정 압력으로 발생한 동력을 크랭크축에 전달하여 크랭크축을 회전 운동시킨다.

79 피스톤 링(Piston Ring) 의 3대 작용

① 밀봉 작용: 실린더 벽과 윤활유를 사이에 두고 압축압력이 새지 않도록 방지한다.
② 오일제어 작용: 피스톤 상승 시 링으로 실린더 벽에 윤활하고, 하강 시 그 오일을 긁어내린다.
③ 열전도(냉각) 작용: 피스톤 헤드부의 열을 실린더 벽으로 전달하여 냉각시킨다.

80 크랭크축의 구조

피스톤의 왕복운동을 회전운동으로 변환시켜 주는 축을 말한다.

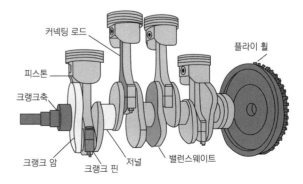

커넥팅 로드　피스톤　크랭크축　크랭크 암　크랭크 핀　저널　밸런스웨이트　플라이 휠

[크랭크축 구조]

81 기계식 리프터와 유압식 밸브 리프터

기계식 리프트 방식은 밸브의 간극을 조정해야 하지만, 유압식리프트 방식은 밸브간극을 조정할 필요가 없으므로 유압식은 밸브간극 "0"이 된다.

82 밸브 간극

밸브간극이 클 때의 영향	밸브간극이 작을 때의 영향
흡·배기 밸브가 완전히 열리지 못하여 엔진 출력이 감소되며, 배기가스 배출이 증가하고 밸브에 충격과 소음이 발생한다.	흡·배기 밸브가 확실히 닫히지 못하여 엔진 출력이 감소되며, 역화나 후화 등의 이상연소가 발생한다.

83 디젤기관(연료장치) 연료공급 순서

연료탱크 ⇨ 공급펌프 ⇨ 연료필터(연료 여과기) ⇨ 분사펌프 ⇨ 분사노즐

84 디젤 노킹 발생 원인

① 압축비가 너무 낮은 경우
② 착화 지연 기간이 길거나 착화 온도가 너무 높을 경우
③ 실린더 벽 온도나 흡입공기 온도가 낮은 경우
④ 엔진 회전속도가 너무 느린 경우
⑤ 연료의 분사량이 많거나 분사 시기가 너무 늦은 경우
⑥ 디젤 연료가 원인인 경우: 세탄가가 낮은 연료를 사용

85 CRDI 디젤 기관의 구성

① 저압 펌프: 흡입된 연료의 양과 압력이 조절되어 압송한다.
② 커먼레일(Common Rail): 고압펌프로부터 공급받은 고압 연료를 저장하고 인젝터에 분배
③ 연료압력 센서(Fuel Pressure Sensor): 커먼레일에 장착되어 있으며 연료압력을 감지하여 연료 분사량과 분사시기를 제어한다.
④ 연료온도 센서: 연료의 온도에 따라 연료량을 증감시키는 보정 신호로 사용한다.
⑤ 압력제어 밸브: 커먼레일에 공급되는 유량으로 압력을 제어하며, 고압펌프에 장착
⑥ 인젝터(Injector): 고압의 연료를 연소실에 분사한다.

86 연료탱크에 연료를 가득 채우는 이유

연료의 기포방지 및 공기 중의 수분이 응축되어 물이 생성되는 것을 방지하고 다음 작업의 준비를 위해 작업 후 연료를 가득 채워 둔다.

87 윤활유의 작용

① 감마작용(마찰 및 마모방지)
② 밀봉(기밀)작용
③ 냉각작용
④ 세척작용
⑤ 방청작용
⑥ 응력 분산작용

88 윤활유의 구비조건

① 적당한 점도를 가질 것　② 청정성이 양호할 것
③ 적당한 비중을 가질 것　④ 인화점 및 발화점이 높을 것
⑤ 기포발생이 적을 것　⑥ 카본생성이 적을 것

89 오일 점검 방법

① 차량을 수평 상태로 두고, 시동을 끈 상태에서 오일 레벨 게이지가 Full선에 있는지 확인한다.
② 오일 부족 시 오일을 보충하고, 오일의 점도 및 오염도를 점검한다.

90 유압이 높아지는 원인

① 윤활유의 점도가 높은 경우
② 윤활 회로가 막힌 경우
③ 유압조절밸브의 스프링 장력이 클 때
④ 오일의 점도가 높은 경우

91 유압이 낮아지는 원인

① 베어링의 오일 간극이 클 경우
② 오일펌프가 마모 또는 오일이 누출될 때
③ 오일의 양이 적을 경우
④ 유압조절밸브 스프링의 장력이 작거나 절손될 때
⑤ 윤활유의 점도가 낮을 경우

92 냉각 장치

① 엔진이 정상적으로 작동할 수 있는 온도인 80~90℃가 유지될 수 있도록 과냉 및 과열을 방지하는 장치이다.
② 냉각 방식에 따라 공랭식과 수냉식이 있다.

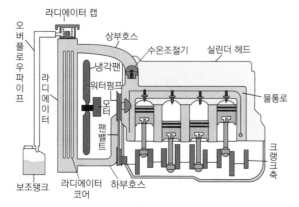

[냉각장치 구조]

93 수온조절기(Thermostat)

엔진 냉각수의 온도를 항상 일정하게 유지하기 위해 실린더 헤드와 라디에이터 사이에 설치되어 물의 흐름을 제어하는 장치이다.

① 펠릿형: 내부에 왁스와 고무가 봉입된 형태

② 벨로즈형: 내부에 에테르나 알코올이 봉입된 형태

94 압력식 캡(라디에이터 캡)

냉각 계통의 압력을 일정하게 유지하여 비등점을 112℃로 상승시켜 냉각 효율을 높이는 장치이다. 압력 밸브 및 압력스프링, 진공 밸브로 구성되어 있다.

95 라디에이터

뜨거워진 냉각수가 라디에이터로 유입되어 수관으로 흐르는 동안 자동차의 주행속도와 냉각팬에 의하여 유입되는 대기와의 열 교환이 냉각핀에서 이루어져 냉각된다.

96 과열 원인

① 냉각수 부족

② 라디에이터 압력 캡의 스프링 장력 약화

③ 냉각팬 모터 또는 스위치 및 릴레이 고장

④ 물펌프 불량, 팬벨트의 장력 부족 및 파손

⑤ 라디에이터의 코어 막힘 또는 파손

⑥ 수온조절기의 닫힘 고장

▶ 냉각수: 냉각수로 증류수, 수돗물, 빗물 등이 사용된다.

97 공기청정기 종류

건식 공기청정기	여과망으로 여과지 또는 여과포를 사용하여 작은 이물질과 입자도 여과 가능하다.
원심식 공기청정기	흡입 공기의 원심력으로 먼지를 분리하고, 정제된 공기를 건식 공기청정기에 공급한다.
습식 공기청정기	케이스 밑에 오일이 들어있기 때문에 공기가 오일에 접촉하면서 먼지 또는 오물이 여과된다.

98 연소상태에 따른 배기가스 색의 종류

농후한 혼합기	검은색
희박한 혼합기	엷은 자색
오일의 연소	백색
정상 연소	무색 또는 담청색

99 배기장치(배기관 및 소음기)

① 배기가스가 배출될 때 발생하는 소음을 줄이고 유해 물질을 정화한다.

② 소음기에 카본 퇴적으로 엔진이 과열될 경우 출력이 떨어진다.

③ 소음기가 손상되어 구멍이 생기면 배기음이 커진다.

100 과급기(터보차저)

기관의 흡입공기량을 증가시키기 위한 장치이다.

① 흡기관과 배기관사이에 설치되어 엔진의 실린더 내에 공기를 압축하여 공급한다.

② 과급기를 설치하면 엔진의 중량은 10~15% 정도 증가되고, 출력은 35~45% 정도 증가한다.

③ 구조가 간단하고 설치가 간단하다.

④ 연소상태가 양호하기 때문에 비교적 질이 낮은 연료를 사용할 수 있다.

⑤ 연소상태가 좋아지므로 압축온도 상승에 따라 착화지연기간이 짧아진다.

⑥ 동일 배기량에서 출력이 증가하고, 연료소비율이 감소한다.

⑦ 냉각손실이 적으며, 높은 지대에서도 엔진의 출력 변화가 적다.

제6장 전기장치

101 전류의 3대 작용

① 발열작용: 전기 히터, 전구, 예열 플러그 등

② 자기작용: 전동기, 발전기 등

③ 화학작용: 축전지, 전기도금 등

102 옴(Ohm)의 법칙

저항(R)=전압(V)

- 저항(R)=$\dfrac{1}{전류(A)}$
- 저항(R)=$\dfrac{전압(V)}{전류(A)}$

103 직렬접속

여러 저항을 직렬로 접속하면 합성저항은 각 저항의 합과 같다.

$$R = R_1 + R_2 + R_3 \cdots + R_n$$

104 병렬접속

저항 R_1, R_2, R_3, R_n을 병렬로 접속하면 합성저항은 다음과 같다.

$$\frac{1}{R} = \frac{1}{R_1} + \frac{1}{R_2} + \frac{1}{R_3} + \cdots + \frac{1}{R_n}$$

105 플레밍의 법칙

구분	정의	적용
플레밍의 왼손 법칙	도선이 받는 힘의 방향을 정하는 규칙	전동기의 원리
플레밍의 오른손 법칙	유도 기전력 또는 유도 전류의 방향을 정하는 규칙	발전기의 원리

106 축전기의 기능

축전지는 기동 전동기의 전기적 부하와 점등장치, 그밖에 다른 장치 등에 전원을 공급해주기 위해 사용한다.

107 축전지의 구조

① 극판: 과산화납으로 된 양(+)극판, 해면상납으로 된 음(-)극판이 있다.

② 격리판: 극판 사이에서 단락을 방지하기 위한 장치

③ 터미널: 연결 단자

④ 셀 커넥터: 축전지 내의 각각 단전지를 직렬로 접속하기 위한 장치

⑤ 전해액: 양(+)극판 및 음(-)극판의 작용 물질과 화학 작용을 일으키는 물질이다. 묽은 황산을 사용하며, 전해액 비중에 따라 완전충전 상태와 반충전 상태로 나뉜다.

108 축전지 자기방전

자기방전이란 배터리를 사용하지 않아도 스스로 방전되는 것을 말하며 온도와 비중에 비례해서 자기방전율이 높아진다.

▶자기방전의 원인: 전해액에 포함된 불순물이 국부전지를 형성하거나 탈락한 극판 작용물질이 축전지 내부에 축적되어 형성이되 표면의 먼지 등에 의해 (+)극판과 (-)극판에 전기 회로를 형성하기 때문에 발생한다.

109 기동전동기 원리

기동전동기의 원리는 전기에너지를 운동에너지로 변화시키는 플레밍의 왼손법칙을 이용한 것이다.

직권식 전동기	계자 코일과 전기자 코일이 직렬로 접속된 형식이며, 기동력이 크지만 회전속도의 변화가 심한 것이 단점이다.
분권식 전동기	계자 코일과 전기자 코일이 병렬로 접속된 형식이며, 회전속도는 일정하지만 회전력이 약한 것이 단점이다.
복권식 전동기	계자 코일과 전기자 코일이 직렬과 병렬의 혼합으로 접속된 형식이며, 회전속도가 일정하고 회전력이 크지만 구조가 복잡한 것이 단점이다.

110 기동전동기의 회전이 느린 경우

① 축전지 불량

② 축전지 케이블의 접속 불량

③ 브러시의 마모 및 접촉 불량

④ 전기자 코일의 접지 불량

111 기동전동기가 회전하지 못하는 경우

① 축전지의 완전 방전

② 솔레노이드 스위치 불량

③ 전기자 코일 및 계자코일의 단선

④ 브러시와 정류자의 접촉 불량

112 충전장치 기능

① 자동차 시동 시 방전된 배터리를 충전한다.

② 주행 시 자동차에 필요한 전력을 공급한다.

③ 발전기와 레귤레이터 등으로 구성된다.

④ 발전기는 플레밍의 오른손 법칙 및 렌츠의 법칙 원리를 따른다.

113 발전기가 충전이 되지 않는 원인

① 다이오드의 단선 및 단락

② 전압 조정기의 불량

③ 스테이터 코일 또는 로터 코일의 단선

④ 발전기가 충전되지 않으면 계기판의 충전 경고등이 점등된다.

114 교류발전기의 구조

로터	양 철심 안쪽에 코일이 감겨 있고, 풀리에 의해 회전하는 부분이다. 슬립링으로 공급된 전류로 코일이 자기장을 형성할 때 전자석이 된다.
스테이터	3개 코일이 철심에 고정되는 부분이다. 3개의 코일인 스테이터 코일이 로터 철심의 자기장을 자르며 교류가 발생한다.
정류 다이오드	스테이터 코일에 발생된 교류 전기를 정류하여 직류로 변환시키는 장치로, 발전기로 전류가 역류하는 것을 방지한다.
스립링	스립링은 브러시와 접촉되어 회전하는 로터코일에 전류를 공하는 접촉링을 말한다.
브러시	스립링에 접촉하여 로터코일에 전류를 공급하는 기능을 한다.
전압 조정기	로터코일에 공급되는 전류를 제어하여 발전기의 출력 전압이 13.5V~14.5V의 전압이 엔진의 회전수에 관계없이 일정하게 유지되도록 하는 발전기 내의 전자 회로이다.
히트 싱크 (Heat sink)	실리콘 다이오드가 정류작용 시 발생되는 열을 외부로 방출하기 위한 방열판으로 방열판에 다이오드가 붙어 있다.

115 예열 플러그의 종류

코일형 예열플러그	가열코일이 노출되어 예열시간이 짧고 코일 저항이 작아 직렬연결로 사용하고 외부에 저항을 연결하여 사용한다.
시일드형 예열플러그	가열코일이 금속 튜브 속에 있으며 병렬연결로 사용하기 때문에 하나가 단선되어도 다른 예열플러그는 작동 가능하다.

116 전조등의 종류

① 세미 실드식(semi-sealed type): 렌즈와 반사경은 일체형이며 전구만 독립되어 분리가 가능하여 편리하지만 반사경이 흐려져 빛이 어두워지는 단점이 있다.

② 실드식(sealed type): 렌즈, 반사경, 필라멘트가 모두 일체형이며 내부는 진공으로 알곤, 질소등의 불활성 가스를 넣어 밝기가 밝고 반사경이 어두워지는 것을 방지할 수 있으나 필라멘트가 단선이 되면 전구 전체를 교환해야하는 단점이 있다.

117 방향지시등

좌우 점멸 횟수가 다르고 한 쪽이 작동되지 않는 경우

- 좌·우 전구의 용량이 다른 경우
- 접지 불량인 경우
- 한쪽 전구의 단선인 경우

제7장　**전·후진 주행장치**

118 동력전달 순서

피스톤 ⇨ 토크 컨버터 또는 클러치 ⇨ 변속기 ⇨ 드라이브 라인 ⇨ 종감속 장치 및 차동장치 ⇨ 액슬축 ⇨ 바퀴

119 클러치의 필요성

① 엔진 시동 시 무부하 상태를 위해 동력을 차단한다.

② 변속 시 기관 동력을 차단한다.

③ 관성운전을 가능하게 한다.

120 클러치가 미끄러지는 원인

① 클러치의 자유간극이 작은 경우(자유간극이 크면 클러치의 차단 불량)

② 클러치판에 오일이 부착된 경우

③ 클러치판이나 압력판의 마멸

④ 클러치 압력판의 스프링 장력이 약화된 경우

121 클러치의 자유 간극

① 정의: 클러치 페달을 밟았을 때 릴리스 베어링이 릴리스 레버에 닿을 때까지 페달이 움직인 거리를 말한다.

② 기능: 클러치의 미끄러짐을 방지하고, 클러치의 동력차단 기능을 원활하게 하여 변속 시 기어의 물림을 좋게 한다.

자유간극이 클 때	자유간극이 작을 때
클러치가 잘 끊어지지 않고, 변속이 잘 안 됨	클러치의 소음발생, 클러치 미끄럼 발생

122 변속기의 필요성

① 기관의 회전력을 증가시키기 위해

② 기관을 무부하 상태로 만들기 위해

③ 후진을 하기 위해

123 토크컨버터의 구성

펌프	크랭크축에 연결되어 회전한다.
스테이터	오일이 흐르는 방향을 바꾸어 회전력을 증가시킨다.
터빈	변속기 입력축의 스플라인에 결합한다.
가이드링	유체 클러치의 와류를 감소시킨다.

124 드라이브 라인(Drive Line)

변속기에서 나오는 동력을 바퀴까지 전달하는 추진축이다.

자재 이음	두 개의 축 각도에 유연성을 주는 장치이며, 축이 특정 각도로 교차할 때 자유롭게 동력을 전달하기 위한 이음 매이다.
슬립 이음	차량의 하중이 증가할 때 변속기 중심과 후차축 중심 길이가 변하는 것을 신축시켜 추진축 길이의 변동을 흡수하는 장치이다.

125 종감속 기어

기관 동력을 구동력으로 증가시키는 장치이며, 추진축에서 받은 동력을 직각으로 바꾸어 뒷바퀴에 전달하고, 알맞은 감속비로 감속하여 회전력을 높인다.

126 차동기어

커브를 돌 때 선회를 원활하게 해주는 장치이다.

① 험로의 주행이나 선회 시에 좌우 구동바퀴의 회전속도를 달리하여 무리한 동력전달을 방지한다.

② 보통 차동기어장치는 노면의 저항을 작게 받는 쪽의 바퀴회전속도가 빠르다.

③ 선회 시 바깥쪽 바퀴의 회전속도를 증대시킨다.

④ 빙판이나 수렁을 지날 때 구동력이 한쪽 바퀴에만 전달되며 진행을 방해할 수 있기 때문에 4륜 구동 형식을 채택하거나 차동제한 장치를 두기도 한다.

127 타이어

트레드 (Tread)	노면과 접촉하는 두꺼운 고무층으로, 마모에 잘 견디고 미끄럼 방지 및 열 발산 기능을 한다.
브레이커 (Breaker)	트레드와 카커스 사이에 있으며, 여러 겹의 코드 층을 고무로 감싼 구조이다.
카커스 (Carcass)	타이어의 골격을 형성하는 부분으로, 강도가 강한 합성섬유에 고무를 입힌 층이다. 골격과 공기압을 유지시켜주는 역할을 한다.
사이드월 (Side Wall)	카커스를 보호하고 승차감을 좋게 한다. 타이어의 사이즈와 생산년도, 규정공기압, 하중 등의 정보가 표기되어 있다.
비드 (Bead)	휠림과 접촉하는 부분으로, 타이어를 림에 고정시키는 기능이 있으며 공기가 새는 경우를 방지하는 기능을 한다.
튜브리스 타이어	타이어 내부에 튜브 대신 이너 라이너라는 고무 층을 둔다. 펑크 발생 시, 급격한 공기누설이 없기 때문에 안정성이 좋다. 또한 방열이 좋고 수리가 간편하다.

128 지게차의 조향원리

조향의 원리는 애커먼장토식의 원리이며, 뒷바퀴 조정방식이다.

129 캠버(Camber)

① 자동차를 앞에서 보았을 때 노면 수직선과 바퀴의 중심선이 이루는 각도이다.
② 앞바퀴가 하중에 의해 아래로 벌어지는 것을 방지한다.
③ 조향 휠의 조작력을 가볍게 한다.

130 캐스터(Caster)

① 자동차를 옆에서 보았을 때 노면 수직선과 킹핀 중심선(조향축)이 이루는 각이다.
② 바퀴의 직진 안정성을 높인다.
③ 조향 후 바퀴를 직진 방향으로 돌아오게 하는 복원력을 높인다.

131 토(Toe)

바퀴를 위에서 보았을 때 좌우 바퀴의 간격이 뒤쪽보다 앞쪽이 좁은 경우(토 인) 또는 큰 경우(토 아웃)를 말한다.
① 조향을 가볍게 하고 직진성을 좋게 한다.
② 옆 방향으로 미끄러지지 않도록 한다.
③ 바퀴를 평행하게 회전하도록 한다.
④ 토가 잘못되면 타이어 트레드에 마모가 발생할 수 있다.

132 킹핀 경사각(King Pin Inclination Angle)

① 자동차를 앞에서 보았을 때 노면 수직선과 킹핀 중심선(조향축)이 이루는 각도이다.
② 바퀴의 방향 안정성과 복원성을 높인다.
③ 핸들의 조작력을 줄인다.
④ 바퀴의 시미현상을 방지한다.

133 제동장치의 원리

제동장치는 "밀폐 용기 내에서 액체를 채우고 그 용기에 힘을 가하면 유체 속에서 발생하는 압력은 용기 내의 모든 면에 같은 압력이 작용한다."라는 파스칼의 원리를 이용한다.

베이퍼록 현상	유압 라인 내에 마찰열이나 압력 변화로 오일에서 기포가 발생하고, 그 기포가 오일 흐름을 방해하여 제동력이 떨어지는 현상
페이드 현상	브레이크 드럼과 라이닝 사이에 마찰열이 과도하게 발생되면 마찰계수가 작아져 브레이크가 밀리는 현상을 말하며, 과도한 브레이크 사용이 발생한다.

134 유압식 브레이크의 종류

드럼식 브레이크	• 브레이크 드럼 안쪽으로 라이닝을 부착한 브레이크 슈를 압착하는 방식으로 제동한다. • 휠 실린더, 브레이크슈 및 브레이크 드럼, 백 플레이트 등으로 이루어져 있다.
디스크 브레이크	• 바퀴에 디스크가 붙어 있어서 브레이크 패드가 디스크에 마찰을 주는 방식으로 제동한다. • 패드의 마찰 면적이 작기 때문에 제동 배력 장치가 필요하다 • 패드는 높은 강도의 재질로 구성되어야 한다.
공기 브레이크	• 압축 공기로 제동력을 얻는 장치이다. • 큰 제동력이 가능하므로 건설 기계 또는 대형 차량에 사용 가능하다.
인칭페달 및 링크	인칭페달의 초기행정(stroke)에서는 트랜스 액슬 제어 밸브 인칭스풀의 작동으로 유압 클러치가 중립으로 되어 구동력을 차단하며 페달을 더욱 깊게 밟으면 브레이크가 작동된다.

135 유압장치

유체에너지를 기계적 에너지로 바꾸는 장치이다.

136 파스칼의 원리

① 밀폐용기 내의 한 부분에 가해진 압력은 액체 내의 전부분에 같은 압력으로 전달된다.

② 정지된 액체에 접하고 있는 면에 가해진 압력은 그 면에 수직으로 작용한다.

③ 정지된 액체의 한 점에 있어서의 압력의 크기는 전 방향으로 동일하다.
- 압력의 단위: psi, kgf/cm^2, kPa, mmHg, bar, atm
- 압력: 힘(kgf)/단면적(cm^2)

137 유압장치의 장점

① 작은 동력으로 큰 힘을 낼 수 있다.

② 과부하 방지가 간단하다.

③ 운동 방향을 쉽게 변경할 수 있다.

④ 정확한 위치제어가 가능하다.

⑤ 동력의 전달 및 증폭을 연속적으로 제어할 수 있다.

⑥ 무단변속이 가능하고 작동이 원활하다.

⑦ 원격 제어가 가능하고 속도 제어가 쉽다.

⑧ 윤활성, 내마멸성, 방청성이 좋다.

⑨ 에너지 축적이 가능하다.

138 기어 펌프(Gear Pump)

① 소형이며 구조가 간단하다.

② 고속회전이 가능하다.

③ 정용량형 펌프이다.

④ 가격이 저렴하고 다루기 쉽다.

⑤ 흡입 성능이 우수하여 펌프 내에서 기포 발생이 적다.

⑥ 수명이 짧고, 소음과 진동이 큰 편이다.

⑦ 펌프 효율이 낮다.

⑧ 종류: 외접식, 내접식, 트로코이드식 등

139 기어 펌프의 폐입(폐쇄) 현상

토출된 유압오일 일부가 입구 쪽으로 귀환하여 토출 유량 감소, 축동력 증가 및 케이싱 마모, 기포 발생 등을 유발하는 현상이다.

140 베인 펌프(Vane Pump)

① 수명이 길고 구조가 간단하다.

② 토출 압력의 맥동과 소음이 적다.

③ 수리와 관리가 쉬운 편이다.

④ 제작 시 높은 정밀도가 요구된다.

⑤ 베인, 캠 링, 회전자 등으로 구성된다.

141 플런저 펌프(피스톤 펌프)

① 실린더에서 플런저(피스톤)이 왕복 운동을 하면서 유체 흡입 및 송출 등의 펌프 작용을 한다.

② 최고 압력 토출이 가능하고 높은 평균 효율로 고압 대출력에 사용 가능하다.

③ 높은 압력에 잘 견디며 가변용량이 가능하다.

④ 구조가 복잡하고 가격이 비싼 편이다.

⑤ 오일 오염에 민감하다.

142 유압펌프의 용량 표시방법

① 주어진 압력과 그 때의 토출유량으로 표시한다.

② 토출유량의 단위는 LPM(ℓ/min)이나 GPM(Gallon Per Minute)을 사용한다.

143 유압실린더의 종류

단동 실린더	피스톤 한쪽에만 유압이 발생하고 제어되는 단방향 형식의 실린더이다.
복동 실린더	피스톤 양쪽에 유압이 발생하고 제어되는 교대 형식의 실린더이다.
다단 실린더	실린더 내부에 실린더가 내장되어 있으며, 압착된 유체가 유입되면 실린더가 차례로 나오는 형식의 실린더이다.

144 유압모터

유압모터는 유압 에너지에 의해 연속으로 회전운동을 하면서 기계적인 일을 하는 장치이다.

145 컨트롤 밸브 구조와 기능

① 압력제어 밸브: 유압으로 일의 크기를 제어

릴리프 밸브 (Relief valve)	• 유압회로 전체의 압력을 일정하게 유지한다. • 과부하 방지와 유압기기의 보호를 위하여 최고압력을 제한한다.
리듀싱 밸브 (감압 밸브, Reducing Valve)	메인 유압보다 낮은 압력으로 유압 액추에이터를 동작시키고자 할 때 사용한다.
시퀀스 밸브 (Sequence Valve)	2개 이상의 분기회로에서 유압회로 압력으로 각 유압 실린더를 일정한 순서로 작동시킨다.
무부하 밸브 (언로드 밸브, Unloader Valve)	유압펌프를 무부하 상태로 만드는 데 사용한다.
카운터밸런스 밸브(Counter Balance Valve)	중력 및 자체 중량에 의한 자유낙하 등을 방지하기 위하여 회로에 배압을 유지한다.

② 유량제어 밸브: 유량으로 일의 속도를 제어

교축밸브	밸브의 통로 면적을 변경하여 유량을 제어
오리피스 밸브	유압유가 통하는 작은 지름의 구멍으로, 소량의 유량 측정
분류밸브	2개 이상의 액추에이터에 동일한 유량을 분배
니들밸브	밸브가 바늘모양으로 되어 있으며, 노즐 또는 파이프 속의 유량을 제어
속도 제어밸브	액추에이터의 작동 속도를 제어

③ 방향제어 밸브: 유압의 방향을 제어

스풀 밸브	원통형 슬리브 면에 내접하여 축 방향으로 이동하여 유압회로를 개폐하는 형식
체크 밸브	유압유의 흐름을 한쪽으로만 허용
셔틀 밸브	2개 이상의 입구와 1개의 출구가 설치되어 있으며, 출구가 최고 압력의 입구를 선택

146 유압탱크 구조와 기능

① 유압탱크는 주입구 캡, 유면계, 격리판(배플), 스트레이너, 드레인 플러그 등으로 구성되어 있으며, 유압유를 저장하는 장치이다.
② 유압펌프 흡입관에는 스트레이너를 설치하며, 흡입관은 유압탱크 가장 밑면과 어느 정도 공간을 두고 설치하여야 한다.
③ 유압펌프 흡입관과 복귀관 사이에는 격리판(배플)을 설치한다.
④ 유압펌프 흡입관은 복귀관으로부터 가능한 한 멀리 떨어진 위치에 설치한다.

147 유압유의 구비조건

① 내열성이 크고, 인화점 및 발화점이 높아야 한다.
② 점성과 적절한 유동성이 있어야 한다.
③ 기포분리 성능(소포성)이 커야 한다.
④ 압축성, 밀도, 열팽창 계수가 작아야 한다.
⑤ 화학적 안정성(산화 안정성)이 커야 한다.
⑥ 점도지수 및 체적탄성계수가 커야 한다.

148 유압유의 점도가 높을 때의 영향

① 유압이 높아지므로 유동저항이 커져 압력손실이 증가한다.
② 내부마찰이 증가하므로 동력손실이 증가한다.
③ 열 발생의 원인이 될 수 있다.

149 유압유의 점도가 낮을 때의 영향

① 유압장치(회로)내의 유압이 낮아진다.
② 유압펌프의 효율이 저하된다.
③ 유압실린더와 유압모터의 작동속도가 늦어진다.
④ 유압 실린더 및 유압모터, 제어밸브에서 누출현상이 발생한다.

150 유압장치의 이상 현상

숨돌리기 현상	유압 회로에 공기의 유입으로 기계가 작동하다가 순간적으로 멈추고 다시 작동하는 현상을 말한다.
캐비테이션 (공동현상)	작동유 속에 녹아있는 공기가 기포로 발생, 유압장치 내에 국부적인 폰은 압력과 소음 및 진동이 발생하여 효율과 펌프양정이 저하되는 현상
서지압력	급격하게 유압라인에 유체 흐름이 막혀 순간적으로 발생하는 이상압력의 최대값을 의미한다.

151 어큐뮬레이터(축압기, Accumulator)

① 유압의 압력 에너지를 저장한다.
② 펌프의 맥동(충격)을 흡수하여 일정하게 유지시킨다.
③ 비상용 및 보조 유압원으로 사용한다.
④ 스프링형, 기체 압축형(질소 사용), 기체와 기름 분리형(피스톤, 블래더, 다이어프 램으로 구분) 등이 있다.

152 오일 여과기(Oil Filter)

오일여과기는 유압유 내에 금속의 마모된 찌꺼기나 카본 덩어리 등의 이물질을 제거하는 장치이다.

153 오일 냉각기(Oil Cooler)

공랭식과 수랭식으로 작동유를 냉각시키며, 작동유 온도를 알맞게 유지하기 위한 장치이다.
▶ 오일 실(Oil seal): 유압유의 누출을 방지

154 언로드 회로(무부하 회로)

일하던 도중에 유압펌프 유량이 필요하지 않게 되었을 때 유압유를 저압으로 탱크에 귀환시킨다.

155 속도제어 회로

유압회로에서 유량제어를 통하여 작업속도를 조절하는 방식에는 미터인 회로, 미터 아웃 회로, 블리드 오프 회로, 카운터밸런스 회로 등이 있다.

미터-인 회로 (meter-in circuit)	액추에이터의 입구 쪽 관로에 직렬로 설치한 유량제어 밸브로 유량을 제어하여 속도를 제어한다.
미터-아웃 회로 (meter-out circuit)	액추에이터의 출구 쪽 관로에 직렬로 설치한 유량제어 밸브로 유량을 제어하여 속도를 제어한다.
블리드 오프 회로 (bleed off circuit)	유량제어밸브를 실린더와 병렬로 설치하여 유압펌프 토출량 중 일정한 양을 탱크로 되돌리므로 릴리프 밸브에서 과잉압력을 줄일 필요가 없는 장점이 있으나 부하변동이 급격한 경우에는 정확한 유량제어가 곤란하다.

해설

01 안전관리의 근본적인 목적으로 옳은 것은?

① 생산량 증대
② 생산자의 경제적 운용
③ 근로자의 생명 및 신체 보호
④ 생산과정의 시스템화

01 근로자의 생명과 신체를 보호하고 사고 발생을 사전에 방지하는 것이 안전관리의 가장 근본적인 목적이다.

02 <보기>에서 재해발생 시 조치요령 순서로 가장 적절하게 이루어진 것은?

┌─────────── 보기 ───────────┐
ⓐ 응급처치   ⓑ 2차 재해 방지
ⓒ 운전정지   ⓓ 피해자 구조
└──────────────────────────┘

① ⓐ → ⓑ → ⓒ → ⓓ
② ⓒ → ⓑ → ⓓ → ⓐ
③ ⓒ → ⓓ → ⓐ → ⓑ
④ ⓐ → ⓒ → ⓓ → ⓑ

02 **재해가 발생하였을 때 조치순서**
운전정지 → 피해자 구조 → 응급처치 → 2차 재해방지

03 다음 중 안전제일 이념에 해당하는 것은?

① 품질향상   ② 재산보호
③ 인간존중   ④ 생산성 향상

03 안전제일의 이념은 인간존중, 즉 인명보호이다.

04 다음 중 안전 보호구의 종류가 <u>아닌</u> 것은?

① 안전 방호장치   ② 안전모
③ 안전장갑   ④ 보안경

04 안전 방호장치는 안전시설이다.

05 보안경을 착용하는 이유로 옳지 <u>않은</u> 것은?

① 유해 화학물의 침입을 막기 위해서
② 낙하하는 물체로부터 작업자의 머리를 보호하기 위해서
③ 그라인더 작업이 비산되는 칩으로부터 작업자의 눈을 보호하기 위해서
④ 용접이 발생되는 자외선이나 적외선 등으로부터 작업자의 눈을 보호하기 위해서

05 낙하하는 물체로부터 작업자의 머리를 보호하기 위한 보호구는 안전모이다.

06 다음 안전보건표지가 나타내는 것은?

① 인화성 물질경고
② 출입금지
③ 보안경 착용
④ 비상구

06 금지표지 중 출입금지표지이다.

07 적색 원형으로 만들어진 안전표지의 종류로 옳은 것은?

① 경고표시
② 안내표시
③ 지시표시
④ 금지표시

07 금지표시는 적색원형으로 만들어지는 안전 표지판이다.

08 다음 안전보건표지가 나타내는 것은?

① 안전복 착용
② 안전모 착용
③ 보안면 착용
④ 출입금지

08 지시표지 중 안전모 착용표지이다.

09 기계 운전에 대한 설명으로 옳은 것은?

① 기계 운전 중 이상한 냄새, 소음, 진동이 날 때는 운전을 멈추고 전원을 끈다.
② 작업 효율을 높이기 위해 작업 범위 이외의 기계도 동시에 작동시킨다.
③ 빠른 속도로 작업할 때는 일시적으로 안전장치를 제거한다.
④ 기계 장비의 이상으로 정상 가동이 어려운 상황에서는 중속 회전 상태로 작업한다.

09 기계 운전 중에 이상한 냄새나 소음, 진동이 날 때는 운전을 멈추고 전원을 끈 다음 점검해야 한다.

10 렌치를 사용할 때의 안전사항으로 옳은 것은?

① 볼트를 풀 때는 렌치 손잡이를 당길 때 힘을 받도록 한다.
② 볼트를 조일 때는 렌치를 해머로 쳐서 조이면 강하게 조일 수 있다.
③ 렌치 작업 시 큰 힘으로 조일 경우 연장대를 끼워서 작업한다.
④ 볼트를 풀 때는 지렛대 원리를 이용하여, 렌치를 밀어서 힘이 받도록 한다.

10 렌치 사용 시에는 렌치 손잡이를 몸 쪽으로 당길 때 힘을 받도록 하여 사용하는 것이 안전하다.

11 스패너 사용 시 주의사항으로 옳지 <u>않은</u> 것은?

① 스패너는 볼트나 너트의 폭과 맞는 것을 사용한다.
② 필요 시 스패너 두 개를 이어서 사용하기도 한다.
③ 스패너를 너트에 정확하게 장착하여 사용한다.
④ 스패너의 입이 변형된 것은 폐기한다.

11 스패너 사용 시 두 개를 연결하여 사용하는 행동은 하지 말아야 한다.

12 드릴 작업의 안전수칙으로 옳지 <u>않은</u> 것은?

① 드릴을 끼운 후에 척 렌치는 그대로 둔다.
② 칩을 제거할 때는 회전을 정지시킨 상태에서 솔로 제거한다.
③ 일감은 견고하게 고정시키고 손으로 잡고 구멍을 뚫지 않는다.
④ 장갑을 끼고 작업하지 않는다.

12 드릴을 끼운 후 척 렌치는 분리하여 보관하여야 안전하다.

13 연삭기에서 연삭 칩의 비산을 막기 위한 착용하는 보호구는?

① 안전덮개
② 광전식 안전방호장치
③ 급정지 장치
④ 양수 조작식 방호장치

13 연삭기에는 연삭 칩의 비산을 막기 위하여 안전덮개를 부착하여야 한다.

14 화재 분류에 대한 설명으로 옳은 것은?

① B급 화재-전기 화재
② C급 화재-유류 화재
③ D급 화재-금속 화재
④ E급 화재-일반 화재

14 A급 화재: 일반 가연물 화재
B급 화재: 유류 화재
C급 화재: 전기 화재
D급 화재: 금속 화재

15 유압식 굴착기의 시동 전 점검사항으로 옳지 <u>않은</u> 것은?

① 유압유 탱크의 오일량 점검
② 엔진오일 및 냉각수 점검
③ 각종 계기판의 경고등의 램프 작동상태 점검
④ 후륜 구동축 종감속장치의 오일량

15 후륜 구동축 종감속장치의 오일량 점검은 운전자가 일상적으로 점검하기 곤란하다.

16 건설기계의 운전 전 점검사항을 나타낸 것으로 적합하지 <u>않은</u> 것은?

① 라디에이터의 냉각수량 확인 및 부족 시 보충
② 엔진 오일량 확인 및 부족 시 보충
③ 팬벨트 상태 확인 및 장력 부족 시 조정
④ 배출가스의 상태 확인 및 조정

16 배출가스의 상태 확인 및 조정은 운전 전이 아니라 시동을 건 후 운전상태에서 점검이 가능하다.

17 그림과 같은 경고등의 의미는?

① 엔진오일 압력 경고등
② 와셔액 부족 경고등
③ 브레이크액 누유 경고등
④ 냉각수 온도 경고등

17 제시된 그림은 엔진오일 압력 경고등이며, 엔진오일 부족 시 점등된다.

18 기관을 시동하여 공전 상태에서 점검하는 사항으로 옳지 <u>않은</u> 것은?

① 배기가스 색 점검
② 냉각수 누수 점검
③ 팬벨트 장력 점검
④ 이상소음 발생유무 점검

18 팬벨트 점검은 기관 정지 상태에서 점검해야 안전하다.

19 다음 기관에서 팬벨트의 장력이 약할 때 생기는 현상으로 옳은 것은?

① 물펌프 베어링의 조기 마모
② 엔진 과냉
③ 발전기 출력 저하
④ 엔진 부조

19 보통 팬벨트는 엔진의 회전력을 물펌프, 발전기 등에 연결되어 있으므로 물펌프 회전이 약하여 엔진과열로 인한 엔진 부조 발생, 발전기 출력이 저하된다.

20 엔진 오일량 점검에서 오일게이지에 상한선(Full)과 하한선(Low)표시가 되어 있을 때 점검 상태확인으로 옳은 것은?

① Low와 Full 표시 사이에서 Full 근처에 있어야 오일양이 적당하다.
② Low와 Full 표시 사이에서 Low에 가까이 있으면 좋다.
③ Low 표시에 있어야 한다.
④ Full 표시 이상이 되어야 한다.

20 엔진오일은 기관 정지 후 레벨게이지를 뽑았을 때 Low와 Full 표시 사이에서 Full에 근처에 있어야 오일양이 적당하다.

21 운전 중 운전석 계기판에 다음 그림과 같은 경고등이 점등되었다. 이는 무슨 표시인가?

① 충전 경고등
② 전원 차단 경고등
③ 전기계통 작동 표시등
④ 배터리 완전충전 표시등

22 타이어식 굴착기의 장점이 <u>아닌</u> 것은?

① 주행속도가 빠르다.
② 주행저항이 적다.
③ 견인력이 낮다.
④ 장거리 이동이 용이하다.

23 타이어식 굴착기와 무한궤도식 굴착기의 운전 특성에 대한 설명으로 옳지 <u>않은</u> 것은?

① 무한궤도식은 습지, 사지, 연약지반에서 작업이 용이하다.
② 타이어식은 주행 속도가 빠르다.
③ 무한궤도식은 기복이 심한 곳에서 작업이 불리하다.
④ 타이어식은 장거리 이동이 쉽고 기동성이 우수하다.

24 건설기계 운전 작업 후 탱크에 연료를 가득 채워주는 이유와 가장 관련이 적은 것은?

① 연료의 압력을 높이기 위해서
② 연료의 기포방지를 위해서
③ 다음의 작업을 준비하기 위해서
④ 연료탱크에 수분이 생기는 것을 방지하기 위해서

25 굴착기 작업장치의 일종인 우드 그래플(wood grapple)로 할 수 있는 작업은?

① 기초공사용 드릴 작업
② 전신주와 원목하역, 운반작업
③ 건축물 해체, 파쇄작업
④ 하천 바닥 준설

26 암반, 콘크리트, 아스팔트를 파쇄하기 위한 굴착기의 작업장치는?

① 콤팩터

② 우드 그래플

③ 리퍼

④ 브레이커

26 치즐의 머리부에 있는 유압기 해머로 암석, 콘트리트 등을 가격하여 파쇄하는 장치를 브레이커라고 한다.

27 진흙 지대의 굴착 작업 시 용이한 버킷은?

① V 버킷(V bucket)

② 그래플(grapple)

③ 이젝터 버킷(ejector bucket)

④ 크러셔(crusher)

27 진흙 토사를 밀어내는 장치인 이젝터가 있는 버킷을 이젝터 버킷이라고 한다.

28 다음 중 굴착기의 작업장치에 해당되지 않는 것은?

① 브레이커(breaker) ② 힌지 버킷(hinge bucket)

③ 파일 드라이브(pile drive) ④ 크러셔(crusher)

28 힌지 버킷은 지게차의 작업장치이다.

29 굴착기 조종 레버 중 굴착 작업과 직접적인 관계가 없는 것은?

① 붐(boom) 제어 레버 ② 버킷(bucket) 제어 레버

③ 암(arm)제어 레버 ④ 스윙(swing)제어 레버

29 스윙은 굴착 작업과는 직접적인 관계가 없고, 굴착기 상부를 회전하는 제어 레버이다.

30 도로교통법상 도로에 해당되지 않는 것은?

① 해상 도로법에 의한 항로 ② 차마의 통행을 위한 도로

③ 유료도로법에 의한 유료도로 ④ 도로법에 의한 도로

30 도로교통법상의 도로
- 도로법에 따른 도로
- 유료도로법에 따른 유료도로
- 농어촌도로 정비 법에 따른 농어촌도로
- 그밖에 현실적으로 불특정 다수의 사람 또는 차마(車馬)가 통행할 수 있도록 공개된 장소로서 안전하고 원활한 교통을 확보할 필요가 있는 장소

31 도로교통법에서 안전지대의 정의에 관한 설명으로 옳은 것은?

① 버스정류장 표지가 있는 장소

② 자동차가 주차할 수 있도록 설치된 장소

③ 도로를 횡단하는 보행자나 통행하는 차마의 안전을 위하여 안전표지 등으로 표시된 도로의 부분

④ 사고가 잦은 장소에 보행자의 안전을 위하여 설치한 장소

31 안전지대라 함은 도로를 횡단하는 보행자나 통행하는 차마의 안전을 위하여 안전표지 등으로 표시된 도로의 부분이다.

32 그림의 교통안전표지가 의미하는 것은?

① 차간거리 최저 50m
② 차간거리 최고 50m
③ 최저속도 제한표지
④ 최고속도 제한표지

32 해당 표지판은 최고속도 제한표지판이다.

33 다음 중 통행의 우선순위가 옳게 나열된 것은?

① 긴급자동차 → 일반 자동차 → 원동기장치 자전거
② 긴급자동차 → 원동기장치 자전거 → 승용자동차
③ 건설기계 → 원동기장치 자전거 → 승합자동차
④ 승합자동차 → 원동기장치 자전거 → 긴급 자동차

33 통행의 우선순위
긴급자동차 → 일반 자동차 → 원동기장치 자전거

34 일시정지를 하지 않고도 철길건널목을 통과할 수 있는 경우는?

① 차단기가 내려져 있을 때
② 경보기가 울리지 않을 때
③ 앞차가 진행하고 있을 때
④ 신호등이 진행신호 표시일 때

34 일시정지를 하지 않고도 철길건널목을 통과할 수 있는 경우는 신호등이 진행신호 표시이거나 신호수가 진행신호를 하고 있을 때이다.

35 도로교통법에서는 교차로, 터널 안, 다리 위 등을 앞지르기 금지장소로 규정하고 있다. 그 외 앞지르기 금지 장소를 <보기>에서 모두 고르면?

┌─────────── 보기 ───────────┐
A. 도로의 구부러진 곳
B. 비탈길의 고갯마루 부근
C. 가파른 비탈길의 내리막
└──────────────────────────┘

① A
② A, B
③ B, C
④ A, B, C

35 앞지르기 금지장소
• 교차로, 도로의 구부러진 곳
• 터널 내, 다리 위
• 경사로의 정상부근
• 급경사로의 내리막
• 앞지르기 금지표지 설치 장소

36 도로교통법상 주차금지의 장소로 옳지 않은 것은?

① 터널 안 및 다리 위
② 화재경보기로부터 5m 이내인 곳
③ 소방용 기계, 기구가 설치된 5m 이내인 곳
④ 소방용 방화물통이 있는 5m 이내의 곳

36 화재경보기로부터 3m 이내의 지점

37 다음 중 도로교통법을 위반한 경우는?

① 밤에 교통이 빈번한 도로에서 전조등을 계속 하향했다.
② 낮에 어두운 터널 속을 통과할 때 전조등을 켰다.
③ 소방용 방화물통으로부터 10m 지점에 주차하였다.
④ 노면이 얼어붙은 곳에서 최고속도의 20/100을 줄인 속도로 운행하였다.

37 노면이 얼어붙은 곳에서는 최고속도의 50/100을 줄인 속도로 운행하여야 한다.

38 건설기계관리법의 입법목적에 해당되지 <u>않는</u> 것은?

① 건설기계의 효율적인 관리를 하기 위함
② 건설기계 안전도 확보를 위함
③ 건설기계의 규제 및 통제를 하기 위함
④ 건설공사의 기계화를 촉진하기 위함

38 건설기계관리법의 목적은 건설기계의 등록·검사·형식승인 및 건설기계사업과 건설기계조종사면허 등에 관한 사항을 정하여 건설기계를 효율적으로 관리하고 건설기계의 안전도를 확보하여 건설공사의 기계화를 촉진함을 목적으로 한다.

39 건설기계 등록신청 시 첨부하지 않아도 되는 서류는?

① 호적등본
② 건설기계 소유자임을 증명하는 서류
③ 건설기계제작증
④ 건설기계제원표

39 건설기계를 등록할 때 필요한 서류
- 건설기계제작증(국내에서 제작한 건설기계의 경우)
- 수입면장 기타 수입 사실을 증명하는 서류(수입한 건설기계의 경우)
- 매수증서(관청으로부터 매수한 건설기계의 경우)
- 건설기계의 소유자임을 증명하는 서류
- 건설기계제원표
- 자동차손해배상보장법에 따른 보험 또는 공제의 가입을 증명하는 서류

40 건설기계 소유자가 관련법에 의하여 등록번호표를 반납하고자 하는 때에는 누구에게 반납해야 하는가?

① 국토교통부장관
② 구청장
③ 동장
④ 시·도지사

40 반납사유 발생일부터 10일 이내에 시·도지사에게 반납한다.

41 신개발 시험, 연구목적 운행을 제외한 건설기계의 임시 운행기간은 며칠 이내인가?

① 5일
② 10일
③ 15일
④ 20일

41 임시운행기간은 15일이며, 신개발 시험·연구목적 운행은 3년이다.

42 건설기계관리법령상 건설기계 검사의 종류가 <u>아닌</u> 것은?

① 구조변경검사   ② 임시검사
③ 수시검사   ④ 신규등록검사

42 건설기계 검사의 종류: 신규등록검사, 정기검사, 구조변경검사, 수시검사

43 건설기계관리법령상 건설기계를 검사유효기간이 끝난 후에 계속 운행하고자 할 때 받아야 하는 검사에 해당하는 것은?

① 계속검사   ② 신규등록검사
③ 수시검사   ④ 정기검사

43 정기검사
건설공사용 건설기계로서 3년의 범위에서 국토교통부령으로 정하는 검사유효기간이 끝난 후에 계속하여 운행하려는 경우에 실시하는 검사와 대기환경보전법 및 소음·진동관리법에 따른 운행차의 정기검사

44 건설기계 사업을 하고자 하는 자는 누구에게 신고하여야 하는가?

① 건설기계 폐기업자   ② 전문건설기계정비업자
③ 시장·군수 또는 구청장   ④ 건설교통부 장관

44 건설기계관리법의 대부분의 권리자는 시장·군수·구청장 등에게 있다.

45 건설기계관리법상 건설기계의 구조를 변경할 수 있는 범위에 해당되는 것은?

① 육상작업용 건설기계의 규격을 증가시키기 위한 구조변경
② 육상작업용 건설기계의 적재함 용량을 증가시키기 위한 구조변경
③ 원동기의 형식변경
④ 건설기계의 기종변경

45 건설기계의 구조변경을 할 수 없는 경우
• 건설기계의 기종변경
• 육상작업용 건설기계의 규격을 증가시키기 위한 구조변경
• 육상작업용 건설기계의 적재함 용량을 증가시키기 위한 구조변경

46 3톤 미만 굴착기의 소형건설기계 조종 교육시간은?

① 이론 6시간, 실습 6시간   ② 이론 4시간, 실습 8시간
③ 이론 12시간, 실습 12시간   ④ 이론 10시간, 실습 14시간

46 3톤 미만 굴착기, 지게차, 로더의 교육시간은 이론 6시간, 조종실습 6시간이다.

47 굴착기에서 선회장치의 구성품이 <u>아닌</u> 것은?

① 링기어
② 선회모터
③ 아이들러
④ 피니언기어

47 아이들러는 트랙 하부 주행체의 구성품이다. 선회장치 구성품은 피니언기어, 링기어, 선회모터, 선회감속기 등으로 구성되어 있다.

48 4행정 사이클 기관의 행정순서로 옳은 것은?

① 압축 → 동력 → 흡입 → 배기
② 흡입 → 동력 → 압축 → 배기
③ 압축 → 흡입 → 동력 → 배기
④ 흡입 → 압축 → 동력 → 배기

48 4행정 사이클 기관의 행정순서는 '흡입 → 압축 → 동력(폭발) → 배기'이다.

49 4행정 사이클 기관에서 1사이클을 완료할 때 크랭크축은 몇 회전하는가?

① 1회전　　　　　　② 2회전
③ 3회전　　　　　　④ 4회전

49 4행정 사이클 기관은 크랭크축이 2회전하고, 피스톤은 '흡입 → 압축 → 폭발(동력) → 배기'의 4행정을 하여 1사이클을 완성한다.

50 디젤기관의 연소실 중 연료소비율이 낮으며 연소압력이 가장 높은 연소실 형식은?

① 예연소실식　　　　② 와류실식
③ 직접분사실식　　　④ 공기실식

50 직접분사실식은 디젤기관의 연소실 중 연료소비율이 낮으며 연소압력이 가장 높다.

51 <보기>에서 피스톤과 실린더 벽 사이의 간극이 클 때 미치는 영향을 모두 나타낸 것은?

ⓐ 마찰열에 의해 소결되기 쉽다.
ⓑ 블로바이에 의해 압축압력이 낮아진다.
ⓒ 피스톤 링의 기능저하로 인하여 오일이 연소실에 유입되어 오일소비가 많아진다.
ⓓ 피스톤 슬랩 현상이 발생되며, 기관출력이 저하된다.

① ⓐ, ⓑ, ⓒ　　　　② ⓒ, ⓓ
③ ⓑ, ⓒ, ⓓ　　　　④ ⓐ, ⓑ, ⓒ, ⓓ

51 피스톤과 실린더 벽 사이의 간극이 작으면 마찰열에 의해 소결되기 쉽다.

52 디젤엔진에서 피스톤 링의 3대 작용과 거리가 <u>먼</u> 것은?

① 응력분산작용
② 기밀작용
③ 오일제어 작용
④ 열전도 작용

52 피스톤 링의 작용: 기밀작용(밀봉작용), 오일제어 작용, 열전도 작용(냉각작용)

53 기관의 동력을 전달하는 계통의 순서를 바르게 나타낸 것은?

① 피스톤 → 커넥팅로드 → 클러치 → 크랭크축
② 피스톤 → 클러치 → 크랭크축 → 커넥팅로드
③ 피스톤 → 크랭크축 → 커넥팅로드 → 클러치
④ 피스톤 → 커넥팅로드 → 크랭크축 → 클러치

54 유압식 밸브 리프터의 장점이 <u>아닌</u> 것은?

① 밸브간극 조정은 자동으로 조절된다.
② 밸브 개폐 시기가 정확하다.
③ 밸브구조가 간단하다.
④ 밸브기구의 내구성이 좋다.

55 디젤기관에서 연료장치의 구성요소가 <u>아닌</u> 것은?

① 분사노즐
② 연료필터
③ 분사펌프
④ 예열플러그

56 다음 중 예열장치의 설치목적으로 옳은 것은?

① 연료를 압축하여 분무성능을 향상시키기 위해
② 냉간시동 시 시동을 원활히 하기 위해
③ 연료분사량을 조절하기 위해
④ 냉각수의 온도를 조절하기 위해

57 기관 윤활유의 구비조건이 <u>아닌</u> 것은?

① 점도가 적당할 것
② 청정력이 클 것
③ 비중이 적당할 것
④ 응고점이 높을 것

53 실린더 내에서 폭발이 일어나면 피스톤 → 커넥팅로드 → 크랭크축 → 플라이휠(클러치)순서로 전달된다.

54 유압식 밸브 리프터는 밸브기구의 구조가 복잡하다.

55 디젤기관의 연료장치는 연료탱크, 연료파이프, 연료여과기, 연료공급펌프, 분사펌프, 고압파이프, 분사노즐로 구성되어 있다.

56 예열장치는 겨울철 기관을 시동할 때 시동이 원활히 걸릴 수 있도록 한다.

57 윤활유의 구비조건: 점도가 적당할 것, 청정력이 클 것, 비중이 적당할 것, 응고점이 낮을 것, 인화점 및 자연발화점이 높을 것 등

58 운전석 계기판에 아래 그림과 같은 경고등과 가장 관련이 있는 경고등은?

① 엔진오일 압력 경고등
② 엔진오일 온도 경고등
③ 냉각수 배출 경고등
④ 냉각수 온도 경고등

58 위 그림에 해당하는 경고등은 엔진오일 경고등이다.

59 디젤기관 냉각장치에서 냉각수의 비등점을 높여주기 위해 설치된 부품으로 알맞은 것은?

① 코어
② 냉각핀
③ 보조탱크
④ 압력식 캡

59 압력식 캡은 냉각장치 내의 비등점(비점)을 높이고, 냉각범위를 넓히기 위하여 사용한다.

60 건식 공기청정기의 장점이 <u>아닌</u> 것은?

① 설치 또는 분해조립이 간단하다.
② 작은 입자의 먼지나 오물을 여과할 수 있다.
③ 구조가 간단하고 여과망을 세척하여 사용할 수 있다.
④ 기관 회전속도의 변동에도 안정된 공기청정 효율을 얻을 수 있다.

60 건식 공기청정기는 비교적 구조가 간단하며, 여과망은 압축 공기로 청소하여 사용할 수 있다.

61 디젤기관에서 과급기를 사용하는 이유로 옳지 <u>않은</u> 것은?

① 체적효율 증대
② 냉각효율 증대
③ 출력증대
④ 회전력 증대

61 과급기를 사용하는 목적은 체적효율 증대, 출력 증대, 회전력 증대 등이다.

62 전류의 크기를 측정하는 단위로 옳은 것은?

① V
② A
③ R
④ K

62
- 전압: 볼트(V)
- 전류: 암페어(A)
- 저항: 옴(Ω)

63 축전지의 역할을 설명한 것으로 옳지 <u>않은</u> 것은?

① 기동장치의 전기적 부하를 담당한다.
② 발전기 출력과 부하와의 언밸런스를 조정한다.
③ 기관시동 시 전기적 에너지를 화학적 에너지로 바꾼다.
④ 발전기 고장 시 주행을 확보하기 위한 전원으로 작동한다.

63 축전지의 역할
- 발전기가 고장 났을 때 주행을 확보하기 위한 전원으로 작동한다.
- 기동장치의 전기적 부하를 담당한다.
- 기관을 시동할 때 화학적 에너지를 전기적 에너지로 바꾼다.
- 발전기 출력과 부하와의 언밸런스를 조정한다.

64 건설기계에 주로 사용되는 기동전동기로 옳은 것은?

① 직류분권 전동기
② 직류직권 전동기
③ 직류복권 전동기
④ 교류 전동기

64 엔진의 시동 전동기는 직류직권 전동기이다.

65 엔진이 시동되었는데도 시동스위치를 계속 ON 위치로 할 때 미치는 영향으로 옳은 것은?

① 크랭크축 저널이 마멸된다.
② 클러치 디스크가 마멸된다.
③ 기동전동기의 수명이 단축된다.
④ 엔진의 수명이 단축된다.

65 엔진이 기동되었을 때 시동스위치를 계속 ON 위치로 하면 기동전동기 피니언이 플라이휠의 링기어에 맞물려 소음, 진동, 기어의 파손을 발생시켜 전동기의 수명이 단축된다.

66 충전장치의 역할로 옳지 않은 것은?

① 각종 램프에 전력을 공급한다.
② 에어컨 장치에 전력을 공급한다.
③ 축전지에 전력을 공급한다.
④ 기동장치에 전력을 공급한다.

66 충전장치는 축전지, 각종 램프, 각종 전장 부품에 전력을 공급하는 기능을 한다.

67 건설기계의 전조등 성능을 유지하기 위하여 가장 좋은 방법은?

① 단선으로 한다.
② 복선식으로 한다.
③ 축전지와 직결시킨다.
④ 굵은 선으로 갈아 끼운다.

67 복선식은 접지 쪽에도 전선을 사용하는 것으로 주로 전조등과 같이 큰 전류가 흐르는 회로에서 사용된다.

68 한쪽의 방향지시등만 점멸속도가 빠른 원인으로 옳은 것은?

① 전조등 배선접촉 불량
② 플래셔 유닛 고장
③ 한쪽 램프의 단선
④ 비상등 스위치 고장

68 한쪽 램프(전구)가 단선되면 회로의 전체 저항이 증가하여 한 쪽의 방향지시등만 점멸속도가 빨라진다.

69 동력을 전달하는 계통의 순서를 바르게 나타낸 것은?

① 피스톤 → 커넥팅로드 → 클러치 → 크랭크축
② 피스톤 → 클러치 → 크랭크축 → 커넥팅로드
③ 피스톤 → 크랭크축 → 커넥팅로드 → 클러치
④ 피스톤 → 커넥팅로드 → 크랭크축 → 클러치

69 엔진 실린더 내 동력전달 순서는 피스톤 →커넥팅로드→크랭크축→(플라이휠)→클러치 순으로 전달된다.

70 수동식 변속기가 장착된 장비에서 클러치 페달에 유격을 두는 이유는?

① 클러치 용량을 크게 하기 위해
② 클러치의 미끄럼을 방지하기 위해
③ 엔진 출력을 증가시키기 위해
④ 제동 성능을 증가시키기 위해

70 클러치 유격은 릴리스 베어링이 릴리스 레버에 접촉할 때까지 페달이 움직인 거리를 말하는데, 클러치의 미끄러짐을 방지하기 위해 클러치페달에 적당한 유격을 두게 된다.

71 토크 컨버터에서 오일 흐름 방향을 바꾸어 주는 것은?

① 펌프   ② 변속기축
③ 터빈   ④ 스테이터

71 스테이터는 펌프에서 터빈 쪽으로 동력을 전달하고 나오는 오일을 펌프의 입력 쪽 방향으로 오일의 흐름을 바꾸어 토크를 증대시키는 역할을 하는 부품이다.

72 추진축의 각도변화를 가능하게 하는 이음은?

① 등속이음   ② 자재이음
③ 플랜지이음   ④ 슬립이음

72 자재이음(유니버설 조인트)은 추진축의 각도변화를 가능하게 하는 부품이다.

73 타이어에서 고무로 피복된 코드를 여러 겹으로 겹친 층에 해당되며 타이어 골격을 이루는 부분은?

① 카커스(carcass)부분   ② 트레드(tread)부분
③ 숄더 (should)부분   ④ 비드(bead)부분

73 카커스 부분은 고무로 피복된 코드를 여러겹 겹친 층에 해당되며, 타이어 골격을 이루는 부분이다.

74 튜브리스타이어의 장점이 <u>아닌</u> 것은?

① 펑크 수리가 간단하다.
② 못이 박혀도 공기가 잘 새지 않는다.
③ 고속 주행하여도 발열이 적다
④ 타이어 수명이 길다

74 튜브리스(tubeless)타이어란 튜브가 없고 대신에 공기가 누설되지 않는 고무막을 타이어 내부에 설치하는 방식의 타이어로 최근 많이 사용하며, 타이어의 수명은 운전 조건에 따른 트레드의 마모 상태로 판단하는 것이므로 튜브리스타이어라고 해서 수명이 길다고 할 수 없다.

75 굴착기 작업시 안정성을 주고 장비의 균형을 유지하기 위해 설치한 것으로 옳은 것은?

① 카운터 웨이트(counter weight)
② 셔블(shovel)
③ 선회장치(swing device)
④ 버킷(bucket)

76 굴착기 스윙 동작이 원활하게 되지 않는 원인으로 틀린 것은?

① 스윙 모터 내부 불량
② 터닝 조인트(turning joint) 불량
③ 컨트롤 밸브 스풀 불량
④ 릴리프 밸브 설정 압력 부족

77 건설기계 조향바퀴 정렬의 요소가 아닌 것은?

① 캐스터(caster)
② 부스터(booster)
③ 캠버(camber)
④ 토인(toe-in)

78 타이어식 건설 기계에서 앞바퀴 정렬의 역할과 거리가 먼 것은?

① 브레이크의 수명을 길게 한다.
② 타이어 마모를 최소로 한다.
③ 방향 안정성을 준다.
④ 조향핸들의 조작을 작은 힘으로 쉽게 할 수 있다.

79 굴착기의 센터조인트의 역할로 옳은 것은?

① 유압펌프에서 공급되는 오일을 하부 유압부품에 공급한다.
② 전후륜 디퍼런셜 기어에 오일을 공급한다.
③ 암 실린더에 오일을 공급한다.
④ 붐 실린더에 오일을 공급한다.

75 상부 회전체의 뒷부분에 설치되어 굴착 작업 시 굴착기가 무게균형을 유지할 수 있도록 하는 것을 '카운터 웨이트'라고 하며, '밸런스 웨이트'라고도 한다.

76 ① 스윙모터: 상부 회전체를 스윙하는 유압 모터 기능을 한다.
② 터닝조인트(또는 센터조인트): 상부 유압오일을 하부로 공급해주는 장치이며, 불량 시 하부 구동체의 구동에 문제를 발생시킬 수 있으나 스윙 작용에는 문제가 없다.
③ 컨트롤 밸브: 스윙 방향을 설정하는 밸브
④ 릴리프 밸브: 유압회로내의 규정압력을 설정하는 밸브로 설정압력 부족 시 스윙유압이 작아진다.

77 조향바퀴 얼라인먼트의 요소에는 캠버, 캐스터, 토인, 킹핀 경사각 등이 있다.

78 앞바퀴 정렬이란 차량의 바퀴 위치 방향 및 다른 부품들과의 밸런스 등을 올바르게 유지하는 정렬상태로 휠 얼라인먼트(wheel alignment)라고도 하며 브레이크 수명과는 관계가 없다.

79 상부 회전체의 중심부에 설치되어 유압 펌프의 작동유를 하부 유압부품(주행모토, 블레이드, 브레이크)에 공급해주는 기능을 하며, 상부 회전체가 회전하더라도 호스나 파이프 등이 꼬이지 않고 원활하게 공급하는 일을 하는 배관을 센터조인트(스윙블 조인트, 터닝 조인트)라고 한다.

80 트랙 장치에서 전부 유동륜에서 오는 트랙과 아이들러의 충격을 흡수하는 장치는?

① 스프로킷
② 트랙 어저스터
③ 리코일 스프링
④ 상부 롤러

80 리코일 스프링은 주행 시 전부 유동륜에서 오는 트랙과 아이들러의 충격을 흡수하여 하부 주행체의 파손을 방지하는 기능을 하는 부품이다.

81 파스칼의 원리와 관련된 설명이 <u>아닌</u> 것은?

① 정지된 액체에 접하고 있는 면에 가해진 압력은 그 면에 수직으로 작용한다.
② 정지된 액체의 한 점에 있어서의 압력의 크기는 전 방향에 대하여 동일하다.
③ 점성이 없는 비압축성 유체에서 압력에너지, 위치에너지, 운동에너지의 합은 같다.
④ 밀폐용기 내의 한 부분에 가해진 압력은 액체 내의 전부분에 같은 압력으로 전달된다.

81 **파스칼의 원리**
밀폐용기 내에 힘을 가하면 용기 내의 모든 면에 같은 압력이 작용한다.

82 유압장치의 장점이 <u>아닌</u> 것은?

① 속도제어가 용이하다.
② 힘의 연속적 제어가 용이하다.
③ 온도의 영향을 많이 받는다.
④ 윤활성, 내마멸성, 방청성이 좋다.

82 유압장치는 온도에 따른 오일의 점도 영향을 많이 받는 단점이 있다.

83 유압장치의 구성요소가 <u>아닌</u> 것은?

① 오일탱크
② 유압제어밸브
③ 유압펌프
④ 차동장치

83 유압장치는 유압 실린더와 유압모터, 오일여과기, 유압펌프, 유압제어밸브, 배관, 오일탱크, 오일냉각기 등으로 구성되어 있다.

84 유압펌프에서 토출압력이 가장 높은 것은?

① 베인 펌프
② 기어펌프
③ 엑시얼 플런저 펌프
④ 레이디얼 플런저 펌프

84 **유압펌프의 최고압력**
• 액시얼 플런저 펌프:
  210~400 kgf/cm²
• 베인 펌프: 35~140 kgf/cm²
• 레이디얼 플런저 펌프:
  140~250 kgf/cm²
• 기어펌프: 10~250 kgf/cm²

85 유압 실린더 중 피스톤의 양쪽에 유압유를 교대로 공급하여 양방향의 운동을 유압으로 작동시키는 형식은?

① 단동식
② 복동식
③ 다동식
④ 편동식

86 유압 실린더의 로드 쪽으로 오일이 누출되는 결함이 발생하는 원인이 <u>아닌</u> 것은?

① 실린더 로드 패킹 손상
② 실린더 헤드 더스트 실(seal) 손상
③ 실린더 로드의 손상
④ 실린더 피스톤 패킹 손상

87 유압회로에 사용되는 제어밸브의 역할과 종류의 연결사항으로 옳지 <u>않은</u> 것은?

① 일의 속도제어: 유량조절밸브
② 일의 시간제어: 속도제어밸브
③ 일의 방향제어: 방향전환밸브
④ 일의 크기제어: 압력제어밸브

88 오일탱크 내의 오일을 전부 배출시킬 때 사용하는 것은?

① 드레인 플러그
② 배플
③ 어큐뮬레이터
④ 리턴라인

85 ① 단동식: 한쪽 방향에 대해서만 유효한 일을 하고, 복귀는 중력이나 복귀스프링에 의한 실린더를 말한다.
② 복동식: 유압 실린더 피스톤의 양쪽에 유압유를 교대로 공급하여 양방향의 운동을 유압으로 작동시키는 실린더를 말한다.

86 유압 실린더의 로드 쪽으로 오일이 누출되는 원인: 실린더 로드 패킹 손상, 실린더 헤드 더스트 실(seal) 손상, 실린더 로드의 손상

87 제어밸브의 기능
• 유량제어밸브: 일의 속도결정
• 압력제어밸브: 일의 크기결정
• 방향제어밸브: 일의 방향결정

88 오일탱크 내의 오일 및 수분 배출 시 드레인 플러그를 풀어 배출하게 된다.

89 <보기>에서 유압 작동유가 갖추어야 할 조건으로 옳은 것을 모두 고르면?

```
┌──────────────── 보기 ────────────────┐
│ ㉠ 압력에 대해 비압축성일 것    ㉡ 밀도가 작을 것        │
│ ㉢ 열팽창계수가 작을 것        ㉣ 체적탄성계수가 작을 것   │
│ ㉤ 점도지수가 낮을 것          ㉥ 발화점이 높을 것        │
└─────────────────────────────────────┘
```

① ㉠, ㉡, ㉢, ㉣

② ㉡, ㉢, ㉤, ㉥

③ ㉡, ㉣, ㉤, ㉥

④ ㉠, ㉡, ㉢, ㉥

89 유압유의 구비조건: 압력에 대해 비압축성일 것, 밀도가 작을 것, 열팽창계수가 작을 것, 체적탄성계수가 클 것, 점도지수가 높을 것, 인화점 발화점이 높을 것, 내열성이 크고, 거품이 없을 것 등

90 유압장치에서 사용하는 작동유의 정상작동 온도범위로 가장 적절한 것은?

① 120~150℃

② 40~80℃

③ 90~110℃

④ 10~30℃

90 작동유의 정상작동 온도범위는 40~80℃이다.

91 유압회로에서 속도제어회로에 속하지 <u>않는</u> 것은?

① 시퀀스 회로

② 미터-인 회로

③ 블리드 오프 회로

④ 미터-아웃 회로

91 속도제어 회로의 종류에는 미터-인(meter in)회로, 미터-아웃(meter out)회로, 블리드 오프(bleed off)회로가 있다.

92 그림과 같은 유압 기호에 해당하는 밸브는?

① 체크 밸브

② 카운터밸런스 밸브

③ 릴리프 밸브

④ 무부하 밸브

92 해당 기호는 릴리프 밸브를 의미한다.

93 굴착기 트랙의 장력을 조정하는 방법으로 옳은 것은?

① 스프로킷 트랙 조정용 심(shim)으로 조정한다.

② 상부 롤러의 베어링으로 조정한다.

③ 캐리어 롤러의 조정 방식으로 조정한다.

④ 트랙 조정용 장력 조정 실린더에 그리스를 주입한다.

93 트랙의 장력 조정은 트랙 장력 조정용 실린더의 인밸브(In valve) 또는 아웃밸브(Out valve)에 그리스를 넣거나 빼서 조정한다.

94 굴착기에서 트랙 장력을 조정하는 기능을 가진 것은?

① 트랙 어저스터   ② 주행모터
③ 스프로킷   ④ 프론트 아이들러

94 트랙 장력은 트랙 어저스터로 조정하고, 아이들러는 주행 중 트랙의 장력 유지를 위해 전후로 움직여 조정한다.

95 무한궤도식 굴착기의 유압 시 하부 추진체의 동력전달 순서는?

① 기관 → 유압펌프 → 컨트롤 밸브 → 센터조인트 → 주행모터 → 트랙
② 기관 → 센터조인트 → 컨트롤 밸브 → 유압펌프 → 주행모터 → 트랙
③ 기관 → 컨트롤 밸브 → 센터조인트 → 행모터 → 유압펌프 → 트랙
④ 기관 → 주행모터 → 컨트롤 밸브 → 센터조인트 → 유압펌프 → 트랙

95 무한궤도식 굴착기의 동력전달 순서는 기관 → 유압펌프 → 컨트롤 밸브 → 센터조인트 → 주행모터 → 트랙으로 전달된다.

96 굴착기의 주행레버를 한쪽으로 당겨 회전하는 방식을 무엇이라고 하는가?

① 스핀 턴   ② 피벗 턴
③ 원웨이 턴   ④ 급회전 턴

96 • 피벗 턴: 한쪽 레버만 조작하여 완만한 회전이 이루어진다.
• 스핀 턴(급회전): 양쪽 레버를 동시에 반대쪽으로 움직여 급격한 회전을 한다.

97 굴착기의 기본 작업 사이클 과정으로 옳은 것은?

① 굴착 → 붐 상승 → 스윙 → 적재 → 스윙 → 굴착
② 선회 → 굴착 → 적재 → 선회 → 굴착 → 붐 상승
③ 선회 → 적재 → 굴착 → 붐 상승 → 선회
④ 굴착 → 스윙 → 적재 → 붐 상승 → 굴착

97 굴착기의 기본 작업 사이클 과정은 '굴착 → 붐 상승 → 스윙 → 적재 → 스윙 → 굴착'이다.

98 차량이 남쪽에서 북쪽으로 진행 중일 때, 그림에 대한 설명으로 <u>틀린</u> 것은?

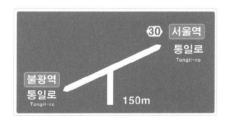

① 차량을 우회전하는 경우 서울역 쪽 '통일로'로 진입할 수 있다.
② 차량을 좌회전하는 경우 불광역 쪽 '통일로'로 진입할 수 있다.
③ 차량을 좌회전하는 경우 불광역 쪽 '통일로'로 건물번호가 커진다.
④ 차량을 좌회전하는 경우 불광역 쪽 '통일로'의 건물번호가 작아진다.

98 남쪽에서 북쪽으로 진행하고 있으면 좌측(불광역)이 서쪽이고, 우측(서울역)이 동쪽이 된다. 도로 구간의 시작점과 끝지점은 '서 → 동', '남 → 북쪽 방향으로 건물번호 순서를 정하고 있기 때문에 불광역 쪽에서 서울역 쪽으로 가면서 건물번호가 커진다. 이에 차량을 좌회전 하는 경우 불광역 쪽 '통일로'의 건물번호가 점차적으로 작아지게 됨을 알 수 있다.

99 다음 중 관공서용 건물번호판에 해당하는 것은?

①

②

③

④

99 ①은 문화재 건물
②는 관공서 건물
③은 주택 건물
④는 상가 건물번호판 표지

100 차량이 남쪽에서 북쪽으로 진행 중일 때 그림에 대한 설명으로 옳지 않은 것은?

① 150m 전방에서 직진하면 '성결대' 방향으로 갈 수 있다.
② 150m 전방에서 좌회전하면 경수대로 도로 구간의 끝 지점과 만날 수 있다.
③ 150m 전방에서 우회전하면 경수대로 도로 구간의 시작점과 만날 수 있다.
④ 150m 전방에서 우회전하면 '의왕' 방향으로 갈 수 있다.

100 150m 전방에서 우회전하면 '서울' 방향으로 갈 수 있다.

출제 예상 문제 100제 정답									
01 ③	02 ③	03 ③	04 ①	05 ②	06 ②	07 ④	08 ②	09 ①	10 ①
11 ②	12 ①	13 ①	14 ④	15 ④	16 ④	17 ①	18 ③	19 ③	20 ①
21 ①	22 ③	23 ③	24 ①	25 ②	26 ④	27 ③	28 ②	29 ④	30 ①
31 ③	32 ④	33 ①	34 ④	35 ④	36 ②	37 ④	38 ③	39 ①	40 ④
41 ③	42 ②	43 ④	44 ③	45 ③	46 ①	47 ③	48 ④	49 ②	50 ①
51 ③	52 ①	53 ④	54 ③	55 ①	56 ②	57 ④	58 ①	59 ④	60 ③
61 ②	62 ②	63 ②	64 ②	65 ①	66 ④	67 ②	68 ③	69 ②	70 ②
71 ④	72 ②	73 ①	74 ④	75 ①	76 ②	77 ②	78 ①	79 ①	80 ③
81 ③	82 ③	83 ④	84 ③	85 ②	86 ④	87 ②	88 ①	89 ④	90 ②
91 ①	92 ③	93 ④	94 ①	95 ①	96 ②	97 ①	98 ③	99 ②	100 ④

굴착기 운전기능사 필기

초판인쇄	2024. 6. 5
초판발행	2024. 6. 12

저자와의
협의 하에
인지 생략

발 행 인	박용
출판총괄	김세라
개발책임	이성준
책임편집	윤혜진
마 케 팅	김치환, 최지희, 이혜진, 손정민, 정재윤, 최선희, 오유진
일러스트	㈜ 유미지

발 행 처	㈜ 박문각출판
출판등록	등록번호 제2019-000137호
주 소	06654 서울시 서초구 효령로 283 서경B/D 5층
전 화	(02) 6466-7202
팩 스	(02) 584-2927
홈페이지	www.pmgbooks.co.kr

ISBN	979-11-7262-033-2
정가	13,900원